计算机科学先进技术译丛

Spark 实战

［美］彼得·泽斯维奇（Petar Zečević）
［美］马可·波纳奇（Marko Bonaći） 著

郑美珠　田　华　王佐兵　译

机械工业出版社

本书介绍了 Spark 应用程序及更高级应用的工作流程，主要从使用角度进行了描述，每个具体内容都有对应的代码。本书涵盖了 Apache Spark 和它丰富的 API，构成 Spark 的组件（包括 Spark SQL、Spark Streaming、Spark MLlib 和 Spark GraphX），在 Spark standalone、Hadoop YARN 以及 Mesos clusters 上运行 Spark 应用程序的部署和安装。通过对应的实例全面、详细地介绍了整个 Spark 实战开发的流程。最后，还介绍了 Spark 的高级应用，包括 Spark 流应用程序及可扩展和快速的机器学习框架 H2O。

本书可以作为高等院校计算机、软件工程、数据科学与大数据技术等专业的大数据课程材料，可用于指导 Spark 编程实践，也可供相关技术人员参考使用。

图书在版编目(CIP)数据

Spark 实战/(美)彼得·泽斯维奇,(美)马可·波纳奇著;郑美珠,田华,王佐兵译.—北京:机械工业出版社,2019.2(2021.3 重印)
(计算机科学先进技术译丛)
书名原文:Spark in Action
ISBN 978-7-111-61748-8

Ⅰ.①S… Ⅱ.①彼… ②马… ③郑… ④田… ⑤王… Ⅲ.①数据处理软件 Ⅳ.①TP274

中国版本图书馆 CIP 数据核字(2019)第 144373 号

机械工业出版社(北京市百万庄大街 22 号 邮政编码 100037)
策划编辑:李培培　责任编辑:李培培
责任校对:张艳霞　责任印制:常天培

固安县铭成印刷有限公司印刷

2021 年 3 月第 1 版 · 第 2 次印刷
184 mm×260 mm · 24.5 印张 · 605 千字
3001-3500 册
标准书号:ISBN 978-7-111-61748-8
定价:99.00 元

电话服务
客服电话:010-88361066
010-88379833
010-68326294

网络服务
机 工 官 网:www.cmpbook.com
机 工 官 博:weibo.com/cmp1952
金 书 网:www.golden-book.com
机工教育服务网:www.cmpedu.com

封底无防伪标均为盗版

译者序

生活离不开水，同样离不开数据，我们被数据包围，在数据中生活。当数据越来越多时，就成了大数据。

想要理解大数据，就需要理解大数据相关的查询、处理、机器学习、图计算和统计分析等，Spark 作为新一代轻量级大数据快速处理平台，集成了大数据相关的各种能力，是理解大数据的首选。

Spark 作为 Apache 顶级的开源项目，是一个快速、通用的大规模数据处理引擎，和 Hadoop 的 MapReduce 计算框架类似。但是相对于 MapReduce，Spark 凭借其可伸缩、基于内存计算等特点，以及可以直接读/写 Hadoop 上任何格式数据的优势，在进行批处理时更加高效，并有更低的延迟。相对于“one stack to rule them all”的目标，Spark 实际上已经成为轻量级大数据快速处理的统一平台，各种不同的应用，如实时流处理、机器学习、交互式查询等，都可以通过 Spark 建立在不同的存储和运行系统上。

本书全面、详细地介绍了 Spark 的相关知识及相关应用。它将 Spark 的基础知识、基础应用及更高级应用娓娓道来，给学习者指明了道路。

本书由郑美珠、田华、王佐兵共同翻译。由于译者水平有限，翻译中不当之处在所难免，请读者和同行不吝指正。

感谢丈夫张蕾和儿子祎祎，虽然在翻译本书的过程中减少了陪伴你们的时间，但你们依然理解和支持我的工作。感谢父母在生活上的帮助，使我可以全身心地投入到本书的翻译工作中。

郑美珠
烟台南山学院

致谢

我们的技术校对 Michiel Trimpe 提出了无数宝贵的建议。同时感谢 Robert Ormandi 审查第 7 章，还要感谢 Spark in Action 的审稿人，包括 Andy Kirsch、Davide Fiorentino、lo Regio、Dimitris Kouzis-Loukas、Gaurav Bhardwaj、Ian Stirk、Jason Kolter、Jeremy Gailor、John Guthrie、Jonathan Miller、Jonathan Sharley、Junilu Lacar、Mukesh Kumar、Peter J. KreyJr. 、Pranay Srivastava、Robert Ormandi、Rodrigo Abreu、Shobha Iyer、Sumit Pal。

我们要感谢 Manning 出版社的工作人员使本书能够出版：他们是出版商 Marjan Bace、Manning 审稿人和编辑团队，特别是 Marina Michaels 指导我们如何编写高质量的书。我们还要感谢生产团队在完成项目的过程中所做的工作。

Petar Zečević

我要感谢我的妻子在我工作时给予的支持和耐心。我要感谢我的父母用爱抚养我，尽可能给我最好的学习环境。最后，我要感谢我的公司 SV 集团为我写本书提供所需的资源和时间。

Marko Bonači

我要感谢我的合作者 Petar。没有他的坚持，这本书不会写出来。

前言

回顾过去一年半，笔者不禁想到：笔者在这个地球上是如何生存的，这是笔者生命中最繁忙的18个月！自从Manning出版社让笔者和Marko写一本关于Spark的书，笔者花了大部分空闲时间在Apache Spark上。笔者在这段时间过得很充实，学到了很多，并且觉得这是值得的。

如今，Spark是一个非常热门的话题，它于2009年由Matei Zaharia在加利福尼亚州的伯克利提出（最初是试图证明Mesos执行平台的可行性），在2010年开源。2013年Spark被捐赠给了Apache软件基金会，从那以后它以闪电般的速度发展。2015年，Spark是最活跃的Apache项目之一，有超过1000个贡献者（投稿人、捐助人）。今天，Spark是所有主要Hadoop发行版的一部分，并被许多组织使用，广泛应用于各种或大或小的程序中。

写一本关于Spark的书的挑战在于它发展很快。自从笔者开始写Spark in Action，笔者看到了6个版本的Spark，有许多新的、重要的功能需要覆盖。第一个主要版本（2.0版本）是在笔者完成了大部分书的写作后推出的，笔者不得不延迟出版计划以涵盖它附带的新功能。

写Spark的另一个挑战是主题的广度：Spark更多的是一个平台，而不是一个框架。用户可以使用它来编写各种应用程序（用4种语言），包括批处理作业、实时处理系统和Web应用程序执行Spark作业、用SQL处理结构化数据和使用传统编程技术处理非结构化数据、各种机器学习和数据修改任务、与分布式文件系统交互、各种关系和无SQL数据库、实时系统等。安装、配置和运行Spark，这些运行时的工作也同样重要。

笔者详细地介绍了Spark中的重要内容并且使本书成为使用Spark的指南，希望用户能够喜欢本书。

关于本书

Apache Spark 是一种通用的数据处理框架，这意味着用户可以在各种计算任务中使用它，任何关于 Apache Spark 的书都需要涵盖很多不同的主题。笔者试图描述使用 Spark 的各个方面：从配置运行时选项、运行独立和交互作业，到编写批处理、流式处理或机器学习应用程序。本书中的示例和示例数据集可以在个人计算机上运行，它们很容易理解，并且很好地说明了 Spark 的相关概念。

笔者希望用户能够找到本书和示例，以便了解如何使用和运行 Spark，并且它将帮助用户编写有应用前景的、可付诸生产的 Spark 应用程序。

谁应该读这本书

虽然本书包含了许多适合商业用户和管理者的资料，但它主要面向开发人员，或者更确切地说，面向的是能够理解和执行代码的人。Spark API 可以用 4 种语言：Scala、Java、Python、R。本书中主要的例子是用 Scala 编写的（Java 和 Python 的版本可以在本书的网站 www. manning. com/books/spark-in-action，以及在线 GitHub 存储库 https://github. com/spark-in-action/first-edition 获得）。本书对 Scala 的具体细节进行了解释，所以用户在读本书之前可以没有任何 Scala 的知识。但是如果掌握 Java 或 Scala 的技术，那么用户会更容易理解本书。第 2 章会详细介绍 Spark 的基础知识。

Spark 可以与许多系统交互，其中有一些会在本书中介绍。为了充分理解内容，以下主题的知识是首选的（但不是必需的）：

- SQL 和 JDBC（第 5 章）
- Amazon EC2（第 11 章）
- Hadoop（HDFS 和 YARN 第 5 章和第 12 章）
- 线性代数的基础知识和理解数学公式的能力（第 7 章和第 8 章）
- Kafka（第 6 章）
- Mesos（第 12 章）

本书准备了一个虚拟机，可以让用户轻松运行本书中的示例。要使用该虚拟机，计算机应满足第 1 章中列出的软件和硬件要求。

本书内容安排

本书共有 14 章，分为 4 个部分。

第 1 部分介绍了 Apache Spark 和它丰富的 API。理解这些信息对于编写高质量的 Spark 程序非常重要，也是本书其余部分的基础。

第 1 章大致描述了 Spark 的主要特点，并与 Hadoop's MapReduce 和 Hadoop 的生态系统的其他工具进行对比，还包括对 spark-in-action 虚拟机的描述，用户可以使用它来运行书中的示例。

第 2 章进一步探讨虚拟机，介绍如何使用 Spark 的命令行界面（spark-shell），并用几个例子来解释弹性分布式数据集（RDD），即 Spark 中的中心抽象。

第 3 章介绍了如何将 Eclipse 设置为编写独立的 Spark 应用程序。用户将按照书中内容编写一个用于分析 GitHub 日志的应用程序，并通过将其提交到 Spark 集群来执行该应用程序。

第 4 章更详细地探讨了 Spark 核心 API，展示了如何使用键值对，并解释了 Spark 中数据分区和混排的工作原理，介绍了如何分组、排序和连接数据，以及如何使用累加器和广播变量。

第 2 部分介绍了构成 Spark 的其他组件，包括 Spark SQL、Spark Streaming、Spark MLlib 和 Spark GraphX。

第 5 章介绍了 Spark SQL，详细介绍了如何创建和使用 DataFrame、如何使用 SQL 查询 DataFrame 数据，以及如何将数据加载到外部数据源并从中保存。还介绍了优化 Spark 的 SQL Catalyst 优化引擎和 Tungsten 项目引入的性能改进。

第 6 章介绍了 Spark Streaming，它是 Spark 家族中最受欢迎的成员之一。本章介绍了会在流应用程序运行时定期生成 RDD 的离散流、如何随时间保存计算状态和如何使用窗口操作，还介绍了连接 Kafka 的方法以及如何从流媒体作业中获得良好的性能，并且还介绍了结构化流媒体，它是 Spark 2.0 中的一个新概念。

第 7 章和第 8 章是关于机器学习的介绍，特别是关于 Spark MLlib 和 Spark ML Spark API 部分的内容。机器学习包括线性回归、逻辑回归、决策树、随机森林和 k 均值聚类。在此过程中，用户会使用正则化以及训练和评估机器学习模型来扩展和规范化功能。这两章还将解释 Spark ML 带来的 API 标准化。

第 9 章探讨了如何使用 Spark 的 GraphX API 构建图形，用户将使用图形算法转换和连接图形，并使用 GraphX API 实现 A* 搜索算法。

使用 Spark 不仅仅是编写和运行 Spark 应用程序，也是配置 Spark 集群和系统资源以供应用程序高效使用。第 3 部分解释了在 Spark standalone、Hadoop YARN 和 Mesos clusters 上运行 Spark 应用程序的必要概念和配置选项。

第 10 章探讨了 Spark 运行时组件、Spark 集群类型、作业和资源调度、配置 Spark 和 Spark Web UI。这些是 Spark 可以运行的所有集群管理器共同的概念：Spark standalone 集群、YARN 和 Mesos。

第 11 章介绍了 Spark standalone 集群，包括如何启动它并在其上运行应用程序，以及如何使用其 Web UI。还讨论了 Spark History 服务器，它保存有关以前运行的作业的详细信息。

最后，介绍了如何在 Amazon EC2 上使用 Spark 的脚本启动 Spark standalone 集群。

第 12 章详细介绍了如何设置、配置和使用 YARN 和 Mesos 集群来运行 Spark 应用程序。

第 4 部分介绍了使用 Spark 的高级应用。

第 13 章将所有内容汇总在一起，并探讨了一个 Spark 流应用程序，用于分析日志文件，并在实时仪表板上显示结果。本章中实现的应用程序可作为用户在未来编写应用程序的基础。

第 14 章介绍了 H2O，这是一个可扩展的快速机器学习框架，它实现了许多机器学习算法，最著名的是深度学习，而这正是 Spark 缺乏的。Sparkling Water 将 H2O 和 Spark 相结合，用户可以启动和使用 Spark 的 H2O 集群。通过 Sparkling Water，用户可以使用 Spark 的 Core、SQL、Streaming 和 GraphX 组件来获取、准备和分析数据，并将其传输到 H2O，以用于 H2O 的深度学习算法。然后用户可以将结果传回 Spark，并在后续计算中使用它们。

附录 A 给出了安装 Spark 的说明。附录 B 提供了一个简短的 MapReduce 视图。附录 C 是关于线性代数的简短引用。

关于代码

书中的所有源代码以单间隔字体呈现，这样可以将其与其他内容区别开来。在许多列表中，代码被注释以指出关键概念，并且有时在文本中编号项目符号以提供有关代码的其他信息。

Scala、Java 和 Python 语言的源代码以及示例中使用的数据文件可以从发布商的网站 www.manning.com/books/spark-in-action 下载，也可以从在线存储库 https://github.com/spark-in-action/first-edition 获取。这些示例是为 Spark 2.0 编写和测试的。

作者在线

购买 Spark in Action 可以免费访问 Manning 出版社运行的私人网络论坛，在那里读者可以对这本书发表评论、提出技术问题，并接受主要作者和其他用户的帮助。

如果要访问论坛并订阅该论坛，则可以登录 www.manning.com/books/spark-in-action。此页面提供了如何在注册后访问论坛、提供什么样的帮助以及论坛上的行为规则等信息。

Manning 对读者的承诺是提供一个场所，在这里个体读者之间以及读者和作者之间可以进行有意义的对话。这不是对作者的任何具体参与的承诺，作者对在线论坛的贡献仍然是自愿的（并且是无偿的）。我们建议读者尝试向作者提出一些感兴趣的、具有挑战性的问题。只要本书出版，论坛和之前讨论的资料就可以从出版商的网站上获取。

关于作者

Petar Zečević 在软件行业工作超过了 15 年。他一开始是 Java 开发人员，后来作为全职开发人员、顾问、分析师和团队领导参加过很多项目。他目前担任 SV 集团的 CTO 角色。SV 集团是一家克罗地亚软件公司，为克罗地亚大型银行、政府机构和私人公司工作。Petar 每月都会组织 Apache Spark Zagreb 聚会，定期在会议上发言，他身后有几个 Apache Spark 项目。

Marko Bonači 已经从事 Java 工作 13 年。他作为 Spark 开发人员和顾问为 Sematext 工作。在此之前，他是 SV 集团 IBM 企业内容管理团队的团队领导。

关于封面

《Spark 实战》封面插图标题为“Hollandais”（荷兰人）。插图取自各种各样国家服装服饰的收藏者 Jacques Grasset de Saint-Sauveur（1757-1810）于 1797 年在法国出版的 Costumes de Différents Pays。其中的每幅图都经过精心绘制并手工着色。

Grasset de Saint-Sauveur 丰富的收藏生动地展示了 200 年前不同城市和地区的文化差异。由于相互隔离，人们说着不同的方言和语言。无论是在城市的街道、小城镇或乡村，都可以很容易地通过他们的穿着分辨出他们在哪里生活以及他们的生活习惯。

服饰密码从那时起已经改变，那个时候的人们根据区域和阶级的不同拥有的服饰特色现在已经逐渐消失。现在人们已经很难通过服饰区分不同大洲的居民，更不用说不同的城镇或地区了。也许人们已经将文化多样性换成了一种更加多样化的个人生活——当然是为了更加多样化和快节奏的科技生活。

当计算机图书多到无法区别时，本书采用 Grasset de Saint-Sauveur 两世纪前区域生活的多样性图片作为图书封面的方式，庆祝 Manning 计算机图书的创造性和主动性。

目录

第 2 部分　认识 Spark 家族

第3部分 Spark ops

第4部分　协同使用

第1部分

第 1 步

本书从介绍 Apache Spark 及其丰富的 API 开始。第一部分中的信息对于编写高质量的 Spark 程序非常重要，是本书其余部分的基础。

第 1 章大致描述了 Spark 的主要特点，并与 Hadoop 的 MapReduce 和 Hadoop 生态系统的其他工具进行了对比。本章还对 spark-in-action VM 进行了描述，读者可以使用它来运行书中的示例。

第 2 章进一步探讨虚拟机，介绍了如何使用 Spark 的命令行界面（spark-shell），并用几个例子来解释弹性分布式数据集（RDD）：Spark 中的基础抽象类。

第 3 章介绍了如何设置 Eclipse 来编写独立的 Spark 应用程序。本章编写一个用于分析 GitHub 日志的应用程序，并通过将其提交到 Spark 集群来执行该应用程序。

第 4 章更详细地探讨了 Spark 核心 API，介绍了如何使用键值对，并解释了 Spark 中数据分区和混排的工作原理，还介绍了如何分组、排序和连接数据，以及如何使用累加器和广播变量。

第 1 章 Apache Spark 简介

本章涵盖

- Spark 带来了什么？
- Spark 组件。
- Spark 程序流。
- Spark 生态系统。
- 下载并启动 spark-in-action VM。

Apache Spark 通常被定义为一个快速、通用的分布式计算平台。这个定义听起来很抽象，但很难给出一个更合理的定义。

Apache Spark 确实给大数据空间带来了一次革命。Spark 能高效地使用内存，执行同样的工作，它比 Hadoop 的 MapReduce 快 10~100 倍。最重要的是，Spark 的创造者设法将用户从正在处理的计算机集群中抽象出来，向用户提供一组基于集合的 API。使用 Spark 的集合就像在使用本地 Scala、Java 和 Python 的集合，但是 Spark 的集合实际上引用分布在许多节点的数据。这些集合的操作被转换为复杂的并行程序，用户无须了解这一事实，这是一个真正强大的概念。

本章首先阐明了 Spark 的主要特性，并将其与 Hadoop 的 MapReduce 进行了比较。然后简要地探讨了 Hadoop 生态系统（一系列与 Hadoop 一起用于大数据操作的工具和语言），用以了解 Spark 的适用范围。接着，简单介绍了 Spark 的组件，并且用“hello world”来演示一个典型的 Spark 程序如何执行。最后，帮助用户下载并设置作者为在书中运行示例而准备的 spark-in-action 虚拟机。

作者已经尽最大努力为 Spark 架构、Spark 组件、运行时环境和 API 编写了全面的指南，同时还提供了具体的例子和现实生活中的案例研究。通过阅读该指南，更重要的是，通过筛选的案例，读者将获得编写自己的高质量 Spark 程序和管理 Spark 应用程序所需的知识和技能。

1.1 什么是 Spark

Apache Spark 是一种令人兴奋的新技术，它迅速取代了 Hadoop 的 MapReduce，成为首选的大数据处理平台。Hadoop 是一个开源的、分布式的 Java 计算框架，由 Hadoop 分布式文件系统（HDFS）和 MapReduce 的执行引擎组成。Spark 类似于 Hadoop，它是一个分布式通用计算平台。但是 Spark 的独特设计在于它允许在内存中保存大量的数据，这就提供了巨大的性能改进。Spark 程序的速度可以比 MapReduce 程序快 100 倍。

Spark 最初是在 Berkeley 的 AMPLab 由 Matei Zaharia 设计的，他与他的导师 Ion Stoica 以及 Reynold Xin、Patrick Wendell、Andy Konwinski 和 Ali Ghodsi 共同创立了 Databricks。虽然 Spark 是开源的，但是 Databricks 是 Apache Spark 的主要力量，它贡献了 Spark 的 75%以上的代码。它还提供了 Databricks Cloud——一种基于 Apache Spark 的大数据分析的商业产品。

通过使用 Spark 的简洁的 API 和运行时架构，用户可以以类似于编写本地程序的方式编写分布式程序。Spark 的集合抽象出它们潜在地引用分布在大量节点上的数据的事实。Spark 还允许用户使用函数式编程方法，这与数据处理任务非常匹配。

通过支持 Python、Java、Scala 和 R 语言，Spark 可以向广泛的用户开放：传统上倾向于 Python 和 R 的科学社区、仍然广泛使用的 Java 社区以及使用越来越流行的 Scala 的人们。Spark 在 Java 虚拟机（JVM）上提供了函数式编程。

最后，Spark 将类似 MapReduce 的批量编程、实时数据处理功能、类似 SQL 的结构化数据处理、图形算法和机器学习等功能整合在一个框架中。这使它成为大多数大数据处理需求的一站式服务平台。因此，毫无疑问，Spark 是当今最繁忙、发展最快的 Apache 软件基金会项目之一。

有些应用程序不适合 Spark。因为它的分布式架构，Spark 必然会在处理时间方面带来一些开销。这种开销在处理大量数据时可以忽略不计，但是如果有一个数据集可以由单个机器处理（现今这越来越有可能），那么使用其他针对该类型计算优化的框架可能会更有效率。此外，Spark 并没有考虑到在线事务处理（OLTP）应用程序（快速、大量、原子事务）。因此它更适合在线分析处理（OLAP）：批处理作业和数据挖掘等方面起作用。

1.1.1 Spark 革命

尽管过去十年 Hadoop 被广泛采用，但 Hadoop 并不是没有缺点。虽然它功能强大，但速度慢。这已经为诸如 Spark 等新技术开辟了道路，Spark 可以解决 Hadoop 能解决的相同难题，但 Spark 却更高效。下面将讨论 Hadoop 的缺点，以及 Spark 如何解决这些问题。

具有 HDFS 和 MapReduce 数据处理引擎的 Hadoop 框架是第一个向用户提供分布式计算的框架。Hadoop 解决了分布式数据处理工作面临的 3 个主要问题。

- 并行化：如何同时执行计算的子集。
- 分发：如何分发数据。

- 容错：如何处理组件故障。

注： 附录 A 更详细地描述了 MapReduce。

除此之外，Hadoop 集群通常由商用硬件组成，这使得 Hadoop 易于设置。这就是 Hadoop 集群在过去十年中被广泛使用的原因。

1.1.2　MapReduce 的缺点

虽然 Hadoop 是当今大数据革命的基础，并被积极使用和维护，但它仍然有缺点，并且这些缺点主要涉及它的 MapReduce 组件。MapReduce 作业结果需要存储在 HDFS 中，才能被其他作业使用。因此，MapReduce 对于迭代算法本身是不利的。

此外，MapReduce 分为 map 和 reduce 两个阶段，许多类型的问题使用这两个阶段解决都不适合，因为将每一个问题都分解为这两个阶段都是有困难的，API 有时也很麻烦。

Hadoop 是一个相当低级的框架，因此围绕它出现了大量的工具：用于导入和导出数据的工具、用于操纵数据的高级语言和框架、用于实时处理的工具等。它们都带来了额外的复杂性和要求。这些工具使环境复杂化，但 Spark 解决了其中的许多问题。

1.1.3　Spark 带来了什么

Spark 的核心概念是内存中的执行模式，可以将内存中的作业数据缓存，而不是像 MapReduce 一样从磁盘中取出。与 MapReduce 中的相同工作相比，Spark 可以将作业的执行速度提高到 100 倍；[1]它对迭代算法（如机器学习、图形算法和需要重用数据的其他类型的工作负载）最有效果。

想象一下，将城市地图数据存储为图。该图的顶点表示地图上的感兴趣点，边表示它们之间的可能路径，以及相关联的距离。现在假设需要找到一个新的救护车站的位置，这个位置将尽可能靠近地图上的所有点。该点将是图的中心。可以通过计算得到所有顶点之间的最短路径，然后找到每个顶点的最远点距离（到任何其他顶点的最大距离），最后找到具有最小最远点距离的顶点。完成算法的第一阶段，以并行方式找到所有顶点之间的最短路径是最具挑战性（并且复杂的）部分，但并不是不可能的。[2]

在 MapReduce 的情况下，需要将这 3 个阶段的结果存储在磁盘（HDFS）上。每个后续阶段将从磁盘读取前一个结果。通过 Spark，用户可以找到所有顶点之间的最短路径并缓存数据于内存中。下一个阶段可以使用内存中的数据，为每个顶点找到最远点距离，并缓存其结果。最后一个阶段可以通过这个最终的缓存数据，找到具有最小、最远点距离的顶点。可以想象与每次读取和写入磁盘相比，使用 Spark 确实使性能得到了提升。

2014 年 10 月，Daytona Gray Sort 比赛中 Spark 表现出色，它在 1406 秒内对 100 TB 数据进行了排序（见 http://sortbenchmark.org）并创造了世界纪录（与 TritonSort 合作）。

---

[1] 请参阅“Shark：SQL and Rich Analytics at Scale”，作者 Reynold Xin 等人，http://mng.bz/gFry.

[2] 请参阅“A Scalable Parallelization of All-Pairs Shortest Path Algorithm for a High Performance Cluster Environ-ment”，作者 T. Srinivasan 等人，http：//mng.bz/5TMT.

1. Spark 的易用性

Spark API 比传统的 MapReduce API 更容易使用。以附录 A 中的经典单词计数示例作为 MapReduce 作业来实现，需要 3 个类：设置作业的主类、Mapper 和 Reducer。每个类有 10 行左右。

以下是用 Scala 语言编写的同一个 Spark 程序所需的全部内容：

```
val spark=SparkSession.builder().appName("Spark wordcount")
val file=spark.sparkContext.textFile("hdfs://...")
val counts=file.flatMap(line=>line.split(" "))
    .map(word=>(word,1)).countByKey()
counts.saveAsTextFile("hdfs://...")
```

图 1-1 用以显示 Spark 的易用性。

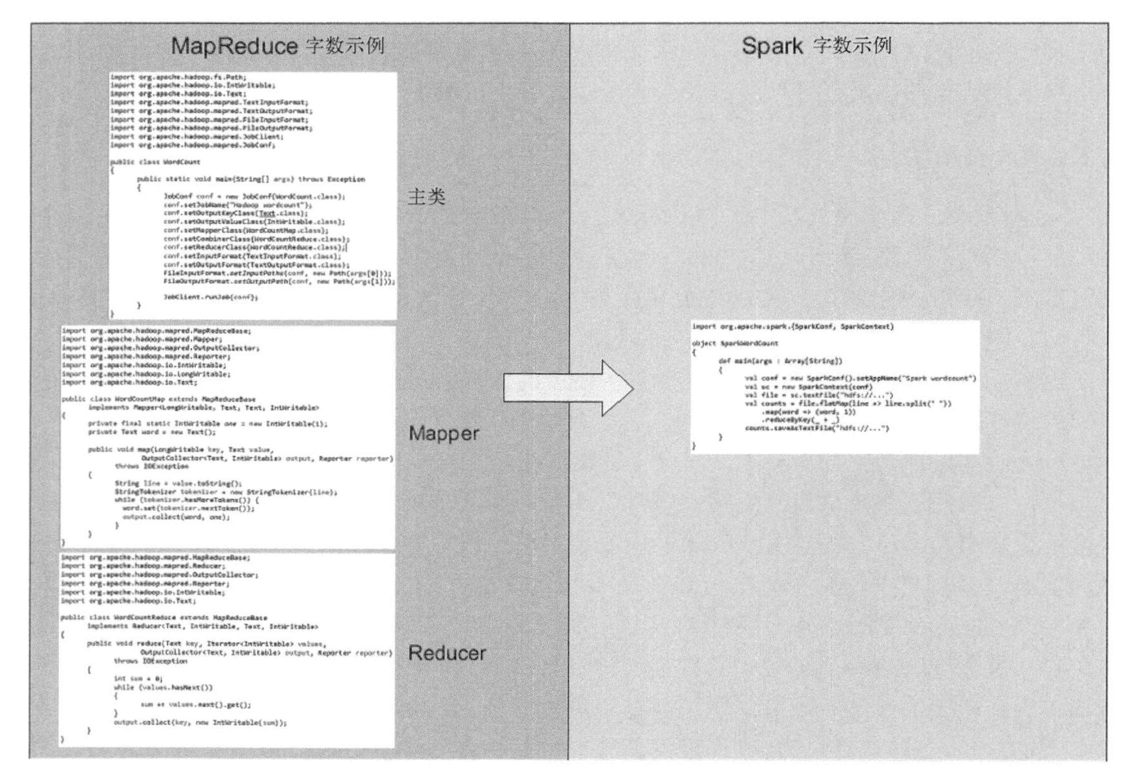

图 1-1　单词计数程序演示了 Spark 的简洁性和简单性。该程序显示在左侧的是 Hadoop 的 MapReduce 框架，右侧是一个 Spark Scala 程序

Spark 支持 Scala、Java、Python 和 R 编程语言，因此可以让更广泛的受众访问。尽管支持 Java，但 Spark 可以利用 Scala 的多功能性、灵活性和函数式编程概念，这些概念更适合用于数据分析。数据科学家和科学界人士广泛使用 Python 和 R，这些用户的人数与 Java 和 Scala 开发人员的人数不相上下。

此外，Spark shell（读取-求值-输出-循环[REPL]）还提供了一个可用于实验和想法测试的交互式控制台。没有必要只是为了发现一些东西是否奏效而编译和部署（再次）。REPL 甚至可用于在完整的数据集上启动作业。

Spark 可以运行在以下几种类型的集群上：Spark standalone 集群、Hadoop 的 YARN（另一个资源协调者）和 Mesos。这给了它更多的灵活性，并使其可供更大的用户群体访问。

2. Spark 作为一个统一的平台

Spark 的一个重要方面是将 Hadoop 生态系统中许多工具的功能组合成一个统一的平台。执行模型是足够通用的，单个框架可以用于流数据处理、机器学习、类 SQL 操作、图形和批处理。许多角色可以在同一平台上协同工作，这有助于缩小程序员、数据工程师和数据科学家之间的差距。Spark 提供的函数列表还在继续增长。

3. Spark 反面模式

Spark 不适合用于共享数据的异步更新[㊀]（如在线事务处理），因为它是在考虑批处理分析的基础上创建的。（Spark Streaming 只是对时间窗口中的数据进行批量分析。）因此仍然需要专门针对这些用例的工具。

此外，如果没有大量数据，则可能不需要 Spark，因为它需要花一些时间设置作业、任务等。有时，一个简单的关系数据库或一组灵巧的脚本可以比分布式系统（如 Spark）更快地处理数据。但数据有增长的趋势，并且可能会很快超过关系型数据库管理系统（RDBMS）或灵巧的脚本。

1.2　Spark 组件

Spark 由多个专用组件组成，包括 Spark Core、Spark SQL、Spark Streaming、Spark GraphX 和 Spark MLlib，如图 1-2 所示。

这些组件使 Spark 成为功能齐全的统一平台：它可以用来完成以前必须用几个不同的框架才能完成的许多任务。以下是每个 Spark 组件的简要说明。

1.2.1　Spark Core

Spark Core 包含运行作业所需的和其他组件所需的基本 Spark 功能。其中最重要的是弹性分布式数据集（RDD）[㊁]，这是 Spark API 的主要元素。它是具有适用于数据集的操作和转换的抽象的分布式项目集合。它具有弹性，因为它能够在节点故障的情况下重建数据集。

Spark Core 包含用于访问各种文件系统的逻辑，如 HDFS、GlusterFS、Amazon S3 等。它还提供了具有广播变量和累加器的计算节点之间的信息共享的手段。其他基本功能，如网络、安全、调度和数据混排，也是 Spark Core 的一部分。

㊀ 参考“Resilient Distributed Datasets：A Fault-Tolerant Abstraction for In-Memory Cluster Computing”，作者 MateiZaharia 等人，http://mng.bz/57uJ.

㊁ RDD 在第 2 章中解释。因为它们是 Spark 的基本抽象，所以将在第 4 章详细介绍。

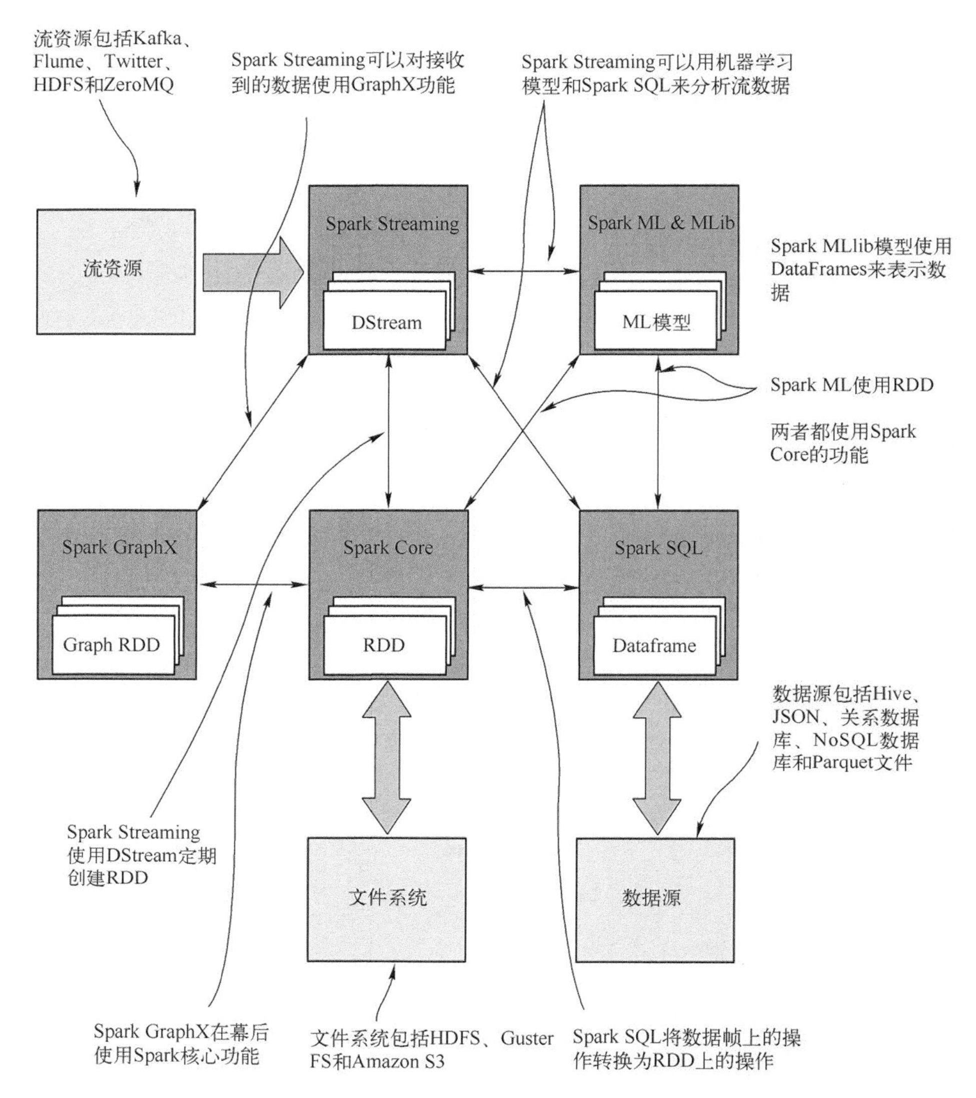

图 1-2　Spark 主要组件和各种运行时交互及存储选项

1.2.2　Spark SQL

Spark SQL 提供了使用 Spark 和 Hive SQL（HiveQL）支持的 SQL 子集来处理大型分布式结构化数据集的功能，在 Spark 1.3 中引入了 DataFrame，在 Spark 1.6 中引入了 DataSet。它简化了对结构化数据的处理并实现了性能优化。Spark SQL 成为最重要的 Spark 组件之一。Spark SQL 还可用于从各种结构化格式和数据源读取和写入数据，如 JavaScript Object Notation（JSON）文件、Parquet 文件（允许与数据一起存储架构的日益流行的文件格式）、关系数据库和 Hive 等。

DataFrame 和 DataSet 在某些时候的操作会转换为 RDD 上的操作，并作为普通 Spark 作业执行。Spark SQL 提供了可以通过自定义优化规则扩展的称为 Catalyst 的查询优化框架。Spark SQL 还包括 Thrift 服务器，外部系统（如商业智能工具）可以使用 Thrift 服务器，以使用经典的 JDBC 和 ODBC 协议通过 Spark SQL 查询数据。

1.2.3 Spark Streaming

Spark Streaming 是一个从各种来源获取实时流数据的框架。它支持的流资源包括 HDFS、Kafka、Flume、Twitter、ZeroMQ 和自定义的流。Spark Streaming 操作可以从故障中自动恢复，这对于在线数据处理非常重要。Spark Streaming 表示使用离散流（DStream）的流数据，该数据流周期性地创建包含上一个时间窗口中进入的数据的 RDD。

Spark Streaming 可以在单个程序中与其他 Spark 组件结合，将实时处理与机器学习、SQL 和图形操作统一起来。这在 Hadoop 生态系统中是独一无二的。从 Spark 2.0 开始，新的结构化流 API 使 Spark 流程序更类似于 Spark 批处理程序。

1.2.4 Spark MLlib

Spark MLlib 是从加州大学伯克利分校的 MLbase 项目发展而来的机器学习算法库，支持的算法包括逻辑回归、朴素贝叶斯分类、支持向量机（SVM）、决策树、随机森林、线性回归和 k 均值聚类。

Apache Mahout 是一个现有的开源项目，提供了在 Hadoop 上运行的分布式机器学习算法的实现。尽管 Apache Mahout 更加成熟，但 Spark MLlib 和 Mahout 都包含了类似的机器学习算法。但是随着 Mahout 从 MapReduce 迁移到 Spark，它们将来必将被合并。

Spark MLlib 处理用于转换数据集的机器学习模型，它们表示为 RDD 或 DataFrame。

1.2.5 Spark GraphX

图是包括顶点和连接它们的边的数据结构。GraphX 提供了用于构建图形的功能，表示为图形 RDD：EdgeRDD 和 VertexRDD。GraphX 包含最重要的图论算法的实现，如网页排名、连通分量、最短路径、SVD++等。它还提供 Pregel 消息传递 API，该 API 与 Apache Giraph 实现的大规模图形处理的 API 相同，且是一个在 Hadoop 上运行的，可以实现图形算法的项目。

1.3 Spark 程序流程

下面看一个典型的 Spark 程序。假设一个 300 MB 的日志文件存储在一个三节点 HDFS 集群中。HDFS 自动将文件分割为 128 MB 部分（Hadoop 术语中的块），并将每个部分放在集群的单独节点上[⊖]（见图 1-3）。假设 Spark 在 YARN 上运行，且在同一个 Hadoop 集群中。

⊖ 虽然它与我们的示例不相关，但我们应该提到 HDFS 将每个块复制到两个额外的节点（如果默认复制参数为 3）。

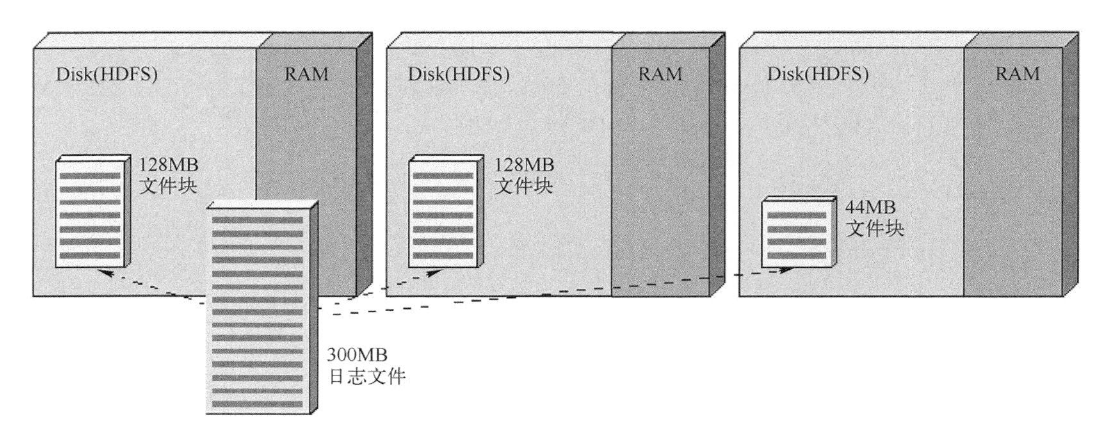

图 1-3　在三节点 Hadoop 集群中存储 300 MB 日志文件

Spark 数据工程师的任务是分析过去两周内发生的 OutOfMemoryError 类型的错误数量。工程师 Marry 知道日志文件包含公司应用程序服务器集群的最近两周的日志。她首先启动 Spark shell 并建立与 Spark 集群的连接。接下来，她使用（Scala 语言）命令行从 HDFS 加载日志文件（见图 1-4）：

```
val lines = sc.textFile("hdfs://path/to/the/file")
```

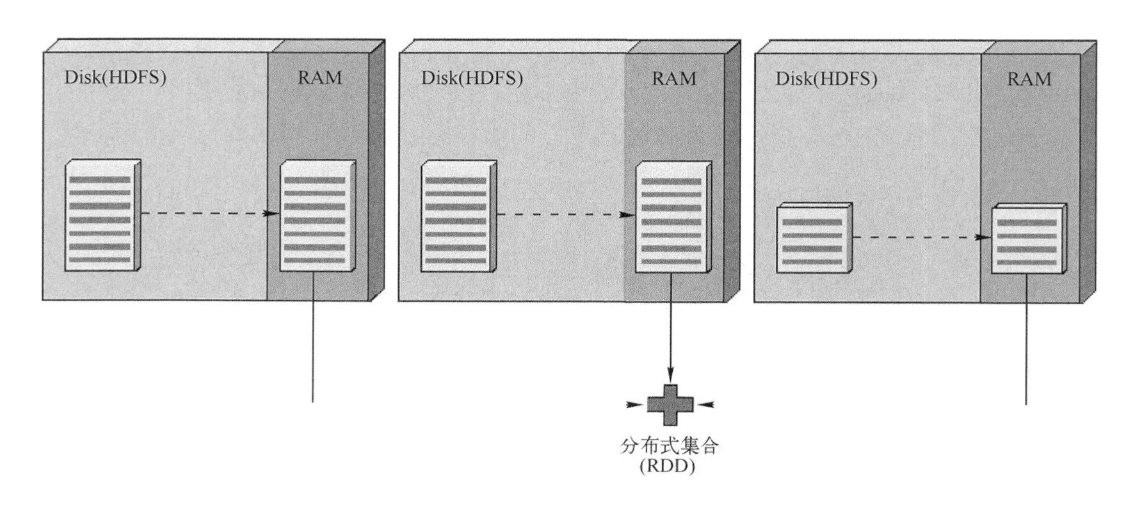

图 1-4　从 HDFS 加载文本文件

为了实现最大数据局部性[⊖]，加载操作要求 Hadoop 获取日志文件的每个块的位置，然后将所有块传送到集群节点的 RAM 中。现在 Spark 具有对 RAM 中每个块（Spark 术语中的分区）的引用。这些分区的总和是由 RDD 引用的日志文件中的行的分布式集合。简单地说，

⊖　如果每个块在其驻留在 HDFS 中的相同节点被加载到 RAM 中，则尊重数据局部性。总之，尽量避免在线上传输大量的数据。

RDD 允许用户使用分布式集合，就像使用任何本地非分布式集合一样。用户不必担心集合是分布式的，也不必自己处理节点故障。

除了自动容错和分发之外，RDD 还提供了精心设计的 API，允许以函数样式处理集合。用户可以过滤集合，用函数映射它，将其减少到累积值；与另一个 RDD 相减、相交或创建交集等。

Marry 现在有一个对 RDD 的引用，为了找到错误计数，她先要删除所有没有 OutOfMemoryError 子字符串的行。这是 filter 函数的工作：

```
val oomLines = lines. filter(l = >l. contains(" OutOfMemoryError" ) ). cache( )
```

过滤后，集合中就包含需要分析的数据子集（见图 1-5），Marry 调用它的缓存，告诉 Spark 在作业中将 RDD 留在内存中。缓存是之前提到的 Spark 的性能改进的基本组件。缓存 RDD 的好处将在以后变得显而易见。

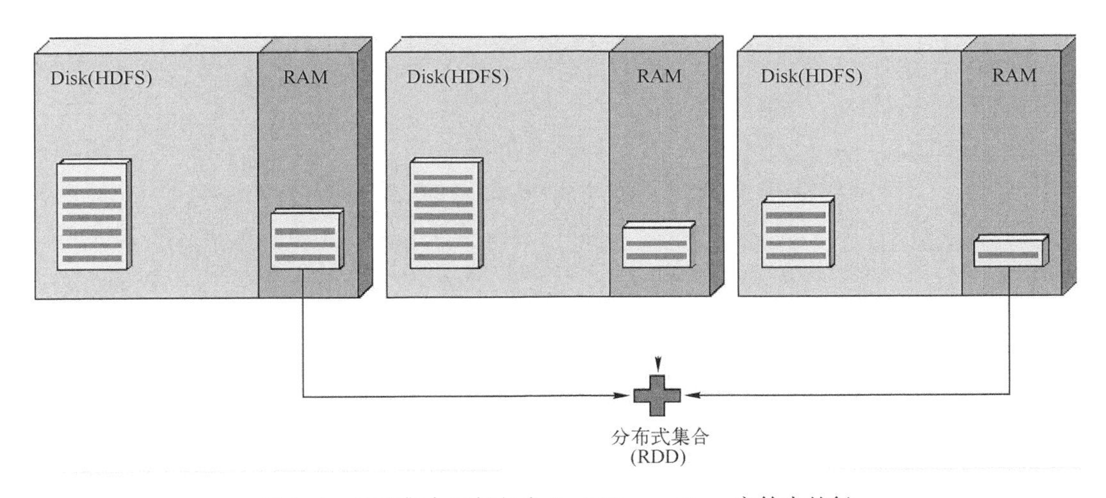

图 1-5　过滤集合以仅包含 OutOfMemoryError 字符串的行

现在只剩下那些包含错误字符串的行。这个简单例子将忽略 OutOfMemoryError 字符串作为单个错误出现在多行中的可能性。数据工程师计算剩余行数，并将结果报告为最近两周内发生的内存不足错误数：

```
val result = oomLines. count( )
```

Spark 使 Marry 只用 3 行代码执行数据的分布式过滤和计数。她的小程序在所有 3 个节点上并行执行。

如果 Marry 现在想要进一步分析 OutOfMemoryErrors 行，并可能再次对缓存在内存中的 oomLines 对象调用 filter（但是使用其他规则），则 Spark 将不会就像往常那样再次从 HDFS 加载文件，Spark 将从缓存加载它。

1.4 Spark 生态系统

由接口、分析、集群管理和基础设施工具组成的 Hadoop 生态系统，如图 1-6 所示。

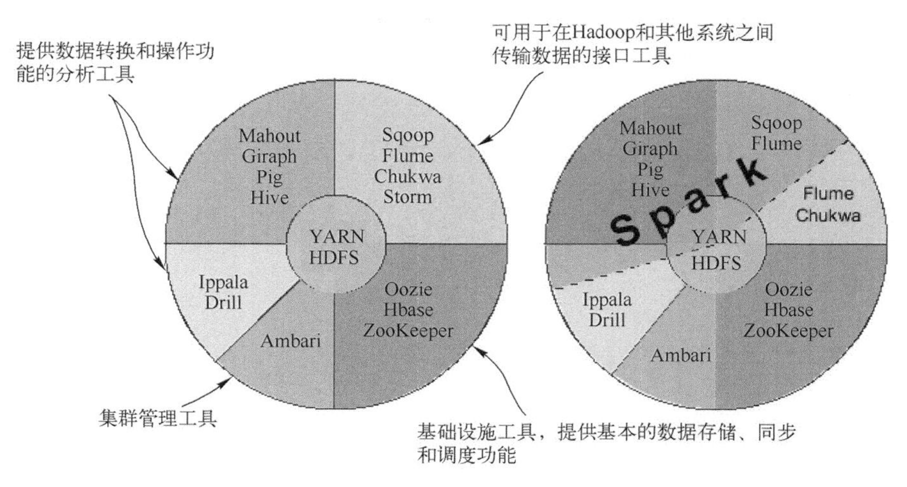

图 1-6　Hadoop 生态系统中的基本基础设施、接口、分析和管理工具，Spark 集成或过时的一些功能

图 1-6 并不完整[⊖]。该图未添加其他工具，但完整的工具列表很难适应于此部分。此列表是 Hadoop 生态系统中最重要工具的一个的子集。如果将 Spark 组件的功能与 Hadoop 生态系统中的工具进行比较，则可以看到一些工具突然变得多余。例如，Apache Giraph 可以替换为 Spark GraphX，而 Spark MLlib 可以替代 Apache Mahout。Apache Storm 的功能与 Spark Streaming 的功能重叠，因此在许多情况下可以使用 Spark Streaming。

Apache Pig 和 Apache Sqoop 不再被需要，因为 Spark Core 和 Spark SQL 涵盖了相同的功能。即使有传统的 Pig 工作流，并且需要运行 Pig，Spark 项目也允许在 Spark 上运行 Pig。

Spark 没有办法替换 Hadoop 生态系统工具（Oozie、HBase 和 ZooKeeper）的基础架构和管理。Oozie 用于调度不同类型的 Hadoop 作业，现在甚至有一个用来调度 Spark 作业的扩展。HBase 是一个分布式和可扩展的数据库，这是 Spark 所不提供的。ZooKeeper 提供了许多分布式应用程序需要的常见功能的快速和可靠的实现，如协调、分布式同步、命名和群组服务的配置。它也因为这些功能被应用于许多其他分布式系统中。

Impala 和 Drill 可以与 Spark 共存，特别是与 Drill 一起支持 Spark 作为执行引擎。但它们更像是竞争框架，主要跨越 Spark Core 和 Spark SQL 的功能，这使得 Spark 特性更加丰富（双关）。

Spark 不需要使用 HDFS 存储。除了 HDFS，Spark 还可以对存储在 Amazon S3 存储区和

⊖ 如果你有兴趣，可以在 http://hadoopecosystemtable.github.io 找到一个（希望）完整的 Hadoop 相关工具和框架列表。

普通文件中的数据进行操作。更令人兴奋的是，它还可以使用 Alluxio（以前的 Tachyon，它是一个以内存为中心的分布式文件系统）或其他分布式文件系统，如 GlusterFS。

另一个有趣的事实是，Spark 不必在 YARN 上运行。Apache Mesos 和 Spark standalone 集群是 Spark 的替代集群管理器。Apache Mesos 是一个把分布式资源抽象的高级分布式系统内核。它可以扩展到成千上万个具有完全容错能力的节点。Spark Standalone 是 Spark 特有的集群管理器，现已在多个站点上用于生产。

因此，如果从 MapReduce 转换到 Spark，并且摒弃 YARN 和所有 Spark 出现后所有过时的工具，Hadoop 生态系统还剩下什么？换句话说：开发者们是否正在慢慢迎来一个新的大数据标准：Spark 生态系统？

1.5　设置 spark-in-action VM

为了方便用户设置 Spark 学习环境，作者准备了一个虚拟机（VM）。用户可以在虚拟机上运行本书中所有示例，而不会因为 Java、Spark 或操作系统的版本不同而出现问题。例如，用户可能在 Windows 上运行 Spark 示例时遇到问题，毕竟 Spark 是在 OS X 和 Linux 上开发的，但出现问题的焦点不在于使用的是 Windows 操作系统，只要是使用作者提供的虚拟机，那么运行的界面都是相同的。

VM 包含以下软件栈。

- 64 位 Ubuntu 操作系统，14.04.4（昵称为 Trusty）：目前最新版本有长期支持（LTS）。
- Java 8（OpenJDK）：即使用户计划只使用来自 Python 的 Spark，也必须安装 Java，因为 Spark 的 Python API 与在 JVM 中运行的 Spark 互相通信。
- Hadoop 2.7.2：Hadoop 不是使用 Spark 的硬性要求。如果读者正在运行本地群集，则可以从本地文件系统保存和加载文件。一旦设置了真正的分布式 Spark 集群，就需要一个分布式文件系统，如 Hadoop 的 HDFS。Hadoop 安装也将在第 12 章中派上用场，用于尝试在 YARN 上运行 Spark 的方法，设置 Hadoop 的执行环境。
- Spark 2.0：本书完成时包含了最新的 Spark 版本。可以按照第 2 章中的说明轻松升级 VM 中的 Spark 版本。
- Kafka 0.8.2：Kafka 是一个分布式消息传递系统，在第 6 章和第 13 章中使用。

这里选择了 Ubuntu，因为它是一个流行的 Linux 发行版，Linux 是首选的 Spark 平台。如果用户以前从未使用过 Ubuntu，那么就从现在开始学习吧！作者会在相关章节中对 Ubuntu 的命令和概念进行解释，指导用户使用该系统。

本节仅介绍如何下载、启动和停止虚拟机，虚拟机的使用将在下一章中详细介绍。

1.5.1　下载和启动虚拟机

要运行虚拟机，用户需要一个 64 位操作系统，至少有 3 GB 的空闲内存和 15 GB 的可用磁盘空间。首先需要为平台安装以下两个软件包。

- Oracle VirtualBox：Oracle 的免费开源硬件虚拟化软件（www.virtualbox.org）。

- Vagrant：HashiCorp 用于配置便携式开发环境的软件（www. vagrantup. com/downloads. html）。

当安装了这两个软件后，创建一个用于托管虚拟机的文件夹（如 spark-in-action），然后，从在线存储库下载 Vagrant box metadata JSON 文件。可以手动下载或在 Linux 或 Mac 上使用 wget 命令：

```
$wget https://raw.githubusercontent.com/spark-in-action/first-edition/
➥ master/spark-in-action-box.json
```

然后发出以下命令来下载虚拟机本身。

```
$vagrant box add spark-in-action-box.json
```

Vagrant box 元数据 JSON 文件指向 Vagrant box 文件。该命令将下载 5 GB 的 VM box（这可能需要一些时间），并注册为 manning/spark-in-action Vagrant box。要使用它，请在当前目录中通过发出以下命令初始化 Vagrant 虚拟机。

```
$vagrantinit manning/spark-in-action
```

最后，使用 vagrant up 命令启动虚拟机（这也将分配大约 10 GB 的磁盘空间）：

```
$vagrant up
Bringing machine 'default' up with 'virtualbox' provider...
==>default:Checking if box 'manning/spark-in-action' is up to date...
==>default:Clearing any previously set forwarded ports...
==>default:Clearing any previously set network interfaces...
...
```

如果计算机上有多个网络接口，则系统会要求用户选择其中一个网络接口连接到虚拟机。选择一个有权访问互联网的接口。

例如：

```
==>default:Available bridged network interfaces:
1)1x1 11b/g/n Wireless LAN PCI Express Half Mini Card Adapter
2)Cisco Systems VPN Adapter for 64-bit Windows
==>default:When choosing an interface,it is usually the one that is
==>default:being used to connect to the internet.
default:Which interface should the network bridge to? 1
==>default:Preparing network interfaces based on configuration...
...
```

1.5.2 关闭虚拟机

要关闭虚拟机请发出以下命令。

```
$vagrant halt
```

这将停止运行虚拟机，但会保存用户的工作记录。如果想完全删除虚拟机并释放它的空间，则需要销毁它：

```
$vagrant destroy
```

如果用户长时间不用虚拟机还可以使用下面的命令删除下载的 Vagrant box（用于创建虚拟机）。

```
$vagrant box remove manning/spark-in-action
```

1.6　总结

- Apache Spark 是一种令人兴奋的新技术，它迅速取代 Hadoop 的 MapReduce，作为首选大数据处理平台。
- Spark 程序的速度可以比 MapReduce 快 100 倍。
- Spark 支持 Java、Scala、Python 和 R 语言。
- 使用 Spark 编写分布式程序与编写本地 Java、Scala 或 Python 程序类似。
- Spark 提供了一个统一的平台，用于批处理编程、实时数据处理功能、结构化数据的类 SQL 处理、图形算法和机器学习，这些都在一个框架中。
- Spark 不适合小型数据集，也不应将其用于 OLTP 应用程序。
- 主要的 Spark 组件有 Spark Core、Spark SQL、Spark Streaming、Spark MLlib 和 Spark GraphX。
- RDD 是 Spark 对分布式集合的抽象。
- Spark 取代了 Hadoop 生态系统中的一些工具。
- 使用 spark-in-action VM 来运行本书的示例。

第2章 Spark基础

本章涵盖

- 探索 spark-in-action VM。
- 管理多个 Spark 版本。
- 了解 Spark 的命令行界面（spark-shell）。
- 在 Spark-shell 中使用简单的示例。
- 探索 RDD 操作和转换以及双精度函数。

本章将使用虚拟机编写第一个 Spark 程序。现在需要一台联网的具有第 1 章中描述的前提条件的笔记本式计算机或台式计算机。

为了避免在这本书的前期被运行 Spark 的各种选项压倒，现在使用所谓的 Spark standalone 本地集群。standalone 意味着 Spark 正在使用自己的集群管理器（而不是 Mesos 或 Hadoop 的 YARN），本地意味着整个系统在本地运行，即在笔记本式计算机或台式计算机上运行。本书的第二部分将详细讨论 Spark 运行模式和配置选项。准备好了，现在正式开始。

请放心，如果读者以前没有任何的 Spark 或 Scala 知识，那么本章将以教程的形式循序渐进的介绍这些知识。下面通过设置先决条件，下载和安装 Spark，在 spark-shell 中使用简单的代码示例（用于从命令提示符访问 Spark）。

虽然打算在本书中解释所有的 Scala 细节，但作者没有幻想读者可以用关于 Spark 的书来学习 Scala。因此，获得一个专门的 Scala 书可能是有益的，如 Nilanjan Raychaudhuri 的 Scala in Action（Manning，2013）。或者，可以使用第二版 Programming in Scala（Artima Inc.，2010），这是 Scala 编程语言之父 Martin Odersky 的一本书。还可以推荐另一个很棒的现成资源，是 Twitter 的在线 Scala 学校（http://twitter.github.io/scala_school/）。当遇到一个新的 Scala 题目时，读者可以在书里或通过网络查找来获得更全面的信息。

作者希望用户遵循了上一章的说明，并成功设置了 spark-in-action VM。如果由于某种原因无法使用虚拟机，请查看附录 B 以了解有关安装 Spark 的说明。

现在，将使用 spark-in-action VM 来编写和执行第一个 Spark 程序。

2.1　使用 spark-in-action VM

开始使用 VM，请切换到放置 Vagrantfile 的文件夹。如果尚未运行，则使用以下命令启动计算机。

```
$vagrant up
```

当命令完成后，可以登录虚拟机。通过发出 Vagrant 的 ssh 命令打开到机器的 SSH 连接：

```
$vagrant ssh
```

或者通过使用 SSH 程序，如 Linux 和 Mac 上的 SSH、Putty、Kitty 或 MobaXTerm（如果在 Windows 上运行），直接连接到 192.168.10.2（这是为 spark-in-action VM 配置的 IP 地址）。两种方法都应该呈现相同的登录提示。输入用户名 spark 和密码 spark，可以应该看到以下提示。

```
Welcome to Ubuntu 14.04.4 LTS(GNU/Linux 3.13.0-85-generic x86_64)
... several omitted lines ...
spark@spark-in-action:~ $
```

登录进虚拟机了，下面开始第一步。

2.1.1　复制 Spark in Action GitHub 存储库

通过发出以下命令将 Spark in Action GitHub 存储库复制到主目录中（Git 已经安装在虚拟机中）。

```
$git clone https://github.com/spark-in-action/first-edition
```

这将在主目录中创建第一版文件夹。

2.1.2　找到 Java

配置了 Spark 用户的 PATH，就可以从虚拟机中的任何位置轻松调用 Java、Hadoop 和 Spark 命令来查看 Java 的安装路径。which 命令显示指定的可执行文件的位置，如果它可以在当前路径中找到：

```
$which java
/usr/bin/java
```

代码格式和符号

已经建立了以下符号和格式化规则来区分输入到终端的命令与输入到 Spark shell 中的命令（终端输出和 Spark-shell 输出）。终端命令以美元符号开头，而输入到 Spark-shell 的代码以 scala>开头：

```
$terminal command
terminal output
scala>a line of code
spark shell output
```

这是系统级用户程序的默认位置。该文件是一个符号链接，可以通过它跟踪到 Java 的真正安装位置：

```
spark@ spark-in-action:~ $ls-la/usr/bin/java
lrwxrwxrwx 1 root root 22 Apr 19 18:36/usr/bin/java->/etc/alternatives
➥ /java
spark@ spark-in-action:~ $ls-la/etc/alternatives/java
lrwxrwxrwx 1 root root 46 Apr 19 18:36/etc/alternatives/java->/usr/lib/
➥ jvm/java-8-openjdk-amd64/jre/bin/java
```

因此，Java 的安装位置是/usr/lib/jvm/java-8-openjdk-amd64。对于运行 Hadoop 和 Spark 来说，JAVA_HOME 变量也很重要。

```
$echo $JAVA_HOME
/usr/lib/jvm/java-8-openjdk-amd64/jre
```

符号链接

符号链接是对文件或文件夹的引用。它的行为就好像用户可以从文件系统中的两个不同位置访问相同的文件或文件夹。符号链接不是副本，它是对目标文件夹（在文件夹符号链接的情况下）的引用，具有内部导航的能力，就像它是目标文件夹一样。用户在符号链接中所做的任何更改都将直接应用于目标文件夹，并反映在符号链接中。例如，如果要使用 vi 编辑器编辑文件符号链接，则将编辑目标文件，并且这些更改将在两个地方都可见。

2.1.3 使用虚拟机的 Hadoop 安装

使用 spark-in-action VM，还可以获得全功能的 Hadoop 安装。这里需要它来从 HDFS 读取和写入文件，并在本书后面运行 YARN。

Hadoop 安装在文件夹/usr/local/hadoop 中，这是一个符号链接，指向/opt/hadoop-2.7.2，这是 Hadoop 二进制文件所在的位置。

许多 HDFS shell 命令在 Hadoop 中可用，模仿常用的文件系统命令（创建、复制、移动文件和文件夹等）。它们作为 hadoop fs 命令的参数发出。例如，要列出/user HDFS 文件夹中的文件和文件夹，请使用以下命令。

```
$hadoop fs-ls/user
Found 1 items
```

```
drwxr-xr-x   -spark supergroup            0 2016-04-19 18:49/user/spark
```

在这里没有时间或空间来解释其他 Hadoop 命令，但是用户可以在官方文档中找到完整的 Hadoop 文件系统命令参考：http://mng.bz/Y9FP。

最后一个命令（hadoop fs-ls）可以工作，是因为 Spark-In-Action VM 配置为在启动时自动启动 HDFS 守护程序进程。因此该命令可以连接到 HDFS 并查询文件系统。HDFS 启动是通过调用一个脚本完成的（注意，Hadoop 的 sbin 目录不在 spark 用户的 PATH 上）：

```
$/usr/local/hadoop/sbin/start-dfs.sh
```

如果希望停止 HDFS 守护程序，则可以调用等效的 stop-dfs.sh 脚本：

```
$/usr/local/hadoop/sbin/stop-dfs.sh
```

注意，spark 用户对/usr/local/hadoop 目录具有完全访问权限（读/写/执行[rwx]），因此当需要更改（如配置文件）或启动、停止守护程序时，不必每次都使用 stuo。

2.1.4　检查虚拟机的 Spark 安装

安装 Spark 时，可以从 Spark 下载页面（https://spark.apache.org/downloads.html）下载相应的 Spark 归档文件，并将其解压缩到选择的文件夹中。与 Hadoop 类似，在 Spark-In-Action VM 中，Spark 可从/usr/local/spark 文件夹获得，它是一个指向/opt/spark-2.0.0-bin-hadoop2.7 的符号链接，Spark 二进制文件也解压在这里。如文件夹名称所示，安装的版本是 2.0，预先构建的 Hadoop 2.7 或更高版本，这是虚拟机所需要的。

除了下载预建版本，也可以自己构建 Spark。详见附录 B。本书中的示例使用 Spark 2.0.0（在编写本文时是最新版本）进行测试，因此请确保安装该版本。

1. 管理 Spark 版本

由于 Spark 的新版本每隔几个月就会出现一次，因此需要一种管理它们的方式，以便可以安装多个版本，并轻松选择使用哪个版本。通过已描述的方式使用符号链接，无论当前 Spark 是哪个版本，都可以随时使用/usr/local/spark 在所有程序、脚本和配置文件中引用 Spark 安装。通过删除符号链接并创建一个新符号链接来切换版本，指向要处理的 Spark 版本的根安装文件夹。

例如，在解压几个 Spark 版本后，/opt 文件夹可能包含以下文件夹。

```
$ls/opt | grep spark
spark-1.3.0-bin-hadoop2.4
spark-1.3.1-bin-hadoop2.4
spark-1.4.0-bin-hadoop2.4
spark-1.5.0-bin-hadoop2.4
spark-1.6.1-bin-hadoop2.6
spark-2.0.0-bin-hadoop2.7
```

例如，要从当前的 2.0 前版本切换回 1.6.1，需删除当前的符号链接（在这里需要使用

sudo，因为 spark 用户没有更改/usr/local 文件夹的权限)：

```
$sudo rm-f/usr/local/spark
```

然后创建一个新符号链接指向 1.6.1 版本：

```
$sudo ln-s/opt/spark-1.6.1-bin-hadoop2.4/usr/local/spark
```

这个想法是始终使用 Spark 符号链接，以相同的方式引用当前的 Spark 安装。

2. 其他 Spark 安装细节

许多 Spark 脚本需要设置 SPARK_HOME 环境变量。它已经在虚拟机中进行了设置，它指向 spark 符号链接，用户可以自己检查：

```
$export | grep SPARK
declare-x SPARK_HOME="/usr/local/spark"
```

Spark 的 bin 和 sbin 目录已添加到 spark 用户的 PATH 中。spark 用户也是/usr/local/spark 下的文件和文件夹的所有者，因此用户可以根据需要更改它们，而无须使用 sudo。

2.2 用 Spark shell 编写第一个 Spark 程序

本节将启动 Spark shell 并使用它来编写第一个 Spark 示例程序。那么这个 Spark shell 是关于什么的呢?

有以下两种不同的方式可以与 Spark 交互：一种方法是用 Scala、Java 或 Python 编写一个程序，那要用到 Spark 的库，也就是它的 API (更多内容第 3 章中的程序)；另一种是使用 Scala shell 或 Python shell。

shell 主要用于探索性数据分析，通常用于一次性作业，因为 shell 中编写的程序在退出 shell 后将被丢弃。shell 其他常见的使用场景是测试和开发 Spark 应用程序。在 shell 中测试假设 (如探测数据集和实验) 要比编写应用程序、提交并执行、将结果写入输出文件，然后分析该输出更容易。

Spark shell 也称为 Spark REPL，其中 REPL 缩写代表读取-求值-输出-循环。它读取用户的输入并进行评估，然后打印结果，所有流程完成后再次开始。也就是说，一条命令返回一次结果，它不会退出 scala>提示符；它为下一个命令做准备 (如此循环)。

2.2.1 启动 Spark shell

现在以 spark 用户身份登录到虚拟机。正如前面所说，Spark 的 bin 目录位于 spark 用户的 PATH 中，因此应该能够通过输入以下命令启动 Spark shell。

```
$spark-shell
Spark context Web UI available at http://10.0.2.15:4040
Spark context available as 'sc'(master=local[ * ],app id=local-1474054368520).
Spark session available as 'spark'.
```

```
Welcome to
```
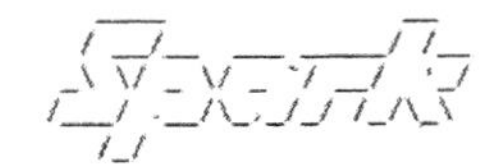
```
                 version 2.0.0
Using Scala version 2.11.8(OpenJDK 64-Bit Server VM,Java 1.8.0_72-internal)
Type in expressions to have them evaluated.
Type:help for more information.
scala>
```

Boom！机器上已经有一个运行的 spark-shell 了。

注意：要在 Spark Python shell 中编写 Python 程序，请输入“pyspark”。

在以前的 Spark 版本中，Spark 将所有详细的 INFO 消息记录到控制台视图，使得视图中的消息非常杂乱。这种情况在以后的版本中有所减少，但现在这些可能有价值的消息不再可用。

用户将会产生仅限于 Spark-shell 的打印错误，但是用户将维护 log/info. log 文件（相对于 Spark 根）的完整登录以进行故障排除。输入：quit（或按〈Ctrl+D〉组合键）退出 shell，并在 conf 子文件夹中创建一个 log4j. properties 文件，如下所示。

```
$nano/usr/local/spark/conf/log4j.properties
```

nano 是 UNIX 系统的文本编辑器，默认情况下在 Ubuntu 中可用。用户也可以自由使用其他任何文本编辑器。将以下列表的内容复制到新创建的 log4j. properties 文件中。

```
Listing 2.1 Contents of Spark's log4j.properties file
# set global logging severity to INFO(and upwards:WARN,ERROR,FATAL)
log4j.rootCategory=INFO,console,file
# console config(restrict only to ERROR and FATAL)
log4j.appender.console=org.apache.log4j.ConsoleAppender
log4j.appender.console.target=System.err
log4j.appender.console.threshold=ERROR
log4j.appender.console.layout=org.apache.log4j.PatternLayout
log4j.appender.console.layout.ConversionPattern=%d{yy/MM/dd HH:mm:ss}
➥ %p %c{1}:%m%n
# file config
log4j.appender.file=org.apache.log4j.RollingFileAppender
log4j.appender.file.File=logs/info.log
log4j.appender.file.MaxFileSize=5MB
log4j.appender.file.MaxBackupIndex=10
log4j.appender.file.layout=org.apache.log4j.PatternLayout
log4j.appender.file.layout.ConversionPattern=%d{yy/MM/dd HH:mm:ss}
➥ %p %c{1}:%m%n
# Settings to quiet third party logs that are too verbose
log4j.logger.org.eclipse.jetty=WARN
```

```
log4j.logger.org.eclipse.jetty.util.component.AbstractLifeCycle=ERROR
log4j.logger.org.apache.spark.repl.SparkIMain $exprTyper=INFO
log4j.logger.org.apache.spark.repl.SparkILoop $SparkILoopInterpreter=INFO
log4j.logger.org.apache.spark=WARN
log4j.logger.org.apache.hadoop=WARN
```

通过按〈Ctrl+X〉组合键，然后按〈Y〉键退出 nano，确认用户要保存文件，如果要求输入文件名称，请按〈Enter〉键。

LOG4J 虽然已被 logback 库取代，并且已经近 20 年了，但由于其设计的简单性，它仍然是最广泛使用的 Java 日志库之一。

使用相同的命令启动 Spark shell：

```
$spark-shell
```

在输出中可以看到，以 sc 变量的形式提供 Spark 上下文，以 sqlContext 的形式提供 SQL 上下文。Spark 上下文是与 Spark 交互的入口点。用户可以将其用于从应用程序连接到 Spark、配置会话、管理作业执行、加载或保存文件等操作。

2.2.2 第一个 Spark 代码示例

假设想知道 Spark 使用的许多第三方库是否根据 BSD 许可证（Berkeley Software Distribution 的缩写）获得许可，幸运的是，Spark 提供了一个名为 LICENSE 的文件，位于 Spark 根目录下。LICENSE 文件包含 Spark 使用的所有库的列表及其提供的许可证。文件中名为 BSD 许可的软件包的行中包含 BSD 一词。用户可以很容易地使用 Linux shell 命令来计数这些行，但这不是重点。下面介绍如何获取该文件并使用 Spark API 计算行数。

```
scala>val licLines=sc.textFile("/usr/local/spark/LICENSE")
licLines:org.apache.spark.rdd.RDD[String]=LICENSE MapPartitionsRDD[1] at
    textFile at<console>:27  //将 licLines 变量视为通过在换行符上拆分 LICENSE 构建的行的集合
scala>val lineCnt=licLines.count      //检索 licLines 集合中的数量
lineCnt:Long=294     //LICENSE 中的行数在 Spark 版本之间可能会有所不同
```

现在知道文件中的行总数有什么好处？用户需要找出 BSD 出现的行数。这个想法是通过一个过滤器运行 licLines 集合，过滤掉不包含 BSD 的行。

```
scala>val bsdLines=licLines.filter(line=>line.contains("BSD"))//①形成一个新的集合 bsdLines，它包含带有“BSD”子字符串的行
bsdLines:org.apache.spark.rdd.RDD[String]=MapPartitionsRDD[2] at filter
➥ at<console>:23
scala>bsdLines.count      //计算 bsdLines 的集合有多少元素(行)
res0:Long=34
```

函数显示声明

如果用户从来没有使用过 Scala，那么他们可能想知道带有胖箭头（=>）①的代码是什么。它是一个 Scala 函数声明，定义了一个匿名函数，接受一个字符串并返回 true 或 false，这取决于行是否包含“BSD”子字符串。

胖箭头基本上指定函数在表达式左侧的转换，将其转换为右侧，然后返回。在这种情况下，String（line）被转换为布尔值（contains 的结果），然后作为函数的结果返回。

filter 函数评估 licLines 集合（每行）的每个元素上的胖箭头函数，并返回一个新集合 bsdLines，它只包含胖箭头函数返回 true 的那些元素。

用于过滤行的胖箭头函数是匿名的，但是也可以定义等效的命名函数，如下所示。

```
scala>def isBSD(line:String)= { line.contains("BSD") }
isBSD:(line:String)Boolean
```

或将函数定义的引用存储在变量中：

```
scala>val isBSD=(line:String)=>line.contains("BSD")
isBSD:String=>Boolean=<function1>
```

然后使用它代替匿名函数：

```
scala>val bsdLines1=licLines.filter(isBSD)
bsdLines1:org.apache.spark.rdd.RDD[String]=MapPartitionsRDD[5] at filter
➥ at<console>:25
scala>bsdLines1.count
res1:Long=34
```

要将包含 BSD 的行打印到控制台，请为每行调用 println：

```
scala>bsdLines.foreach(bLine=>println(bLine))
BSD-style licenses
The following components are provided under a BSD-style license. See
➥ project link for details.
(BSD 3 Clause)netlib core(com.github.fommil.netlib:core:1.1.2-
➥ https://github.com/fommil/netlib-java/core)
(BSD 3 Clause)JPMML-Model(org.jpmml:pmml-model:1.1.15-
➥ https://github.com/jpmml/jpmml-model)
(BSD 3-clause style license)jblas(org.jblas:jblas:1.2.4-
➥ http://jblas.org/)
(BSD License)AntLR Parser Generator(antlr:antlr:2.7.7-
➥ http://www.antlr.org/)
...
```

要以更少的输入完成同样的事情，用户也可以使用快捷方式版本：

```
scala>bsdLines.foreach(println)
```

2.2.3 弹性分布式数据集的概念

虽然 licLines 和 bsdLines 看起来像普通的 Scala 集合（filter 和 foreach 方法也可以在普通 Scala 集合中使用），但它们不是。它们是 Spark 所特有的分布式集合，称为弹性分布式数据集或 RDD。

RDD 是 Spark 中的基本抽象。它代表一个元素的集合具有：

- 不可变（只读）。
- 弹性（容错）。
- 分布式（数据集扩展到多个节点）。

RDD 支持许多可以进行有用数据操作的转换，但它们总是产生一个新的 RDD 实例。一旦创建，RDD 永远不会改变，因此形容词也不变。已知可变状态会引入复杂性，但除此之外，具有不可变的集合允许 Spark 以直接的方式提供重要的容错保证。

集合分布在多个机器（执行上下文，JVM）上对其用户来说是透明的[⊖]，因此使用 RDD 与使用普通本地集合（如普通的列表、映射、集合等）没有太大的不同。总而言之，RDD 的目的是以直接的方式促进对大型数据集的并行操作，从而抽象出它们的分布式特性和固有的容错性。

由于 Spark 的内置故障恢复机制，RDD 具有弹性。Spark 能够在节点故障的情况下修复 RDD。而其他分布式计算框架通过将数据复制到多个机器（因此，一旦节点发生故障，就可以从健康的复制品中恢复）来促进容错，而 RDD 则不同：它们通过记录构建数据集的变换而不是数据集本身来提供容错。如果节点发生故障，则只需重新计算驻留在故障节点上的数据集的子集。

例如，在上一节中，加载文本文件的过程产生了 licLines RDD，然后将 filter 函数应用于 licLines，生成新的 bsdLines RDD。这些转换及其顺序被称为 RDD 谱系。它表示从头到尾创建 bsdLines RDD 的确切方法。作者将在后面的章节中更多地讨论 RDD 谱系。现在，来看看可以用 RDD 做什么。

2.3 基本 RDD 行动和转换操作

RDD 操作有以下两种类型：转换和行动操作。转换（如 filter 或 map）是通过对另一 RDD 执行一些有用的数据操作来产生新的 RDD 的操作；行动操作（如 count 或 foreach）触发计算，以便将结果返回到调用程序或对 RDD 的元素执行一些操作。

⊖ 好吧，几乎透明。为了优化计算并获得性能优势，有一些方法来控制数据集分区（RDD 如何在集群中的节点之间分布）和持久性选项。将在本书后面大量讨论这两个特性。

Spark 转换的延迟

重要的是要理解转换是延迟计算的，这意味着用户调用一个动作之前，计算不会发生。一旦在 RDD 上触发动作，Spark 检查 RDD 的谱系，并使用该信息来构建需要执行以便计算动作的“操作图”。将转换视为一种图表，告诉 Spark 一旦操作执行，哪些操作需要发生，并以哪种顺序发生。

本节将介绍一些其他重要的 RDD 操作，如 map、flatMap、take 和 distinct。用户可以打开 Spark shell，边学习边实验，出现错误会更好，因为这更有助于学习。

2.3.1　使用 map 转换

filter 用于有条件地从 RDD 中删除[⊖]一些元素。现在来看看如何获取 RDD 元素并转换它们，再用这些转换的元素创建一个全新的 RDD。

map 变换允许用户将任意函数应用于 RDD 的所有元素。以下是 map 方法的声明（这里删除了与本次讨论无关的部分签名）。

```
//将 RDD 定义为具有参数化类型 T 的类
class RDD[T] {
    //... other methods ...
def map[U](f:(T)=>U):RDD[U]   //map 将另一个函数作为参数,返回一个不同类型的 RDD
    //... other methods ...
}
```

可以这样读取函数签名：“声明一个称为 map 的函数，它使用一些其他函数作为参数并返回一个 RDD。返回的 RDD 包含与调用 map 的 RDD 不同的类型的元素。”因此，与 filter 不同，生成的 RDD 可能与调用 map 的 RDD 的类型相同，也可能不同。

下面从一个基本的例子开始。如果要计算 RDD 元素的二次方，则用 map 可以很容易地实现。

```
Listing 2.2 Calculating the squares of an RDD's elements using map
scala>val numbers=sc.parallelize(10 to 50 by 10)
numbers:org.apache.spark.rdd.RDD[Int]=ParallelCollectionRDD[2] at
➥ parallelize at<console>:12
scala>numbers.foreach(x=>println(x))
30
40
50
10
20
```

⊖ RDD 是不可变的，“删除”的意思是创建一个新的 RDD，与用户开始的 RDD（filter 被调用的那个）相比，其中一些元素有条件地丢失。

```
scala>val numbersSquared = numbers.map(num => num * num)
numbersSquared:org.apache.spark.rdd.RDD[Int] = MapPartitionsRDD[7] at map
➥ at<console>:23
scala>numbersSquared.foreach(x => println(x))
100
400
1600
2500
900
```

列表中的第一个命令是 Spark 上下文的 parallelize 方法，它使用 Seq（Array 和 List 类都实现 Seq 接口）并从它的元素创建一个 RDD。Seq 的元素在此过程中分发给 Spark 执行器。makeRDD 是 parallelize 的别名，因此用户可以两者择其一来使用。作为参数传递的表达式（10 to 50 by 10）是 Scala 创建 Range 的方法，它也是 Seq 的一个实现。

使用一个稍微不同的例子来说明 map 如何改变 RDD 的类型，想象一种情况，即将整数的 RDD 转换为字符串的 RDD，然后反转每个字符串：

```
scala>val reversed = numbersSquared.map(x => x.toString.reverse)
reversed:org.apache.spark.rdd.RDD[String] = MappedRDD[4] at map at
➥ <console>:16
scala>reversed.foreach(x => println(x))
001
004
009
0061
0052
```

也可以用下面这种转换，与其他相比，它更短：

```
scala>val alsoReversed = numbersSquared.map(_.toString.reverse)//① Scala 中的下划线在此上下文中称为占位符
alsoReversed:org.apache.spark.rdd.RDD[String] = MappedRDD[4] at map at
<console>:16
scala>alsoReversed.first     //返回 RDD 中的第一个元素
res6:String = 001
scala>alsoReversed.top(4)//top 从 RDD 集合返回 k 个最大元素的有序数组
res7:Array[String] = Array(009,0061,0052,004)//009 大于 0061;因为这些是字符串,它们按字母顺序排序㊀
```

㊀ 按字母顺序：http://en.wikipedia.org/wiki/Alphabetical_order。

占位符语法

可以在前面的例子①中读取占位符语法，例如："无论调用什么，调用 toString，然后在它上面调用 reverse。" 这里称之为占位符[一]，因为当函数被调用时，它保留了用函数参数填充的位置。

在这种情况下，当 map 开始遍历元素时，首先将占位符替换为 numbersSquared 集合（100）中的第一个元素，然后替换第二个元素（400），依此类推。

2.3.2　使用 distinct 和 flatMap 转换

下面学习 distinct 和 flatMap 转换来继续 RDD 操作。它们类似于在一些 Scala 集合中可用的相同名称的函数（如 Array 对象），区别在于，当在 RDD 上使用时，它们对分布式数据进行操作，并如前所述进行延迟计算。

使用另一个例子来说明。想象一下，有一个大文件包含了客户上周的交易日志。每当客户进行购买时，服务器会将唯一的客户 ID 附加到日志文件的末尾。每天结束时，服务器会添加一行新文本，因此每天都有其中包含一行由逗号分隔的用户 ID 的结构文件。假设有一个任务需要了解一周内有多少客户购买了至少一个产品。要获取这个数目，需要删除所有重复的客户。也就是说，将所有进行多次购买的客户降低到单个条目。接下来的工作就是计算剩余的条目。

要准备此示例，用户将创建一个具有多个客户 ID 的示例文件。打开一个新终端（而不是 spark-shell），然后执行以下命令：[二]

```
$echo "15,16,20,20//echo 将其参数打印到标准输出,这里将其重定向到 client-ids. log 文件。数
字表示客户 ID
77,80,94
94,98,16,31
31,15,20">~/client-dis. log//~是另一种引用 linux 主目录的方式(相当于 $HOME)
```

回到 spark-shell，加载日志文件：

```
scala>val lines=sc. textFile("/home/spark/client-ids. log")
lines:org. apache. spark. rdd. RDD[String]=client-ids. log
➥ MapPartitionsRDD[1] at textFile at<console>:21
```

然后用逗号字符分割每一行，这会产生每行的字符串数组：

```
scala>val idsStr=lines. map(line=>line. split(","))
idsStr:org. apache. spark. rdd. RDD[Array[String]]=MapPartitionsRDD[2] at
➥ map at<console>:14
```

[一] 有关占位符语法的更多信息：http://mng. bz/c52S。

[二] 如果正在阅读该书的打印版本，请使用该书的 GitHub 存储库复制代码段：http://mng. bz/RCb9。

```
scala>idsStr.foreach(println(_))
[Ljava.lang.String;@65d795f9
[Ljava.lang.String;@2cb742ab
... 4 of these ...
```

通过拆分逗号字符的 4 行中的每一行创建了 idsStr，这 4 行创建 4 个 ID 数组。因此，打印输出包含了 Array.toString 的 4 个返回值：[1]

```
scala>idsStr.first
res0:Array[String]=Array(15,16,20,20)
```

如何在 idsStr RDD 中将这些数组显示出来？可以使用 RDD 的 collect 操作来实现。collect 是一个创建数组动作，将 RDD 的所有元素收集到该数组中，然后将其作为结果返回到用户的 shell：

```
scala>idsStr.collect
res1:Array[Array[String]]=Array(Array(15,16,20,20),Array(77,80,
➥ 94),Array(94,98,16,31),Array(31,15,20))
```

如果只有一个函数知道如何将这 7 个数组变成一个单一的联合数组。这个函数被称为 flatMap，并且它正好用于这样的情况，其中转换的结果产生多个数组，并且需要将所有元素都放到一个数组中。它基本上与 map 相同，因为它将所提供的函数应用于所有的 RDD 元素，但区别在于它将多个数组连接到一个集合中，该集合的嵌套层级小于接收到的嵌套层。下面它的签名。

```
def flatMap[U](f:(T)=>TraversableOnce[U]):RDD[U]
```

为了简化事情并避免混淆，会将 TraversableOnce[2]称为是一个奇怪的集合名称。

> **讲解计划**
>
> 现在还不是深入研究 Scala 的时候，这里仍然坚持原来的约定，不需要读者熟悉关于 Scala 的内容。在这里讲解太多 Scala 的定义没有任何好处。在行文过程中，碰到 Scala 的概念再进行介绍。对于 Scala 初学者难以理解的部分将跳过，虽然这些内容对于 Spark 至关重要。TraversableOnce 显然不在此列。
>
> 对于有经验的 Scala 开发者，对于每一个这样的主题，本书确保用脚标的形式包含该主题的在线资源，以供参考。

既然用户了解了 flatMap，从这个例子开始。下面将再次拆分加载到 lines RDD 的行，但这次将使用 flatMap 而不是常规 map：

```
scala>val ids=lines.flatMap(_.split(","))
```

---

[1] [Ljava.lang.String; @... thing 是什么？请参阅 http://stackoverflow.com/a/3442100/465710。

[2] 如果喜欢揭秘，则可以在 Scala API（称为 scaladoc）中查找 TraversableOnce：http://mng.bz/OTvD。

```
ids:org.apache.spark.rdd.RDD[String] = MapPartitionsRDD[8] at flatMap at
➥ <console>:23
```

下面使用 collect 来看看 flatMap 返回的是什么？

```
scala>ids.collect
res11:Array[String] = Array(15,16,20,20,77,80,94,94,98,16,31,
➥ 31,15,20)
```

正如前面已经提到的，封装 ID 的 Array 只是使用 collect 方法返回的结果。当用户第一次使用 collect 时，在应用常规 map 函数后，会返回一个数组的数组。flatMap 产生的嵌套级别低于 map，确保用户在 id RDD 中没有任何数组：

```
scala>ids.first
res12:String = 15
```

如上所示，只是得到了一个字符串。如果要格式化 collect 方法的输出，可以使用名为 mkString 的 Array 类的方法：

```
scala>ids.collect.mkString("; ")
res13:String = 15; 16; 20; 20; 77; 80; 94; 94; 98; 16; 31; 31; 15; 20
```

mkString 不是 Spark 特有的，它是 Scala 的标准库中的 Array 类的一个方法，用于将所有数组元素连接成一个 String，并用提供的参数将它们分开。

没有特别的原因，除了实现 map 转换和占位符语法之外，也可以将 RDD 的元素从 String 转换为 Int（这可能用于避免按字母顺序将元素排序为字符串，其中“10”小于“2”）：

```
scala>val intIds = ids.map(_.toInt)
intIds:org.apache.spark.rdd.RDD[Int] = MapPartitionsRDD[9] at map at
➥ <console>:25
scala>intIds.collect
res14:Array[Int] = Array(15,16,20,20,77,80,94,94,98,16,31,31,
➥ 15,20)
```

用户的任务是找到购买任何东西的唯一客户的数量。要找到这个数字就需要使用 distinct。distinct 是一种返回包含删除了重复元素的新的 RDD 方法：

```
def distinct():RDD[T]
```

当在 RDD 上调用时，它创建具有唯一元素（当然是相同类型）的新 RDD。所以，最后 ID 列表是唯一的：

```
scala>val uniqueIds = intIds.distinct
uniqueIds:org.apache.spark.rdd.RDD[Int] = MapPartitionsRDD[12] at distinct
➥ at<console>:27
```

```
scala>uniqueIds.collect
res15:Array[Int]=Array(16,80,98,20,94,15,77,31)
scala>val finalCount=uniqueIds.count
finalCount:Long=8
```

用户现在可以知道，那周只有 8 个不同的客户购买了东西。那么，共有多少笔交易？

```
scala>val transactionCount=ids.count
transactionCount:Long=14
```

所以，8 个客户共做了 14 笔交易。最后得出结论，用户有一小部分忠实的客户。

将代码块粘贴到 Spark Scala shell 中

不必逐行粘贴。用户可以复制整个代码块及其输出，这样可以使事情更容易一些。

执行下面一组稍微修改的命令。如果用户正在阅读印刷版，则可以从本书的 GitHub 存储库中复制该代码段。否则，当将整个代码段和结果一起复制粘贴到 spark-shell 中时，spark-shell 将检测到用户是粘贴了一个 shell 脚本，并且在确认了用户的真正意图之后，向用户显示秘密的键盘快捷键（注意输出中的//Detected repl transcript），并且将重新显示所有的以 scala>提示开头的命令：

```
scala>val lines=sc.textFile("/home/spark/client-ids.log")
lines:org.apache.spark.rdd.RDD[String]=client-ids.log
➥ MapPartitionsRDD[12] at textFile at<console>:21
scala>val ids=lines.flatMap(_.split(","))
ids:org.apache.spark.rdd.RDD[String]=MapPartitionsRDD[13] at flatMap at
➥ <console>:23
scala>ids.count
res8:Long=14
scala>val uniqueIds=ids.distinct
uniqueIds:org.apache.spark.rdd.RDD[String]=MapPartitionsRDD[16] at
➥ distinct at<console>:25
scala>uniqueIds.count
res17:Long=8
scala>uniqueIds.collect
res18:Array[String]=Array(16,80,98,20,94,15,77,31)
```

是不是很神奇？下面继续学习 Spark 基础的下一个转换，那就是 sample 转换。

2.3.3 使用 sample、take 和 takeSample 操作获取 RDD 的元素

假设需要准备一个包含从同一日志中随机选取的 30%的客户 ID 的样本集，好在 RDD API 的设计者预计到了这种情况，因为他们在 RDD 类中实现了 sample 方法。sample 是一个转换操作，它使用来自 RDD 的随机元素创建一个新的 RDD（this）。代码如下所示：

```
def sample(withReplacement:Boolean,fraction:Double,seed:Long=
➥ Utils.random.nextLong):RDD[T]
```

第一个参数 withReplacement 确定是否可以多次采样相同的元素。如果将其设置为 false，则在该方法调用的生命周期中，一个元素一旦被采样，将不会被考虑用于后续采样（它被删除，即不被替换）。使用维基百科（http://mng.bz/kQ7W）中的示例来解释：如果用户抓住了鱼，测量它们，并在继续采样之前立即将鱼放回水中，这是一种替换设计，因为同一条鱼可能不止一次被抓住和测量。但是如果不将鱼放回水中（例如，把鱼吃掉），这将成为一种没有替换的设计。

第二个参数 fraction，当使用替换时，确定每个元素将被采样的预期次数（大于零的数字）。在没有替换的情况下使用时，它确定每个元素将被采样的预期概率，表示为 0~1 之间的浮点数。请记住，抽样是一种概率方法，因此不要期望结果每一次都精确。

第三个参数表示生成随机数的种子。相同的种子总是产生相同的准随机数，这对于测试是有用的。在底层，此方法使用 scala.util.Random，然后使用 java.util.Random。

在方法签名中应该注意的一个新的东西是 seed 参数具有默认值 Utils.random.nextLong。在 Scala 中，如果在调用函数时不提供参数，则使用该参数的默认值。

用户需要准备一套占总数 30%（0.3）的样本的所有客户 ID，要进行的是取样，而不是抽样：

```
scala>val s=uniqueIds.sample(false,0.3)
s:org.apache.spark.rdd.RDD[String]=PartitionwiseSampledRDD[19] at sample
➥ at<console>:27
scala>s.count
res19:Long=2
scala>s.collect
res20:Array[String]=Array(94,21)
```

采集了两个元素，大约是唯一一组客户 ID 的 30%。如果得到 1 个或 3 个元素，不要感到惊讶；如前面所提到的，0.3 只是每个元素最终在采样子集中的概率。

现在看看替换是怎么做的。50%的替换将使结果更明显：

```
scala>val swr=uniqueIds.sample(true,0.5)
swr:org.apache.spark.rdd.RDD[String]=PartitionwiseSampledRDD[20] at
➥ sample at<console>:27
scala>swr.count
res21:Long=5
scala>swr.collect
res22:Array[String]=Array(16,80,80,20,94)
```

注意，从唯一的字符串集合中取回字符串“80”两次。如果没有使用替换，那么这是不可能的（该算法不会从潜在样本候选池中删除元素，一旦他们被挑选）。

如果要从 RDD 中抽取确切数量的元素，则可以使用 takeSample 操作：

```
def takeSample(withReplacement:Boolean,num:Int,seed:Long=
➥ Utils.random.nextLong):Array[T]
```

sample 和 takeSample 之间有以下两个差异：第一个是 takeSample 把一个 int 作为它的第二个参数，该参数决定了返回的抽样元素的数量（注意这里没有说“期望的元素数量”-总是返回恰好 num 个元素）；第二个区别是，sample 是一个转换操作，takeSample 是一个动作，它返回一个数组（如 collect）：

```
scala>val taken=uniqueIds.takeSample(false,5)
taken:Array[String]=Array(80,98,77,31,15)
```

获取数据子集的另一个有用的操作是 take。它扫描足够的 RDD 的分区（驻留在集群中不同节点上的部分数据）以返回所请求数量的元素。请记住，如果想查看 RDD 中的数据，需要一个简单地操作：

```
scala>uniqueIds.take(3)
res23:Array[String]=Array(80,20,15)
```

此处不应该请求太多的元素，因为它们都需要被转移到一台机器上。

2.4 Double RDD 函数

如果创建仅包含 Double 元素的 RDD，则通过称为隐式转换的概念自动生成多个额外函数。

Scala 的隐式转换

隐式转换是一个有用的概念，在 Spark 中大量使用，但是它开始可能有点难以理解，所以在这里解释。假设有一个 Scala 类定义如下。

```
class ClassOne[T](val input:T){ }
```

ClassOne 是参数化的类型，因此参数输入可以是字符串、整数或任何其他对象。假设想要 ClassOne 的对象有一个方法 duplicateatedString()，但只能输入一个字符串；并有一个方法 duplicateatedInt()，只能输入是一个整数，则可以通过创建两个类来实现这一点，每个类包含这些新方法之一。此外，必须定义两个隐式方法，用于将 ClassOne 转换为这些新类，如下所示。

```
class ClassOneStr(val one:ClassOne[String]){
    def duplicatedString()=one.input+one.input
}
class ClassOneInt(val one:ClassOne[Int]){
    def duplicatedInt()=one.input.toString+one.input.toString
```

```
}
implicit def toStrMethods(one:ClassOne[String])= new ClassOneStr(one)
implicit def toIntMethods(one:ClassOne[Int])= new ClassOneInt(one)
```

编译器现在可以执行从类 ClassOne[String]到 ClassOneStr 和从 ClassOne[Int]到 ClassOneInt 的自动转换，并且可以在 ClassOne 对象上使用它们的方法。现在可以这样执行：

```
scala>val oneStrTest=new ClassOne("test")
oneStrTest:ClassOne[String]=ClassOne@516a4aef
scala>val oneIntTest=new ClassOne(123)
oneIntTest:ClassOne[Int]=ClassOne@f8caa36
scala>oneStrTest.duplicatedString()
res0:String=testtest
scala>oneIntTest.duplicatedInt()
res1:123123
```

但是下面的代码段给出了一个错误：

```
scala>oneIntTest.duplicatedString()
    error:value duplicatedString is not a member of ClassOne[Int]
        oneIntTest.duplicatedString()
```

这正是发生在 Spark 中的 RDD。RDD 自动添加了新方法，具体取决于它们持有的数据类型。仅包含 Double 对象的 RDD 会自动转换为 org.apache.spark.rdd.DoubleRDDFunctions 类的实例，该类包含本节中所述的所有 Double RDD 函数。

出于好奇，Spark 中的 RDD 和前面的示例之间的唯一区别是定义了隐式方法。可以在 RDD 伴生对象中找到它们，它是在与类 RDD（并具有相同名称）相同的文件中定义的对象 RDD。Scala 中的伴生对象保存 Java 中的静态成员。

那么，哪些函数被隐式添加到包含 Double 元素的 RDD 中？Double RDD 函数可以求得所有元素的总和以及它们的平均值、标准差、方差和直方图。当获得新数据并且需要获取有关其分布的信息时，这些函数可以派上用场。

2.4.1 Double RDD 函数基础统计

下面使用之前创建的 intIds RDD 来说明本节中的概念。虽然它包含 Int 对象，但它们可以自动转换为 Double，所以可以隐式应用 Double RDD 函数。

使用 mean 和 sum 是很平常的：

```
scala>intIds.mean
res0:Double=44.785714285714285
scala>intIds.sum
res1:Double=627.0
```

更多的是 stats 操作，它计算所有元素的计数和总和，它们的平均值、最大值和最小值，以及它们的方差和标准偏差，并且返回一个 org. apache. spark. util. StatCounter 对象，该对象具有访问所有这些指标的方法。

variance 和 stdev 操作只是调用 stats( ). variance 和 stats( ). stdev 的快捷方式。

```
scala>intIds. variance
res2:Double=1114. 8826530612246
scala>intIds. stdev
res3:Double=33. 38985853610681
```

2.4.2 使用直方图可视化数据分布

直方图用于数据的图形表示。x 轴具有值间隔，y 轴具有数据密度或相应间隔中的元素数。

Double RDD 的 histogram 操作有两个版本。第一个版本采用表示间隔限制的 Double 值数组，并返回具有属于每个间隔的元素计数的数组。间隔限制必须排序，必须包含至少两个元素（表示一个间隔），并且不能包含任何重复项：

```
scala>intIds. histogram(Array(1.0,50.0,100.0))
res4:Array[Long]=Array(9,5)
```

第二个版本采用多个间隔，用于将输入数据范围划分为大小相等的间隔，并返回其第二个元素包含计数（与第一个版本类似）并且其第一个元素包含计算的间隔限制的数组：

```
scala>intIds. histogram(3)
res5:(Array[Double],Array[Long])=(Array(15.0,42.66666666666667,
➥ 70.33333333333334,98.0),Array(9,0,5))
```

从直方图中可以观察数据的分布情况，但这些信息通常不能从标准偏差和平均值无法直接读出。

2.4.3 近似总和与平均

如果有非常大的 Double 值数据集，则计算其统计信息所需的时间可能会比想象的时间长。这时可以使用两个实验操作 sumApprox 和 meanApprox 分别计算指定时间范围内的近似和和均值：

```
sumApprox(timeout:Long,confidence:Double=0.95):
PartialResult[BoundedDouble]
meanApprox(timeout:Long,confidence:Double=0.95):
PartialResult[BoundedDouble]
```

这两个操作都采用 ms 为单位获取超时值，这决定了操作可以运行的最长时间。如果到时间它不返回，则返回直到该点为止计算的结果。Confidence 参数影响返回的值。

Approximate 操作返回一个 PartialResult 对象，该对象允许访问 finalValue 和 failure 字段

（failure 字段仅在发生异常时可用）。finalValue 的类型为 BoundedDouble，它不表示单个值，而是表示可能的范围（低和高）、其平均值和相关联的置信度。

2.5　总结

- 符号链接可以帮助用户管理多个 Spark 版本。
- Spark shell 用于交互式一次性作业和探索性数据分析。
- 弹性分布式数据集（RDD）是 Spark 中的基本抽象。它代表一个不可变、有弹性和分布式的元素的集合。
- 有两种类型的 RDD 操作：转换和行动操作。转换（如 filter 或 map）是通过对另一 RDD 执行有用的数据操作来产生新的 RDD 的操作；行动操作（如 count 或 foreach）触发计算，以便将结果返回到调用程序或对 RDD 的元素执行一些操作。
- map 变换是转换 RDD 数据的主要操作。
- distinct 返回只包含唯一元素的另一个 RDD。
- flatMap 将多个数组并置到一个嵌套级别小于接收到的嵌套级别的集合中。
- 对于 sample、take 和 takeSample，可以获取 RDD 元素的子集。
- 通过 Scala 的隐式转换可以使用 Double RDD 函数，并给出所有 RDD 元素的总和及其平均值、标准偏差、方差和直方图。

第3章 编写 Spark 应用程序

本章涵盖

- 在 Eclipse 中生成新的 Spark 项目。
- 从 GitHub 归档加载示例数据集。
- 编写分析 GitHub 日志的应用程序。
- 在 Spark 中使用 DataFrame。
- 提交要执行的应用程序。

本章将学习编写 Spark 应用程序。大多数 Spark 程序员都会使用集成开发环境（IDE），如 IntelliJ 或 Eclipse。现成的在线资源描述了如何在 Spark 中使用 IntelliJ IDEA，而 Eclipse 资源仍然难以获得。这就是为什么在本章中，用户将学习如何使用 Eclipse 编写 Spark 程序的原因。然而，如果用户选择坚持 IntelliJ，用户仍然可以继续使用 。毕竟，这两个 IDE 具有类似的功能集。

首先下载并配置 Eclipse，然后安装使用 Scala 所必需的 Eclipse 插件。在本章中，将使用 Apache Maven（一个软件项目管理工具）来配置 Spark 应用程序项目。Spark 项目本身是使用 Maven 配置的。在本书的 GitHub 存储库（https://github.com/spark-in-action）中准备了一个 Maven Archetype（快速引导 Maven 项目的模板），这将帮助用户单击几次启动新的 Spark 应用程序项目。

在本章中，将开发一个用于计算公司员工提交的 GitHub 推送事件（代码提交到 GitHub）的应用程序。在该应用程序中用户将使用一个新结构——DataFrame，它在 Spark 1.3.0 中得到了很好的应用。

3.1 在 Eclipse 中生成一个新的 Spark 项目

本节将介绍如何在 Eclipse 中创建 Spark 项目。Eclipse 可以按照在线说明 http://wiki.eclipse.org/Eclipse/Installation 进行安装。用户可以将 Eclipse 安装到开发机器或 spark-in-action VM 中。具体安装在哪里主要取决于用户，因为它不会显著影响用户如何构建 Spark 项目。本书将其安装在虚拟机中的/home/spark/eclipse 文件夹中，并将/home/spark/workspace 用作工作空间文件夹。要查看从虚拟机启动的 Eclipse GUI，需要设置一个 X Window 系统（在 Windows 上，可以使用 Xming：https://sourceforge.net/projects/xming）并在虚拟机 Linux 命令行中设置 DISPLAY 变量让该变量指向运行 X Window 系统的 IP 地址。

如果想使用一些其他 IDE，如 IntelliJ，则可以跳过这一节，从第 3.2 节开始。如果想继续使用 Eclipse，则还需要安装以下两个插件。

- Scala IDE 插件。
- Eclipse 的 Scala Maven 集成（m2eclipse-scala）。

要安装 Scala IDE 插件，请按照下列步骤操作。

1）转到 Help[⊖]→Install new Software，然后单击右上角的“Add”按钮。

2）出现“Add Repository”窗口时，在“Name”字段中输入“scala-ide”。

3）在 Location 字段中输入“http://download.scala-ide.org/sdk/lithium/e44/scala211/stable/site”。

4）单击“OK”按钮进行确认。

5）Eclipse 查找输入的 URL，并显示其中找到的可用软件。仅选择 Scala IDE for Eclipse 条目及其所有子条目。

6）在下一个屏幕上确认选择，之后接受许可。出现提示时重新启动 Eclipse。

要安装适用于 Eclipse 插件的 Scala Maven 集成，请按照与 Scala IDE 插件相同的步骤操作，只需在 Location 字段中输入“http://alchim31.free.fr/m2e-scala/update-site 和在“Name”字段中输入 m2eclipse-scala”即可。

一旦完成了所有这些设置，就可以开始一个新的 Eclipse 项目来托管应用程序。为了简化新项目的设置（本书中的示例或未来的 Spark 项目）。这里准备了一个名为 scala-archetype-sparkinaction（可从 GitHub 存储库获得）的原型，用于创建一个 Spark 模板项目，其中版本和依赖关系已经得到了解决。

要在 Eclipse 中创建项目，可以单击“File”→“New”→“Project”→“Maven”→“Maven Project”命令。不要在 New Maven Project Wizard 的第一个屏幕上进行任何更改，而是单击“下一步”按钮。在第二个屏幕上单击“Configure”（利用它可以打开 Eclipse 首选项的 Maven→Archetypes 部分）。单击“Add Remote Catalog”按钮，并在弹出的对话框中填写图 3-1 所示的内容。

- Catalog File：https://github.com/spark-in-action/scala-archetype-sparkinaction/raw/master/archetype-catalog.xml。
- Description：Spark in Action。

⊖ 刚接触 Ubuntu 的读者可能不知道当前活动窗口的工具栏总是位于屏幕的顶部，当光标悬停在顶部附近时，它会显示。

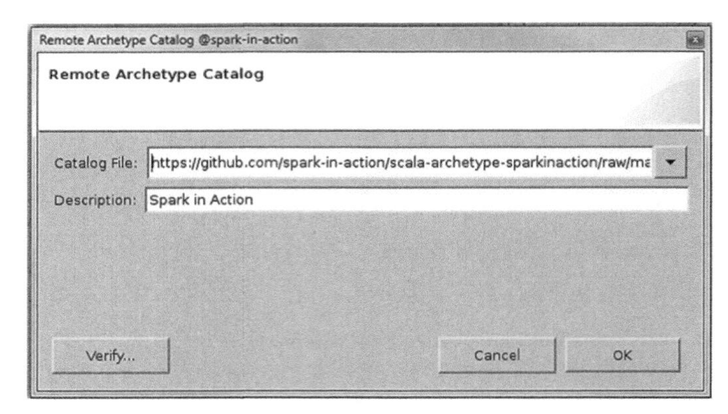

图 3-1　向 Eclipse Preferences 添加 Spark in Action Maven Remote Archetype Catalog

单击“OK”按钮，然后关闭 Preferences 窗口。可以在右下角看到一个进度条，这是 Eclipse 通知用户去查找刚刚添加的目录。

现在回到 New Maven Project 向导。在“Catalog”下拉列表框中选择“Spark in Action”和“scala-archetype-sparkinaction”，如图 3-2 所示。

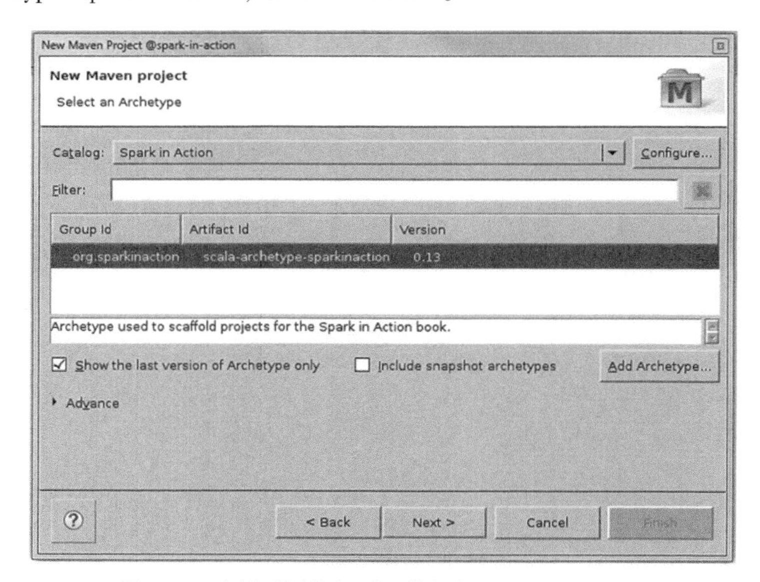

图 3-2　选择要用作新项目模板的 Maven Archetype

下一个屏幕提示用户输入项目的参数，如图 3-3 所示。根组件由 groupId 和 artifactId 组成。

groupId 和 artifactId

如果是 Maven 的新手，那么可以更容易地把 artifactId 作为项目名称，将 groupId 作为其完全合格的组织名称。例如，Spark 有 groupId org. apache 和 artifactId spark。Play 框架将 com. typesafe 作为它的 groupId，也作为它的 artifactId。

可以为 groupId 和 artifactId 指定任何值，但如果用户选择与这里相同的值，可能会更容易继续（见图 3-3）。单击“Finish”确认。

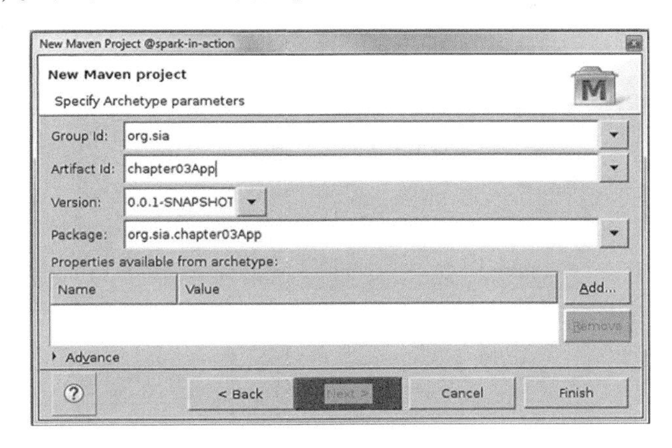

图 3-3　创建 Maven 项目：指定项目参数

现在检查生成的项目的结构，如图 3-4 所示。从顶部看，第一个（根）条目是项目的主文件夹，总是与项目命名相同。将该文件夹称为项目的根（或项目根目录，可互换）。

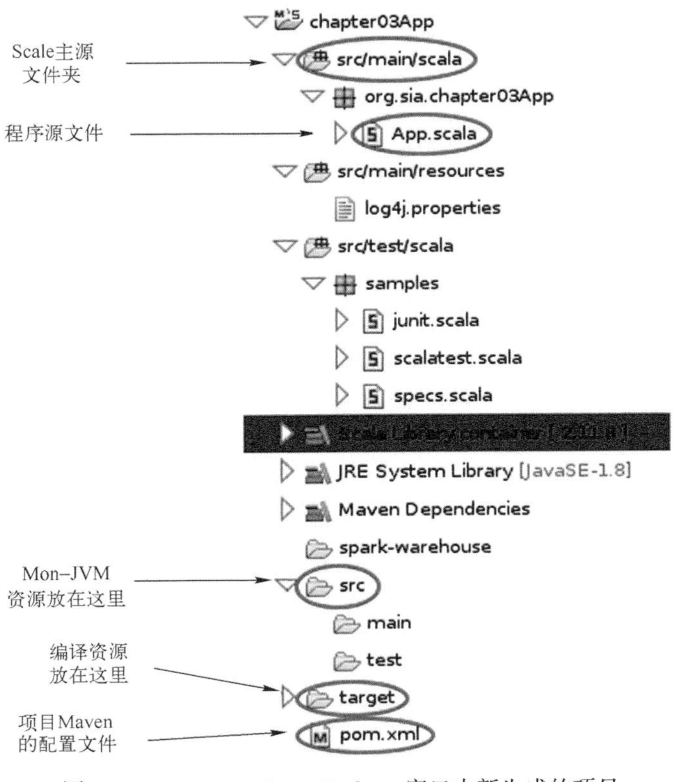

图 3-4　Eclipse Package Explorer 窗口中新生成的项目

src/main/scala 是主 Scala 源文件夹（如果要添加 Java 代码到项目，这时将创建一个 src/main/java 源文件夹）。在 scala 文件夹中有根包[⊖] org. sia. chapter03App，其中包含一个 Scala 源文件：App. scala。这就是将要开始编写应用程序的 Scala 文件。

接下来是主测试文件夹，包含准备好的各种测试类型样本，然后是 Scala 库的容器，表示此时正在使用的是附带 Scala IDE Eclipse 插件的 Scala。接下来是 Maven Dependencies，稍后会描述。Maven Dependencies 的下面是 JDK（Eclipse 以相同的方式引用 JRE 和 JDK，如 JRE 系统库）。在 Package Explorer 窗口向下是 src 文件夹，但这次是普通文件夹（非源或更准确地说是非 jvm 源文件夹）的角色，以防用户想添加其他类型的资源到自己的项目中，如图像、JavaScript、HTML、CSS 等任何用户不想由 Eclipse JVM 工具处理的内容。然后是目标文件夹，这是编译资源的位置（如 . class 或 . jar 文件）。

最后，有一个包罗万象的 pom. xml，这是项目的 Maven 规范。如果从项目根目录打开 pom. xml 并切换到 Dependency Hierarchy 选项卡，则可以更好地查看项目的依赖关系及其因果关系（见图 3-5）。

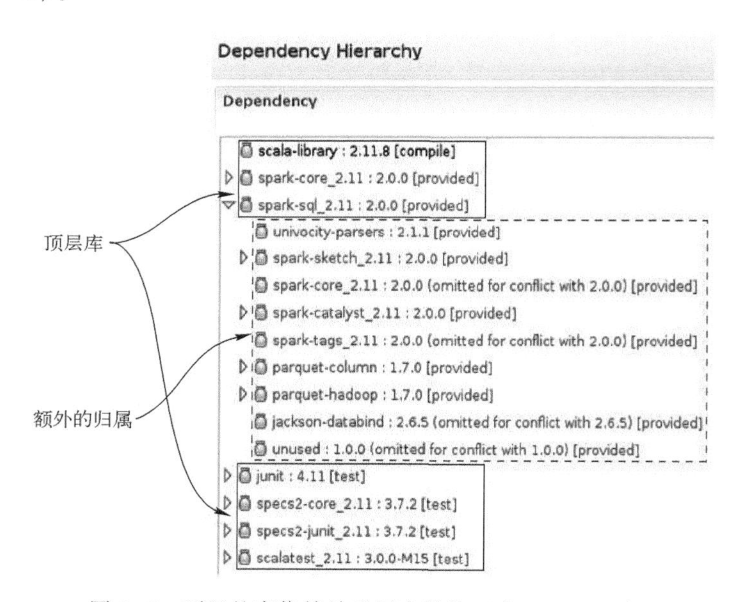

图 3-5　项目的库依赖关系层次结构（在 pom. xml 中）

在顶层只有 6 个库（都在 pom. xml 中明确列出），每个库都带有它自己的依赖关系；并且这些依赖有它们自己的依赖。

在下一节中，读者将看到一个开发 Spark 应用程序的真实示例。因为需要 Eclipse，所以不要关闭它。

⊖ 在文件系统级别上，org. sia. chapter03App 由 3 个文件夹组成。换句话说，这是 App. scala 文件的路径：chapter03App/src/main/scala/org/sia/chapter03App/App. scala。

3.2 开发应用程序

假设用户需要创建一份每日报告，列出公司的所有员工以及他们向GitHub推送[1]的次数。可以使用GitHub归档网站（www.githubarchive.org/）实现此功能，它由Google的Ilya Grigorik（在GitHub人员的帮助下）整理，用户可以在任意时间段下载GitHub归档文件。用户也可以在存档中下载一天的数据并将其作为创建每日报告的依据。

3.2.1 准备GitHub归档数据集

打开VM的终端，然后输入以下命令。

```
$ mkdir-p $HOME/sia/github-archive
$ cd $HOME/sia/github-archive
$ wget http://data.githubarchive.org/2015-03-01-{0..23}.json.gz
```

这将从2015年3月1日起以24个JSON文件的形式下载所有公开的GitHub活动，每天一小时一个：

```
2015-03-01-0.json.gz
2015-03-01-1.json.gz
...
2015-03-01-23.json.gz
```

解压文件，可以运行

```
$gunzip *
```

几秒钟后，就得到24个JSON文件。可以注意到，文件相当大（总共大约1 GB，已解压缩），因此用户可以仅使用一天中的第一个小时（44 MB）作为开发期间的样本而不是一整天。

提取的文件不是有效的JSON。每个文件都是一组用换行符分隔的有效JSON字符串，其中每行都是一个JSON对象，即一个GitHub事件（推送、分支、创建存储库等）。[2]用户可以使用head（用于列出文件顶部的n行）预览第一个JSON对象，像这样：

```
$ head -n 1 2015-03-01-0.json
{"id":"2614896652","type":"CreateEvent","actor":{"id":739622,"login":
➥ "treydock","gravatar_id":"","url":"https://api.github.com/users/
➥ treydock","avatar_url":"https://avatars.githubusercontent.com/u/
➥ 739622?"},"repo":{"id":23934080,"name":"Early-Modern-OCR/emop-
```

[1] 要在分布式源代码控制管理系统（如Git）中推送更改，意味着将内容从本地存储库传输到远程存储库。在早期的SCM系统中，这被称为提交。

[2] 关于事件类型的GitHub API文档：https://developer.github.com/v3/activity/events/types/。

```
➥ dashboard","url":"https://api.github.com/repos/Early-Modern-OCR/emop-
➥ dashboard"},"payload":{"ref":"development","ref_type":"branch","master_
➥ branch":"master","description":"","pusher_type":"user"},"public":true,
➥ "created_at":"2015-03-01T00:00:00Z","org":{"id":10965476,"login":
➥ "Early-Modern-OCR","gravatar_id":"","url":"https://api.github.com/
➥ orgs/Early-Modern-OCR","avatar_url":
➥ "https://avatars.githubusercontent.com/u/10965476?"}}
```


这程序很难读，但幸运的是，一个名为 jq（http://stedolan.github.io/jq）的优秀程序使得从命令行处理 JSON 变得更容易。除此之外，它非常适合漂亮的打印和使用颜色来突出显示 JSON。用户可以从 http://stedolan.github.io/jq/download 下载。如果用户正在使用的是 spark-in-action VM，那么它已经安装了该程序。

想不想尝试一下，用户可以将一个 JSON 行传递给 jq：

```
$head-n 1 2015-03-01-0.json | jq '.'
{
  "id":"2614896652",
  "type":"CreateEvent",
  "actor":{
    "id":739622,
    "login":"treydock",
    "gravatar_id":"",
    "url":"https://api.githb.com/users/treydock",
    "avatar_url":"https://avatars.githubusercontent.com/u/739622?"
  },
  "repo":{
    "id":23934080,
    "name":"Early-Modern-OCR/emop-dashboard",
    "url":"https://api.github.com/repos/Early-Modern-OCR/emop-dashboard"
  },
  "payload":{
    "ref":"development",
    "ref_type":"branch",
    "master-branch":"master",
    "description":"",
    "pusher_type":"user",
  },
  "public":true,
  "created_at":"2015-03-01T00:00:00Z",
  "org":{
    "id":10965476,
```

```
        "login":"Early-Modern-OCR",
        "gravatar_id":"",
        "url":"https://api.github.com/orgs/Early-Modern-OCR",
        "avatar_url":"https://avatars.githubusercontent.com/u/10965476?"
    }
}
```

现在可以很容易地看到文件第一个日志条目具有“CreateEvent”类型文件，并且它的 payload.ref 类型是“branch”。因此，在 2015 年 3 月 1 日的第一秒（created_at）中，名为“treydock”的人（actor.login）创建了一个名为“development”（payload.ref）的存储库分支，因为推送事件需要计算，所以可以根据这个特点来区分事件类型。查看 GitHub API（https://developer.github.com/v3/activity/events/types/#pushevent），就会发现推送事件的类型是“PushEvent”。

至此，用户获得了开发原型所需的文件，并且已经知道如何美化它的内容，这样就可以理解 GitHub 日志文件的结构了。下面开始研究将类似 JSON 的结构化文件提取到 Spark 中的问题。

3.2.2 加载 JSON

Spark SQL 及其 DataFrame 工具（在 Spark v.1.3.0 中引入）提供了将 JSON 数据提取到 Spark 中的方法。在本次发布时，每个人都在谈论 DataFrame 及它们将对 Spark 组件（Spark Streaming、MLlib 等）之间的计算速度和数据交换带来的好处。在 Spark 1.6.0 中，DataSet 被引入作为通用和改进的 DataFrame。

DataFrame API

DataFrame 是一个具有模式的 RDD，可以将其视为关系数据库表，每个列都有一个名称和一个已知类型。DataFrame 的强大之处在于，当从结构化数据集（在本例中为 JSON）创建 DataFrame 时，Spark 可以通过遍历所加载的整个 JSON 数据集来推断模式。然后，当计算执行计划时，Spark 可以使用该模式并进行更好的计算优化。请注意，DataFrame 在 Spark v1.3.0 之前称为 SchemaRDD。

SQL 无处不在，所以新的 DataFrame API 很快被更广泛的 Spark 社区所欢迎。与 Spark Core 转换相比，它允许从更高的角度解决问题。类似 SQL 的语法允许用户以更具声明性的方式表达意图：使用数据集描述要实现的目标，而使用 Spark Core API，基本上就可以指定如何转换数据（重塑数据，以便可以得到一个有用的结论）。

因此，Spark Core 可看作是一组基础构建块，其上构建了所有其他设施。使用 DataFrame API 编写的代码将转换为一系列 Spark Core 转换操作。

DataFrame 将在第 5 章中被广泛讨论。现在先关注与手头任务相关的特性。

SQLContext 是 Spark SQL 的主要接口（类似于 SparkContext 是 Spark Core 的主要接口）。从 Spark 2.0 开始，两个上下文都合并到 SparkSession 类中。它的 read 方法允许访问 Data-

FrameReader 对象，该对象用于获取各种数据。DataFrameReader 的 json 方法用于读取 JSON 数据。下面是 scaladocs（http://mng.bz/amo7）所描述的。

```
def json(paths:String * ):DataFrame
Loads a JSON file(one object per line)and returns the result as a
➥ [[DataFrame]].
```

由此可见，每行都有一个对象：这正是 GitHub 归档文件的结构。

将 Eclipse 转移到 Scala 视角（单击“Window”→“Open Perspective”→“Other”→“Scala”），然后打开 App.scala 文件（要快速找到文件，可以使用〈Ctrl+Shift+R〉组合键，然后在弹出的对话框中输入文件名的前几个字母），清空它，只保留 SparkContext 的初始化，像这样：

```
import org.apache.spark.sql.SparkSession
object App {
  def main(args:Array[String]) {
    val spark = SparkSession.builder()
        .appName("GitHub push counter")
        .master("local[ * ]")
        .getOrCreate()
    val sc = spark.sparkContext
  }
}
```

要加载第一个 JSON 文件，请添加以下代码段。因为波形符号（~）[1]和 $HOME 都不能直接在路径中使用，所以首先要检索 HOME 环境变量，然后可以使用它来组成 JSON 文件路径：

```
val homeDir = System.getenv("HOME")
val inputPath = homeDir+"/sia/github-archive/2015-03-01-0.json"
val ghLog = spark.read.json(inputPath)
```

json 方法返回一个 DataFrame，它有许多之前使用的标准 RDD 方法，如 filter、map、flatMap、collect、count 等。

下一个要解决的任务是过滤日志条目后就只剩下推送事件了。通过在 scaladocs（http://mng.bz/3EQc）中查看 DataFrame（从 Spark 2.0 开始，DataFrame 是 DataSet 的一个特例，它是一个包含 Row 对象的 DataSet），可以快速发现 filter 函数是重载的，并且一个版本采用 String 形式获取条件表达式，而另一个版本采用 Column。

String 参数将被解析为 SQL，因此用户可以在将 JSON 加载到 ghLog 的行下面写入以下行。

```
val pushes = ghLog.filter("type = 'PushEvent'")
```

---

[1] 波浪号等价于 $HOME，它们可以互换使用。

现在是时候看看目前为止用户拥有的代码是否有效了。应用程序是否会成功编译并启动？装载怎么样？模式是否成功推断？是否正确指定了过滤器表达式？

3.2.3 使用 Eclipse 运行应用程序

为了找到以上问题的答案，请在 filter 下面添加以下代码。

```
pushes.printSchema                    //漂亮打印推送 DataFrame 的模式
println("all events:"+ghLog.count)
println("only pushes:"+pushes.count)
pushes.show(5)  //从表格格式的 dataFrame 打印前 5 行(如果使用无参数调用,则默认为 20 行)
```

然后，右击主项目文件夹并选择“Run As”→“Maven Install”来构建项目。完成此过程后，右击“Package Explorer”中的“App.scala”，然后选择“Run As”→“Scala Application”。

如果没有这样的选项，则需要创建一个新的运行配置。单击“Run As”→“Run Configurations”，然后选择“Scala Application”，单击“New”按钮。在“Name”字段中输入“Chapter03App”，在“Main class”字段中输入“org.sia.chapter03App.App”，然后单击“Run”按钮。

运行 Scala 应用程序的键盘快捷方式

读者可能已经注意到 Scala Application 旁边显示的键盘快捷方式（在“Package Explorer”→“Run As”）：Alt-Shift-X S. 这意味着首先需要一起按〈Alt〉〈Shift〉和〈X〉，然后释放所有的键，然后单独按〈S〉键。

从现在起，作者不会总是明确地告诉读者何时运行应用程序。跟随代码（总是将其插入现有代码的底部）并且每次看到输出时，使用此处介绍的两种方法之一运行应用程序。

希望读者现在可以在 Eclipse 的控制台窗口中看到输出，其中 printSchema 方法输出推断的模式（如果输出包含在许多 INFO 和 WARN 消息中，则可能是跳过了第 2.2.1 节中的日志配置步骤）。推断的模式由所有 JSON 键的并集组成，其中每个键已被分配一个类型和 nullable 属性（在推断模式时，每个键的 nullable 总是初始化为 true，用户可以根据实际情况决定是否修改 nullable 的值）：

```
root
 |--actor:struct(nullable=true)
 |    |--avatar_url:string(nullable=true)
 |    |--gravatar_id:string(nullable=true)
 |    |--id:long(nullable=true)
 |    |--login:string(nullable=true)
 |    |--url:string(nullable=true)
 |--created_at:string(nullable=true)
 |--id:string(nullable=true)
```

```
|--org:struct(nullable=true)
|    |--avatar_url:string(nullable=true)
|    |--gravatar_id:string(nullable=true)
|    |--id:long(nullable=true)
|    |--login:string(nullable=true)
|    |--url:string(nullable=true)
|--payload:struct(nullable=true)
|    |--action:string(nullable=true)
|    |--before:string(nullable=true)
|    |--comment:struct(nullable=true)
|    |    |--_links:struct(nullable=true)
|    |    |    |--html:struct(nullable=true)
|    |    |    |    |--href:string(nullable=true)
...
```

可以看到推断的模式符合以前关于 GitHub 用户名的讨论。用户必须使用 actor 对象及其 login 属性，从而得到 actor. login。并且用户很快就需要这些信息，以计算每个员工的推送次数。向下滚动找到第一个计数（all events），然后继续向下滚动找到第二个（only pushes）：

```
...
all events:17786
...
only pushes:8793
...
```

在输出的底部，读者可以看到前 5 行（笔者从中间删除了 4 列——id、org、payload 和 public——以便每条输出可以放在一行上）：

```
+---------------+------------------+<->+-----------------+---------+
|          actor|        created_at|<->|             repo|     type|
+---------------+------------------+<->+-----------------+---------+
|[https://avatars...|2015-03-01T00:00:00Z|<->|[31481156,bezerra...|PushEvent|
|[https://avatars...|2015-03-01T00:00:00Z|<->|[31475673,demianb...|PushEvent|
|[https://avatars...|2015-03-01T00:00:00Z|<->|[31481269,ricardo...|PushEvent|
|[https://avatars...|2015-03-01T00:00:00Z|<->|[24902852,actorap...|PushEvent|
|[https://avatars...|2015-03-01T00:00:00Z|<->|[24292601,komasui...|PushEvent|
+---------------+------------------+<->+-----------------+---------+
```

总而言之，在 2015 年 3 月 1 日的第一个小时，共有 17786 个活动，其中 8793 个活动是推送事件。因此，它们都按预期工作。

3.2.4　数据汇总

设法过滤掉除了 PushEvent 以外每个类型的事件，这是一个很好的开始。接下来，用户需要按用户名对推送事件进行分组，并在这个过程中计算每个组中的推送次数（每个用户名的行数）：

```
val grouped = pushes.groupBy("actor.login").count
grouped.show(5)
```

下面按照 actor.login 的列对所有的行进行行分组，与常规 SQL 类似，在分组期间将 count 作为聚合操作。想一想：由于多行（在 actor.login 列中具有相同的值）被折叠到一行（这是分组的意思），其他列中的值会发生什么？Count㊀会告诉 Spark 忽略这些列中的值，并计算每个唯一登录的折叠行数。最后的结果就回答了每个唯一登录有多少推送事件的问题。除了 count，API 还列出了其他聚合函数，包括 min、max、avg 和 sum。

所生成的 DataFrame 的前 5 行分组显示在 Eclipse 控制台视图中：

```
+----------+------+
|     login| count|
+----------+------+
|    gfgtdf|     1|
|   mdorman|     1|
|quinngrier|     1|
|  aelveborn|    1|
|  jwallesh|     3|
+----------+------+
```

这看起来不错，但是不可能看到谁推送的最多。剩下要做的是通过 count 列对数据集排序：

```
val ordered = grouped.orderBy(grouped("count").desc)
ordered.show(5)
```

通过 count 列中的值对 grouped DataFrame 进行排序，并命名新的已排序的 DataFrame ordered。表达式 grouped（“count”）返回来自 grouped DataFrame（它隐式调用 DataFrame.apply㊁）的 count 列，在其上调用 desc 按 count 降序输出（默认顺序为 asc）：

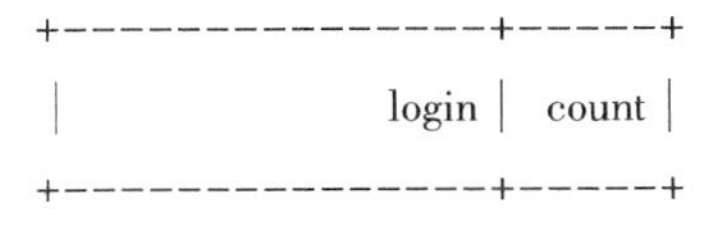

```
+----------------+------+
|           login| count|
+----------------+------+
```

㊀ 对于其他操作（如 sum、avg、max 等），请参阅 GroupedData scaladoc：http://mng.bz/X8lA。

㊁ 有关详细信息，请参阅 DataFrame API 顶部的应用方法和示例：http://mng.bz/X8lA。

```
|       greatfirebot|  192|
|diversify-exp-user|  146|
|      KenanSulayman|   72|
|         manuelrp07|   45|
|     mirror-updates|   42|
+---------------+-----+
```

但上面得到的是推送给 GitHub 的所有用户的列表，而不仅是本公司的员工，所以还需要从列表中把不是本公司的员工排除掉。

3.2.5 排除非公司员工

在 GitHub 存储库中准备了一个文件，其中包含了假想公司员工的 GitHub 用户名。它应该已经下载到 first-editon/ch03/ghEmployees. txt 下的主目录中。

要使用员工列表，请将其加载到某种类型的 Scala 集合中。因为 Set 比 Seq（顺序集合类型，如 Array 和 List）能更快地随机查找，所以使用 Set。要将整个文件[1]加载到新的 Set 中，可以执行以下操作（这只是整个应用程序的一部分，完整代码将在下一节中给出）。

```
import scala.io.Source.fromFile
val empPath = homeDir+"/first-edition/ch03/ghEmployees.txt"
val employees = Set() ++ (//Set()创建一个空的、不可变的集合。该方法命名为++添加多个元素到集合
for {//for 表达式[2]从文件读取每行并将其存储到行变量中
line <- fromFile(empPath).getLines
} yield line.trim//yield 也对 for 循环的每个循环进行操作，为隐藏的集合添加一个值，一旦循环结束，就作为整个 for 表达式的结果返回（和销毁）
)
```

此代码段的工作原理类似于以下伪代码：

```
在 for 循环的每次迭代中：
从文件中读取下一行
初始化一个新的行变量，使其包含当前行作为它的值
从行变量取值，裁剪它，并将其添加到临时集合中
一旦最后一次迭代完成：
返回临时的、隐藏的集合作为 for 的结果
将 for 的结果添加到空的集合
将该集合分配给 employees 变量
```

如果是 Scala 初学者，这个 for 表达式可能看起来很复杂，但是可以多尝试几次。Scala

[1] 加载整个文件不是好的做法，但是因为知道 ghEmployees.txt 永远不超过 1 MB，在这种情况下加载整个文件是很好的（有 208 名员工，它只有 2 KB）。

[2] 更多关于 Scala for 表达式的知识请访问 http://mng.bz/k8q2。

中对 for 的理解是一种强大而简洁的处理迭代的方法。除非需要它们，否则没有索引变量。作者鼓励读者尝试使用 Scala 书（或选择使用其他 Scala 资源）中的关于 for 的相关示例。

现在有了一组员工用户名，如何将它与包含用户名和相应计数的 ordered DataFrame 进行比较？可以使用 DataFrame 的 filter 方法。它的 scaladocs（http://mng.bz/3EQc）规定为：

```
def filter(conditionExpr:String):DataSet
```

过滤器行使用给定的 SQL 表达式：

```
val oldPeopleDf=peopleDf.filter("age>15")
```

但这只是一个简单的示例，它将 peopleDf DataFrame 的年龄值与文字数字 15 进行比较。如果一行的年龄大于 15，则该行将包含在 oldPeopleDf 中。

另一方面，需要将 login 列与员工集合进行比较，并筛选其 login 值不在该集合中的每一行。可以使用 DataSet 的 filter 函数来根据各个 Row 对象的内容指定过滤条件（DataFrames 只是包含 Row 对象的 DataSet），但是不能在 DataFrame SQL 表达式中使用该方法。在这里用户定义的函数（UDF）就会发挥作用。

SparkSession（http://mng.bz/j9As）类包含 udf 方法，该方法用于注册 UDF。因为需要检查每个登录名是否在公司员工的集合中，所以需要做的第一件事就是编写一个通用过滤函数来检查字符串是否在集合中：

```
val isEmp:(String =>Boolean)=(arg:String)=>employees.contains(arg)
```

这里明确定义 isEmp 是一个函数，它接受一个 String 并返回一个 Boolean（通常称为“函数从字符串到布尔值”），但由于 Scala 的类型推断，它可以更简洁：

```
val isEmp=user=>employees.contains(user)
```

因为 employees 是一组字符串，Scala 知道 isEmp 函数应该接受一个 String。

在 Scala 中，函数的返回值是其最后一个语句的值，因此不难推断函数应返回该方法包含的 return 值（布尔值）。

接下来，将 isEmp 注册为 UDF：

```
val isEmployee=spark.udf.register("isEmpUdf",isEmp)
```

现在，当 Spark 去执行 UDF 时，它将采用所有的依赖项（在这种情况下只设置 employee），并将它们与每个任务一起发送，以便在集群上执行。

3.2.6　广播变量

在接下来的章节中，将更多地讨论任务和 Spark 执行。现在，为了解释广播变量，可以这样理解：如果用户要离开这样的程序，将需要通过网络发送大约 200 次（为达到排除非雇员的目的，应用程序将生成的大约任务的数量）的 employee 集。现在还不需要想象这种情况，因为很快就会在程序的输出中看到它。

广播变量正是用于此目的，因为它们允许用户向集群中的每个节点发送一个变量。此外，变量自动缓存在集群节点上的内存中，准备在程序执行期间使用。

Spark 使用类似于 BitTorrent 的对等协议来分发广播变量，以便在大型集群的情况下，主节点在向所有节点广播潜在的大变量时不会被阻塞。这样，工作节点就知道如何在它们之间交换变量，因此它通过集群有机地传播，就像病毒一样。这种类型的节点之间的通信称为 gossip 协议，它的进一步解释请参阅 http://en.wikipedia.org/wiki/Gossip_protocol。

广播变量的好处是它们使用起来很简单。要修复程序，用户只需将 employee 变量转换为广播变量，然后再使用该广播变量来代替 employee 即可。

需要在 isEmp 函数的定义上方添加一行：

```
val bcEmployees=sc.broadcast(employees)
```

然后改变引用这个变量的方式，因为广播变量是使用它们的 value 方法访问的（需要改变这一行而不添加它；程序的完整源代码在清单 3.1 中给出）：

```
val isEmp=user=>bcEmployees.value.contains(user)
```

其他一切保持不变。最后要做的是使用新创建的 isEmployee UDF 函数过滤 ordered DataFrame：

```
import sqlContext.implicits._
val filtered=ordered.filter(isEmployee($"login"))
filtered.show()
```

通过编写上一行，就是基本上告诉 filter 在 login 列上应用 isEmployee UDF。如果 isEmployee 返回 true，则该行将包含在已过滤的 DataFrame 中。

清单 3.1　程序的完整源代码

```
package org.sia.chapter03App
import org.apache.spark.sql.SparkSession
import scala.io.Source.fromFile
object App {
  def main(args:Array[String]) {
    //TODO expose appName and master as app. params
    val spark=SparkSession.builder()
      .appName("GitHub push counter")
      .master("local[*]")
      .getOrCreate()
      val sc=spark.sparkContext
    //TODO expose inputPath as app. param
    val homeDir=System.getenv("HOME")
    val inputPath=homeDir+"/sia/github-archive/2015-03-01-0.json"
    val ghLog=spark.read.json(inputPath)
    val pushes=ghLog.filter("type='PushEvent'")
    val grouped=pushes.groupBy("actor.login").count
    val ordered=grouped.orderBy(grouped("count").desc)
```

```
    //TODO expose empPath as app. param
    val empPath=homeDir+"/first-edition/ch03/ghEmployees.txt"
    val employees=Set()++(
      for {
        line<-fromFile(empPath).getLines
      } yield line.trim
    )

    val bcEmployees=sc.broadcast(employees)           //广播 employees 集
    import spark.implicits._
    val isEmp=user=>bcEmployees.value.contains(user)
    val isEmployee=spark.udf.register("SetContainsUdf",isEmp)
    val filtered=ordered.filter(isEmployee($"login"))
    filtered.show()
  }
}
```

如果用户正在编写此应用程序，请在生成模拟环境中发送要测试的应用程序之前参数化 appName、appMaster、inputPath 和 empPath。没有人知道应用程序最终要运行哪个 Spark 集群。即使事先知道所有参数，从外部仍然需要谨慎地指定这些参数的值。虽然这样可以使应用程序变得更加灵活，但在应用程序代码中对参数进行硬编码的一个明显结果是，每次参数更改时，应用程序都必须重新编译。

要运行应用程序，请按照下列步骤操作。

1）在顶部菜单中，单击“Run”→“Run Configurations”。

2）在对话框的左侧，单击“Scala Application”→“App $”。

3）单击“Run”按钮。

前 20 个提交计数显示在 Eclipse 输出的底部：

```
+---------------+-----+
|          login|count|
+---------------+-----+
|  KenanSulayman|   72|
|     manuelrp07|   45|
|        Somasis|   26|
|direwolf-github|   24|
|EmanueleMinotto|   22|
|        hansliu|   21|
|         digipl|   20|
|      liangyali|   19|
|       fbennett|   18|
|         shryme|   18|
|      jmarkkula|   18|
|        chapuni|   18|
|        qeremy|   16|
|     martagalaz|   16|
|     MichaelCTH|   15|
|        mfonken|   15|
|         tywins|   14|
|         lukeis|   12|
|     jschnurrer|   12|
|     eventuserum|   12|
+---------------+-----+
```

现在用户已经有了一个处理 1 h 的数据子集的应用程序。那么，接下来需要解决的任务是每天的运行报告，这意味着用户需要在计算中包含所有的 24 个 JSON 文件。

3.2.7 使用整个数据集

首先，创建一个新的 Scala 源文件，以避免与工作 1 h 的例子弄混。在 Package Explorer 中，用鼠标右击“App. scala”文件，选择“Copy”，再次用鼠标右击“App. scala”，然后选择“Paste”。在出现的对话框中，输入“GitHubDay. scala”作为对象的名称，然后单击“OK”按钮。双击新文件将其打开时，请注意文件名周围的红色。

在 GitHubDay. scala 文件中，可以看到错误的原因：对象的名称[⊖]仍然是 App. 下面将 App 对象重命名为 GitHubDay，没有任何反应，仍然为红色。按〈Ctrl+S〉组合键保存文件。现在红色消失了。

接下来，打开 SparkSession scaladoc（http://mng. bz/j9As），查看是否有一种方法可以通过使用单个命令获取多个文件来创建 DataFrame。虽然 scaladoc 中的 read 方法没有提及能否获取多个文件，但是可以尝试一下。

更改以 val inputPath 开头的行用以将所有 JSON 文件包含在 github-archive 文件夹中，如下所示：

```
val inputPath = homeDir+"/sia/github-archive/*.json"
```

运行该应用程序。在大约 90 s 内，得到了 2015 年 3 月 1 日的结果：

```
+---------------+-----+
|          login|count|
+---------------+-----+
|  KenanSulayman| 1727|
|direwolf-github|  561|
|         lukeis|  288|
|           keum|  192|
|        chapuni|  184|
|     manuelrp07|  104|
|         shryme|  101|
|            uqs|   90|
|    jeffleveque|   79|
|        BitKiwi|   68|
|        qeremy|   66|
|        Somasis|   59|
|         jvodan|   57|
|     BhawanVirk|   55|
|       Valicek1|   53|
|      evelynluu|   49|
|  TheRingMaster|   47|
|    larperdoodle|   42|
|         digipl|   42|
|      jmarkkula|   39|
+---------------+-----+
```

⊖ 此处的对象是 Scala 的单例对象。有关更多详细信息，请参阅 http://mng. bz/y2ja。

还有一件事要做：用户需要确保所有的依赖项在应用程序运行时可用，这样该应用程序就可以在任何地方使用，并在任何 Spark 集群上运行。

3.3　提交应用程序

应用程序将在内部 Spark 集群上运行。当运行应用程序时，它必须能够访问它所依赖的所有库，并且因为应用程序将被运送到 Spark 集群上执行，所以它可以访问所有 Spark 库及其依赖项（Spark 始终安装在集群的所有节点上）。

要可视化应用程序的依赖项，请从项目的根目录打开 pom.xml 并切换到“Dependency Hierarchy”选项卡。用户可以看到应用程序只依赖集群中可用的库（scala、spark-core 和 spark-sql）。

在完成应用程序打包后，可以先将其发送给测试团队，以便在应用程序成为真正的产品之前测试。但是有一个潜在的问题：不能百分之百确保 Spark 操作团队（使用他们的自定义 Spark 构建）在准备测试环境时包括 spark-sql。用户可能会发送应用程序给其他 Spark 操作团队进行测试，但最后只收到了一封愤怒的电邮。

3.3.1　构建 uberjar

对于即将在规模化生产中运行的 Spark 项目，用户有两种选择可以加入额外的 JAR 文件（也有其他选择，但只有这两种办法适用于规模化生产）。

- 使用 spark-submit 脚本的 jars 参数，它将所有列出的 JAR 传递给执行程序。
- 构建所谓的 uberjar：包含所有必需依赖项的 JAR。

为了避免在多个集群上手动[⊖]编译库，可以构建一个 uberjar。

为了说明这个概念，将在应用程序中引入另一个依赖项：需要包含和分发的另一个库。假设用户想要包含用于简化电子邮件发送的 commons-email 库，该库由 Apache Commons 提供（虽然用户不会在当前示例的代码中使用它）。uberjar 将需要只包含用户写的代码、commons-email 库和所有 commons-email 依赖的库。

向 pom.xml 添加以下依赖项（在 Spark SQL 依赖项正下方）：

```
<dependency>
  <groupId>org.apache.commons</groupId>
  <artifactId>commons-email</artifactId>
  <version>1.3.1</version>
  <scope>compile</scope>
  </dependency>
```

⊖ 例如，在测试环境中，用户可以在本地提供库，并让驱动程序（从中连接到群集的计算机）将临时 HTTP 服务器上的库暴露给所有其他节点（请参阅“高级依赖关系管理”http://spark.apache.org/docs/latest/submitting-applications.html）。

再次查看 pom. xml 中的依赖关系层次结构，可以看到 commons-email 依赖于 mail 和 activation 库。反过来，其中一些库可能也有自己的依赖项。例如，mail 也依赖 activation。这个依赖关系树可以任意增长和分支。

如果不知道 maven-shade-plugin，用户可能会开始担心。用户仍然可以用 Maven 来配置：maven-shade-plugin 用于构建 uberjars。pom. xml 中还包含了 maven-shade-plugin 配置。

因为人们希望在 uberjar 中包括 commons-email 库，所以需要将其范围设置为 compile。Maven 使用每个依赖项的 scope 属性确定需要依赖项的阶段。compile、test、package 和 provided 是 scope 的一些可能值。

如果 scope 设置为 provided，库及其所有依赖项将不包括在 uberjar 中。如果省略 scope，Maven 默认 scope 的值为 . compile，这意味着在应用程序编译期间和运行时需要 commons-email 库。

与往常一样，在更改 pom. xml 之后，用户需要右击其根目录并选择“Maven”→“Update Project”来更新项目；然后单击“OK”而不更改默认值。根据 pom. xml 中所做的更改类型，可能需要也可能不需要更新项目。如果需要更新项目，但尚未这样做，则 Eclipse 会通过在“Problem”视图中显示错误，并在项目根上放置红色标记来提醒用户注意。

3. 3. 2　调整应用程序

要使应用程序适合使用 spark-submit 脚本运行，则需要进行一些修改。首先从 SparkConf 中删除应用程序名称和 Spark 主参数的分配（因为这些将作为 spark-submit 的参数提供），在创建 Spark-Context 时提供一个空的 SparkConf 对象。最终结果如清单 3. 2 所示。

清单 3. 2　修改的参数化应用程序的最终版本

```
package org. sia. chapter03App
import scala. io. Source. fromFile
import org. apache. spark. sql. SparkSession
object GitHubDay{
  def main( args :Array[ String] ) {
    val spark = SparkSession. builder( ). getOrCreate( )
    val sc = spark. sparkContext
    val ghLog = spark. read. json( args(0) )
    val pushes = ghLog. filter( " type = 'PushEvent'" )
    val grouped = pushes. groupBy( " actor. login" ). count
    val ordered = grouped. orderBy( grouped( " count" ). desc)
    val employees = Set( ) ++(
      for{
        line<-fromFile( args( 1) ). getLines
      } yield line. trim
    )
    val bcEmployees = sc. broadcast( employees)
    import spark. implicits. _
```

```
        val isEmp=user=>bcEmployees.value.contains(user)
        val sqlFunc=spark.udf.register("SetContainsUdf",isEmp)
        val filtered=ordered.filter(sqlFunc($"login"))
        filtered.write.format(args(3)).save(args(2))
    }
}
```

最后一行将结果保存到输出文件，但是这样做是为了让每个调用 spark-submit 的用户决定写入输出的路径和格式（当前可用的内置格式：JSON、Parquet㊀和 JDBC）。

因此，应用程序将带有以下 4 个参数。

- 输入 JSON 文件的路径。
- 员工文件的路径。
- 输出文件的路径。
- 输出格式。

要构建 uberjar，请在 Package Explorer 中选择项目根目录，然后选择 “Run” → “Run Configurations”。选择 “Maven Build”，然后单击 “New Launch Configuration”。在弹出的对话框的（见图 3-6）“Name” 文本框中输入 “Build uberjar”，单击 “Variables” 按钮，在对话框中选择 “project_loc”（用${project_loc} 值填充 Base Directory 字段）。㊁

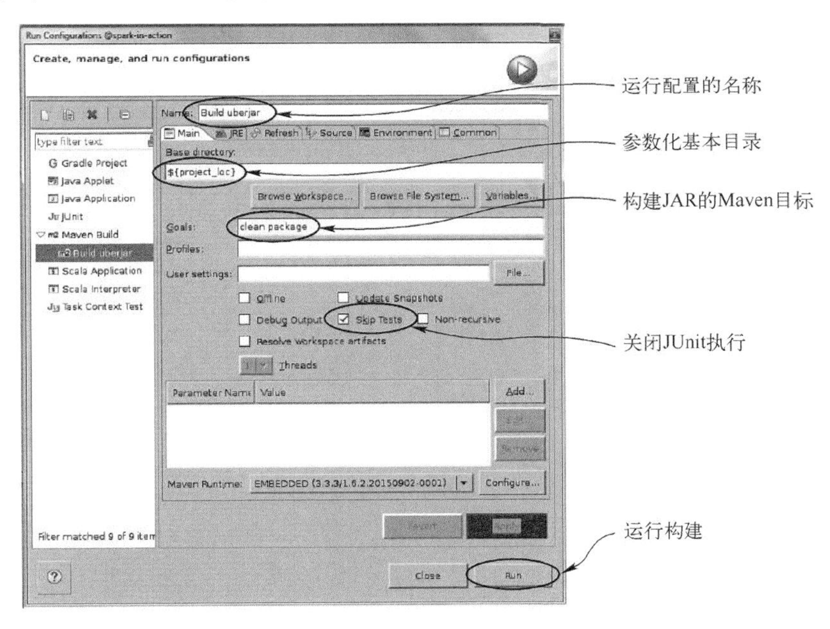

图 3-6　指定 uberjar 包装的运行配置

㊀ Parquet 是一种包含模式的快速列式文件格式：http://parquet.apache.org/。

㊁ 这里应该使用一个变量，以便任何未来的项目也可以使用此运行配置如果使用例如 “Browse Workspace” 按钮对项目的路径进行硬编码，那么将不可行。这样，将针对当前在 Package Explorer 中选择的项目触发构建。

在“Goals”文本框中输入“clean package”，选中“Skip Tests”复选框，单击“Apply”按钮保存配置，然后单击“Run”按钮触发构建。

运行构建之后，可以看到类似于以下内容的结果（为更清晰的视图进行了删减）：

```
[INFO]---maven-shade-plugin:2.4.2:shade(default) @ chapter03App---
[INFO] Including org.scala-lang:scala-library:jar:2.10.6 in the shaded jar.
[INFO] Replacing original artifact with shaded artifact.
[INFO] Replacing /home/spark/workspace/chapter03App/target/chapter03App...
[INFO] Dependency-reduced POM written at:/home/spark/workspace/chapter0...
[INFO] Dependency-reduced POM written at:/home/spark/workspace/chapter0...
    [INFO] Dependency-reduced POM written at:/home/spark/workspace/
    chapter0...
[INFO]------------------------------------------------------------
[INFO] BUILD SUCCESS
[INFO]------------------------------------------------------------
[INFO] Total time:23.670 s
[INFO] Finished at:2016-04-23T10:55:06+00:00
[INFO] Final Memory:20M/60M
[INFO]------------------------------------------------------------
```

现在在项目的目标文件夹中应该有一个名为 chapter03App-0.0.1-SNAPSHOT.jar 的文件。因为该文件在 Eclipse 中不可见，所以请通过右击“Package Explorer”中的目标文件夹并选择“Show In”→“System Explorer”（或打开终端并手动导航到该文件夹）来检查文件系统。

接下来对本地 Spark 安装进行快速测试。这期间应该清除大部分的潜在错误。

3.3.3 使用 spark-submit

提交应用程序的 Spark 文档（http://mng.bz/WY2Y）提供了使用 spark-submit shell 脚本的文档和示例：

```
spark-submit \
    --class<main-class>\
    --master<master-url>\
    --deploy-mode<deploy-mode>\
    --conf<key>=<value>\
    ... # other options
    <application-jar>\
    [application-arguments]
```

spark-submit 是一个脚本，用于提交要在 Spark 集群上执行的应用程序。它位于 Spark 安装的 bin 子文件夹中。

在提交应用程序之前，打开另一个终端用以在运行时显示应用程序日志。回想一下，在

第 2 章中，用户更改了默认的 log4j 配置，以便完整的日志写入/usr/local/spark/logs/info. log。用户仍然可以使用 tail 命令实时查看日志，tail 命令显示文件末尾的内容。它类似于 head，即在第 3. 3. 2 节中用来获取 JSON 文件的第一行。

如果提供-f 参数，则 tail 将等待内容附加到文件后；一旦发生这种情况，tail 将在终端中将其输出，在第二个终端中发出以下命令。

```
$tail-f /usr/local/spark/logs/info. log
```

将第一个终端返回到前面，然后输入以下内容：

```
$spark-submit --class org. sia. chapter03App. GitHubDay --masterlocal[ * ]
➥ --name "Daily GitHub Push Counter" chapter03App-0. 0. 1-SNAPSHOT. jar
➥ "$HOME/sia/github-archive/ * . json"
➥ "$HOME/first-edition/ch03/ghEmployees. txt"
➥ "$HOME/sia/emp-gh-push-output" "json"
```

将代码块粘贴到 Spark Scala shell 中

提交 Python 应用程序时，用户需要指定一个 Python 文件名，而不是应用程序 JAR 文件。还可以跳过--class 参数。对于 GitHubDay 示例：

```
$spark-submit --masterlocal[ * ] --name "Daily GitHub Push Counter"
➥ GitHubDay. py "$HOME/sia/github-archive/ * . json"
➥ "$HOME/sia/ghEmployees. txt" "$HOME/sia/emp-gh-push-output" "json"
```

有关更多信息，请参阅在线存储库中的 GitHubDay 应用程序的 Python 版本。

1~2 min 后（依用户机器而定），命令运行结束，并且没有任何错误。列出输出文件夹的内容：

```
$cd$HOME/sia/emp-gh-push-output
$ls-la
```

将会看到多达 42 个文件（为获得更好的输出，这里缩短了文件名）：

```
-rw-r--r--1 spark spark  720 Apr 23 09:40 part-r-00000-b24f792c-...
-rw-rw-r--1 spark spark   16 Apr 23 09:40 .part-r-00000-b24f792c-....crc
-rw-r--r--1 spark spark  529 Apr 23 09:40 part-r-00001-b24f792c-...
-rw-rw-r--1 spark spark   16 Apr 23 09:40 .part-r-00001-b24f792c-....crc
-rw-r--r--1 spark spark  328 Apr 23 09:40 part-r-00002-b24f792c-...
-rw-rw-r--1 spark spark   12 Apr 23 09:40 .part-r-00002-b24f792c-....crc
-rw-r--r--1 spark spark  170 Apr 23 09:40 part-r-00003-b24f792c-...
-rw-rw-r--1 spark spark   12 Apr 23 09:40 .part-r-00003-b24f792c-....crc
-rw-r--r--1 spark spark    0 Apr 23 09:40 part-r-00004-b24f792c-...
-rw-rw-r--1 spark spark    8 Apr 23 09:40 .part-r-00004-b24f792c-....crc
...
```

```
-rw-r--r--1 spark spark      0 Apr 22 19:20 _SUCCESS
-rw-rw-r--1 spark spark      8 Apr 22 19:20 ._SUCCESS.crc
```

_SUCCESS 文件的存在表示作业已成功完成。crc 文件用于通过计算每个数据文件的循环冗余校验（CRC）[⊖]代码来验证文件有效性。名为 ._SUCCESS.crc 的文件表示所有文件的 CRC 计算成功。

要查看第一个数据文件的内容，则可以使用 cat 命令，它将文件的内容发送到标准输出（终端）：

```
$cat $HOME/sia/emp-gh-push-output/part-r-00000-b24f792c-c0d0-425b-85db-
➥ 3322aab8f3e0
{"login":"KenanSulayman","count":1727}
{"login":"direwolf-github","count":561}
{"login":"lukeis","count":288}
{"login":"keum","count":192}
{"login":"chapuni","count":184}
{"login":"manuelrp07","count":104}
{"login":"shryme","count":101}
{"login":"uqs","count":90}
{"login":"jeff1evesque","count":79}
{"login":"BitKiwi","count":68}
{"login":"qeremy","count":66}
{"login":"Somasis","count":59}
{"login":"jvodan","count":57}
{"login":"BhawanVirk","count":55}
{"login":"Valicek1","count":53}
{"login":"evelynluu","count":49}
{"login":"TheRingMaster","count":47}
{"login":"larperdoodle","count":42}
{"login":"digipl","count":42}
{"login":"jmarkkula","count":39}
```

3.4 总结

- 在线资源描述了如何使用 IntelliJ IDEA 编写 Spark，但 Eclipse 资源仍然很难获得。这就是是在本章中选择 Eclipse 来编写 Spark 程序的原因。
- 作者准备了一个名为 scala-archetype-sparkinaction 的 Archetype（可从 GitHub 存储库

⊖ 循环冗余校验（CRC）是通常在数字网络和存储设备中用于检测对原始数据的意外改变的错误检测代码。http://en.wikipedia.org/wiki/Cyclic_redundancy_check。

获得)，用于创建一个 Spark 项目，其中包含版本和依赖项。
- GitHub 归档站点（https://www.githubarchive.org/）为任意时间段提供 GitHub 归档。
- Spark SQL 和 DataFrame（这是一个包含 Row 对象的 DataSet）提供了一种将 JSON 数据提取到 Spark 的方法。
- SparkSession 的 jsonFile 方法提供了一种获取 JSON 数据的方法。输入文件中的每一行都需要是一个完整的 JSON 对象。
- DataSet 的 filter 方法可以解析 SQL 表达式并返回数据的子集。
- 用户可以直接从 Eclipse 运行 Spark 应用程序。
- SparkSession 类包含 udf 方法，用于注册用户定义的函数。
- 广播变量用于向集群中的每个节点发送一次变量。
- maven-shade-plugin 用于构建一个包含所有应用程序依赖的 uberjar。
- 可以使用 spark-submit 脚本在集群上运行 Spark 应用程序。

第4章 深入 Spark API

本章涵盖

- 使用键值对。
- 数据分区和混排。
- 分组、排序和连接数据。
- 使用累加器和广播变量。

前两章解释了 RDD 以及如何使用基本行动和转换来操作它们，如何从 Spark REPL 运行 Spark 程序以及如何向 Spark 提交独立应用程序。

在本章中，读者可以将进一步了解 Spark Core API，并熟悉大量的 Spark API 函数，还将学习如何使用称为 pair RDD 的键值对 RDD，Spark 如何分区数据，以及如何更改和利用 RDD 分区。与分区相关的是混排，这是一个昂贵的操作，因此还将专注于避免不必要的数据混排。读者还可以学习如何对数据进行分组、排序和连接，了解累加器和广播变量以及如何在作业运行时使用它们在 Spark 执行器之间共享数据。

最后，读者可以学习 Spark 的内部工作的更高级方面，包括 RDD 依赖项。

4.1 使用键值对 RDD

以键值对的方式存储数据提供了一个简单的、通用的和可扩展的数据模型，因为每个键值对可以独立存储，并且很容易添加新类型的键和新类型的值。这种可扩展性和简单性使得这种做法成为一些框架和应用程序的基础。例如，许多流行的缓存系统和 NoSQL 数据库（如 memcached 和 Redis）都是键值存储。Hadoop 的 MapReduce 也可以在键值对上运行（如附录 A 中所示）。

键和值可以是简单类型，如整数和字符串，也可以是复杂的数据结构。传统上用于表示键值对的数据结构是关联数组，在 Python 中称为字典，在 Scala 和 Java 中称为映射。

在 Spark 中，包含键值元组的 RDD 称为键值对 RDD。虽然用户不必以键值对的形式使用数据（如前面章节所述），但是键值对 RDD 对于许多用例是非常适合的（并且是不可或缺的）。将键与数据一起使用，可以聚合、排序和连接数据。但是在做任何操作之前，第一步当然是创建键值对 RDD。

4.1.1　创建键值对 RDD

用户可以通过以下几种方式创建键值对 RDD。一些 SparkContext 方法默认产生键值对 RDD（例如，用于读取 Hadoop 格式的文件的方法，稍后会介绍）；还可以使用 keyBy 变换，它接受一个函数（称为 f）从一个普通 RDD 的元素生成键，并将每个元素映射到一个元组（f（element），element）；还可以手动将数据转换为双元素元组。

在 Java 中创建键值对 RDD

要在 Java 中创建键值对 RDD，需要使用 JavaPairRDD 类。可以通过提供 Tuple2 [K，V] 对象的列表，使用 JavaSparkContext. parallelizePairs 方法创建 JavaPairRDD 对象。或者，可以对 JavaRDDLike 对象使用 mapToPair 变换，并向其传递一个函数，该函数用于将每个 RDD 的元素映射到 Tuple2 [K，V]对象中。其他一些 Java RDD 转换会返回 JavaPairRDD 类型的 RDD。

无论使用哪种方法，如果创建了一个双元素元组的 RDD，则通过称为隐式转换的概念，键值对 RDD 函数将自动变为可用。承载这些特殊键值对 RDD 函数的类是 PairRDDFunctions，并且双元素元组的 RDD 被隐式地转换为该类的实例。

下面来看看有哪些功能被隐式添加到键值对 RDD 中。

4.1.2　键值对 RDD 的基本功能

假设营销部门希望根据一些规则向客户赠送产品。他们想要读者写一个程序，可通过前一天的交易情况增加赠品项。添加赠送产品的规则如下。

- 向交易最多的客户发送熊娃娃。
- 购买两个或多个芭比购物中心玩具套装可享受 5%的折扣。
- 为购买 5 本以上字典的客户赠送牙刷。
- 发送两件睡衣给整体消费最多的客户。

免费产品应表示为价格为 0.00 的额外交易。营销人员还想知道哪些交易是由获得免费产品的客户进行的。

要开始此任务，请启动 Spark shell。假设用户在 spark-in-action 虚拟机中运行，以 spark 身份登录（在这种情况下，Spark-shell 在 PATH 上），就可以发出 spark-shell 命令了。但需确保从/ home / spark 目录启动它。默认情况下，虚拟机中的 Spark 已配置为默认启动具有 local[*]主服务器的集群，因此不必提供--master 参数：

```
$spark-shell
```

假设用户已经复制了 GitHub 存储库，并且 ch04_data_transactions. txt 文件[1]可从 first-edition/ch04 directory 获得（否则，可以从 https://github. com/spark-in-action/first-edition/tree/master/ch04 获取文件）。

文件中的每一行都包含交易日期、时间、客户 ID、产品 ID、数量和产品价格，并用“#”号分隔。以下代码段用来创建键值对 RDD，其中客户 ID 作为键，完整的交易数据作为值：

```
scala>val tranFile=sc. textFile("first-edition/ch04/"+
"ch04_data_transactions. txt")                                   //①载入数据
scala>val tranData=tranFile. map(_. split("#"))                   //②解析数据
scala>var transByCust=tranData. map(tran=>(tran(2). toInt,tran))  //③创建键值对 RDD
```

在执行代码后，tranFile①包含文件中的行，而 tranData②包含一个包含已解析数据的字符串数组。客户 ID 在第三列中，因此为了创建键值对 RDD transByCust③，需要将解析的数据映射到一个元组，其第一个元素是索引为 2 的元素（转换为整数），并且其第二元素是完整的解析交易。将 transByCust 声明为一个变量，以便可以将包含新交易和已更改的交易（稍后将计算）的 RDD 保存在单个变量中，然后只需更新该变量即可。

1. 获取键和值

现在已经有了键值对 RDD，下面想要先看看有多少客户昨天买了东西。用户可以得到仅包含键或仅包含值的新 RDD，使用键值对 RDD 转换时，通常将其命名为 keys 和 values。

用户可以使用下列程序来获取客户 ID 列表、删除所有重复项，并计算唯一客户 ID 的数量：

```
scala>transByCust. keys. distinct(). count()
res0:Long=100
```

keys 转换返回的 RDD 应包含 1000 个元素并包含重复的 ID。为了获取购买产品的不同客户的数量，首先需要使用 distinct()转换来消除重复项，这样就可以得到 100 个元素了。

values 转换类似地运行，但是现在不需要它。为了更容易输入，keys 和 values 转换是 map(_. _1)和 map(_. _2)。

2. 计数每个键的值

任务是什么？给交易最多的客户免费赠送熊娃娃。

交易文件中的每一行都是一个交易。因此，要了解每个客户做出多少交易，数一下每个客户的行数就足够了。

相应的 RDD 函数是 countByKey 操作。它与 RDD 转换不同，RDD 操作立即将结果作为 Java（Scala 或 Python）对象返回。countByKey 则提供了一个包含每个键的出现次数的 Scala Map：

[1] 该文件是使用 Mockaroo 网站 www. mockaroo. com 生成的。

```
scala>transByCust.countByKey()
res1:scala.collection.Map[Int,Long]=Map(69->,88->5,5->11,
10->7,56->17,42->7,24->9,37->7,25->12,52->9,14->8,
20->8,46->9,93->12,57->8,78->11,29->9,84->9,61->8,
89->9,1->9,74->11,6->7,60->4,...
```

此 Map 的所有值的总和为 1000，当然，这是文件中的交易总数。要计算此值，可以使用以下代码段。

```
scala>transByCust.countByKey().values.sum
res3:Long=1000
```

map 和 sum 是 Scala 的标准方法，不是 Spark 的 API 的一部分。

还可以使用标准 Scala 方法来查找购买次数最多的客户：

```
scala>val(cid,purch)=transByCust.countByKey().toSeq.sortBy(_._2).last
cid:Int=53
purch:Long=19
```

ID 为 53 的客户进行了 19 笔交易，需要给他一个免费的熊娃娃（产品 ID 4）。下面创建一个变量 complTrans，它将把免费的产品（交易）保存为字符串数组：

```
scala>var complTrans=Array(Array("2015-03-30","11:59 PM","53","4",
"1","0.00"))
```

随后，将此数组中的交易添加到最终交易 RDD。

3. 查找单键的值

营销人员还想知道哪些交易是由获得免费产品的客户做出的。可以使用 lookup()操作来获取 ID 为 53 的客户的交易信息：

```
scala>transByCust.lookup(53)
res1:Seq[Array[String]]=WrappedArray(Array(2015-03-30,6:18 AM,53,42,5,2197.85),
Array(2015-03-30,4:42 AM,53,3,6,9182.08),...
```

在结果中看到的 WrappedArray 类是 Scala 通过隐式转换将 Array 呈现为 Seq（可变序列）对象的方式。虽然可用，但是会出现警告。Lookup 会将值传输到驱动器，因此必须确保这些值可以放入它的内存中。

可以使用一些简单的 Scala 函数来打印精美结果，以便将其复制到电子邮件中并发送给市场营销人员：

```
scala>transByCust.lookup(53).foreach(tran=>println(tran.mkString(",")))
  2015-03-30,6:18 AM,53,42,5,2197.85
  2015-03-30,4:42 AM,53,3,6,9182.08
  ...
```

4. 使用 mapValues 变换更改键值对 RDD 中的值

第二个任务是给两个或更多的芭比购物中心玩具套装给予 5%的折扣。mapValues 转换可以做到这一点：它改变键值对 RDD 中包含的值，而不改变相关的键。这正是用户需要的。芭比购物中心玩具套装的 ID 是 25，所以可以像这样应该折扣：

```
scala>transByCust=transByCust. mapValues(tran=>{
  if(tran(3). toInt==25 && tran(4). toDouble>1)
              tran(5)=(tran(5). toDouble * 0. 95). toString
        tran})
```

mapValues 转换的函数检查产品 ID（交易数组的第三个元素）是否为 25，数量（第四个元素）是否大于 1；在满足条件的情况下，它将总价格（第五元素）降低 5%。否则，它将使数组不变。将新的 RDD 分配给同一个变量 transByCust，只是为了使事情更简单。

5. 使用 flatMapValues 转换将值添加到键

下面还有两个任务要做。首先处理字典交易：需要为购买 5 个或更多字典（ID 81）的客户添加免费牙刷（ID 70）。这意味着需要将交易（表示为数组）添加到 transByCust RDD。

flatMapValues 转换正好符合要求，因为它允许通过将每个值映射到零个或多个值来更改与键对应的元素数量。这意味着可以为键添加新值或完全删除键。它期望的转换函数的签名是 V=>TraversableOnce［U］（TraversableOnce 只是集合的特殊名称）。从返回集合中的每个值中为相应的键创建一个新的键值对。如果转换函数为其中一个值返回空列表，则生成的键值对 RDD 将减少一个元素。如果转换函数返回一个列表，其中一个值有两个元素，则生成的键值对 RDD 将多一个元素。请注意，映射的值可以是与以前不同的类型。

```
Scala>transByCust=transByCust. flatMapValues(tran=>{
  if(tran(3). toInt==81 && tran(4). toDouble >=5){       //通过产品和数量来过滤
        val cloned=tran. clone()                           //复制交易数组
        cloned(5)="0. 00";cloned(3)="70";cloned(4)="1";//设置复制品的价格为 0,产品
ID 为 70,数量为 1
        List(tran,cloned)                                  // 返回两个元素
        }
        else
           List(tran)                                      // 返回一个元素
              })
```

赋予转换的匿名函数将每个交易映射到列表中。如果条件不满足，则该列表仅包含原始交易，如果条件成立，则包含带有免费牙刷的附加交易。最终的 transByCust RDD 现在包含 1006 个元素（因为文件中有 6 个具有 5 个或更多字典的交易）。

6. 使用 reduceByKey 变换合并所有键的值

reduceByKey 允许将一个键的所有值合并为同一类型的单个值。可以传递给它的 merge 函数，一次合并两个值，直到只剩下一个值。函数应该是关联的，否则每次在同一 RDD 上执行 reduceByKey 转换时，将不会得到相同的结果。

可以使用 reduceByKey 来完成最后的任务：找消费最多的客户，也可以使用类似的 foldByKey 转换。

7. 使用 foldByKey 转换作为 reduceByKey 的替代品

foldByKey 除了在一个带有 reduce 函数的参数列表之前需要一个额外的参数 zeroValue 外，其他功能与 reduceByKey 相同。完整的方法签名如下：

```
foldByKey(zeroValue:V)(func:(V,V)=>V):RDD[(K,V)]
```

zeroValue 应该是一个中性值（0 表示加法，1 表示乘法，Nil 表示列表，依此类推）。它应用于键的第一个值（使用输入函数），结果应用于第二个值。这里应该小心，与 Scala 中的 foldLeft 和 foldRight 方法不同，因为 RDD 的并行性，zeroValue 可能会被多次应用。

终于到了最后的任务：找到花钱最多的客户。但是此处使用原始数据集不适合，因为需要汇总价格，而数据集包含字符串数组。所以首先映射值用以只包含价格，然后使用 foldByKey。最后，按照价格对结果数组进行排序并获取最大的元素：

```
scala>val amounts=transByCust.mapValues(t=>t(5).toDouble)
scala>val totals=amounts.foldByKey(0)((p1,p2)=>p1+p2).collect()
res0:Array[(String,Double)]=Array((84,53020.619999999995),
(96,36928.57),(66,52130.01),(54,36307.04),...
scala>totals.toSeq.sortBy(_._2).last
res1:(Int,Double)=(76,100049.0)
```

这个人在公司的网站上花了 100049 美元，他绝对应该得到两件睡衣。但是在提供给他之前，先来说明一下，关于 zeroValue 被多次应用，并尝试使用 zeroValue 为 100000 的 foldByKey 操作：

```
scala>amounts.foldByKey(100000)((p1,p2)=>p1+p2).collect()
res2:Array[(String,Double)]=Array((84,453020.62),(96,436928.57),
(66,452130.0099999999),(54,436307.04),...
```

可以看到值为 100000 的“零值”被多次添加到值中（与 RDD 中的分区一样多），这通常不是用户想要做的事情（除非喜欢随机结果）。

现在，通过向之前创建的临时数组 complTrans 添加一个交易，为 ID 为 76 的客户添加两件睡衣（ID 63）：

```
scala>complTrans=complTrans :+Array("2015-03-30","11:59 PM","76","63","1","0.00")
```

complTrans 数组现在应该有两个交易。剩下要做的就是将这两个交易添加到 transByCust RDD

(将客户 ID 作为键添加，并将完整交易数组作为值)，保存所做的其他更改，并将所有内容保存到新文件中：

```
scala>transByCust=transByCust.union(sc.parallelize(complTrans).map(t=>
(t(2).toInt,t)))
scala>transByCust.map(t=>t._2.mkString("#")).saveAsTextFile("ch04output-
transByCust")
```

其他人现在将使用批处理作业将此文件转换为装运订单。

8. 使用 aggregateByKey 分组所有键值

aggregateByKey 与 foldByKey 和 reduceByKey 类似，它可以合并值并采用零值，但它还会将值转换为另一种类型。除了 zeroValue 参数，它需要两个函数作为参数：用于将值从类型 V 转换为类型 U[签名(U,V)=>U]的变换函数和用于合并转换值的合并函数 [签名(U,U)=>U]。双参数列表是一个称为 currying 的 Scala 功能（www.scala-lang.org/old/node/135）。如果只给出 zeroValue 参数（第一个括号中的唯一参数），则 aggregateByKey 返回一个参数化函数，它接受另外两个参数。通常不会使用这样的 aggregateByKey，而是同时提供这两组参数。

假设需要客户购买的所有产品的列表，可以使用 aggregateByKey 来实现：

```
scala>val prods=transByCust.aggregateByKey(List[String]())(      // ①空列表作为零值
(prods,tran)=>prods ::: List(tran(3)),                          // ②添加产品到列表
(prods1,prods2)=>prods1 ::: prods2)                              // ③连接相同键的两个列表
scala>prods.collect()
res0:Array[(String,List[String])]=Array((88,List(47.149.147.123,
74.211.5.196,...),(82,List(8.140.151.84,23.130.185.187,...),...)
```

注意 ::: 运算符是用于连接两个列表的 Scala 列表运算符。

zeroValue①是一个空列表。aggregateByKey 中的第一个组合函数②应用于每个 RDD 分区的元素，第二个③用于合并结果。

4.2 了解数据分区和减少数据混排

数据分区是 Spark 在集群中的多个节点之间划分数据的机制，是 RDD 的一个基本方面，它可以对性能和资源消耗产生很大影响。混排是 Spark 的另一个重要方面，与数据分区密切相关。许多 RDD 操作提供了操作数据分区和混排的方法，所以对 Spark API 的深入探索在不解释它们的情况下是不完整的。

本书的第 3 部分将讨论 Spark 部署类型，并将深入讨论 Spark 集群选项。为了解释分区，可以将集群视为一组并行使用的互连机器（节点）。

RDD 的每个部分（块或片）被称为分区。[⊖]例如，将文本文件从本地文件系统加载到 Spark 中时，文件的内容将拆分为多个分区，这些分区均匀分布到集群中的节点。多个分区可能位于同一节点上。所有这些分区的总和形成了 RDD，这是弹性分布式数据集中“分布”的由来。图 4-1 显示了在五节点集群中加载到 RDD 中的文本文件的行的分布。原始文件有 15 行文本，因此每个 RDD 分区由 3 行文本组成。每个 RDD 都维护一个分区列表和一个用于计算分区的首选位置的可选列表。

注意　可以从 RDD 的 partitions 字段获取 RDD 的分区列表。它是一个数组，所以可以通过读取它的 partitions. size 字段（上例中的 aggrdd. partitions. size）获得 RDD 分区的数量。

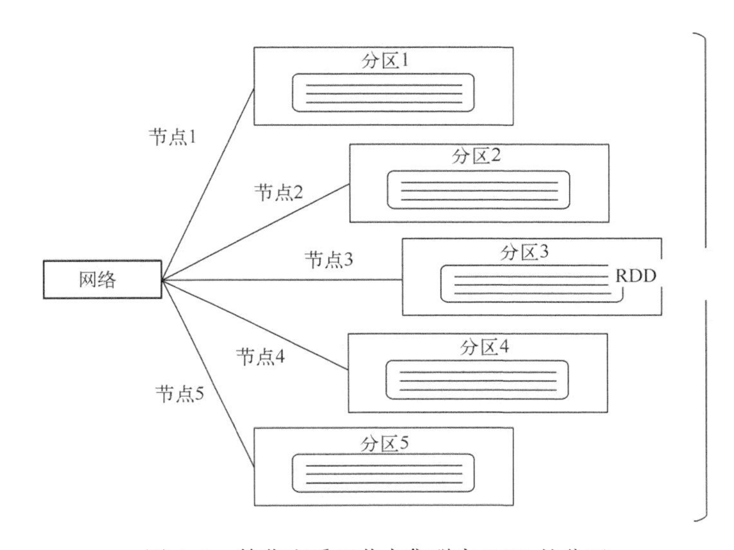

图 4-1　简化查看五节点集群中 RDD 的分区

RDD 是通过使用 SparkContext 的 textFile 方法加载文本文件而创建的。加载的文本文件有 15 行，因此每个分区由 3 行文本形成。

RDD 分区的数量很重要，因为除了影响整个集群中的数据分布外，它还直接决定将运行 RDD 转换的任务数。如果此数字太小，则集群将未充分利用。此外，可能会导致内存问题，因为工作集可能会太大而无法适应执行器的内存。因此笔者建议使用比集群中的内核多 3~4 倍的分区。适度的较大值不会成为问题，所以可以随意测试。但是也不要太疯狂，因为管理大量的任务可能会带来一些麻烦。

下面介绍如何在 Spark 中实现数据分区。

4.2.1　使用 Spark 数据分区器

RDD 的分区由向每个 RDD 元素分配分区索引的 Paritioner 对象执行。Spark 提供了以下两种实现：HashPartitioner 和 RangePartitioner。键值对 RDD 也接受自定义分区器。

⊖ 分区以前称为分割。术语 split 可以在 Spark 的源代码中找到（它最终将被重构）。

1. 了解 HashPartitioner

HashPartitioner 是 Spark 中的默认分区器。它根据这个简单的公式，根据元素的 Java 哈希码（或键值对 RDD 中键的哈希码）计算分区索引：partitionIndex = hashCode% numberOf-Partitions。分区索引是准随机确定的，因此分区很可能不会完全相同。但是在具有相对较少数量的分区的大型数据集中，该算法很可能在它们之间均匀分布数据。

使用 HashPartitioner 时默认的数据分区数由 Spark 配置参数 spark. default. parallelism 决定。如果用户未指定该参数，则将其设置为集群中的内核数。（第 12 章介绍了如何设置 Spark 配置参数。）

2. 了解 RangePartitioner

RangePartitioner 将已排序的 RDD 的数据分成大致相等的范围。它对传递给它的 RDD 的内容进行采样，并根据采样数据确定范围边界。用户不可能直接使用 RangePartitioner。

3. 了解键值对 RDD 自定义分区

当对分区之间（以及在处理它们的任务之间）的数据放置非常重要时，可以使用自定义分区器对键值对 RDD 进行分区。例如，如果每个任务只处理特定的键值对子集，其中所有键值对都属于单个数据库、单个数据库表、单个用户或类似的东西，那么可能需要使用自定义分区器。

自定义分区器只能在键值对 RDD 上使用，方法是将它们传递到键值对 RDD 转换。大多数键值对 RDD 转换有两个额外的重载方法：一个采用额外的 Int 参数（所需的分区数量），另一个采用（自定义）Partitioner 类型的附加参数。获取分区数的方法使用默认的 HashPartitioner。例如，这两行代码是相等的，因为它们都应用具有 100 个分区的 HashPartitioner：

```
rdd.foldByKey(afunction,100)
rdd.foldByKey(afunction,new HashPartitioner(100))
```

除了 mapValues 和 flatMapValues（这两个版本总是保留分区）外，其余所有键值对 RDD 转换都提供了这两个附加版本。用户可以使用第二个版本指定自定义分区器。

如果键值对 RDD 转换未指定分区器，则使用的分区数将是父 RDD（转换为此 RDD 的 RDD）的分区的最大数目。如果父 RDD 没有定义的分区器，则使用 HashPartitioner，其分区数由 spark. default. parallelism 参数指定。

另一种用于在键值对 RDD 中的分区之间改变数据的默认放置的方法是使用默认的 Hash-Partitioner，但是需要根据某种算法改变键的哈希码。

4.2.2 了解和避免不必要的混排

分区之间的数据物理移动称为混排。当需要组合来自多个分区的数据以便为新的 RDD 构建分区时，会发生这种情况。例如，当通过键对元素进行分组时，Spark 需要检查所有 RDD 的分区，找到具有相同键的元素，然后对它们进行物理分组，从而形成新的分区。

为了可视化在混排期间分区发生了什么，作者将使用前面的 aggregateByKey 转换示例（来自第 4.1.2 节）。在该转换期间发生的混排如图 4-2 所示。

对于此示例，假设在三个工作节点上只有三个分区，并且将简化数据。aggregateByKey具有两个函数：用于将两个值转换和合并到目标类型值的转换函数，以及用于合并转换值本身的合并函数。但是之前没有说过的是，第一个函数用于合并分区中的值，第二个函数用于合并分区之间的值。

这是例子：

```
scala>val prods=transByCust. aggregateByKey(List[String]())(
(prods,tran)=>prods :::List(tran(3)),
(prods1,prods2)=>prods1 :::prods2)
```

这会将单个键的所有值收集到一个列表中，以便 prods 每个键具有一个列表。这些列表如图 4-2 中的括号内容所示。

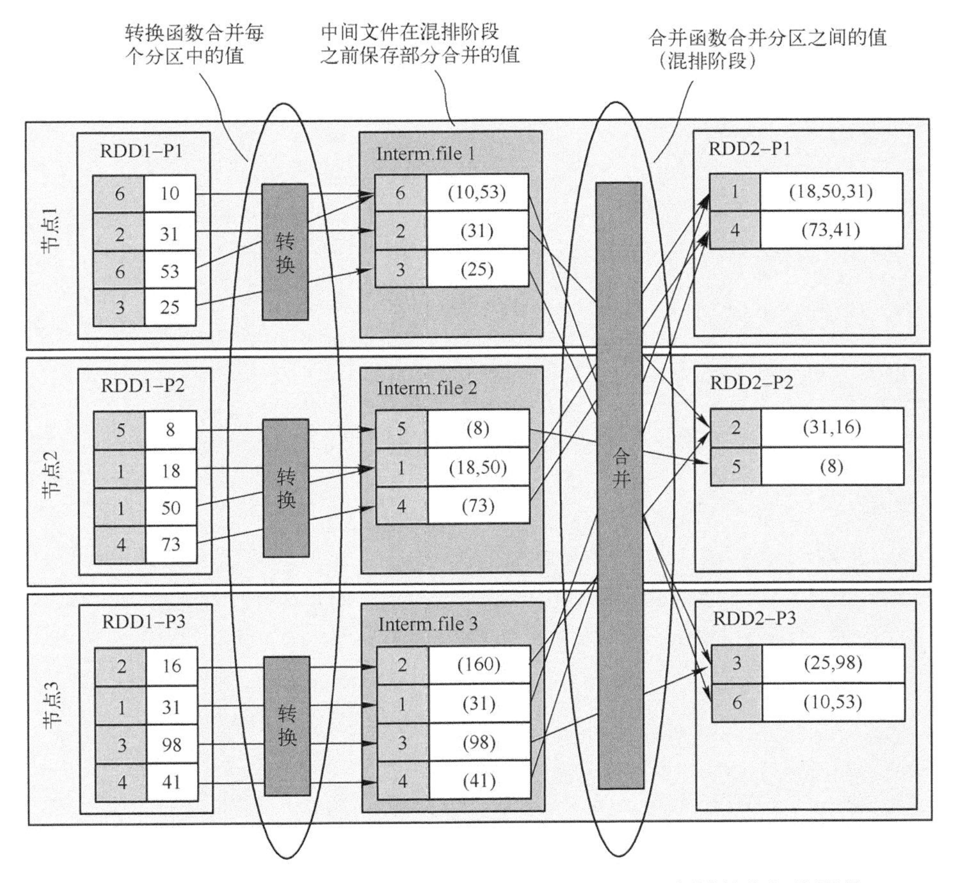

图 4-2　在具有 3 个分区的 RDD 上的 aggregateByKey 示例转换期间的混排

传递给 aggregateByKey 的转换函数合并分区中的值。在混排阶段，合并函数合并分区之间的值。中间文件保存每个分区合并的值，并在混排阶段使用。

转换函数将单个分区（分区 P1 到 P3）中每个键的所有值放入列表。Spark 将此数据写入每个节点上的中间文件。在下一阶段，调用合并函数将来自不同分区但有相同键的列表合并到每个键的单个列表中。然后默认分区器（HashPartitioner）启动，并将每个键放入其正确的分区中。

紧跟混排之前和之后的任务分别称为 map 任务和 reduce 任务。map 任务的结果写入中间文件（通常只写入操作系统的文件系统高速缓存），并由 reduce 任务读取。除了写入磁盘，数据通过网络发送，所以重要的是要尽量减少在 Spark 作业期间的混排次数。

虽然大多数 RDD 转换不需要混排，但是其中一些混排仅在某些条件下发生。因此，为了尽量减少随机出现的次数，需要了解以下条件。

1. 在明确改变分区时使用混排

前面已经提到了键值对 RDD 自定义分区器。在允许这样做的方法（大多数键值对 RDD 转换）中使用自定义分区器时，总是会发生混排。

如果使用与前一个不同的 HashPartitioner，也会发生混排。如果两个 HashPartitioner 具有相同的分区数，则它们是相同的（因为如果分区数相同，它们将为同一个对象选择相同的分区）。因此，如果在转换中使用具有与前一个分区数量不同的分区数量的 HashPartitioner，也会发生混排。

提示 因为更改分区器会引起混排，所以性能上最安全的方法是尽可能多地使用默认分区器，并避免无意中导致混排。

例如，以下行总是引起混排发生（假设 rdd 的并行度不同于 100）：

```
rdd.aggregateByKey(zeroValue,100)(seqFunc,comboFunc).collect()
rdd.aggregateByKey(zeroValue,new CustomPartitioner())(seqFunc,
➥ comboFunc).collect()
```

在第一个示例中，改变分区的数量；在第二个示例中，使用自定义分区器。在这两种情况下都会调用混排。

2. 由于删除分区器造成的混排

有时，虽然使用的是默认分区器，但是有时转换会导致混排。map 和 flatMap 转换删除了 RDD 的分区器，这本身不会导致混排。但是如果转换已经生成的 RDD（使用前面提到的转换之一），即使使用默认分区器，也会发生混排。在下面的代码段中，第二行不引起混排，但第三行会引起：

```
scala>val rdd:RDD[Int]=sc.parallelize(1 to 10000)
scala>rdd.map(x=>(x,x*x)).map(_.swap).count()
scala>rdd.map(x=>(x,x*x)).reduceByKey((v1,v2)=>v1+v2).count()
```

第二行通过使用 map 变换创建键值对 RDD，这个转换会删除分区器，然后通过使用另一 map 转换来切换其键和值，这本身不会造成混排。第三行使用与前面相同的键值对 RDD，但是这次 reduceByKey 变换启动了混排。

下面是在 map 或 flatMap 转换之后导致混排的完整转换列表：

- 可以更改 RDD 的分区器的键值对 RDD 转换：aggregateByKey、foldByKey、reduceByKey、

groupByKey、join、leftOuterJoin、rightOuterJoin、fullOuterJoin 和 subtractByKey。
- RDD 转换：subtract、intersection 和 groupWith。
- sortByKey 转换（总是导致 shuffle）。
- partitionBy 或 coalesce shuffle=true。

3. 用外部 shuffle 服务优化 shuffling

在混排期间，执行器需要从彼此读取文件（混排是 pullbased）。如果一些执行器被杀死，则其他执行器不能再从它们获得混排数据，并且数据流被中断。

外部混排服务意味着通过提供单个点来优化混排数据的交换，执行者可以从该点读取中间混排文件。如果启用了外部混排服务（通过将 spark. shuffle. service. enabled 设置为 true），则每个工作节点启动一个外部混排服务。

4. 影响 shuffle 的参数

Spark 有以下两个混排实现：基于 sort 和 hash。基于排序的 shuffling 自版本 1.2 以来一直是默认的，因为它更具内存效率并创建较少的文件。[⊖] 用户可以通过将 spark. shuffle. manager 参数的值设置为 hash 或 sort 来定义要使用的混排实现。

spark. shuffle. consolidateFiles 参数指定是否合并在混排期间创建的中间文件。出于性能方面的考虑，如果用户使用 ext4 或 XFS 文件系统[⊜]，则建议将其更改为 true（默认值为 false）。

混排可能需要大量的内存来进行聚合和组合。spark. shuffle. spill 参数指定是否应限制用于这些任务的内存量（默认值为 true）。在这种情况下，任何多余的数据都将溢出到磁盘。内存限制由 spark. shuffle. memoryFraction 参数指定（默认值为 0.2）。此外，spark. shuffle. spill. compress 参数告诉 Spark 是否对溢出的数据使用压缩（默认值为 true）。

溢出阈值不应太高，因为它可能导致出现内存不足的异常。如果它太低，溢出可能太频繁，所以重要的是找到一个良好的平衡。保持默认值在大多数情况下应该运行良好。

一些有用的附加参数如下。
- spark. shuffle. compress 指定是否压缩中间文件（默认值为 true）。
- spark. shuffle. spill. batchSize 指定在溢出到磁盘时将一起序列化或反序列化的对象的数量。默认值为 10000。
- spark. shuffle. service. port 指定在启用外部 shuffle 服务时服务器将侦听的端口。

4.2.3　RDD 重新分区

现在，用户可以通过运行时更改数据分区的操作返回对 Spark API 的探索。

正如前面讨论的，在某些情况下，用户需要显式重新分区 RDD，以便更有效地分配工作负载或避免内存问题。例如，一些 Spark 操作默认为少量分区，这导致分区具有太多的元素（占用太多内存），并且不提供足够的并行性。RDD 的重新分区可以使用 partitionBy、coa-

---

⊖ 有关详细信息，请参阅 http://mng.bz/s6EA。

⊜ 有关详细信息，请参阅 http://mng.bz/0304。

lesce、repartition 和 repartitionAndSortWithinPartition 转换来实现。

1. 用 partitionBy 重新分区

partitionBy 仅在键值对 RDD 上可用，它只接受一个参数：所需的 Partitioner 对象。如果分区器与以前使用的分区器相同，则保留分区并且 RDD 保持相同。否则，将调度 shuffle 并创建新的 RDD。

2. 用 coalesce 和 repartition 重新分区

coalesce 用于减少或增加分区的数量。完整的方法签名如下。

```
coalesce(numPartitions:Int,shuffle:Boolean=false)
```

第二个（可选）参数指定是否应该执行 shuffle（默认为 false）。如果要增加分区数，则需要将 shuffle 参数设置为 true。重新分区算法平衡新分区，因此它们基于相同数量的父分区，尽可能匹配首选位置（机器），但也尝试平衡机器之间的分区。repartition 转换只是一个 coalesce，其 shuffle 设置为 true。

需要重点理解的是，如果没有指定 shuffle，那么所有的转换导致 coalesce（如果它们自己没有包含 shuffle）都将使用新指定的执行器数（分区数）来运行。如果指定了 shuffle，则使用原始数量的执行器运行先前的转换，并且只有未来的（合并后的那些）将使用新的分区数运行。

3. 用 repartitionAndSortWithinPartition 重新分区

重新分区 RDD 的最后一个转换是 repartitionAndSortWithinPartition。它仅可用于可排序 RDD（具有可排序键的键值对 RDD）。

它还接受 Partitioner 对象，并且如其名称所示，对每个分区中的元素进行排序。这提供了比调用 repartition 和手动排序更好的性能，因为部分排序可以在 shuffle 期间完成。使用 repartitionAndSortWithinPartition 时始终执行 shuffle。

4.2.4 在分区中映射数据

数据分区的最后一个方面是在分区中映射数据。Spark 提供了一种不将函数应用于 RDD 作为整体，而是对其每个分区单独应用的方法。这可以成为优化转换的宝贵工具。可以重写很多仅在分区中映射的数据，从而避免 shuffle。处理分区的 RDD 操作是 mapPartitions、mapPartitionsWithIndex 和 glom——是一种专用的分区映射变换。

1. 了解 mapPartitions 和 mapPartitionsWithindex

与 map 类似，mapPartitions 接受映射函数，但函数必须具有签名 Iterator [T] =>Iterator [U]。这样，它可以用于遍历每个分区中的元素，并为新的 RDD 创建分区。

mapPartitionsWithIndex 的不同之处在于它的映射函数也接受分区的索引：(Int, Iterator [T]) =>Iterator [U]，可以在映射函数中使用分区的索引。

映射函数可以使用 Scala 的 Iterator 函数将输入的 Iterator 转换为新的 Iterator。例如：

- 可以在 Iterator 中 map、flatMap、zip 和 zipWithIndex 值。
- 可以使用 take(n)或 takeWhile(condition)来获取一些元素。

- 可以使用 drop(n)或 dropWhile(condition)跳过元素。
- 可以 filter 元素。
- 可以通过 slice(m,n)获得带有元素子集的 Iterator。

所有这些创建了一个新的 Iterator，它可以作为映射函数的结果。

两个转换都接受一个附加的可选参数 preservePartitioning，参数的默认值为 false。如果它设置为 true，则新的 RDD 将保留父 RDD 的分区。如果设置为 false，则分区器将被删除，这将会出现之前讨论的所有后果。

映射分区相对于那些不在明确分区上操作的其他转换，可以帮助用户更有效地解决一些问题。例如，如果映射函数涉及昂贵的设置（如打开数据库连接），则每个分区执行一次比每个元素执行一次更好。

2. 使用 glom 转换收集分区数据

glom（抓取）将每个分区的元素收集到一个数组中，并将这些数组作为元素返回一个新的 RDD。新 RDD 元素的数量等于其分区的数目，在此过程中将删除分区器。

下面是一个有关 glom 转换的快速示例，此处将使用并行随机数据：

```
scala>val list=List.fill(500)(scala.util.Random.nextInt(100))
list:List[Int]=List(88,59,78,94,34,47,49,31,84,47,...)
scala>val rdd=sc.parallelize(list,30).glom()
rdd:org.apache.spark.rdd.RDD[Array[Int]]=MapPartitionsRDD[0]
scala>rdd.collect()
res0:Array[Array[Int]]=Array(Array(88,59,78,94,...),...)
scala>rdd.count()
res1:Long=30
```

这会创建一个包含 30 分区的 RDD。新 RDD 中包含来自每个分区数据的数组对象的数量也为 30。

glom 可以把所有的 RDD 的元素放入单个的数组。可以首先将 RDD 重新分区为一个分区，然后调用 glom。结果是具有单个数组元素的 RDD，并且它包含先前 RDD 的所有元素。当然，这仅适用于足够小的 RDD，以便它们的所有元素都适合单个分区。

4.3　连接、排序、分组数据

想象一下，现在市场营销部门有了另外一个要求。他们想要其他数据的报告：按字母顺序排序的卖出去的产品的产品名称；该公司昨天没有出售的产品列表；以及关于昨天的每个客户的交易的一些统计数据，如平均值、最大值、最小值和所购买的产品的总价。这可以使用核心 Spark API 来完成。[1]

[1] 这些部分的转换列表是相当长的，但为了写好 Spark 程序，有必要彻底熟悉 RDD 转换，这有助于知道什么时候应用它们。

4.3.1 连接数据

这里需要提供已售商品总数的产品名称（稍后将进行排序部分讲解）。前面已经在 RDD tranData 中加载了交易数据（在第 4.1 节中使用），但是首先需要按产品 ID 输入交易：

```
val transByProd=tranData.map(tran=>(tran(3).toInt,tran))
```

然后使用 reduceByKey 转换计算每个产品的总数：

产品名称保存在不同的文件中（来自在线存储库的 ch04_data_products.txt），需要将产品名称与昨天的交易数据一起加入。加载产品文件并将其转换为键值对 RDD：

```
scala>val products=sc.textFile("first-edition/ch04/"+
"ch04_data_products.txt").
map(line=>line.split("#")).
map(p=>(p(0).toInt,p))
```

用户如何连接一个与另一个？为了连接多个 RDD 的内容，Spark 提供了经典的连接，类似于关系数据库中的连接，还提供了诸如 zip、cartesian 和 intersection 的转换。下面来看看它们是如何工作的。

1. 4 个经典连接转换

Spark 函数中的 4 个经典连接就像是具有相同名称的 RDBMS 连接，但是在键值对 RDD 上执行。当在（K，V）元素的 RDD 上调用并传入（K，W）元素的 RDD 时，4 个连接变换给出不同的结果：

- join：等价于 RDBMS 中的内连接，这返回包含来自具有相同键的第一和第二 RDD 的所有可能的值对的元素（K,(V,W)）的新键值对 RDD。对于仅存在于两个 RDD 之一中的键，所得到的 RDD 将不具有该元素。
- leftOuterJoin：这将返回（K,(V,Option(W))）类型的元素而不是（K,(V,W)）。生成的 RDD 还将包含那些在第二个 RDD 中不存在的键的元素（key,(v,None)）。仅存在于第二个 RDD 中的键在新的 RDD 中将没有匹配的元素。
- rightOuterJoin：返回类型为（K,(Option(V),W)）的元素；生成的 RDD 还将包含那些在第一个 RDD 中不存在的键的元素（key,(None,w)）。只存在于第一个 RDD 中的键将在新的 RDD 中没有匹配元素。
- fullOuterJoin：函数返回类型为（K,(Option(V),Option(W))）的元素；生成的 RDD 将包含（key,(v,None)）和（key,(None,w)），那些只存在于两个 RDD 之一的键的元素。

如果要加入的 RDD 有重复的键，则这些元素将被连接多次。

类似于一些其他键值对 RDD 转换，所有 4 个连接转换有两个额外的版本，它们需要一个 Partitioner 对象或多个分区。如果指定了多个分区，将使用具有该分区数的

HashPartitioner。如果没有指定分区器（也不指定分区数目），则 Spark 会从正在连接的两个 RDD 中选择第一个分区器。如果两个 RDD 也没有定义分区器，则使用等于 spark. default. partitions（如果已定义）的分区数或两个 RDD 中的最大分区数来创建一个新的 HashPartitioner。总之，它很复杂。

调用 join 将产品数据附加到总数：

```
scala>val totalsAndProds = totalsByProd. join(products)
scala>totalsAndProds. first()
res0:(Int,(Double,Array[String]))= (84,(75192. 53,Array(84,
Cyanocobalamin,2044. 61,8)))
```

现在，对于每个产品 ID，都有一个包含两个元素的元组：总数和完整的产品数据（以字符串数组的形式）。

昨天公司没有卖出的产品清单呢？这显然应该使用 leftOuterJoin 或 rightOuterJoin 转换，至于使用哪一个这取决于如何调用它的 RDD。具有更多数据（本例中的产品）的 RDD 应该在转换名称中提到的一侧。所以这两行有（几乎）相同的结果：

```
val totalsWithMissingProds = products. leftOuterJoin(totalsByProd)
val totalsWithMissingProds = totalsByProd. rightOuterJoin(products)
```

结果的不同之处在于 Option 对象的位置。在 rightOuterJoin 的情况下，totalsWithMissing-Prods 将包含类型（Int,(Option [Double],Array [String])）的元素。对于缺少的产品，Option 对象将等于 None。要检索缺少的产品，请过滤 RDD，然后将其映射，以便只获取产品数据，而不使用键和 None 对象。假设使用 rightOuterJoin：

```
val missingProds = totalsWithMissingProds.
filter(x = >x. _2. _1 = = None).
map(x = >x. _2. _2)
```

最后，打印出 missingProds RDD 的内容：

```
scala>missingProds. foreach(p = >println(p. mkString(",")))
43,Tomb Raider PC,2718. 14,1
63,Pajamas,8131. 85,3
3,Cute baby doll,battery,1808. 79,2
20,LEGO Elves,4589. 79,4
```

注意　来自 * OuterJoin 转换的结果中的 Option 对象是 Scal 避免 NullPointerExceptions 的方法。join 变换的结果不包含 Option 对象，因为在这种情况下不能使用 null 元素。Option 对象可以是 None 或 Some 对象。要检查一个 Option 是否有值，可以调用 isEmpty，要得到值本身，可以调用 get。一个方便的快捷方式是调用 getOrElse（default）。如果 Option 为 None，则返回 default 表达式，否则返回 get。

2. 使用 subtract 和 subtractByKey 转换删除公共值

subtract 返回第一个 RDD 中不存在于第二个 RDD 中的元素。它适用于普通 RDD 并比较完整的元素（而不仅仅是其键或值）。

subtractByKey 在键值对 RDD 上工作，并返回一个 RDD，其中第一个 RDD 的键不在第二个 RDD 中。第二个 RDD 不需要具有与第一个相同类型的值。它提供了来自 totalsByProd 中不存在其键值的产品的元素：

```
val missingProds = products. subtractByKey( totalsByProd). values
```

结果是相同的：

```
scala>missingProds. foreach( p =>println( p. mkString( " ," ) ) )
20,LEGO Elves,4589. 79,4
3,Cute baby doll,battery,1808. 79,2
43,Tomb Raider PC,2718. 14,1
63,Pajamas,8131. 85,3
```

subtract 和 subtractByKey 都有两个附加版本，它们接受分区数和一个 Partitioner 对象。

3. 使用 cogroup 转换连接 RDD

另一种找到所购买的产品的名称和没有人购买的产品的方法是 cogroup 转换。cogroup 通过键执行来自多个 RDD 的值的分组，并返回一个 RDD，它的值是包含来自每个 RDD 的值的 Iterable 对象的数组。cogroup 通过键对几个 RDD 的值进行分组，然后连接这些分组的 RDD。最多可以向其传递 3 个 RDD，所有这些都需要具有与封闭 RDD 相同的键类型。例如，用于组合 3 个 RDD（包括封闭的一个）的 cogroup 函数的签名如下。

```
cogroup[ W1,W2]( other1:RDD[ ( K,W1) ] ,other2:RDD[ ( K,W2) ] ):
RDD[ ( K,( Iterable[ V] ,Iterable[ W1] ,Iterable[ W2] ) ) ]
```

如果使用 cogroup 组合 totalsByProd 和 products，将获得一个 RDD，其中包含一个或另一个中存在的键以及通过两个 Iterators 访问匹配的值：

```
scala>val prodTotCogroup = totalsByProd. cogroup( products)
prodTotCogroup:org. apache. spark. rdd. RDD[ ( Int,( Iterable[ Double] ,
Iterable[ Array[ String] ] ) ) ]...
```

如果两个 RDD 中没有一个包含其中一个键，则相应的迭代器将为空。所以这时就可以筛选出缺少的产品：

```
scala>prodTotCogroup. filter( x =>x. _2. _1. isEmpty).
foreach( x =>println( x. _2. _2. head. mkString( " ," ) ) )
43,Tomb Raider PC,2718. 14,1
63,Pajamas,8131. 85,3
3,Cute baby doll,battery,1808. 79,2
20,LEGO Elves,4589. 79,4
```

表达式 x._2._1 从 totalsByProd（总计为 Double）中选择具有匹配值的迭代器，x._2._2 选择以产品为字符串数组的迭代器。x._2._2.head 表达式使用迭代器的第一个元素（两个 RDD 不包含重复项，因此 Iterator 对象最多包含一个元素）。

可以以类似的方式获取总计和产品（使用连接转换创建的 totalsAndProds RDD）：

```
val totalsAndProds=prodTotCogroup.filter(x=>! x._2._1.isEmpty).
map(x=>(x._2._2.head(0).toInt,(x._2._1.head,x._2._2.head)))
```

此 totalsAndProds RDD 现在具有与使用连接变换获得的元素相同的元素。

4. 使用 intersection 转换

intersection 和 cartesian、zip 和 zipPartitions 转换对当前的任务不是特别有用，但为了完整起见，作者将在这里提及它们。intersection 接受与封闭类型相同类型的 RDD，并返回包含存在于两个 RDD 中的元素的新 RDD。对于此用例，它不是有用的，因为交易只包含产品的一个子集，并且它们相交没有意义。但是想象一下，totalsByProd 包含来自不同部门的产品，并且只想查看其中包含某个部门（包含在产品 RDD 中）的哪些产品。那么，就需要将这两个 RDD 映射到产品 ID，然后将它们相交：

```
totalsByProd.map(_._1).intersection(products.map(_._1))
```

intersection 有两个附加版本：一个接受多个分区，另一个接受一个 Partitioner 对象。

5. 使用 cartesian 转换组合两个 RDD

cartesian 转换以包含来自第一 RDD（包含类型 T 的元素）和第二 RDD（包含类型 U 的元素）的所有可能元素对元组（T，U）的 RDD 的形式产生两个 RDD 的笛卡儿乘积（数学运算）。例如，假设 rdd1 和 rdd2 定义如下：

```
scala>val rdd1=sc.parallelize(List(7,8,9))
scala>val rdd2=sc.parallelize(List(1,2,3))
cartesian gives you this:
scala>rdd1.cartesian(rdd2).collect()
res0:Array[(Int,Int)]=Array((7,1),(7,2),(7,3),(8,1),(9,1),(8,2),
(8,3),(9,2),(9,3))
```

当然，在大数据集中，cartesian 转换可能会产生大量的数据传输，因为来自所有分区的数据需要被组合，并且所得到的 RDD 将包含指数数目的元素，因此内存要求也不可忽略。

可以使用 cartesian 转换来比较两个 RDD 的元素。例如，可以使用它从前两个 RDD 中获取可分割的所有对：

```
scala>rdd1.cartesian(rdd2).filter(el=>el._1 % el._2==0).collect()
```

结果如下。

```
res1:Array[(Int,Int)]=Array((7,1),(8,1),(9,1),(8,2),(9,3))
```

还可以在交易数据集上使用它来相互比较所有交易（tranData.cartesian(tranData)）并检测可疑行为（例如，在短时间内来自同一客户的太多交易）。

6. 使用 zip 转换连接 RDD

zip 和 zipPartitions 转换在所有 RDD（不仅键值对 RDD）上可用。zip 函数就像在 Scala 中的 zip 函数：如果在一个 T 类型的元素 RDD 中调用它，并给它一个带有 U 类型的元素的 RDD，则它将创建成对（T,U）的 RDD，第一对来自每个 RDD 的第一元素，第二对具有第二元素……

不同于 Scala 的 zip 函数，如果两个 RDD 没有相同数量的分区和相同数量的元素，则它会抛出一个错误。如果其中一个 RDD 是另一个 RDD 的映射变换的结果，则它们将满足这些要求。但是这使得 zip 在 Spark 中使用起来有点困难。

这是一个不容易做的操作，因为顺序处理数据不是 Spark 固有的，所以它可以在刚刚概述的严格情况下派上用场。

这里有一个例子：

```
scala>val rdd1=sc.parallelize(List(1,2,3))
scala>val rdd2=sc.parallelize(List("n4","n5","n6"))
scala>rdd1.zip(rdd2).collect()
res1:Array[(Int,Int)]=Array((1,"n4"),(2,"n5"),(3,"n6"))
```

可以通过 zipPartitions 转换来解决所有分区具有相同数量的元素的要求。

7. 使用 zipPartitions 转换连接 RDD

zipPartitions 类似于 mapPartitions，能够在分区中的元素上进行迭代，可以使用它来合并多个 RDD 的分区（最多 4 个 RDD，包括此分区）。所有 RDD 需要具有相同数量的分区（但不是相同数量的元素）。

zipPartitions 接受两组参数。在第一组参数中，将 RDD 给它；在第二组参数中，是一个获取用于访问每个分区中元素的匹配数量的 Iterator 对象的函数。该函数必须返回一个新的 Iterator，它可以是一个不同的类型（匹配生成的 RDD）。该函数必须考虑 RDD 可以在分区中具有不同数量的元素，并且防止迭代超过 Iterator 长度。

注意 zipPartitions（v.1.4）仍然在 Python 中不可用。

zipPartitions 转换还需要一个可选参数（在第一组参数中）：preservesPartitioning，默认情况下为 false。如果确定函数将正确分区数据，则可以将其设置为 true。否则，移除分区器，以便在将来的一个转换期间执行混排。

下面一个例子将获得两个 RDD：一个在 10 个分区中包含 10 个整数；另一个在 10 个分区中包含 8 个字符串，并压缩其分区以创建其元素的字符串格式表示形式：

```
scala>val rdd1=sc.parallelize(1 to 10,10)
scala>val rdd2=sc.parallelize((1 to 8).map(x=>"n"+x),10)
scala>rdd1.zipPartitions(rdd2,true)((iter1,iter2)=>{
        iter1.zipAll(iter2,-1,"empty")
```

```
            .map({case(x1,x2)=>x1+"-"+x2})
      }).collect()
res1:Array[String]=Array(1-empty,2-n1,3-n2,4-n3,5-n4,6-empty,7-n5,
      8-n6,9-n7,10-n8)
```

Scala 的 zipAll 函数在这里用于组合两个迭代器，因为它可以压缩不同大小的两个集合。如果第一个迭代器具有比第二个迭代器更多的元素，则剩余的元素将与空的虚拟值 empty 一起压缩（在相反的情况下，值为-1）。在生成的 RDD 中，可以看到 rdd2 在分区 1 和 6 中具有零个元素。如何处理这些 empty 值取决于用例。请注意，还可以使用诸如 drop 或 flatMap 之类的迭代器函数来更改分区中的元素数量。

4.3.2 数据排序

如果产品和 RDD totalsAndProds 中的相应交易总数组合在一起，还必须按字母顺序对结果进行排序，应该怎么做呢？

用于对 RDD 数据进行排序的主要转换是 sortByKey、sortBy 和 repartitionAndSortWithinPartition。最后一个在第 4.2.3 节中讨论过，它重新分区和排序比分别调用这两个操作更有效率。

使用 sortBy 很容易：

```
scala>val sortedProds=totalsAndProds.sortBy(_._2._2(1))
scala>sortedProds.collect()
res0:Array[(Double,Array[String])]=Array((90,(48601.89,Array(90,
AMBROSIA TRIFIDA POLLEN,5887.49,1))),(94,(31049.07,Array(94,ATOPALM
MUSCLE AND JOINT,1544.25,7))),(87,(26047.72,Array(87,Acyclovir,6252.58,4))),...
```

表达式_._2 引用了值，它是一个元组（总数，交易数组），_._2._2(1)引用交易数组的第二个元素。这与按产品名称输入 RDD(keyBy(_._2._2(1))) 和调用 sortByKey 相同。如果进一步映射此 RDD，则将保留顺序。

如果键是复杂的对象，就比较棘手了。类似于键值对 RDD 变换，其仅在具有通过隐式转换键值元组的 RDD 上可用，sortByKey 和 repartitionAndSortWithinPartition 仅在具有可排序键的键值对 RDD 上可用。

JAVA 在 Java 中，sortByKey 方法接受一个实现 Comparator 接口（http://mng.bz/5Suh）的对象。这是在 Java 中排序的标准方式。JavaRDD 类中没有 sortBy 方法。

有两种方法给 Scala 中的类排序，并据此来给 RDD 分类：通过 Ordered 特质和 Ordering 特质。

1. 用 Ordered 特质使类可排序

使类可排序的第一种方法是创建一个类来扩展 Scala 的 Ordered 特质，类似于 Java 的 Comparable 接口。扩展 Orderered 的类必须实现 compare 函数，该函数将同一类的对象作为参数，以进行比较。如果封闭对象（this）大于作为参数（other）的对象，则函数返回一个正整数，如果封闭对象较小，则返回一个负整数，如果两者相等则返回 0。

sortByKey 转换需要一个 Ordering 类型的参数（接下来讨论），但在 Scala 中有一个从 Ordered 到 Ordering 的隐式转换，因此可以安全地使用此方法。

例如，以下案例类可用于可排序 RDD 中的键，以根据员工的姓氏对员工进行排序：

```
case class Employee(lastName:String) extends Ordered[Employee]{
override def compare(that:Employee)=
    ➥ this.lastName.compare(that.lastName)
}
```

2. 使用 Ordering 特质使类可排序

使类可排序的第二种方法是使用 Ordering 特质，它类似于 Java 的 Comparator 接口。假设不能更改前面的 Employee 类并让它扩展 Ordered，但仍然想按员工的姓氏排序。在这种情况下，可以在调用 sortByKey 函数范围内的某个位置定义类型为 Ordering [Employee] 的对象。例如：

```
    implicit val emplOrdering=new Ordering[Employee]{
  override def compare(a:Employee,b:Employee)=
     ➥ a.lastName.compare(b.lastName)
}
```

或者

```
implicit val emplOrdering:Ordering[Employee]=Ordering.by(_.lastName)
```

如果在其范围内定义，则该隐式对象将由 sortByKey 变换（在具有 Employee 类型的键的 RDD 上调用）来拾取，并且 RDD 将变得可排序。

之前按产品名称排序是有效的，因为 Scala 标准库包含简单类型的 ordering。但是如果有一个复杂的键，则需要实现一个类似于之前描述的方法。

3. 执行二次排序

还有一些关于排序的事情值得一提。有时可能还需要对键中的值进行排序。例如，可以按客户 ID 对交易进行分组，并知道如何进一步按交易时间排序。

有一个相对较新的 GroupByKeyAndSortValues 转换可以解决上面这个问题。对于（K,V）对的 RDD，它期望在作用域中存在一个隐式 Ordering [V]对象和单个参数：Partitioner 对象或多个分区。

它将提供一个（K，Iterable(V)）元素的 RDD，该元素的值根据隐式 Ordering 对象进行排序。但它首先按键对值进行分组，这种操作会给内存和网络带来昂贵的代价。

一种用于执行二次排序而不进行分组的较便宜的方法如下[⊖]：

1）将 RDD [(K,V)]映射到 RDD [((K,V),null)]。例如：rdd.map(kv=>(kv,null))。

2）使用仅在新复合键的 K 部分上分区的自定义分区器，以便具有相同 K 部分的所有元

⊖ 感谢 Patrick Wendell 提供这个想法。请参阅 https://issues.apache.org/jira/browse/SPARK-3655。

素都位于同一分区中。

3）调用 repartitionAndSortWithinPartition，其必须通过完整的组合键（K,V）进行排序：首先按键排序，然后按值排序。

4）将 RDD 映射回 RDD [(K,V)]。

此操作的结果示例如图 4-3 所示。

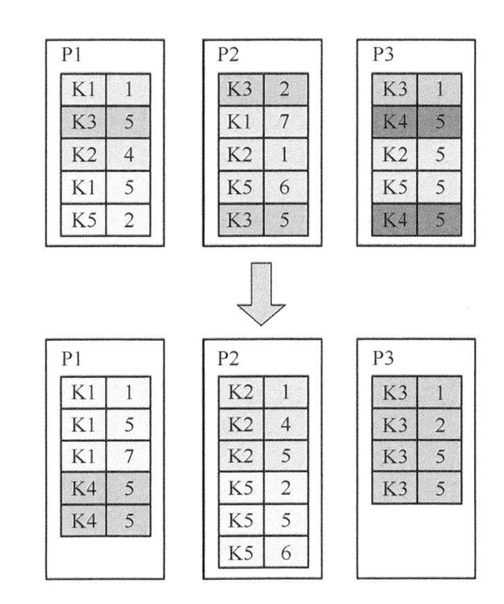

图 4-3　使用 repartitionAndSortWithinPartition 二次排序

此过程提供了先按键后按值排序的分区，可以通过调用 mapPartitions 对它们进行迭代。不会发生值的分组，这使得此方法从性能角度来看更好。

4. 使用 top 和 takeOrded 获取排序元素

要从 RDD 获取第一个或最后 n 个对象，可以分别使用 takeOrdered(n)和 top(n)操作。在具有类型 T 的元素的 RDD 上，第一个或最后一个意味着由在范围中定义的隐式 Ordering [T]对象确定。

对于键值对 RDD、top 和 takeOrdered 将不返回按键排序的元素（如 sortByKey），而是返回（K,V）元组。因此，对于键值对 RDD，需要在作用域内有一个隐式定义的 Ordering [(K,V)]对象（这对于简单的键和值是正确的）。

top 和 takeOrdered 不会在分区之间执行完整的数据排序。相反，它们首先从每个分区获取前（或最后）n 个元素，合并结果，然后从合并列表中获取前（或最后）n 个元素。这比执行 sortBy 然后调用 take 要快得多，因为需要通过网络传输的数据要少得多。但就像 collect、top 和 takeOrdered 将所有 n 个结果带入驱动内存中一样，所以应该确保 n 不是太大。

还有一个任务要做，那就是计算昨天的每个客户交易的统计数据：平均值、最大值、最小值和所购买的产品的总价格。交易文件中的交易按客户和产品进行组织，因此首先需要按客户对其进行分组，然后可以以多种方式计算统计数据。此处将使用 combineByKey 转换，它用于分组数据。

4.3.3 数据分组

将数据分组意味着根据特定条件将数据聚合到单个集合中。多个键值对 RDD 转换可用于对 Spark 中的数据进行分组：aggregateByKey（在第 4.1.2 节中使用）、groupByKey（以及相关的 groupBy）和 combineByKey。

1. 使用 groupByKey 和 groupby 分组数据

groupByKey 转换为具有相同键的所有元素创建一个包含单个键值对的键值对 RDD。例如：

```
(A,1)
(A,2)                    (A,(1,2))
(B,1)        ->          (B,(1,3))
(B,3)                    (C,(1))
(C,1)
```

每个对的值成为迭代所有键值的 Iterable。因此，得到的 RDD 具有类型 RDD [(K, Iterable [V])]。

groupBy 在非键值对 RDD 上可用，并提供了将 RDD 转换为键值对 RDD 然后调用 groupByKey 的快捷方式。因此，如果使用类型 RDD [T]（包含类型 T 的元素）的 rdd 和用于创建类型 K 的键的函数 f：T=>K，以下两行是等效的：

```
rdd.map(x=>(f(x),x)).groupByKey()
rdd.groupBy(f)
```

groupByKey 转换在内存使用上是昂贵的，因为它必须获取内存中每个键的所有值。对于不需要完全分组的简单场景（如计算每个键的平均值），建议使用 aggregateByKey、reduceByKey 或 foldByKey。与其他键值对 RDD 转换的情况一样，groupByKey 和 groupBy 也可以接受所需数量的分区或自定义分区器（可以使用另外两个实现）。

2. 使用 combineByKey 转换分组数据

combineByKey 是用于计算每个客户的统计信息的转换。它是一个通用转换，允许用户指定自定义函数，用于将值合并到组合值中以及合并组合值本身。它期望指定一个分区器。还可以指定两个可选参数：mapSideCombine 标识和自定义序列化程序。

函数签名如下：

```
def combineByKey[C](createCombiner:V=>C,
  mergeValue:(C,V)=>C,
  mergeCombiners:(C,C)=>C,
  partitioner:Partitioner,
```

```
mapSideCombine: Boolean = true,
serializer: Serializer = null): RDD[(K,C)]
```

createCombiner 函数用于从每个分区中的第一个键的值（类型 V）创建第一个组合值（类型 C）。mergeValue 函数用于在单个分区中将附加键值与合并值合并，mergeCombiners 函数用于在分区之间合并组合值本身。

正如之前所说的，如果分区器（必需参数）与现有分区器相同（这也意味着现有分区器不会丢失），则不需要混排，因为具有相同键的所有元素已经是在相同（和正确）的分区。这就是为什么如果没有混排（如果没有启用溢出到磁盘，这是另一件事），将不会使用 mergeCombiners 函数，但用户仍然必须提供该函数。

最后两个可选参数仅在执行混排时才相关。使用 mapSideCombine 参数可以指定是否在混排之前合并分区中的合并值，默认值为 true。如果没有混排，则此参数不相关，因为在这种情况下，组合值总是在分区中合并。最后，使用 serializer 参数，如果不想使用默认值（由 Spark 配置参数 spark. serializer 指定），则可以进入专家模式，并指定要使用的自定义序列化程序。

多种选择使得 combineByKey 比较通用和灵活。难怪它被用来实现 aggregateByKey、groupByKey、foldByKey 和 reduceByKey。读者可以查询 Spark 源代码（http://mng. bz/Z6fp）了解它是如何实现的。

在第 4. 1. 2 节中创建的 transByCust 键值对 RDD 包含由客户 ID（但不是按客户分组）锁定的交易。

要计算每个客户购买的产品的平均值、最大值、最小值和总价格，合并后的值需要在合并值的同时跟踪最小值、最大值、数量和总数，然后通过将总数除以数量来计算平均值。transByCust 中的每个交易都包含一个数量（交易数组中的索引 4），因此需要考虑该值。还需要解析数字值，因为它们是字符串：

```
def createComb = (t: Array[String]) => {                //①创建组合器函数
Val total = t(5). toDouble
val q = t(4). toInt
  (total/q, total/q, q, total)}
def mergeVal: ((Double, Double, Int, Double), Array[String]) =>
(Double, Double, Int, Double) =                         //②合并值函数
{case((mn, mx, c, tot), t) => {
    val total = t(5). toDouble
      val q = t(4). toInt
    (scala. math. min(mn, total/q), scala. math. max(mx, total/q), c+q, tot+total)}}
def mergeComb: ((Double, Double, Int, Double), (Double, Double, Int, Double)) =>
  (Double, Double, Int, Double) =                       //③合并组合器函数
    {case((mn1, mx1, c1, tot1), (mn2, mx2, c2, tot2)) =>
      (scala. math. min(mn1, mn1), scala. math. max(mx1, mx2), c1+c2, tot1+tot2)}
```

```
val  avgByCust  =  transByCust. combineByKey  ( createComb,  mergeVal,  mergeComb,//④ 执 行
combineByKey 转换
new org. apache. spark. HashPartitioner( transByCust. partitions. size) ). //⑤将平均值添加到元组
mapValues( { case( mn,mx,cnt,tot) = >( mn,mx,cnt,tot,tot/cnt) } )
```

创建组合器函数①需要将计数设置为已解析的数量（变量 q）、将总数设置为已解析的变量 total，并且将最小值和最大值设置为单个产品的价格（total / q）。合并值函数②通过解析的数量增加计数，通过解析的总数增加总数，并用单个产品的价格（总数/数量）更新最小值和最大值。

合并组合器函数③对计数和总计求和，并比较两个组合值的最小值和最大值。最后执行 combineByKey 变换④（通过使用先前的分区数来保存分区）。这就提供了一个 RDD，其中包含每个客户的最低价格、最高价格、计数和总价格的元组。最后，通过使用 mapValues 变换将平均值添加到元组⑤中。

检查 avgByCust 的内容：

```
scala>avgByCust. first( )
res0: ( Int, ( Double, Double, Int, Double, Double) ) =
(96, (856. 2885714285715, 4975. 08, 57, 36928. 57, 647. 869649122807) )
```

可以使用 CSV 格式（使用#分隔符）将 avgByCust 和 totalsAndProds 的结果保存

```
scala>totalsAndProds. map(_. _2). map( x = >x. _2. mkString( "#" ) +" , " +x. _1).
    saveAsTextFile( " ch04output-totalsPerProd" )
scala>avgByCust. map{ case( id, ( min, max, cnt, tot, avg) ) = >
" %d#%. 2f#%. 2f#%d#%. 2f#%. 2f" . format( id, min, max, cnt, tot, avg) }.
saveAsTextFile( " ch04output-avgByCust" )
```

下面学习一些关于 RDD 依赖、累加器和广播变量的知识，以便以后应用时派上用场。

4.4　理解 RDD 依赖

本节将详细介绍 Spark 内部工作的两个方面：RDD 依赖和 RDD 检查点，这两个方面都是 Spark 的重要机制。RDD 依赖使 RDD 具有弹性，它们还影响 Spark 作业和任务的创建。

4.4.1　RDD 依赖和 Spark 执行

前面讲过，Spark 的执行模型基于有向无环图（DAG），图由顶点（节点）和连接它们的边（线）组成。在有向图中，边具有从一个顶点到另一个顶点的方向（但是它们也可以是双向的）。在非循环有向图中，边连接顶点的方式是如果沿着边的方向（在图中没有循环，因此得名）移动，则永远不能两次到达相同的顶点。

在 Spark DAG 中，RDD 是顶点，依赖是边。每次在 RDD 上执行转换时，都会创建新的顶点（新的 RDD）和新的边（依赖项）。新的 RDD 取决于旧的 RDD，因此边的方向是从子

RDD 到父 RDD。此依赖关系的图也称为 RDD 谱系。

存在以下两种基本类型的依赖关系：窄依赖和宽依赖（或混排）。它们根据第 4.2.2 节中解释的规则确定是否将执行混排。如果不需要分区之间的数据传输，则创建一个窄的依赖关系。在相反的情况下产生宽的依赖性，这意味着执行了混排。顺便说一下，在连接 RDD 时总是执行混排。

窄依赖可以进一步分为一对一依赖和范围依赖。范围依赖仅用于 union 变换，它们在单个依赖关系中组合多个父 RDD。在不需要混排的所有其他情况下使用一对一依赖。

下面用一个例子来说明这一切，此示例类似于用于检查分区器删除后的混排。

示例代码如下所示。

```
val list=List.fill(500)(scala.util.Random.nextInt(10))
val listrdd=sc.parallelize(list,5)// 并行化一个随机的整数列表,并创建一个带有 5 个分区的 RDD
val pairs=listrdd.map(x=>(x,x * x))                    //映射 RDD,以创建一个键值对 RDD
val reduced=pairs.reduceByKey((v1,v2)=>v1+v2)          // 通过键对 RDD 的值进行求和
val finalrdd=reduced.mapPartitions(                    //映射 RDD 的分区以创建其键值对的字符串表示
iter=>iter.map({case(k,v)=>"K="+k+",V="+v}))
finalrdd.collect()
```

这些转换在现实生活中没有任何意义，但它们有助于说明 RDD 依赖的概念。得到的谱系（DAG）如图 4-4 所示，每个包含线的圆角框代表一个分区。图 4-4 中的粗箭头表示用于创建 RDD 的转换。每个转换产生一个特定 RDD 子类的新 RDD，每个新 RDD 成为前一个 RDD 的子类。

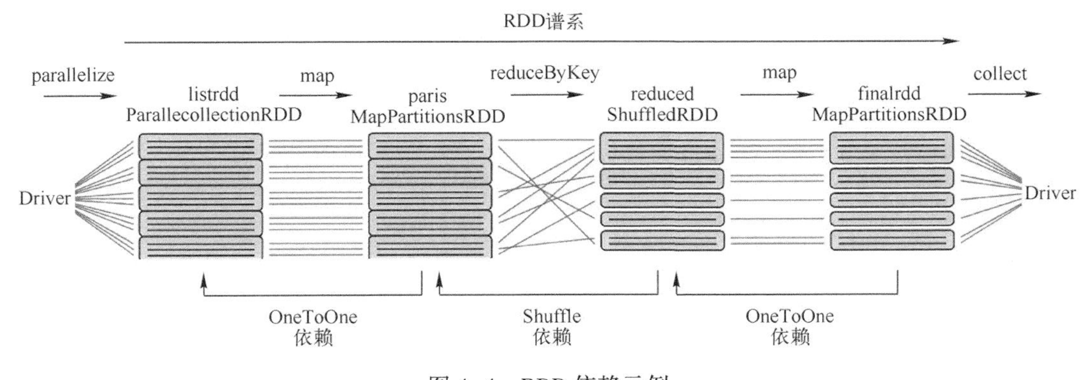

图 4-4　RDD 依赖示例

弧箭头表示沿袭链中的依赖关系。可以说 finalrdd（一个 MapPartitionsRDD）依赖于 reduced，reduced（ShuffleRDD）取决于 pairs，pairs（一个 MapPartitionsRDD）取决于 listrdd，它本身类型为 ParallelCollectionRDD。

图 4-4 中的浅色线表示在 RDD 程序的执行期间的数据流。可以看到，两个 map 转换不需要在分区之间交换数据，并且它们的数据流被限制在分区边界中。这就是它们产生窄

(OneToOne) 依赖的原因。reduceByKey 需要一个混排，如第 4.2.2 节所讨论的（因为以前的 map 转换已经删除了分区器），因此创建一个宽（或混排）依赖关系。在执行期间，在 pairs RDD 和 reduced RDD 的分区之间交换数据，因为每个键值对需要进入其正确的分区。

可以通过调用 toDebugString 获得 RDD 的 DAG 的文本表示，信息类似于图 4-4。对于示例 finalrdd，结果如下。

```
scala>println(finalrdd.toDebugString)
(6) MapPartitionsRDD[4] at mapPartitions at<console>:20 []
 |  ShuffledRDD[3] at reduceByKey at<console>:18 []
+-(5) MapPartitionsRDD[2] at map at<console>:16 []
   |  ParallelCollectionRDD[1] at parallelize at<console>:14 []
```

此输出中的 RDD 以与图 4-4 中的 RDD 相反的顺序显示。这里 DAG 中的第一个 RDD 出现在最后，因此依赖的方向向上。检查此输出可有助于尽量减少程序执行的混排数量。每次在谱系链中看到一个 ShuffledRDD 时，就可以确定在那一点上执行一个混排（如果 RDD 被执行）。括号（5）和（6）中的数字表示相应 RDD 的分区数。

4.4.2 Spark 阶段和任务

在考虑如何将 Spark 包发送给执行程序时，所有的一切都很重要。基于发生混排的时间，将每个作业分成多个阶段。图 4-5 显示了示例中创建的两个阶段。

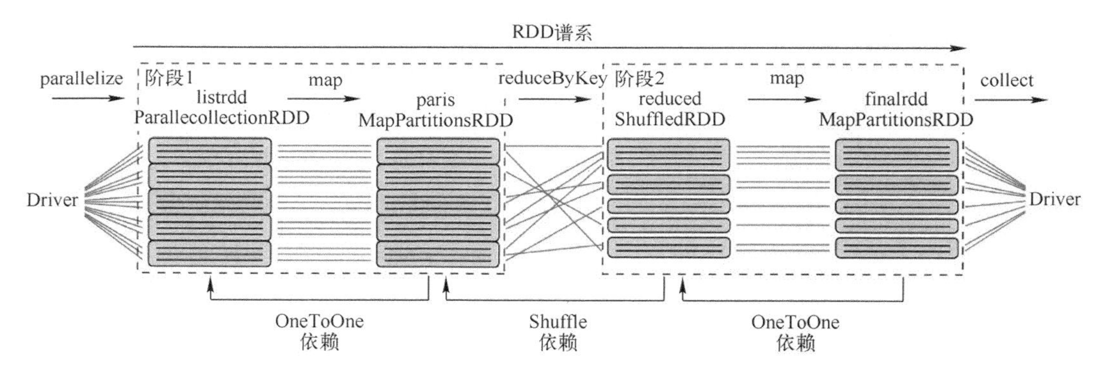

图 4-5　DAG 分成阶段示例

阶段 1 包含导致混排的转换：parallelize、map 和 reduceByKey。阶段 1 的结果作为中间文件在执行器机器上保存在磁盘上。在阶段 2 期间，每个分区从属于它的这些中间文件接收数据，并且利用第二次 map 转换和最终 collect 继续执行。

对于每个阶段和每个分区，创建任务并将其发送给执行器。如果阶段以混排结束，则创建的任务将是 shuffle-map 任务。在某一阶段的所有任务完成之后，驱动器为下一阶段创建任务，并将它们发送给执行器，依次类推。这将重复至最后一个阶段（在本例中，阶段 2），这将需要将结果返回到驱动器。为最后一个阶段创建的任务称为结果任务。

4.4.3　使用检查节点保存 Spark 谱系

因为 RDD 谱系可以任意增长，通过链接任意数量的转换，Spark 提供了一种将整个 RDD 持久化稳定存储的方法。在节点发生故障的情况下，Spark 不需要从头开始重新计算丢失的 RDD 片段，它使用快照并从那里计算余下的谱系，此功能称为检查点。

在检查点期间，整个 RDD 持久化存储到磁盘，而不仅仅是其数据，如存在缓存，它的谱系也存储到磁盘。在检查点之后，RDD 的依赖关系以及关于其父代的信息被删除，因为它们不再需要重新计算。

可以通过调用 checkpoint 操作来检查 RDD，但首先必须通过调用 SparkContext. setCheck -pointDir( )来设置保存数据的目录。该目录通常是 HDFS 目录，但也可以是本地目录。必须在 RDD 上执行任何作业之前调用 checkpoint，然后必须实现 RDD（必须在其上调用某些操作）才能完成检查点操作。

那么，应该什么时候对 RDD 进行检查点操作？如果有一个带有长 DAG 的 RDD（RDD 有很多依赖关系）发生故障，重建它可能需要很长时间。如果 RDD 设置了检查点，那么从文件中读取它可能比使用所有（可能是复杂的）转换重建它快得多。检查点在 Spark Streaming 中也很重要。

4.5　使用累加器和广播变量与 Spark 执行器进行通信

本章的最后一个主题是累加器和广播变量。它们使用户能够维护全局状态或在 Spark 程序中的任务和分区之间共享数据。

4.5.1　使用累加器从执行器获取数据

累加器是在只能添加到的执行器之间共享的变量。可以使用它们在 Spark 作业中实现全局求和与计数器。

使用 SparkContext. accumulator（initialValue）创建累加器。还可以指定其名称 sc. accumulator(initialValue,"accumulatorName")的同时创建一个累加器。在这种情况下，累加器将显示在 Spark Web UI 中（在详细信息页面上），可以使用它来跟踪任务的进度（有关 Spark Web UI 的详细信息，请参见第 11 章）。

注意　不能在 Python 中命名累加器。

要添加到累加器，请使用 add 方法或+=运算符。要获取其值，请使用 value 方法。只能从驱动程序中访问累加器的值。如果尝试从一个执行器访问它，则会抛出一个异常。

这里有一个累加器示例：

```
scala>val acc=sc. accumulator(0," acc name" )
Scala>val list=sc. parallelize( 1 to 100000)
scala>list. foreach( x=>acc. add( 1) )                    // 在执行器执行
```

```
scala>acc. value                                   // 在驱动程序上执行
res0:Int=1000000
scala>list. foreach(x=>acc. value)                 //发生异常
```

最后一行给出了异常 java. lang. UnsupportedOperationException：无法在任务中读取累加器值。

如果需要有一个类型的累积值并向其中添加另一个类型的值，则可以创建一个 Accumulable 对象。它使用 SparkContext. accumulable（initialValue）创建，类似于 Accumulator，也可以为它分配一个名称。

Accumulator 是 Accumulable 类的特例，但是使用更频繁。Accumulable 对象通常用作自定义累加器（将在下面看到一个示例）。

1. 书写自定义累加器

负责将值添加到 Accumulator 的对象是 AccumulatorParam（或 AccumulableParam）。它必须在调用函数的范围内进行隐式定义。Spark 已经为数值类型提供了隐式的 AccumulatorParam 对象，因此它们可以用作累加器值，而无须任何特殊操作。如果要使用自定义类作为累加器值，则必须创建一个自定义隐式 AccumulatorParam 对象。

AccumulatorParam 必须实现以下两种方法。

- zero（initialValue：T）：创建传递给执行器的初始值。全局初始值保持不变。
- addInPlace（v1：T，v2：T）：T-合并两个累加值。

AccumulableParam 需要实现一个额外的方法：

addAccumulator（v1：T，v2：V）：T-为累计值添加一个新的累加器值

例如，可以使用单个 Accumulable 对象来跟踪值的总和和计数（以获取平均值），如下所示。

```
val rdd=sc. parallelize(1 to 100)                  // 创建一个从 1~100 的整数的 RDD
import org. apache. spark. AccumulableParam
implicit object AvgAccParam extends AccumulableParam[(Int, Int), Int]{//创建隐式的 AccumulableParam
  def zero(v:(Int,Int))=(0,0)
  def addInPlace(v1:(Int,Int),v2:(Int,Int))=(v1. _1+v2. _1,v1. _2+v2. _2)
  def addAccumulator(v1:(Int,Int),v2:Int)=(v1. _1+1,v1. _2+v2)
}
val acc=sc. accumulable((0,0))        //创建 Accumulable 对象,编译器自动找到 AvgAccParam 对象
rdd. foreach(x=>acc+=x)                             //将 RDD 的所有值添加到累加器
val mean=acc. value. _2. toDouble / acc. value. _1  //访问累加器值以计算平均值
mean:Double=50. 5
```

上一个代码段中的隐式 AccumulableParam 对象包含跟踪执行器上的计数和总和的所有必要方法。AvgAccParam 接受整数并将累加值保存在一个元组中：第一个元素跟踪计数，第二个跟踪总和。

2. 累计可累计集合中的值

还可以通过使用 SparkContext. accumulableCollection()在可变集合中累积值，而不创建任何隐式对象。自定义累加器是灵活的，如果只需要实现一个集合累加器，则累加集合更容易使用。例如，使用上一个示例中生成的相同 rdd 对象，可以将其对象累积到共享集合中，如下所示。

```
scala>import scala. collection. mutable. MutableList
scala>val colacc = sc. accumulableCollection( MutableList[ Int]( ) )
scala>rdd. foreach( x = >colacc+ = x)
scala>colacc. value
res0:scala. collection. mutable. MutableList[ Int] = MutableList( 1,2,3,4,
5,6,7,8,9,10,31,32,33,... )
```

可以看到，结果不排序，因为不能保证来自不同分区的累加器结果以任何特定顺序返回到驱动程序。

4.5.2　使用广播变量将数据发送到执行器

正如在第 3 章中所说，广播变量可以从集群中共享和访问，类似于累加器。但它们与累加器相反，它们不能被执行器修改。驱动器创建一个广播变量，执行器读取它。

如果拥有大多数执行器所需的大量数据，则应使用广播变量。通常，驱动器中创建的变量（执行任务所需）会被序列化并与这些任务一起发送。但是，单个驱动器可以在多个作业中重用相同的变量，并且可以将多个任务作为同一作业的一部分运送到同一执行器。因此，一个潜在的大变量可能会被序列化并通过网络传输的次数超过必要的次数。在这些情况下，最好使用广播变量，因为它们可以以更优化的方式传输数据，并且只传输一次。

广播变量使用 SparkContext. broadcast（value）方法创建，该方法返回一个类型为 Broadcast 的对象。该值可以是任何可序列化对象，然后可以由执行器使用 Broadcast. value 方法读取。当执行器尝试读取广播变量时，执行器将首先检查它是否已经加载。如果不是，它从驱动器请求广播变量，一次一个块。这种基于拉取的方法避免了作业启动时的网络拥塞。

应该始终通过 value 方法访问其内容，而不是直接访问它的内容。否则，Spark 将自动序列化并将变量与任务一起发送，这样将失去广播变量的所有性能优势。

1. 破坏和删除广播变量

当不再需要广播变量时，可以销毁它。有关它的所有信息将被删除（从执行器和驱动器），变量将变得不可用。如果尝试在调用 destroy 后访问它，则将抛出异常。

另一个选项是调用 unpersist，它只从执行器的缓存中删除变量值。如果尝试在删除操作之后使用它，则它将再次发送给执行器。

最后，广播变量在超出范围之后（如果所有对它们的引用都不存在）会被 Spark 自动取消持久化，因此没有必要显式地取消持久化。相反，可以在驱动器中删除对广播变量的引用。

2. 影响广播变量的配置参数

有以下几个可以影响广播性能的配置参数（有关设置 Spark 配置参数的详细信息，请参见第 11 章）。

- spark. broadcast. compress：指定是否在传输之前压缩变量（应该将此值保留为 true）。变量将使用 spark. io. compression. codec 指定的编解码器进行压缩。
- spark. broadcast. blockSize：指示用于传输广播数据的数据块的大小。默认值是 4096。
- spark. python. worker. reuse：可以极大地影响 Python 中的广播性能，因为如果不重复使用 worker，则需要为每个任务传输广播变量。应该保持此为 true，这是默认值。

要记住的要点是，如果工作中需要大量数据，那么应该使用广播变量，并且总是使用 value 方法来访问广播变量。

4.6 总结

- 键值对 RDD 包含两个元素元组：键和值。
- 将 Scala 中的键值对 RDD 隐式转换为类 PairRDDFunctions 的实例，该实例承载特殊键值对 RDD 操作。
- countByKey 返回包含每个键的出现次数的映射。
- mapValues 更改包含在键值对 RDD 中的值，而不更改关联的键。
- flatMapValues 允许用户通过将每个值映射到零个或多个值来更改与键对应的元素数。
- reduceByKey 和 foldByKey 允许将键的所有值合并为同一类型的单个值。
- aggregateByKey 合并值，但也会将值转换为另一种类型。
- 数据分区是 Spark 在集群中的多个节点之间划分数据的机制。
- RDD 分区的数量很重要，因为除了影响整个集群中的数据分布外，它还直接决定将运行 RDD 转换的任务数量。
- RDD 的分区由向每个 RDD 元素分配分区索引的 Partitioner 对象执行。Spark 提供了以两个实现：HashPartitioner 和 RangePartitioner。
- 分区之间的数据的物理移动称为混排。当需要组合来自多个分区的数据以便为新的 RDD 构建分区时，就会发生混排。
- 在混排期间，除了写入磁盘之外，还通过网络发送数据，因此在 Spark 作业期间最小化混排数是很重要的。
- 在分区上工作的 RDD 操作是 mapPartitions 和 mapPartitionsWithIndex。
- Spark 函数中的 4 个经典连接就像 RDBMS 相同名称的连接一样：join（内连接）、leftOuterJoin、rightOuterJoin 和 fullOuterJoin。
- cogroup 通过键对来自多个 RDD 的值进行分组，并返回一个 RDD，这个 RDD 的值是包含来自每个 RDD 的值的 Iterable 对象的数组。
- 用于对 RDD 数据进行排序的主要转换是 sortByKey、sortBy 和 repartitionAndSortWithin-

Partition。

- 几个键值对 RDD 转换可用于对 Spark 中的数据进行分组：aggregateByKey、groupByKey（和相关的 groupBy）和 combineByKey。
- RDD 谱系表示为将 RDD 与其父 RDD 连接的有向无环图（DAG）。
- 每个 Spark 作业根据发生 shuffle 的点分为多个阶段。
- RDD 谱系可以通过检查点进行保存。
- 累积器和广播变量能够维护全局状态或在 Spark 程序中的任务和分区之间共享数据。

第 2 部分

认识 Spark 家族

本部分介绍构成 Spark 的其他组件：Spark SQL、Spark Streaming、Spark MLlib 和 Spark GraphX。第 5 章将介绍如何创建和使用 DataFrame、如何使用 SQL 查询 DataFrame 数据，以及如何从外部数据源加载数据并将其保存，介绍 Spark 的 SQL Catalyst 优化引擎完成的优化以及 Tungsten 项目引入的性能改进。

Spark Streaming 是更受欢迎的家庭成员之一，将在第 6 章中介绍。该章将介绍离散流，当流式应用程序正在运行时，它会定期生成 RDD，学习如何随时间保存计算状态以及如何使用窗口操作，研究如何连接到 Kafka，以及如何从流媒体作业获得良好的性能。

第 7 章和第 8 章关于机器学习，特别是关于 Spark API 的 Spark MLlib 和 Spark ML 部分。这两章介绍一般的机器学习和线性回归、逻辑回归、决策树、随机森林和 k 均值聚类，以及扩展和规范功能，使用正则化，训练和评估机器学习模型，Spark ML 带来的 API 标准化。

最后，第 9 章将探讨如何使用 Spark 的 GraphX API 构建图，使用图形算法转换和连接图，使用 GraphX API 实现 A* 搜索算法。

第5章 使用 Spark SQL 执行 Spark 查询

本章涵盖

- 创建 DataFrame。
- 使用 DataFrame API。
- 使用 SQL 查询。
- 从外部数据源加载和保存数据。
- 了解 Catalyst 优化器。
- 了解 Tungsten 的性能改进。
- 介绍 DataSet。

第3章中已经介绍了使用 DataFrame 的方式。DataFrame 可处理结构化数据（按行和列组织的数据，其中每列仅包含特定类型的值）。经常在关系数据库中使用的 SQL 是组织和查询此数据的最常用方法。SQL 也作为第2部分中介绍的第一个 Spark 组件的名称的一部分：Spark SQL。

在本章中，将深入了解 DataFrame API，并对其进行更为深入的研究。在第5.1节中，用户将首先学习如何将 RDD 转换为 DataFrame，可以使用 Stack Exchange 网站上的示例数据集上的 DataFrame API 来选择、筛选、排序、分组和连接数据。还将向用户展示需要了解的关于如何使用 DataFrame SQL 函数以及如何将 DataFrame 转换回 RDD。

在第5.2节中，向用户展示如何通过运行 SQL 查询来创建 DataFrame 以及如何通过以下3种方式执行 DataFrame 数据的 SQL 查询：通过用户的程序、通过 Spark 的 SQL shell 以及通过 Spark 的 Thrift 服务器。在第5.3节中，介绍如何保存和加载来自各种外部数据源的数据。在本章的最后两节中，将了解 Spark 的 SQL Catalyst 优化引擎的优化以及 Tungsten 项目引入的性能改进。

在本章的最后一节，将简要介绍 Spark 1.6 中出现的 DataSet。自从 Spark 2.0 以来，DataFrame 成为 DataSet 的特例；它们现在被实现为包含 Row 对象的 DataSet。

为了正确理解本章的部分内容，用户应具备 SQL 的基本知识。用户可以使用以下两种方式来学习：一个是 w3schools. com 的 SQL 教程，另一个是基于 Hadoop 的分布式仓库 Hive。

用户可以使用的 HDFS 集群在本章中会有所帮助。笔者希望用户使用 spark-in-action VM，因为 HDFS 已经采用独立模式安装在那里（http://mng. bz/Bu4d）。

5.1 使用 DataFrame

在上一章中，用户已经学习了如何操作 RDD。这很重要，因为 RDD 代表了一种低级、直接的方式来处理 Spark 中的数据，它也是 Spark 运行时的核心。Spark 1. 3 引入了 DataFrame API，用于以类似于表的表示形式处理结构化的分布式数据，并使用命名列和声明的列类型。

DataFrame 的灵感来自几种使用相同概念的相同名称的语言：Python 的 Pandas 包中的 DataFrame，R 中的 DataFrame 和 Julia 语言的 DataFrame。Spark 的不同之处在于它们的分布式特性和 Spark 的 Catalyst，它可以基于可插拔数据源、规则和数据类型实时优化资源使用。Catalyst 将在本章稍后讨论。

DataFrame 将 SQL 代码和特定领域的语言（DSL）表达式转换为优化的低级 RDD 操作，以便可以从任何支持的语言（Scala、Java、Python 和 R）使用相同的 API 以相同的方式和具有可比较的性能特征来访问任何支持的数据源（文件、数据库等）。自从推出以来，DataFrame 已经成为 Spark 中最重要的功能之一，并使 Spark SQL 成为最积极开发的 Spark 组件。从 Spark 2. 0 以来，DataFrame 被实现为 DataSet 的特例。

因为用户几乎总是知道自己正在处理的数据的结构，所以 DataFrame 适用于需要操作结构化数据的任何实例，这是大数据世界中的大多数情况。DataFrame 可以让用户通过列名称引用数据，并使用“good ole”SQL 查询访问数据，这是大多数用户处理数据的最自然的方式，并且它提供了许多集成的可能性。

假设有一个包含关系数据库中的用户数据和 HDFS 上的 Parquet 文件中的用户活动数据的表格，并且要连接这两个数据源。Parquet 是一种列式文件格式，用于存储模式信息以及数据。Spark SQL 可以通过在 DataFrame 中加载这两个源来实现。一旦可以作为 DataFrame，这两个数据源就可以被连接、查询并保存在第三个位置。

Spark SQL 还允许将 DataFrame 注册到表目录中的表中，这些表不保存数据本身，它只保存有关如何访问结构化数据的信息。注册后，Spark 应用程序可以在用户提供 DataFrames 名称时查询数据。另外有趣的是，第三方应用程序可以使用标准的 JDBC 和 ODBC 协议连接到 Spark，然后使用 SQL 查询已注册的 DataFrame 表中的数据。Spark 的 Thrift 服务器是启用此功能的组件。它接受传入的 JDBC 客户端连接，并使用 DataFrame API 将其作为 Spark 作业执行。

图 5-1 说明了所有这一切。它显示以下两种类型的客户端：使用 DataFrame DSL 在两个表上执行连接的 Spark 应用程序，以及执行相同连接的非 Spark 应用程序，但作为通过 JDBC 连接到 Spark 的 Thrift 服务器的 SQL 查询。这里将谈论本节中的 Spark 应用程序并在第 5. 2 节中讨论 JDBC 表。永久表目录（幸存的 Spark 上下文重新启动）仅在使用 Hive 支持构建

Spark 时可用。Hive 是在 Hadoop MapReduce 之上构建的抽象层的分布式仓库，最初由 Facebook 建成，现在被广泛应用于数据查询和分析。它有自己的 SQL 方言称为 HiveQL。HiveQL 不仅可以作为 MapReduce 作业也可以作为 Spark 作业来运行其作业。

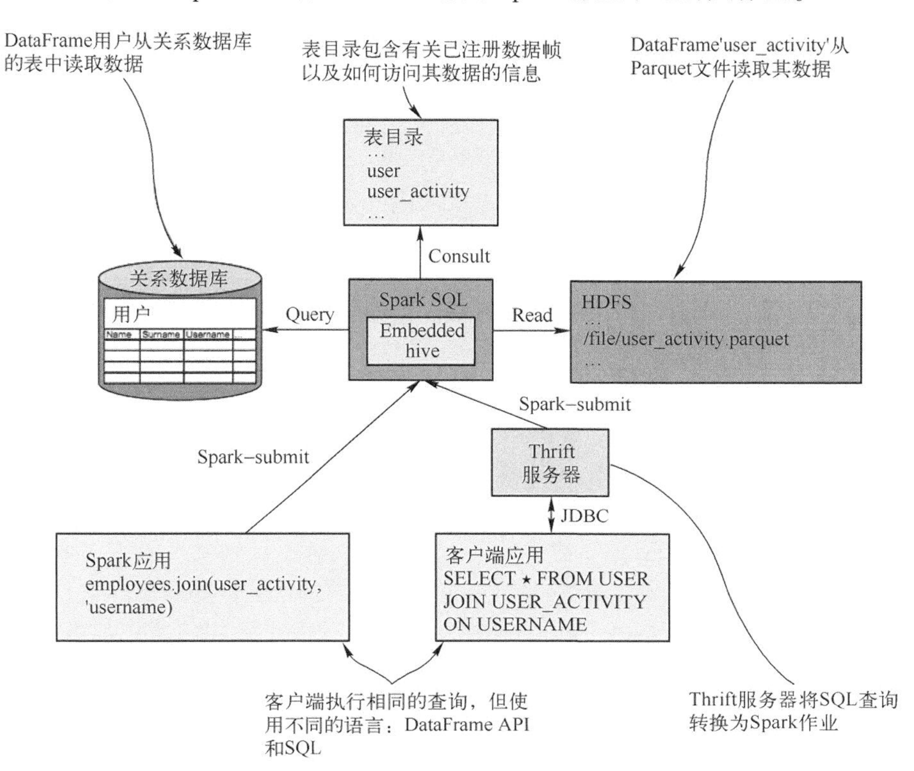

图 5-1　两个客户端的示例（使用 DataFrame DSL 的 Spark 应用程序和通过 JDBC 连接的非 Spark 客户端应用程序）执行连接两个表的相同查询：一个驻留在关系数据库中，另一个驻留在 HDFS 中的 Parquet 文件中

当使用 Hive 支持构建时，Spark 包括 Hive 的所有依赖关系。当从 Spark 下载页面下载归档文件时，默认情况下包含 Hive。除了带来更多功能的 SQL 解析器之外，Hive 支持允许用户能够访问现有的 Hive 表并使用现有的社区构建的 Hive UDF。出于这些原因，因此建议用户使用配有 Hive 支持的 Spark 构建。

DataFrame 可以与 RDD 相媲美，并且基于 RDD，所以上一章中描述的原则也适用于 DataFrame。每列都有可用的类型信息使 DataFrame 比 RDD 更容易使用，因为查询的代码行数量更少，而且 DataFrame 优化的查询提供了更好的性能。

可以通过以下 3 种方式创建 DataFrame。

- 转换现有 RDD。
- 运行 SQL 查询。
- 加载外部数据。

最简单的方法是运行一个 SQL 查询。下面介绍如何从现有 RDD 创建 DataFrame。

5.1.1 从 RDD 创建 DataFrame

通常首先将数据加载到 RDD 中，然后使用它创建 DataFrame。如果要将日志文件加载到 DataFrame 中，则首先需要将其作为文本加载，解析这些行，并确定构成每个条目的元素。只有这样才能使数据变得结构化，从而可以通过 DataFrame 进行使用。简而言之，如果要使用 DataFrame API，则使用 RDD 加载和转换非结构化数据，然后从 RDD 创建 DataFrame。

可以通过以下 3 种方式从 RDD 创建 DataFrame：

- 使用包含行数据的 RDD 作为元组。
- 使用 case 类。
- 指定模式。

第一种方法是最低级的，它很简单但有限，因为它不允许指定所有模式属性，这通常不令人满意。第二种方法包括编写一个 case 类，它包含了更多但并不如第一种方法那么具有限制性。第三种方法在 Spark 中被认为是标准的，涉及明确指定模式。前两种方法间接指定模式（推断）。

在本节中将介绍这些方法。但首先需要讨论几个先决条件：SparkSession 对象、必要的隐式方法和本章中使用的数据集。

1. 构建 SparkSession 和引入隐式方法

要使用 Spark DataFrame 和 SQL 表达式，请从 SparkSession 对象开始。它已在 Spark shell 中预先配置，并可作为变量 spark 使用。在用户自己的程序中，应该像以前的章节一样自己构建它。

```
import org.apache.spark.sql.SparkSession
val spark = SparkSession.builder().getOrElse()
```

SparkSession 是 SparkContext 和 SQLContext 的封装器，它直接用于在 Spark 2.0 之前的版本中构建 DataFrame。Builder 对象允许用户指定 master、appName 和其他配置选项，但默认设置就可以。

Spark 提供了一套 Scala 隐式方法，用于将 RDD 自动转换为 DataFrame。使用此功能之前，必须导入这些方法。一旦将 SparkSession 添加到 Spark 中，导入就可以通过以下语句完成。

```
import spark.implicits._
```

在 Spark shell 中，这些已经为用户完成了，但在自己的程序中，用户必须自己完成。

如果 RDD 包含定义了 DataSet 编码器的对象，那么这些隐式转换会将一个称为 toDF 的方法添加到用户的 RDD 中。编码器用于将 JVM 对象转换为内部 Spark SQL 表示形式。有关可用于构建 DataFrame 的编码器列表以及 Spark 开箱即用的列表，请参阅此列表：http://mng.bz/Wa45。下面以一个例子来说明它的工作原理。

2. 了解和加载示例数据

本章中的示例基于从 Stack Exchange 获取的数据。用户可能已经了解或使用过 Stack Exchange 网站（www.stackexchange.com），特别是其子社区 Stack Overflow，这是一个询问和回答与编程有关的问题的地方。

任何人都可以在 Stack Exchange 社区提问，任何人也都可以回答。存在一种支持和反对系统，作为标记某些问题和答案不太有用的手段。用户可以通过提问和回答问题获得积分，也可以参加网站上的各种活动获得不同类型的徽章。

2009 年，Stack Exchange 发布了[㊀]Stack Exchange 社区中所有问题和答案的匿名数据转储，并在新问题可用时继续发布数据。其中一个发布数据的社区是 Italian 语言 Stack Exchange，作者将在本章中使用其数据来说明 Spark SQL 概念。笔者选择这个社区是因为它的体积小（用户可以在笔记本上轻松下载和使用），还因为人们喜欢这种语言。

原始数据以 XML 格式提供。已经对它进行了预处理并创建了一个逗号分隔值（CSV）文件，用户可以在本书的 GitHub 存储库（希望用户已经复制了它）中找到 ch05 文件夹。用户使用的第一个文件是 italian Posts. csv。它包含意大利语的问题（和答案）与以下字段（用波浪符号分隔）。

- commentCount：与问题/答案相关的评论数。
- lastActivityDate：上次修改的日期和时间。
- ownerUserId：所有者的用户 ID。
- body：问题/答案的文本内容。
- score：基于 upvote 和 downvotes 的总分。
- creationDate：创建的日期和时间。
- viewCount：浏览计数。
- title：问题的标题。
- tags：已标记问题的标签集。
- answerCount：相关答案的数量。
- acceptedAnswerId：如果问题包含其接受的答案的 ID。
- postTypeId：帖子的类型：1 是问题，2 为答案。
- id：帖子的唯一 ID。

下载文件并启动 Spark shell 后，可以使用以下代码片段解析数据并将其加载到 RDD 中：

```
scala>val itPostsRows = sc. textFile("first-edition/ch05/italianPosts. csv")
scala>val itPostsSplit = itPostsRows. map(x =>x. split("~"))
itPostsSplit:org. apache. spark. rdd. RDD[Array[String]] =...
```

这就得到了一个包含字符串数组的 RDD。用户可以将此 RDD 转换为只有一列包含字符串数组的 DataFrame，但这不是此处想要做的。这里需要将每个字符串映射到不同的列。

3. 从一个元组 RDD 创建一个 DataFrame

下面通过将 RDD 的元素数组转换为元组，然后在结果 RDD 上调用 toDF 来创建一个 DataFrame。将数组转换为元组没有简便方法，必须使用下面的表达式来实现：

㊀ 见 http://mng. bz/Ct8l 的官方公告。

```
scala>val itPostsRDD=itPostsSplit.map(x=>(x(0),x(1),x(2),x(3),x(4),
x(5),x(6),x(7),x(8),x(9),x(10),x(11),x(12)))
itPostsRDD:org.apache.spark.rdd.RDD[(String,String,...
```

然后使用 toDF 函数：

```
scala>val itPostsDFrame=itPostsRDD.toDF()
itPostsDF:org.apache.spark.sql.DataFrame=[_1:string,...
```

现在有了 DataFrame，用户可以使用它附带的所有好东西。首先，可以使用 show 方法获得前 10 行的内容，格式为文本输出（输出被裁剪到右侧以适合页面）：

```
+---+-----------------+----+------------------+---+----------------
| _1|                _2| _3|                 _4| _5|              _6
+---+-----------------+----+------------------+---+----------------
|  4|2013-11-11 18:21:...| 17|&lt;p&gt;The infi......| 23|2013-11-10 19:37:...
|  5|2013-11-10 20:31:...| 12|&lt;p&gt;Come cre...|  1|2013-11-10 19:44:...
|  2|2013-11-10 20:31:...| 17|&lt;p&gt;Il verbo.....|  5|2013-11-10 19:58:...
|  1|2014-07-25 13:15:...|154|&lt;p&gt;As part ...| 11|2013-11-10 22:03:...
|  0|2013-11-10 22:15:...| 70|&lt;p&gt;&lt;em&g...|  3|2013-11-10 22:15:...
|  2|2013-11-10 22:17:...| 17|&lt;p&gt;There's ......|  8|2013-11-10 22:17:...
|  1|2013-11-11 09:51:...| 63|&lt;p&gt;As other.....|  3|2013-11-11 09:51:...
|  1|2013-11-12 23:57:...| 63|&lt;p&gt;The expr.....|  1|2013-11-11 10:09:...
|  9|2014-01-05 11:13:...| 63|&lt;p&gt;When I w...|  5|2013-11-11 10:28:...
|  0|2013-11-11 10:58:...| 18|&lt;p&gt;Wow, wha...|  5|2013-11-11 10:58:...
+---+-----------------+----+------------------+---+----------------
```

如果调用 show 方法没有参数，则它会显示前 20 行。这是很好的，但列名称是通用的，并不是特别有用。调用 toDF 方法时可以指定列名来纠正这个问题：

```
scala>val itPostsDF=itPostsRDD.toDF("commentCount","lastActivityDate",
"ownerUserId","body","score","creationDate","viewCount","title",
"tags","answerCount","acceptedAnswerId","postTypeId","id")
```

如果现在调用 show，则会看到列名出现在输出中。还可以使用 printSchema 方法检查 DataFrame 的模式：

```
scala>itPostsDF.printSchema
root
 |--commentCount:string(nullable=true)
 |--lastActivityDate:string(nullable=true)
 |--ownerUserId:string(nullable=true)
```

```
|--body:string(nullable=true)
|--score:string(nullable=true)
|--creationDate:string(nullable=true)
|--viewCount:string(nullable=true)
|--title:string(nullable=true)
|--tags:string(nullable=true)
|--answerCount:string(nullable=true)
|--acceptedAnswerId:string(nullable=true)
|--postTypeId:string(nullable=true)
|--id:string(nullable=true)
```

此方法显示 DataFrame 有关其列的信息。可以看到列名称现在可用，但所有的列都是 String 类型并且它们都可以为空。这在某些情况下可能是可取的，但在这种情况下显然是错误的。这里，列 ID 应为 long 类型，wunt 应为整数，date 列应为时间戳。以下两个 RDD 到 DataFrame 的转换方法可以指定所需的列类型及其名称。

4. 使用案例类将 RDD 转换为 DataFrame

将 RDD 转换为 DataFrame 的第二个选项是将 RDD 中的每一行映射到 case 类，然后使用 toDF 方法。首先，需要定义将保存数据的 case 类。这是 Post 类可以保存数据集的每一行：

```
  import java.sql.Timestamp
case class Post(
  commentCount:Option[Int],
  lastActivityDate:Option[java.sql.Timestamp],
  ownerUserId:Option[Long],
  body:String,
  score:Option[Int],
  creationDate:Option[java.sql.Timestamp],
  viewCount:Option[Int],
  title:String,
  tags:String,
  answerCount:Option[Int],
  acceptedAnswerId:Option[Long],
  postTypeId:Option[Long],
  id:Long)
```

Nullable 域被声明为 Option [T]类型，这意味着它们可以包含一个值为 T 的 Some 对象或者一个 None（在 Java 中为 null）。对于时间戳列，Spark 支持 java. sql. Timestamp 类。

在将 itPostsRDD 的行映射到 Post 对象之前，首先声明一个隐式类，以更优雅的方式[⊖]写

⊖ 这个想法我们要感谢 Pierre Andres：http：//mng. bz/ih7n。

入它：

```
object StringImplicits{
  implicit class StringImprovements(val s:String){
    import scala.util.control.Exception.catching
    def toIntSafe=catching(classOf[NumberFormatException]) opt s.toInt
    def toLongSafe=catching(classOf[NumberFormatException]) opt s.toLong
    def toTimestampSafe=catching(classOf[IllegalArgumentException]) opt
      Timestamp.valueOf(s)
  }
}
```

StringImplicits 对象中的隐式 StringImprovements 类定义了可以隐式添加到 Scala 的 String 类中的 3 个方法，用于将字符串安全地转换为整数、长整型和时间戳。安全意味着一个字符串如果不能转换为上面这三种类型，该方法会返回 none 而不是抛出一个异常。catching 函数返回一个类型为 scala.util.control.Exception.Catch 的对象，其 opt 方法可用于将指定函数（如 s.toInt）的结果映射到 Option 对象，如果发生指定异常，则返回 None，否则返回 Some。

这使得对行的解析更加优雅：

```
  import StringImplicits._
def stringToPost(row:String):Post={
  val r=row.split("~")
  Post(r(0).toIntSafe,
    r(1).toTimestampSafe,
    r(2).toLongSafe,
    r(3),
    r(4).toIntSafe,
    r(5).toTimestampSafe,
    r(6).toIntSafe,
    r(7),
    r(8),
    r(9).toIntSafe,
    r(10).toLongSafe,
    r(11).toLongSafe,
    r(12).toLong)
}
val itPostsDFCase=itPostsRows.map(x=>stringToPost(x)).toDF()
```

首先需要导入刚刚声明的隐式类，然后使用安全方法将单个字段（字符串）解析为适当类型的对象。请注意，最后一列（id）不能为 null，因此在那里不使用安全方法。

现在 DataFrame 包含正确的类型和 nullable 标志：

```
scala>itPostsDFCase.printSchema
root
 |--commentCount:integer(nullable=true)
 |--lastActivityDate:timestamp(nullable=true)
 |--ownerUserId:long(nullable=true)
 |--body:string(nullable=true)
 |--score:integer(nullable=true)
 |--creationDate:timestamp(nullable=true)
 |--viewCount:integer(nullable=true)
 |--title:string(nullable=true)
 |--tags:string(nullable=true)
 |--answerCount:integer(nullable=true)
 |--acceptedAnswerId:long(nullable=true)
 |--postTypeId:long(nullable=true)
 |--id:long(nullable=false)
```

在进一步研究 DataFrame API 之前，本节将向用户展示另一种从 RDD 创建 DataFrame 的方法。

5. 通过指定模式将 RDD 转换为 DataFrame

将 RDD 转换为 DataFrame 的最后一种方法是使用 SparkSession 的 createDataFrame 方法，该方法使用包含 Row 类型的对象的 RDD 和 StructType。在 Spark SQL 中，一个 StructType 表示一个模式。它包含一个或多个 StructField，每个都描述一个列。可以使用以下代码段构建 post RDD 的 StructType 模式。

```
import org.apache.spark.sql.types._
val postSchema=StructType(Seq(
  StructField("commentCount",IntegerType,true),
  StructField("lastActivityDate",TimestampType,true),
  StructField("ownerUserId",LongType,true),
  StructField("body",StringType,true),
  StructField("score",IntegerType,true),
  StructField("creationDate",TimestampType,true),
  StructField("viewCount",IntegerType,true),
  StructField("title",StringType,true),
  StructField("tags",StringType,true),
  StructField("answerCount",IntegerType,true),
  StructField("acceptedAnswerId",LongType,true),
  StructField("postTypeId",LongType,true),
  StructField("id",LongType,false))
  )
```

支持的数据类型

DataFrame 支持主要关系数据库支持的常规类型：字符串、整型、短整型、浮点数、双精度、字节、日期、时间戳和二进制值（在关系数据库中称为 BLOB）。它也可以包含以下复杂的数据类型。

- 数组包含相同类型的多个值。
- 映射包含键值对，其中键是基本类型。
- 结构体包含嵌套列定义。

可以在 org. apache. spark. sql. types 包中构造 StructType 对象时可使用 Scala 数据类型的对象。

RDD 的 Row 类需要包含各种类型的元素，因此可以通过指定所有元素或通过传入 Seq 或 Tuple 来构造其对象。用户可以将以前使用的 stringToPost 函数更改为 stringToRow 函数，只需将 Post 类型更改为 Row 即可（可以在在线存储库中将找到 stringToRow 函数）。因为版本 2.0 中的 Spark 在以这种方式构建 DataFrame 时不会很好地处理 Scala Option 对象，所以需要使用真正的 Java null 值。换句话说：

```
def stringToRow(row:String):Row={
  val r=row.split("~")
  Row(r(0).toIntSafe.getOrElse(null),
      r(1).toTimestampSafe.getOrElse(null),
      r(2).toLongSafe.getOrElse(null),
      r(3),
      r(4).toIntSafe.getOrElse(null),
      r(5).toTimestampSafe.getOrElse(null),
      r(6).toIntSafe.getOrElse(null),
      r(7),
      r(8),
      r(9).toIntSafe.getOrElse(null),
      r(10).toLongSafe.getOrElse(null),
      r(11).toLongSafe.getOrElse(null),
      r(12).toLong)
}
```

然后，可以创建一个 RDD 和最终的 DataFrame，如下所示。

```
val rowRDD=itPostsRows.map(row=>stringToRow(row))
val itPostsDFStruct=spark.createDataFrame(rowRDD,postSchema)
```

6. 获取模式信息

可以通过调用 printSchema 方法来验证 itPostsDFStruct 的模式是否与 itPostsDFCase 的模式相同。还可以通过 DataFrame 的 schema 字段访问模式 StructType 对象。

另外两个 DataFrame 函数可以提供有关 DataFrame 模式的一些信息。columns 方法返回列名列表，dtypes 方法返回元组列表，每个元组都包含列名和类型名称。对于 itPostsDFCase DataFrame，结果如下所示。

```
scala>itPostsDFCase.columns
res0:Array[String]=Array(commentCount,lastActivityDate,ownerUserId,
body,score,creationDate,viewCount,title,tags,answerCount,
acceptedAnswerId,postTypeId,id)

scala>itPostsDFStruct.dtypes
res1:Array[(String,String)]=Array((commentCount,IntegerType),
  (lastActivityDate,TimestampType),(ownerUserId,LongType),
  (body,StringType),(score,IntegerType),(creationDate,TimestampType),
  (viewCount,IntegerType),(title,StringType),(tags,StringType),
  (answerCount,IntegerType),(acceptedAnswerId,LongType),
  (postTypeId,LongType),(id,LongType))
```

5.1.2 DataFrame API 基础知识

现在已经加载了 DataFrame（无论用何种方法加载数据的），用户可以开始探索丰富的 DataFrame API。DataFrame 使用 DSL 来操作数据，这是使用 Spark SQL 的基础。Spark 的机器学习库（ML）也依赖于 DataFrame。它们已经成为 Spark 的基石，所以了解它们的 API 很重要。

DataFrame 的 DSL 具有与用于操作关系数据库中数据的 SQL 函数相似的功能。DataFrame 像 RDD 一样工作：它们是不可变的和惰性的。它们从底层的 RDD 架构继承了它们的不变性质。用户不能直接更改 DataFrame 中的数据，必须将其转换为另一个 DataFrame。它们是懒惰的，因为大多数 DataFrame DSL 函数不返回结果。不过，它们返回另一个 DataFrame，类似于 RDD 转换。

本节将介绍基本的 DataFrame 函数，并展示如何使用它们来选择、过滤、映射、分组和连接数据。所有这些函数都有其对应的 SQL 函数，将在第 5.2 节讨论。

1. 选择数据

大多数 DataFrame DSL 函数与 Column 对象一起使用。当使用 select 函数选择数据时，可以将列名或 Column 对象传递给它，它将返回一个仅包含这些列的新 DataFrame。例如（首先将 DataFrame 变量重命名为 postsDf 以使其更短）：

```
scala>val postsDf=itPostsDFStruct
scala>val postsIdBody=postsDf.select("id","body")
postsIdBody:org.apache.spark.sql.DataFrame=[id:bigint,body:string]
```

存在创建 Column 对象的几种方法。这里可以使用现有的 DataFrame 对象及其 col 函数创建列：

```
val postsIdBody = postsDf.select(postsDf.col("id"),postsDf.col("body"))
```

或者可以使用在第 5.1.1 节中导入的一些隐式方法。其中存在一种方法间接将 Scala 的 Symbol 类转换为 Column。Symbol 对象有时在 Scala 程序中用作标识符而不是字符串，因为它们是被拘禁的（最多存在一个对象的实例），并且可以快速检查它们是否相等。它们可以使用 Scala 的内置引用机制或 Scala 的 apply 函数进行实例化，因此以下两个语句是等效的：

```
val postsIdBody = postsDf.select(Symbol("id"),Symbol("body"))
val postsIdBody = postsDf.select('id,'body)
```

另一种隐式方法（称为$）将字符串转换为 ColumnName 对象（继承自 Column 对象，因此也可以使用 ColumnName 对象）：

```
val postsIdBody = postsDf.select($"id",$"body")
```

Column 对象对于 DataFrame DSL 很重要，因此所有这些灵活性都是合理的。

以上就是指定要选择哪些列的方式，生成的 DataFrame 仅包含指定的列。如果需要选择除一列之外的所有列，则可以使用 drop 函数。该函数使用列名或 Column 对象，并返回缺少指定列的新 DataFrame。例如，要从 postsIdBody DataFrame 中删除 body 列（只留下 id 列），可以使用以下行：

```
val postIds = postsIdBody.drop("body")
```

2. 过滤数据

可以使用 where 和 filter 函数（它们是同义词）过滤 DataFrame 数据。它们使用 Column 对象或表达式字符串。使用字符串的变体用于解析 SQL 表达式，将在第 5.2 节讨论这个问题。

为什么要传递一个 Column 对象到一个过滤函数？因为 Column 类除了表示列名之外，还包含一组丰富的可用于构建表达式的类似于 SQL 的操作符。这些表达式也由 Column 类表示。

例如，要查看有多少个帖子在其正文中包含 Italiano，可以使用以下行：

```
scala>postsIdBody.filter('body contains "Italiano").count
res0:Long = 46
```

要选择所有没有已接受答案的问题，请使用以下表达式。

```
scala>val noAnswer = postsDf.filter(('postTypeId === 1) and
('acceptedAnswerId isNull))
```

这里，过滤器表达式基于两列：帖子类型 ID（对于问题来说等于 1）和接受的答案 ID 列。两个表达式产生一个 Column 对象，然后使用 and 运算符将其组合到第三个对象中。这里需要使用额外的括号来帮助 Scala 解析器找到它的方法。

这些只是一些可用的操作。作者邀请用户检查官方文档中列出的完整的运算符集，网址为 http://mng.bz/a2Xt。注意，用户也可以在 select 函数中使用这些列表达式。

可以用 limit 函数选择 DataFrame 的前 n 行。以下内容将返回仅包含前 10 个问题的 DataFrame：

```
scala>val firstTenQs = postsDf.filter('postTypeId === 1).limit(10)
```

3. 添加和重命名列

在某些情况下，可能需要重命名一个列，用以给它一个更短或更有意义的名称，这时可以使用 withColumnRenamed 函数。该函数接受两个字符串：列的旧名称和新名称。例如：

```
val firstTenQsRn = firstTenQs.withColumnRenamed("ownerUserId","owner")
```

要向 DataFrame 添加新列，请使用 withColumn 函数并为其指定列名称和列表达式。假设用户对“每个得分点的评论”的度量感兴趣（换句话说，需要多少评论才能使分数增加 1 分），并且想查看度量的值小于阈值的是什么的问题（这意味着如果问题更成功，它会以更少的评论获得更高的分数）。如果阈值为 35（实际平均值），则可以使用以下表达式完成此操作：

```
scala>postsDf.filter('postTypeId === 1).
withColumn("ratio",'viewCount / 'score).
where('ratio< 35).show()
```

输出太宽而无法在此页面上打印，但用户可以自行运行该命令，并看到输出包含称为 ratio 的额外列。

4. 分类数据

DataFrame 的 orderBy 和 sort 函数对数据进行排序（它们是等效的）。它们使用一个或多个列名称，或者一个或多个 Column 表达式。Column 类已经有 asc 和 desc 操作符，用于指定排序顺序，默认是按升序排序。

作为一个练习，列出最近修改的 10 个问题（将在在线存储库中找到解决方案）。

5.1.3　使用 SQL 函数执行数据计算

今天所有的关系数据库都提供 SQL 函数来执行数据计算。Spark SQL 也支持大量的 SQL 函数。SQL 函数可通过 DataFrame API 和 SQL 表达式获得。在本节中，将通过 DataFrame API 介绍它们的使用。

SQL 函数分为以下 4 类：

- 标量函数根据对一列或多列的计算返回每行的单个值。
- 聚合函数为一组行返回单个值。
- 窗口函数返回一组行的多个值。
- 用户定义的函数包括自定义标量或聚合函数。

1. 使用内置标量和聚合函数

标量函数根据同一行中一列或多列中的值为每一行返回一个值。标量函数包括 abs（计算绝对值）、exp（计算指数）和 substring（提取给定字符串的子串）。聚合函数为一组行返回单个值。它们是 min（返回一组行中的最小值）、avg（计算一组行中的平均值）等。

标量和聚合函数驻留在对象 org. apache. spark. sql. functions 内。可以一次导入它们（请注意，它们会自动导入到 Spark shell 中，因此用户不必自行执行此操作）：

```
import org.apache.spark.sql.functions._
```

Spark 提供了许多标量函数来执行以下操作。

- 数学计算：abs（计算绝对值）、hypot（基于两列或标量值计算斜边）、log（计算对数）、cbrt（计算立方根）等。
- 字符串操作：length（计算字符串的长度）、trim（左右修剪字符串值）、concat（连接多个输入字符串）等。
- 日期时间操作：year（返回日期列的年份）、date_add（向日期列中添加若干天）和其他。

聚合函数与 groupBy 结合使用（在第 5.1.4 节中介绍），也可以在 select 或 withColumn 方法中对整个数据集使用。Spark 的聚合函数包括 min、max、count、avg 和 sum。

例如，想找到在最长时间内处于活动状态的问题，可以使用 lastActivityDate 和 creationDate 列，并使用 datediff 函数查找它们之间的差异（以天为单位），该函数采用两个参数：结束日期列和开始日期列。

```
scala>postsDf.filter('postTypeId===1).
  withColumn("activePeriod",datediff('lastActivityDate,'creationDate)).
  orderBy('activePeriod desc).head.getString(3).
  replace("&lt;","<").replace("&gt;",">")
res0:String=<p>The plural of<em>braccio</em>is<em>braccia</em>,and
the plural of<em>avambraccio</em>is<em>avambracci</em>.</p><p>Why are
the plural of those words so different,if they both are referring to parts
of the human body,and<em>avambraccio</em>derives from
<em>braccio</em>?</p>
```

可以使用 DataFrame 的 head 函数从 DataFrame 本地检索第 1 行，然后选择其第 3 个元素，即 body 列。该列包含 HTML 格式的文本，因此为了提高可读性，可对其进行取消转义。

再举一个例子，如果想找出所有问题的平均得分、最高得分以及问题总数，使用 Spark SQL 可以很容易实现：

```
+---------------+-----------+----------+
|       avg(score)|   max(score)| count(score)|
+---------------+-----------+----------+
| 4.159397303727201|         24|      1261 |
+---------------+-----------+----------+
```

2. 窗口函数

窗口函数与聚合函数相当，主要区别在于它们不会将行分组变成每个组一个输出行。它们允许定义一个“移动组”的行，称为帧，它们以某种方式与当前行相关，并可用于当前行的计算。例如，可以使用窗口函数来计算移动平均值或累积和。这些计算通常需要子选择或复杂连接来完成。窗口函数使它们更加简单和容易。

当要使用窗口函数时，首先通过使用聚合函数（min、max、sum、avg、count）或使用表 5-1 中列出的函数之一构造 Column 定义，然后构建窗口规范（WindowSpec 对象），并将其用作 Column 的 over 函数的参数。over 函数定义了一个使用指定窗口规范的列。

表 5-1 可用作窗口功能的排名和分析函数

函数名称	描述
first(column)	返回帧第一行中的值
last(column)	返回帧最后一行中的值
lag(column,offset,[default])	返回行中的值，该行是帧中行后面的偏移行。如果这样的行不存在，请使用默认值
lead(column,offset,[default])	返回行中的值，该行是帧中行之前的偏移行。如果这样的行不存在，请使用默认值
ntile(n)	将帧划分为 n 个零件并返回该行的零件索引。如果帧中的行数不能被 n 整除，并且分区给出 x 和 x+1 之间的数字，则所得到的部分将包含 x 或 x+1 行，其中包含 x+1 行的部分作为第一部分
cumeDist	计算帧中小于或等于正在处理的行中的值的行中的分数
rank	返回帧中的行的排名（第一，第二……）。排名由该值计算
denseRank	返回帧中的行的排名（第一，第二……），但将相同值的行放在相同的排名中
percentRank	返回帧中行数除以行的秩
rowNumber	返回帧中的行的顺序号

窗口规范是使用 org. apache. spark. sql. expressions. Window 类中的静态方法构建的。需要使用 partitionBy 函数指定一个或多个定义分区的列（与聚合函数相同的原则），或者使用 orderBy 函数指定分区中的排序（假设分区是整个数据集），或者可以两个都做。

可以通过使用 rowsBetween(from,to) 和 rangeBetween(from,to) 函数进一步限制哪些行显示在帧中。rowsBetween 函数通过行索引限制行，其中索引 0 是正在处理的行，-1 是上一行，依此类推。rangeBetween 函数通过行的值限制行，并且仅包括其值（在窗口规范适用的已定义列中）落在定义范围内的那些行。

这里有很多信息，因此将使用 postsDf DataFrame 的两个示例进行说明。首先，将显示所有用户问题（帖子类型 ID 1）的最高分数，对于每个问题，显示其分数低于该用户的最高分数多少。可以想象，如果没有窗口函数，这将需要一个复杂的查询。

要使用窗口函数，首先导入 Window 类：

```
import org.apache.spark.sql.expressions.Window
```

如果按类型过滤帖子，则可以选择其他列中的最大分数。当使用窗口规范对问题所有者进行行分区时，max 函数仅适用于当前行中的用户问题。然后可以添加一列（在示例中称为 toMax），以显示当前问题得分和用户最大分数之间的差异：

```
scala>postsDf.filter('postTypeId===1).
select('ownerUserId,'acceptedAnswerId,'score,max('score).
over(Window.partitionBy('ownerUserId)) as "maxPerUser").
withColumn("toMax",'maxPerUser-'score).show(10)
+---------+------------+-----+---------+-----+
|ownerUserId|acceptedAnswerId|score|maxPerUser|toMax|
+---------+------------+-----+---------+-----+
|        232|            2185|    6|         6|    0|
|        833|            2277|    4|         4|    0|
|        833|            null|    1|         4|    3|
|        235|            2004|    0|        10|    0|
|        835|            2280|    3|         3|    0|
|         37|            null|    4|        13|    9|
|         37|            null|   13|        13|    0|
|         37|            2313|    8|        13|    5|
|         37|              20|   13|        13|    0|
|         37|            null|    4|        13|    9|
+---------+------------+-----+---------+-----+
```

对于第二个例子，将按创建日期针对每个问题显示其所有者的创建日期的下一个和上一个问题的 ID。首先根据帧子的类型过滤帖子，只留下问题，然后使用 lag 和 lead 函数来引用帧中的上一行和下一行。窗口规范对于两列是相同的：分区需要由用户完成，帧中的问题需要按创建日期排序。最后，按所有者用户 ID 和问题 ID 排序整个数据集，使结果清楚地显现：

```
scala>postsDf.filter('postTypeId===1).
select('ownerUserId,'id,'creationDate,
  lag('id,1).over(
    Window.partitionBy('ownerUserId).orderBy('creationDate)) as "prev",
  lead('id,1).over(
        Window.partitionBy('ownerUserId).orderBy('creationDate)) as "next").
    orderBy('ownerUserId,'id).show(10)
```

```
--+---------+--+----------------+-----+----+
  |ownerUserId|id|    creationDate|prev|next|
--+---------+--+----------------+-----+----+
 4|     1637|2014-01-24 06:51:...| null| null|
 8|        1|2013-11-05 20:22:...| null|  112|
 8|      112|2013-11-08 13:14:...|    1| 1192|
 8|     1192|2013-11-11 21:01:...|  112| 1276|
 8|     1276|2013-11-15 16:09:...| 1192| 1321|
 8|     1324|2013-11-20 16:42:...| 1276| 1365|
 8|     1365|2013-11-23 09:09:...| 1321| null|
12|       11|2013-11-05 21:30:...| null|   17|
12|       17|2013-11-05 22:17:...|   11|   18|
12|       18|2013-11-05 22:34:...|   17|   19|
--+---------+------------------+-----+----+
```

在前面的部分中，仅介绍了 Spark 支持的一些 SQL 函数。在 http://mng.bz/849V 上用户可以浏览所有可用的函数。

3. 用户定义的函数

在许多情况下，Spark SQL 可能不会在特定时刻提供需要的特定函数。UDF 可以扩展 Spark SQL 的内置函数。

例如，没有内置函数可以帮助用户找到每个问题有多少个标签。标签存储为由尖括号括起的连接标签名称。尖括号被编码，使得它们显示为 < 和 > 而不是<和>（例如，translation 标签显示为 <translation>）。可以通过计算在标签列中字符串“<”的出现次数来计算标签数量，但是没有该内置函数。

使用 udf 函数（可从 function 对象访问）创建 UDF，方法是将函数传递给具有所需逻辑的函数。每个 UDF 采用零个或多个列（最大值为 10）并返回最终值。在这种情况下，可以使用 Scala 的正则表达式（r. findAllMatchIn）找到一个字符串在另一个字符串中所有的出现：

```
scala>val countTags = udf((tags:String) =>
"&lt;".r.findAllMatchIn(tags).length)
countTags:org.apache.spark.sql.UserDefinedFunction = ...
```

另一种方法是使用 SparkSession. udf. register 函数来实现同样的事情：

```
scala>val countTags = spark.udf.register("countTags",
    (tags:String) => "&lt;".r.findAllMatchIn(tags).length)
```

这样，UDF 注册了一个可以在 SQL 表达式中使用的名称（在第 5.2 节中介绍）。

现在已经定义了 countTags UDF，它可以用于为 select 语句生成 Column 定义（输出被截断以适合页面）：

```
scala>postsDf.filter('postTypeId === 1).
select('tags, countTags('tags) as "tagCnt").show(10, false)
```

```
+-------------------------------------------------+------+
|tags                                             |tagCnt|
+-------------------------------------------------+------+
|&lt;word-choice&gt;                                |1     |
|&lt;english-comparison&gt;&lt;translation&gt;&lt;phrase-request&gt|3     |
|&lt;usage&gt;&lt;verbs&gt;                       |2     |
|&lt;usage&gt;&lt;tenses&gt;&lt;english-comparison&gt;|3     |
|&lt;usage&gt;&lt;punctuation&gt;                 |2     |
|&lt;usage&gt;&lt;tenses&gt;                      |2     |
|&lt;history&gt;&lt;english-comparison&gt;        |2     |
|&lt;idioms&gt;&lt;etymology&gt;                  |2     |
|&lt;idioms&gt;&lt;regional&gt;                   |2     |
|&lt;grammar&gt;                                    |1     |
+-------------------------------------------------+------+
```

false 标志告诉 show 方法不截断列中的字符串（默认是将其截断为 20 个字符）。

5.1.4 使用缺失值

有时可能需要在使用之前清理数据。它可能包含 null 或空值，或等效的字符串常量（如“N/A”或“unknown”）。在这些情况下，DataFrameNaFunctions 类可以通过 DataFrames na 字段访问，这可能是有用的。根据用户的情况，可以选择删除包含 null 或 NaN（Scala 常量意为“不是数字”）的值，以使用常量填充 null 或 NaN 值，或用字符串或数字常量替换某些值。

这些方法中的每一种都有几个版本。例如，要从 postsDf 中删除至少包含其中一列的 null 或 NaN 值的所有行，可以调用不带参数的 drop：

```
scala>val cleanPosts = postsDf.na.drop()
scala>cleanPosts.count()
res0:Long = 222
```

这与调用 drop(“any”)相同，这意味着 null 值可以在任何列中。如果使用 drop(“all”)，则会删除所有列中具有空值的行。也可以指定列名，例如，要删除没有已接受答案 ID 的行，可以这样做：

```
postsDf.na.drop(Array("acceptedAnswerId"))
```

使用 fill 函数，可以使用常量替换 null 和 NaN 值。常量可以是一个 double 或一个字符串值。如果只指定一个参数，则该参数将用作所有列的常量值。也可以在第二个参数中指定列。还有第三个选项：指定 Map，将列名映射到替换值。例如，可以使用以下表达式将 viewCount 列中的空值替换为零：

```
postsDf.na.fill(Map("viewCount"->0))
```

最后，replace 函数可以替换特定列中的某些值为不同的值。例如，假设数据导出有误，需要将帖子 ID 1177 更改为 3000，则可以使用 replace 函数：

```
val postsDfCorrected=postsDf.na.
replace(Array("id","acceptedAnswerId"),Map(1177->3000))
```

5.1.5　将 DataFrame 转换为 RDD

用户已经看到如何从 RDD 创建 DataFrame。现在将向用户展示如何进行相反的操作。DataFrame 基于 RDD，因此从 DataFrame 获取 RDD 并不复杂。每个 DataFrame 都有用于访问底层 RDD 的惰性求值的 rdd 字段：

```
scala>val postsRdd=postsDf.rdd
postsRdd:org.apache.spark.rdd.RDD[org.apache.spark.sql.Row]=...
```

生成的 RDD 包含 org.apache.spark.sql.Row 类型的元素，与 5.1.1 节中使用的类相同，通过指定模式（stringToRow 函数）将 RDD 转换为 DataFrame。Row 有各种 get * 函数，用于按列索引（getString（index）、getInt（index）、getMap（index）等）访问列值。它还有一个用于将行转换为字符串的有用函数（模拟可用于 scala 序列的类似函数）：mkString (delimiter)。

使用 map、flatMap、mapPartition 转换映射 DataFrame 的数据和分区，它们直接在底层 rdd 字段上完成。当然，它们返回一个新的 RDD 而不是 DataFrame。在上一章中介绍的关于这些转换的一切事情也适用于此，还有一个额外的约束，即传递给它们的函数需要使用 Row 对象。

这些转换可以改变 DataFrame（RDD）的模式。它们可以更改列的顺序、数量或类型。或者它们可以将 Row 对象转换为其他类型，因此无法自动转换回 DataFrame。如果不更改 DataFrame 的模式，则可以使用旧模式创建新的 DataFrame。

作为练习来替换 body（索引 3）和 tag（索引 8）列那些令人讨厌的 < 和 > 字符串为<和>符号。可以将每行映射到 Seq 对象，使用 Seq 对象的 updated 方法来替换其元素，将 Seq 映射回到 Row 对象，最后使用旧模式创建一个新的 DataFrame。以下行完成此操作。

```
val postsMapped=postsDf.rdd.map(row=>Row.fromSeq(
 row.toSeq.
    updated(3,row.getString(3).replace("&lt;","<").replace("&gt;",">")).
    updated(8,row.getString(8).replace("&lt;","<").replace("&gt;",">"))))
val postsDfNew=spark.createDataFrame(postsMapped,postsDf.schema)
```

通常，不需要将 DataFrame 转换为 RDD 并返回，因为大多数数据映射任务可以通过内置的 DSL、SQL 函数和 UTF 来完成。

5.1.6 分组和连接数据

使用 DataFrame 分组数据很简单。如果用户了解过 SQL GROUP BY 子句，那么了解 DataFrame 分组数据就不会有任何麻烦。它以 groupBy 函数开头，该函数需要列名列表或 Column 对象列表，并返回一个 GroupedData 对象。

GroupedData 表示在调用 groupBy 时指定的列中具有相同值的行的组，并且它提供标准聚合函数（count、sum、max、min 和 avg）用于在组之间进行聚合。这些函数中的每一个都返回一个包含指定列的 DataFrame 和包含聚合数据的附加列。

要查找每位作者、相关标签和帖子类型的帖子数量，请使用以下内容（将每个标签组合视为唯一值）：

```
scala> postsDfNew.groupBy('ownerUserId, 'tags,
    'postTypeId).count.orderBy('ownerUserId desc).show(10)
+-----------+--------------------+----------+-----+
|ownerUserId|                tags|postTypeId|count|
+-----------+--------------------+----------+-----+
|        862|                    |         2|    1|
|        855|         <resources>|         1|    1|
|        846|<translation><eng...|         1|    1|
|        845|<word-meaning><tr...|         1|    1|
|        842|  <verbs><resources>|         1|    1|
|        835|    <grammar><verbs>|         1|    1|
|        833|                    |         2|    1|
|        833|           <meaning>|         1|    1|
|        833|<meaning><article...|         1|    1|
|        814|                    |         2|    1|
+-----------+--------------------+----------+-----+
```

可以使用 agg 函数在不同列上执行多个聚合。它可以使用来自 org.apache.spark.sql.functions（在第 5.1.3 节用过的）的聚合函数或列名到函数名的映射来获取一个或多个列表达式。要查找最后活动日期和每个用户的最大发帖分数，可以使用以下两个表达式（它们获得相同的结果）。

```
scala>postsDfNew.groupBy('ownerUserId).
    agg(max('lastActivityDate),max('score)).show(10)
scala>postsDfNew.groupBy('ownerUserId).
    agg(Map("lastActivityDate"->"max","score"->"max")).show(10)
```

它们显示相同的输出：

```
+---------+-----------------+---------+
|ownerUserId|max(lastActivityDate)|max(score)|
+---------+-----------------+---------+
|      431|2014-02-16 14:16:...|        1|
|      232|2014-08-18 20:25:...|        6|
|      833|2014-09-03 19:53:...|        4|
|      633|2014-05-15 22:22:...|        1|
|      634|2014-05-27 09:22:...|        6|
|      234|2014-07-12 17:56:...|        5|
|      235|2014-08-28 19:30:...|       10|
|      435|2014-02-18 13:10:...|       -2|
|      835|2014-08-26 15:35:...|        3|
|       37|2014-09-13 13:29:...|       23|
+---------+-----------------+---------+
```

前一种方法更强大，因为它可以使用户链接列表达式。例如：

```
scala>postsDfNew.groupBy('ownerUserId).
agg(max('lastActivityDate),max('score).gt(5)).show(10)
+---------+-----------------+--------------+
|ownerUserId|max(lastActivityDate)|(max(score) > 5)|
+---------+-----------------+--------------+
|      431|2014-02-16 14:16:...|         false|
|      232|2014-08-18 20:25:...|          true|
|      833|2014-09-03 19:53:...|         false|
|      633|2014-05-15 22:22:...|         false|
|      634|2014-05-27 09:22:...|          true|
|      234|2014-07-12 17:56:...|         false|
|      235|2014-08-28 19:30:...|          true|
|      435|2014-02-18 13:10:...|         false|
|      835|2014-08-26 15:35:...|         false|
|       37|2014-09-13 13:29:...|          true|
+---------+-----------------+--------------+
```

1. 用户自定义的聚合函数

除了内置的聚合函数外，Spark SQL 还允许用户定义自己的函数。一般的方法是创建一个类扩展抽象类 org.apache.spark.sql.expressions.UserDefinedAggregateFunction，然后定义输入和缓冲模式，最后实现初始化、更新、合并和评估函数。有关详细信息请参阅 http://mng.bz/Gbt3 的官方文档和 https://githab.com/sq1340/sparkjardemo 上的 Java 示例。

2. ROLLUP 和 CUBE

数据分组和聚合可以使用称为 rollup 和 cube 两种另外的方式完成。groupBy 计算所选列中数据值的所有组合的聚合值，cube 和 rollup 还可以计算所选列的子集的聚合。两者之间的差异在于 rollup 遵循输入列的层次结构，并始终按第一列分组。

举个例子就能更清楚地说明这点。这里将选择数据集的一个子集，因为这些函数之间的差异在大型数据集上并不明显。首先选择几个用户的帖子：

```
scala>val smplDf=postsDfNew.where('ownerUserId>=13 and 'ownerUserId<=15)
```

按照所有者、标签和帖子类型计算帖子（偶然地，所有标签都为空，所有帖子类型为2）给出以下结果。

```
scala> smplDf.groupBy('ownerUserId, 'tags, 'postTypeId).count.show()
+----------+----+---------+-----+
| ownerUserId | tags | postTypeId | count |
+----------+----+---------+-----+
|         15 |      |         2 |    2 |
|         14 |      |         2 |    2 |
|         13 |      |         2 |    1 |
+----------+----+---------+-----+
```

与 GroupBy 一样使用的 rollup 和 cube 函数也可以从 DataFrame 类访问。Rollup 函数返回相同的结果，但增加了每个所有者（标签和帖子类型为 null）、每个所有者和标签（帖子类型为空）的小计和总和（全部空值）：

```
scala> smplDf.rollup('ownerUserId, 'tags, 'postTypeId).count.show()
+---------+------+-------+-----+
|ownerUserId |   tags | postTypeId | count |
+---------+------+-------+-----+
|         15 |       |         2 |    2 |
|         13 |       |      null |    1 |
|         13 |  null |      null |    1 |
|         14 |       |      null |    2 |
|         13 |       |         2 |    1 |
|         14 |  null |      null |    2 |
|         15 |       |      null |    2 |
|         14 |       |         2 |    2 |
|         15 |  null |      null |    2 |
|       null |  null |      null |    5 |
+---------+------+-------+-----+
```

Cube 函数返回所有这些结果，但还添加了其他可能的小计（每个帖子类型、每个标签、每个帖子类型和标签、每个帖子类型和用户）。简洁起见，在此省略结果，但用户可以在在线存储库中找到它们，也可以自己在 Spark shell 中生成它们。

配置 Spark SQL

使用 DataFrames DSL 或使用 SQL 命令时，如何配置 Spark SQL 至关重要。用户将在第 10 章中找到有关配置 Spark 的详细信息。虽然 Spark 的主要配置在运行时无法更改，但 Spark

SQL 配置可以。Spark SQL 有一组单独的参数影响 DataFrame 操作和 SQL 命令的执行。

用户可以使用 SQL 命令 SET（SET<parameter_name>=<parameter_value>）或通过调用 SparkSession 的 conf 字段中可用的 RuntimeConfig 对象的 set 方法来设置 Spark SQL 参数。set 接受单个参数名称和值（String、Boolean 或 Long）。所以，这两行是等价的：

```
spark.sql("SET spark.sql.caseSensitive=true")
spark.conf.set("spark.sql.caseSensitive","true")
```

这个参数可以为查询分析（表和列名称）提供区分大小写，这是 Hive 本身不支持但 Spark SQL 支持的东西，即使使用 Hive 支持。

要注意的另一个配置参数是 spark.sql.eagerAnalysis，它告诉 Spark 是否急切地评估 DataFrame 表达式。如果设置为 true，则 Spark 会在 DataFrame 中提到不存在的列时引发异常，而不是等待用户对获取结果的 DataFrame 执行操作。

5.1.7　执行连接

通常，可能需要在两个 DataFrame 中连接相关数据，因此所得到的 DataFrame 包含来自两个 DataFrame 的行，它们具有共同的值。作者展示了如何在上一章中对 RDD 进行连接。使用 DataFrame 执行它们并没有太大的不同。

调用 join 函数时，需要提供要连接的 DataFrame 和一个或多个列名或列定义。如果使用列名称，则它们需要出现在两个 DataFrame 中。如果不是，则可以随时使用列定义。使用列定义时，还可以传递第 3 个参数指定连接类型（inner，outer，left_outer，right_outer 或 leftsemi）。

关于性能的重要注意事项

一个隐藏但重要的参数是 spark.sql.shuffle.partitions，它确定执行混排后 DataFrame 应该具有的分区数（如在连接之后）。从 Spark 1.5.1 起，默认值为 200，对于用户的用例和环境来说，这可能太多或太少。对于本书中的示例，不需要超过 5~10 个分区。但是如果数据集很大，那么 200 可能太小了。如果要更改分区数，则可以在执行触发混排的操作之前设置此参数。但这不是一个理想的情况，因为 DataFrame 分区的数量不应该是固定的，而应该依赖于数据和运行时环境。有两个 JIRA 任务单（https://issues.apache.org/jira/browse/SPARK-9872 和 https://issues.apache.org/jira/browse/SPARK-9850）记录了这个问题并提出解决方案，因此未来 Spark 版本的这种情况可能会有所变化。

例如，从在线 GitHub 存储库加载 italianVotes.csv 文件（应该已经被复制在第一版文件夹中），并使用以下代码将其加载到 DataFrame 中：

```
val itVotesRaw=sc.textFile("first-edition/ch05/italianVotes.csv").
  map(x=>x.split("~"))
val itVotesRows=itVotesRaw.map(row=>Row(row(0).toLong,row(1).toLong,
  row(2).toInt,Timestamp.valueOf(row(3))))
```

```
val votesSchema=StructType(Seq(
  StructField("id",LongType,false),
  StructField("postId",LongType,false),
  StructField("voteTypeId",IntegerType,false),
  StructField("creationDate",TimestampType,false)))
val votesDf=spark.createDataFrame(itVotesRows,votesSchema)
```

在 postId 列上加入两个 DataFrame 可以这样完成：

```
val postsVotes=postsDf.join(votesDf,postsDf("id")==='postId)
```

这是一个内连接。可以通过添加另一个参数来执行外连接：

```
val postsVotesOuter=postsDf.join(votesDf,
postsDf("id")==='postId,"outer")
```

如果检查 postsVotesOuter DataFrame 的内容，会注意到在 votes 列中有一些所有的值都是 null 的行。这些是没有投票的帖子。请注意，必须通过从 DataFrame 对象创建 Column 对象来告知 Spark SQL 正在引用哪个 ID 列。postId 在两个 DataFrame 中都是唯一的，因此可以使用更简单的语法，并通过使用 Scala 的 Symbol 的隐式转换来创建 Column 对象。

如果想更多地尝试，则可以在在线存储库中使用意大利语数据集中的其他 CSV 文件。它们包含有关徽章、评论、帖子历史记录、帖子链接、标签和用户的数据。

5.2 超越 DataFrame：引入 DataSet

在 Spark 1.6.0 中引入的 DataSet 作为实验功能，在 Spark 2.0 中成为关键的结构。DataSet 背后的想法是提供一个 API，允许用户轻松地在域对象上进行转换，同时还提供了 Spark SQL 执行引擎的性能和健壮性优势（https://issues.apache.org/jira/browse/SPARK-9999）。这实际上意味着用户可以在 DataSet 中存储普通 Java 对象，并利用 Tungsten 和 Catalyst 优化。

DataSets 以某种方式与 RDD 竞争，因为它们具有重叠的功能。Spark 社区可以采取的另一个途径是将 RDD API 更改为包括新功能和优化的 API。但是这会破坏 API，而且现有的应用程序太多需要改变，所以决定不再这样做。

DataFrame 现在简单地被实现为包含 Row 对象的 DataSet。

要将 DataFrame 转换为 DataSet，可以使用 DataFrame 的 as 方法：

```
def as[U:Encoder]:Dataset[U]
```

可以看到，用户需要提供一个 Encoder 对象，它告诉 Spark 如何对 DataSet 的内容进行内部预处理。大多数 Java 和 Scala 基本类型（如 String、Int 等）都被隐式转换为 Encoder，因此不需要特殊的操作来创建包含 Strings 或 Doubles 的 DataSet：val stringDataSet = spark.read.text("path/to/file").as[String]

用户可以编写自己的编码器，也可以将编码器用于普通的 Java bean 类。bean 类的字段需要是基本类型（或它们的盒装版本，如 Integer 或 Double）、BigDecimals、Date 或 Timestamp 对象、数组、列表或嵌套 Java bean。

可以像本章中的 DataFrame 一样处理 DataSet 的列。如果查看 DataSet 文档｛http://mng.bz/3EQc｝，还将看到 RDD 和 DataFrame API 都熟悉的许多转换和操作。

在未来版本的 Spark 中，DataSet 将会得到改善，并将更加完整地集成到 Spark 的其他部分。

5.3　使用 SQL 命令

前面部分中介绍的 DataFrame DSL 函数也可通过 SQL 命令进行访问，作为 Spark SQL 的编程的替代接口。使用关系数据库或分布式数据库的用户可能更容易和更自然地使用 SQL，如 Hive。

在 Spark SQL 中编写 SQL 命令时，它们将被转换为 DataFrame 上的操作。由于 SQL 非常广泛，因此使用 SQL 命令可以打开 Spark SQL 和 DataFrame，以供只有一个 SQL 接口的用户使用。通过连接到 Spark 的 Thrift 服务器，它们可以通过标准的 JDBC 或 ODBC 协议从应用程序连接到 Spark。在本节中，用户将学习如何执行引用 DataFrame 的 SQL 查询，以及如何使用户能够通过 Thrift 服务器连接到 Spark 集群。

Spark 支持两种 SQL 方言：Spark 的 SQL 方言和 Hive 查询语言（HQL）。Spark 社区建议使用 HQL（Spark 1.5），因为 HQL 具有更丰富的功能。要使用 Hive 功能，需要使用 Hive 支持的 Spark 发行版（从主 Spark 下载页面下载的存档是这种情况）。除了带来更强大的 SQL 解析器之外，Hive 支持可让用户访问现有的 Hive 表，并使用现有的社区构建的 Hive UDF。

通过在构建 SparkSession 时在 Builder 对象上调用 enableHiveSupport()，可以在 Spark 中启用 Hive 功能。如果正在使用支持 Hive 的 Spark 发行版，则 Spark shell 会自动检测并启用 Hive 功能。在程序中，用户可以自己启用它：

```
val spark = SparkSession.builder().
    enableHiveSupport().
    getOrCreate()
```

5.3.1　表目录和 Hive 元数据存储

大多数表 SQL 操作都是以名称引用的。当使用 Spark SQL 执行 SQL 查询时，可以通过将 DataFrame 注册为表来命名引用 DataFrame。当这样做时，Spark 将表定义存储在表目录中。

对于不支持 Hive 的 Spark，表目录实现为简单的内存映射，这意味着表信息存在于驱动程序的内存中，并且随着 Spark 会话而消失。另一方面，支持 Hive 的 SparkSession 使用 Hive 元数据存储来实现表目录。Hive 元数据存储是一个持久性数据库，所以 DataFrame 定义仍然可用，即使用户关闭了 Spark 会话并启动了新的会话。

1. 注册临时表

Hive 支持仍然允许用户能够创建临时表定义。在这两种情况下（带有或不带有 Hive 支持的 Spark），createOrReplaceTempView 方法都会注册一个临时表。可以注册 postsDf DataFrame，如下所示。

```
postsDf.createOrReplaceTempView("posts_temp")
```

现在，可以使用 posts_temp 引用 DataFrame 的 SQL 查询来查询 postsDf DataFrame 中的数据。作者会告诉你如何做到这一点。

2. 注册永久表

只有具有 Hive 支持的 SparkSession 可以用于注册表定义，这些表将在应用程序重新启动（换句话说，它们是持久的）后仍存在。默认情况下，HiveContext 在本地工作目录中 metastore_db 子目录下创建一个 Derby 数据库（或者如果数据库已经存在，则重新使用数据库）。如果要更改工作目录所在的位置，请在 hive-site.xml 文件中设置 hive.metastore.warehouse.dir 属性（稍后详细介绍）。

要将 DataFrame 注册为永久表，用户需要使用其 write 成员。再次使用 postsDf 和 votesDf DataFrame 作为示例：

```
postsDf.write.saveAsTable("posts")
votesDf.write.saveAsTable("votes")
```

将 DataFrame 保存到 Hive 元数据存储后，可以在 SQL 表达式中使用它们。

3. 使用 Spark 表目录

自版本 2.0 以来，Spark 提供了管理表目录的功能。它被实现为 Catalog 类，可通过 SparkSession 的 catalog 字段访问。用户可以使用它来查看当前注册的表：

```
scala>spark.catalog.listTables().show()
+----------+-------+----------+----------+----------+
|      name|database|description| tableType|isTemporary|
+----------+-------+----------+----------+----------+
|     posts| default|      null|   MANAGED|      false|
|     votes| default|      null|   MANAGED|      false|
|posts_temp|    null|      null| TEMPORARY|       true|
+----------+-------+----------+----------+----------+
```

可以在此处使用 show()方法，因为 listTables 返回 Table 对象的 DataSet。用户可以立即看到哪些表是永久性的，哪些是临时的（isTemporary 列）。MANAGED 表类型表示 Spark 还管理表的数据。该表也可以是 EXTERNAL，这意味着它的数据由另一个系统管理，如 RDBMS。

表格注册在元数据存储“数据库”中。默认数据库称为“default”，将托管表存储在主目录中的 spark_warehouse 子文件夹中。用户可以通过设置 spark. sql. warehouse. dir 参数为所需的值来改变位置。

还可以使用 Catalog 对象来检查特定表的列：

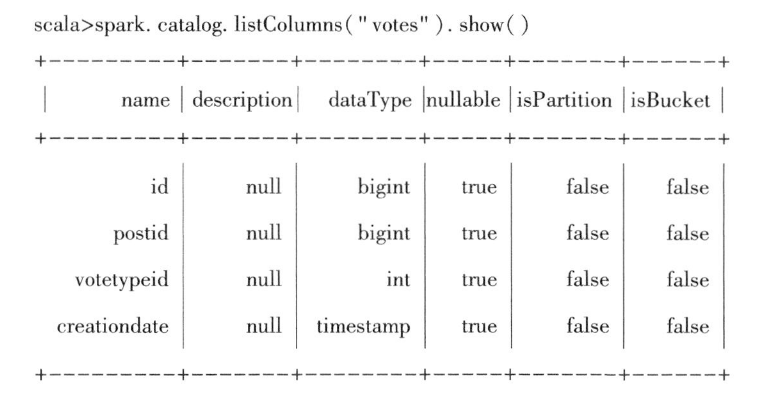

```
scala>spark. catalog. listColumns( " votes" ). show( )
+---------+-------+--------+-----+-------+------+
|     name|description|dataType|nullable|isPartition|isBucket|
+---------+-------+--------+-----+-------+------+
|        id|   null|   bigint| true|  false| false|
|    postid|   null|   bigint| true|  false| false|
|votetypeid|   null|      int| true|  false| false|
|creationdate| null|timestamp| true|  false| false|
+---------+-------+--------+-----+-------+------+
```

要获取所有可用的 SQL 函数的列表，请调用：

```
scala>spark. catalog. listFunctions. show( )
```

用 cacheTable、uncacheTable、isCached 和 clearCache 方法还可以管理那些缓存在内存中的表和那些没有缓存在内存中的表。

4. 配置远程 HIVE 元数据存储

还可以使用远程 Hive 元数据存储数据库配置 Spark。这可以是现有 Hive 安装的元数据存储数据库或 Spark 专用的新数据库。这个配置是通过适当的配置参数以及 Hive 配置文件 hive-site. xml 放在 Spark 的 conf 目录中完成的。这将覆盖 spark. sql. warehouse. dir 参数。

hive-site. xml 文件必须包含一个 configuration 标签，其中包含 property 标签。每个 property 标签都有 name 和 value 子标签。例如：

```
<? xml version = " 1. 0" ? >
<? xml-stylesheet type = " text/xsl"  href = " configuration. xsl" ? >
<configuration>
<property>
  <name>hive. metastore. warehouse. dir</name>
  <value>/hive/metastore/directory</value>
</property>
</configuration>
```

要使用远程 Hive 元数据存储配置 Spark，这些属性需要位于 hive-site. xml 文件中。

- javax. jdo. option. ConnectionURL：JDBC 连接 URL。
- javax. jdo. option. ConnectionDriverName：JDBC 驱动程序的类名。
- javax. jdo. option. ConnectionUserName：数据库用户名。
- javax. jdo. option. ConnectionPassword：数据库用户密码。

连接 URL 必须指向包含 Hive 表的现有数据库。要初始化元数据存储数据库并创建必要的表，用户可以使用 Hive 的 schematool。请参阅 Hive 官方文档（http://mng.bz/3HJ5）以了解如何使用它。

指定的 JDBC 驱动程序必须位于驱动程序和所有执行程序的类路径中。最简单的方法是在提交应用程序或启动 Spark shell 时，使用--jars 选项提供 JAR 文件。

5.3.2 执行 SQL 查询

现在已将 DataFrame 注册为表，用户可以使用 SQL 表达式查询其数据。这是用 SparkSession 的 sql 函数完成的。在 Spark shell 中，它会自动导入（import spark.sql），因此可以直接使用它来编写 SQL 命令：

```
val resultDf=sql("select * from posts")
```

结果又是一个 DataFrame。在上一节中，通过 DataFrame DSL 执行的所有数据操作也可以通过 SQL 完成，但 Spark SQL 提供了更多选项。当使用具有支持 Hive 的 SparkSession（推荐的 Spark SQL 引擎）时，支持大多数 Hive 命令和数据类型。例如，使用 SQL，用户可以使用 DDL 命令，如 ALTER TABLE 和 DROP TABLE。可以在 Spark 文档（http://mng.bz/8AFz）中找到支持的 Hive 功能的完整列表。作者不会在这里列出，但用户可以在 Hive 语言手册（http://mng.bz/x7k2）中找到详细信息。

使用 SPARK SQL SHELL

除 Spark shell 外，Spark 还以 spark-sql 命令的形式提供了一个 SQL shell，它支持与 spark-shell 和 spark-submit 命令相同的参数（详见第 10 章和第 11 章），但是添加了一些它自己的东西。当没有参数运行时，它以本地模式启动一个 SQL shell。在 shell 提示符下，可以输入与使用上一节中使用的 sql 命令相同的 SQL 命令。

例如，从刚才保存的帖子表中显示最近的 3 个问题的标题（裁剪到 70 个字符，以便它们适合此页面），请在 Spark SQL shell 提示符下输入以下内容（首先需要停止 Spark shell 避免锁定在同一个 Derby metastore 上）：

```
spark-sql>select substring(title,0,70) from posts where
postTypeId=1 order by creationDate desc limit 3;
Verbo impersonale che regge verbo impersonale:costruzione implicita?
Perch? Š si chiama &quot;saracinesca&quot;la chiusura metallica scorren
Perch? Š a volte si scrive l'accento acuto sulla &quot;i&quot;o sulla &
Time taken:0.375 seconds,Fetched 3 row(s)
```

注意，在 SQL shell 中，需要以分号（;）终止 SQL 表达式。

也可以运行单个 SQL 查询，而不使用-e 参数输入 shell。在这种情况下，不需要分号。例如：

```
$ spark-sql -e "select substring(title,0,70) from posts where
➥ postTypeId=1 order by creationDate desc limit 3"
```

如果要运行一个带有 SQL 命令的文件，请使用-f 参数指定。i 参数使用户能够指定在任何其他 SQL 命令之前运行的初始化 SQL 文件。再次，可以使用在线存储库中的数据文件来使用 Spark SQL 并进一步研究 API。

5.3.3　通过 Thrift 服务器连接到 Spark SQL

除了直接从程序或通过 SQL shell 执行 SQL 查询外，Spark 还允许用户通过称为 Thrift[⊖]的 JDBC（和 ODBC）服务器远程运行 SQL 命令。JDBC（和 ODBC）是访问关系数据库的标准方式，这意味着 Thrift 服务器打开 Spark 以供能够与关系数据库通信的任何应用程序使用。

Thrift 服务器是一个特殊的 Spark 应用程序，能够接受来自多个用户的 JDBC 和 ODBC 连接，并在 Spark SQL 会话中执行查询。它在 Spark 集群中运行，就像任何 Spark 应用程序一样。SQL 查询被转换为 DataFrame，最后转换为 RDD 操作（如前所述），结果将通过 JDBC 协议发回。查询引用的 DataFrame 必须永久注册在 Thrift 服务器使用的 Hive 元数据存储中。

1. 启动 Thrift 服务器

可以使用 Spark 的 sbin 目录中的 start-thriftserver. sh 命令启动 Thrift 服务器。可以向它传递与 spark-shell 和 spark-submit 命令接受的参数相同的参数（详细信息请参见第 10 和 11 章）。如果设置了远程元数据存储数据库，则可以使用--jars 参数告知 Thrift 服务器在哪里找到带有 JDBC 驱动的 JAR 来访问数据库。如果远程元数据存储数据库是 PostgreSQL，则可以这样启动 Thrift 服务器：

```
$ sbin/start-thriftserver. sh --jars/usr/share/java/postgresql-jdbc4. jar
```

此脚本在后台启动 Thrift 服务器，然后退出。默认 Thrift 服务器端口为 10000。可以使用环境变量 HIVE_SERVER2_THRIFT_PORT 和 HIVE_SERVER2_THRIFT_BIND_HOST（两者都需要）或使用 hive. server2. thrift. port 和 hive. server2. thrif. bind. host Hive 配置变量来更改 Thrift 服务器的侦听端口和主机名，配置变量在启动服务器时使用--hiveconf 参数指定。

2. 使用 Beeline 连接到 Thrift 服务器

Beeline 是 Hive 的命令行 shell，用于连接 Thrift 服务器可在 Spark 的 bin 目录中找到。用户可以使用它来测试刚刚启动的 Thrift 服务器的连接。用户需要向服务器提供 JDBC URL，并且可以选择使用用户名和密码。

```
$ beeline -u jdbc:hive2://<server_name>:<port>-n<username>-p<password>
Connecting to jdbc:hive2://<server_name>:<port>
Connected to:Spark SQL (version 1.5.0)
Driver:Spark Project Core (version 1.5.0)
Transaction isolation:TRANSACTION_REPEATABLE_READ
```

⊖ Spark Thrift 服务器基于同名的 Hive 服务器。

```
Beeline version 1.5.0 by Apache Hive
0:jdbc:hive2://<server_name>:<port>>
```

一旦连接到服务器，Beeline 会显示其命令提示符，可以在其中输入 HQL 命令用以与 Hive 元数据存储中的表进行交互。

3. 与第三方 JDBC 客户端连接

作为 JDBC 客户端的一个例子，这里将使用 Squirrel SQL，一个开源的 Java SQL 客户端。作者使用 Squirrel SQL 来展示连接到 Spark 的 Thrift 服务器所需的典型步骤和配置，但是用户也可以使用任何其他的 JDBC 客户端。

要从 Squirrel SQL 连接到 Thrift 服务器，可以定义一个 Hive 驱动程序和一个别名。驱动程序定义参数如图 5-2 所示。classpath 中需要的两个 JAR 文件是 hive-jdbc-<version>-standalone.jar 和 hadoop-common-<version>.jar。前者是 Hive 发行版的一部分（来自 lib 文件夹），后者可以在 Hadoop 发行版中找到（在 share/hadoop/common 文件夹中）。

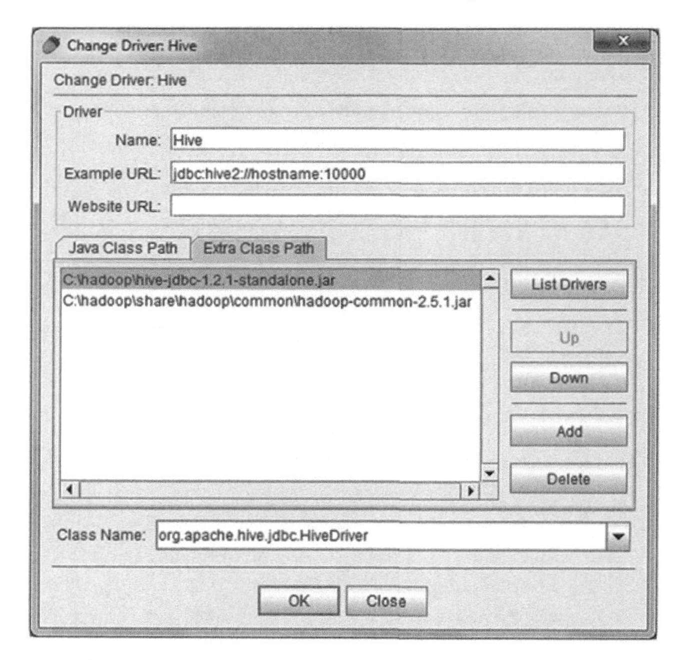

图 5-2　在 Squirrel SQL 中定义 Hive 驱动程序，作为连接到 Spark 的 Thrift 服务器的 JDBC 客户端的示例

下一步是使用定义的 Hive 驱动程序定义别名。图 5-3 显示了所需的参数：别名、URL、用户名和密码。URL 必须使用 jdbc:hive2://<hostname>:<port>格式。

这就是用户需要的所有配置。当用户连接到 Thrift 服务器时，可以在 SQL 选项卡中输入 SQL 查询。通过 Spark 将常用的可视化和分析工具连接到分布式数据的便捷方式如图 5-4 所示。

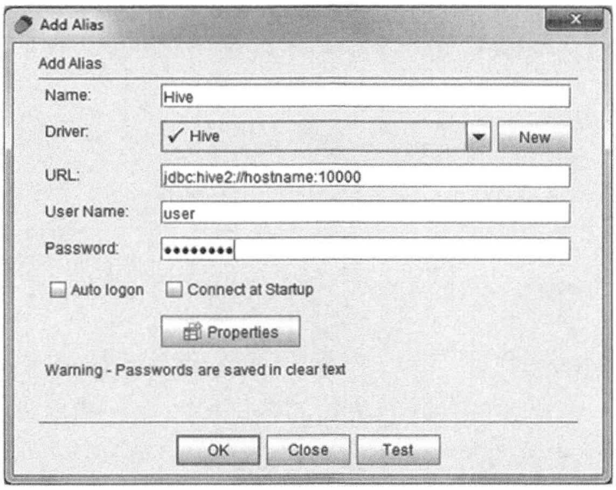
Add Alias
Add Alias
Name:
Hive
Driver:
✓ Hive
New
URL:
jdbc:hive2://hostname:10000
User Name:
user
Password:
Auto logon
Connect at Startup
Properties
Warning - Passwords are saved in clear text
OK
Close
Test

图 5-3　在 Squirrel SQL 中定义 Thrift 服务器连接定义别名作为 JDBC 客户端的示例

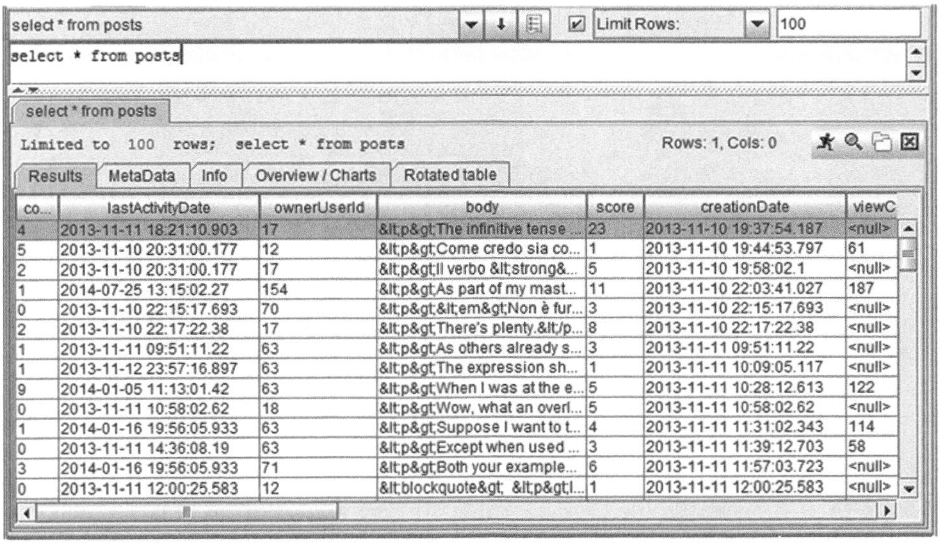
select * from posts
Limit Rows:
100
select * from posts
select * from posts
Limited to 100 rows; select * from posts
Rows: 1, Cols: 0
Results
MetaData
Info
Overview / Charts
Rotated table
co... | lastActivityDate | ownerUserId | body | score | creationDate | viewC
4 | 2013-11-11 18:21:10.903 | 17 | <p>The infinitive tense ... | 23 | 2013-11-10 19:37:54.187 | <null>
5 | 2013-11-10 20:31:00.177 | 12 | <p>Come credo sia co... | 1 | 2013-11-10 19:44:53.797 | 61
2 | 2013-11-10 20:31:00.177 | 17 | <p>Il verbo <strong&... | 5 | 2013-11-10 19:58:02.1 | <null>
1 | 2014-07-25 13:15:02.27 | 154 | <p>As part of my mast... | 11 | 2013-11-10 22:03:41.027 | 187
0 | 2013-11-10 22:15:17.693 | 70 | <p><em>Non è fur... | 3 | 2013-11-10 22:15:17.693 | <null>
2 | 2013-11-10 22:17:22.38 | 17 | <p>There's plenty.</p... | 8 | 2013-11-10 22:17:22.38 | <null>
1 | 2013-11-11 09:51:11.22 | 63 | <p>As others already s... | 3 | 2013-11-11 09:51:11.22 | <null>
1 | 2013-11-12 23:57:16.897 | 63 | <p>The expression sh... | 1 | 2013-11-11 10:09:05.117 | <null>
9 | 2014-01-05 11:13:01.42 | 63 | <p>When I was at the e... | 5 | 2013-11-11 10:28:12.613 | 122
0 | 2013-11-11 10:58:02.62 | 18 | <p>Wow, what an overl... | 5 | 2013-11-11 10:58:02.62 | <null>
1 | 2014-01-16 19:56:05.933 | 63 | <p>Suppose I want to t... | 4 | 2013-11-11 11:31:02.343 | 114
0 | 2013-11-11 14:36:08.19 | 63 | <p>Except when used ... | 3 | 2013-11-11 11:39:12.703 | 58
3 | 2014-01-16 19:56:05.933 | 71 | <p>Both your example... | 6 | 2013-11-11 11:57:03.723 | <null>
0 | 2013-11-11 12:00:25.583 | 12 | <blockquote> <p>l... | 1 | 2013-11-11 12:00:25.583 | <null>

图 5-4　通过 Thrift 服务器使用 Squirrel SQL（一个开源的 JDBC 客户端程序）来选择 posts 表的内容

5.4　保存并加载 DataFrame 数据

Spark 内置支持多种文件格式和数据库（通常称为 Spark 中的数据源），这些包括之前提到的 JDBC 和 Hive，以及 JSON、ORC 和 Parquet 文件格式。对于关系数据库，Spark 专门支持 MySQL 和 PostgreSQL 数据库的方言（意思是数据类型映射）。

数据源是可插拔的，因此用户可以添加自己的实现，并且可以下载并使用一些外部数据，如 CSV（https://github.com/databricks/spark-csv）、Avro（https://github.com/databricks/spark-avro）和 Amazon Redshift（https://github.com/databricks/spark-redshift）数据源。

Spark 使用我们前面部分介绍的元数据存储来保存有关数据存储位置和方式的信息。它使用数据源来保存和加载实际数据。

5.4.1 内置数据源

在解释如何保存和加载 DataFrame 数据之前，首先说一下关于 Spark 支持的数据格式。每个都有其优点和缺点，用户应该明白什么时候使用这一个，何时使用另一个。内置数据格式为 JSON、ORC 和 Parquet。

1. JSON

JSON 格式通常用于 Web 开发，并且作为 XML 的轻量级替代品而受到欢迎。Spark 可以自动推断出 JSON 模式，因此它可以成为从外部系统接收数据和向外部系统发送数据的绝佳解决方案，但它不是一种有效的永久数据存储格式。它简单易用、易读。

2. ORC

与 RCFile 相比，优化的行列（ORC）文件格式旨在提供一种更有效的方式来存储 Hive 数据（http://mng.bz/m6Mn），RCFile 以前是用于在 Hadoop 中存储数据的标准格式。

ORC 格式是列式的，这意味着来自单个列的数据物理地存储在非常接近的位置，这与行格式不同，其中来自单个行的数据被顺序存储。ORC 文件由行数据组（称为条带）、文件页脚和文件末尾的 postscript 区域组成。文件页脚包含文件中的条带列表、每个条带的行数和列数据类型。postscript 区域包含压缩参数和文件页脚的大小。

条带大小通常为 250 MB，它们包含索引数据、行数据和条带页脚。索引数据包含列中每列和行位置的最小值和最大值。索引数据还可以包括 Bloom 过滤器（https://en.wikipedia.org/wiki/Bloom_filter），如果条带包含某个值，则可以用于快速测试。索引数据可以加快表扫描速度，因为这样可以跳过某些条带，而且根本不读取。

ORC 使用特定类型的序列化器，它可以利用某种类型的特性来更有效地存储数据。最重要的是，条带被 Zlib 或 Snappy 压缩。完整的 ORC 文件格式规范可以在 http://mng.bz/0Z5B 找到。

3. Parquet

与 ORC 文件格式不同，Parquet 格式（http://mng.bz/3IOo）在 Hive 外部开始，后来与之集成。Parquet 被设计为独立于任何特定的框架，并且没有不必要的依赖。这就是为什么它在 Hadoop 生态系统中比 ORC 文件格式更受欢迎。

Parquet 也是一种列式文件格式，并且也使用压缩，但它允许每列指定压缩方案。它特别关注嵌套的复杂数据结构，所以在这些类型的数据集上它比 ORC 文件格式更好。它支持 LZO、Snappy 和 GZIP 压缩库。此外，它保留关于列块的最小/最大统计信息，因此它也可以在查询时跳过一些数据。Parquet 是 Spark 中的默认数据源。

5.4.2 保存数据

DataFrame 的数据使用 DataFrameWriter 对象保存，该对象可用作 DataFrame 的写入字段。用户已经看到在第 5.3.1 节中使用 DataFrameWriter 的示例：

```
postsDf.write.saveAsTable("posts")
```

除了saveAsTable方法外，还可以使用save和insertInto方法保存数据。saveAsTable和insertInto将数据保存到Hive表中，并在该过程中使用元数据存储，save没有该功能。如果没有使用支持Hive的Spark会话，那么saveAsTable和insertInto方法会创建（或插入）临时表。可以使用DataFrameWriter的配置函数配置3种方法（下面说明）。

1. 配置Writer

DataFrameWriter实现了构建器模式（https://en.wikipedia.org/wiki/Builder_pattern），这意味着它的配置函数返回具有配置片段的对象，因此可以一个接一个堆叠它们，并逐步构建所需的配置。配置函数如下。

- format：指定用于保存数据（数据源名称）的文件格式，可以是内置数据源（json、parquet、orc）之一或命名的自定义数据源。当没有指定格式时，默认是parquet。
- mode：指定表或文件已存在时的保存模式。可能的值是overwrite（覆盖现有数据）、append（追加数据）、ignore（不做任何事）和error（抛出异常）；默认是error。
- option和options：向数据源配置添加单个参数名称和值（或参数值映射）。
- partitionBy：指定分区列。

Spark SQL参数spark.sql.sources.default确定默认数据源。其默认值为Parquet。（Parquet文件格式已在第5.3.3节描述过）

可以一个接一个地堆叠上面这些函数来构建一个DataFrameWriter对象：

```
postsDf.write.format("orc").mode("overwrite").option(...)
```

2. 使用SaveAsTable方法

如果正在使用Hive支持，那么saveAsTable将数据保存到Hive表，并将其注册在Hive元数据存储中。如果不使用Hive支持，则DataFrame将被注册为临时表。

saveAsTable仅将表名作为参数。如果表已经存在，则mode配置参数确定结果行为（默认是抛出异常）。

如果以Hive SerDe（序列化/反序列化类）的格式保存表格数据，则嵌入式Hive库将保存表数据。如果格式不存在Hive SerDe，则Spark将选择保存数据的格式（如JSON文本）。

例如，可以使用以下行以JSON格式保存postsDf DataFrame。

```
postsDf.write.format("json").saveAsTable("postsjson")
```

这可以将posts数据保存为Spark的元数据存储仓库目录中的postjson文件。文件中的每行都包含一个完整的JSON对象。用户现在可以从Hive元数据存储查询表：

```
scala>sql("select * from postsjson")
```

3. 使用insertinto方法

当使用insertInto方法时，需要指定一个已经存在于Hive元数据存储中的表，并且该表具有与要保存的DataFrame相同的模式。如果模式不一样，则Spark会抛出异常。由于表的格式已知（表存在），因此format和options配置参数将被忽略。如果将mode配置参数设置为 overwrite，则表的内容将被删除，并替换为 DataFrame 的内容。

4. 使用 save 方法

save 方法不使用 Hive 元数据存储，而是将数据直接保存到文件系统。无论是 HDFS、Amazon S3 还是本地路径 URL，都会向它传递到达目标的直接路径。如果传入本地路径，则文件将保存在本地每个执行器的计算机上。

5. 使用 shortcut 方法

DataFrameWriter 有 3 种快捷方法来将数据保存到内置数据源：json、orc 和 parquet。每个首先调用具有相应数据源名称的格式，然后调用 save，传入输入路径参数。这意味着这三种方法不使用 Hive 元数据存储。

6. 使用 JDBC 保存数据到关系数据库

可以使用 DataFrameWriter 的 jdbc 方法保存 DataFrame 的内容。它包含 3 个参数：URL 字符串、表名和包含连接属性（通常是用户和密码）的 java. util. Properties 对象。例如，将帧子数据保存到服务器 postgresrv 上的数据库 mydb 中名为 posts 的 PostgreSQL 表中，可以使用以下命令。

```
val props = new java.util.Properties()
props.setProperty("user","user")
props.setProperty("password","password")
postsDf.write.jdbc("jdbc:postgresql://postgresrv/mydb","posts",props)
```

所有 postDf 的分区都连接到数据库以保存数据，所以必须确保 DataFrame 没有太多的分区，否则可能会压倒数据库。还必须确保执行器可以访问所需的 JDBC 驱动程序。这可以通过设置 spark. executor. extraClassPath Spark 配置参数来完成（有关详细信息，请参见第 10 章）。

5.4.3 加载数据

使用 org. apache. spark. sql. DataFrameReader 对象加载数据，可通过 SparkSession 的 read 字段访问它。该对象的功能类似于 DataFrameWriter。用户可以使用 format 和 option/options 函数以及 schema 函数进行配置。schema 函数指定 DataFrame 的模式。大多数数据源会自动检测模式，但也可以通过自己指定模式来加快速度。

与 DataFrameWriter 的 save 方法类似，load 方法直接从配置的数据源加载数据。三个快捷方法-json、orc 和 parquet-类似于调用 format 然后调用 load。

可以使用 table 函数从 Hive metastore 中注册的表中加载 DataFrame。例如，不像以前那样执行 SELECT * FROM POSTS 命令，而是可以像这样加载 posts 表：

```
val postsDf = spark.read.table("posts")或
val postsDf = spark.table("posts")
```

1. 使用 JDBC 从关系数据库加载数据

DataFrameReader 的 jdbc 函数类似于 DataFrameWriter 的 jdbc 函数，但有一些差异，至少它接受一个 URL、一个表名和一组属性（在 java. util. Properties 对象中）。还可以使用一组谓词（可以进入 where 子句的表达式）来缩小要检索的数据集。

例如，要从上一节中创建的示例 PostgreSQL 表中加载具有 3 个以上评论的所有帖子，可以使用以下内容。

```
val result=spark.read.jdbc("jdbc:postgresql://postgresrv/mydb",
"posts",Array("viewCount>3"),props)
```

2. 从使用 SQL 注册的数据源加载数据

注册临时表的另一种方法可以让用户使用 SQL 来引用现有的数据源。可以使用以下代码段完成（几乎）与上一个示例相同的结果。

```
scala>sql("CREATE TEMPORARY TABLE postsjdbc "+
  "USING org.apache.spark.sql.jdbc "+
  "OPTIONS ("+
  "url 'jdbc:postgresql://postgresrv/mydb',"+
  "dbtable 'posts',"+
  "user 'user',"+
  "password 'password')")
scala>val result=sql("select * from postsjdbc")
```

方法不尽相同，因为这样用户就不能指定谓词（viewCount>3）。作为另一个内置数据源的示例，要注册 Parquet 文件并加载其内容，可以执行以下操作。

```
scala>sql("CREATE TEMPORARY TABLE postsParquet "+
  "USING org.apache.spark.sql.parquet "+
  "OPTIONS (path '/path/to/parquet_file')")
scala>val resParq=sql("select * from postsParquet")
```

5.5 Catalyst 优化器

Catalyst 优化器是 DataFrame 和 DataSet 背后的大脑，负责将 DataFrame DSL 和 SQL 表达式转换为低级 RDD 操作，它可以轻松扩展，并可以添加其他优化。

Catalyst 首先从 DSL 和 SQL 表达式创建一个解析的逻辑计划，然后它检查表、列和限定名称的名称（称为关系），并创建分析的逻辑计划。在下一步中，Catalyst 尝试通过重新排列和组合较低级别的操作来优化计划。例如，它可能决定在连接之前移动过滤器操作，以减少连接中涉及的数据量。此步骤产生优化的逻辑计划，然后从优化计划中计算一个物理计划。未来的 Spark 版本将实现多个物理计划的生成和根据成本模型选择最佳物理计划。图 5-5 显示了所有这些步骤。

逻辑优化意味着 Catalyst 尝试将谓词推送到数据源，以便后续操作尽可能小的数据集。例如，在物理规划期间，如果两个数据集足够小（小于 10 MB），Catalyst 可能决定广播其中一个数据集而不执行 shuffle join。

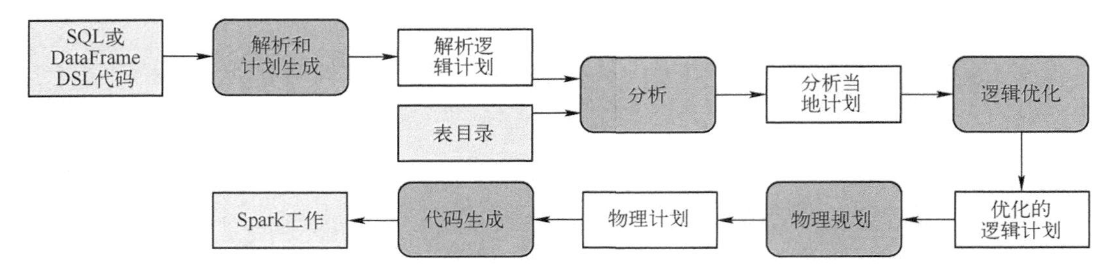

图 5-5　将 SQL 和 DSL 表达式转换为 RDD 操作的步骤包括分析、逻辑优化，物理规划和代码生成

1. 审查执行计划

可以通过两种方式查看优化结果并检查生成的计划：使用 DataFrame 的 explain 方法或通过查阅 Spark Web UI。再来以 postsDf 为例。考虑在第 5.1.2 节中使用的表达式，以“每个得分点的浏览量”小于 35 来过滤帖子：

```
scala>val postsFiltered=postsDf.filter('postTypeId===1).
withColumn("ratio",'viewCount/'score).where('ratio<35)
```

可以通过调用 explain（true）来检查 DataFrame 的计算逻辑和物理计划。如果在没有参数的情况下调用（与使用 false 调用它相同），则 explain 只显示物理计划。对于 postsFiltered，explain 将返回以下内容（输出已被截断以便查看，可以在在线存储库中找到完整的输出）：

```
  scala>postsFiltered.explain(true)
==Parsed Logical Plan==
'Filter ('ratio<35)
  Project [...columns ommitted...,...ratio expr... AS ratio#21]
    Filter (postTypeId#11L=cast(1 as bigint))
      Project [...columns ommitted...]
        Subquery posts
          Relation[...columns ommitted...] ParquetRelation[path/to/posts]

==Analyzed Logical Plan==
...columns ommitted...
Filter (ratio#21<cast(35 as double))
  Project [...columns ommitted...,...ratio expr... AS ratio#21]
    Filter (postTypeId#11L=cast(1 as bigint))
      Project [...columns ommitted...]
      Subquery posts
        Relation[...columns ommitted...] ParquetRelation[path/to/posts]

==Optimized Logical Plan==
Project [...columns ommitted...,...ratio expr... AS ratio#21]
  Filter ((postTypeId#11L=1) && ((cast(viewCount#6 as double)/
```

```
cast(score#4 as double))<35.0))
    Relation[...columns ommitted...] ParquetRelation[path/to/posts]

==Physical Plan==
Project [...columns ommitted...,...ratio expr... AS ratio#21]
  Filter ((postTypeId#11L=1) && ((cast(viewCount#6 as double)/
cast(score#4 as double))<35.0))
  Scan ParquetRelation[path/to/posts][...columns ommitted...]
```

如见，如果从底部向上读取它，解析的逻辑计划看起来像原始的 Scala 表达式。Parquet-Relation 在最后一行（解析的逻辑计划的第一步）意味着数据将从 Parquet 文件读取。Project（第二步）是一个内部 Spark 类，显示要选择的列。第一个过滤器步骤（在 filter 行中）按照帖子类型进行过滤，然后下一个项目步骤添加 ratio 列，最后一个过滤器步骤按 ratio 列过滤。

将其与输出结束时的物理计划进行比较，两个过滤器被合并到单个过滤器中，直到计划的最后一个步骤才添加 ratio 列。

从 Spark 1.5 开始，用户可以使用 Spark Web UI 获得相同的输出（有关 Spark Web UI 的更多信息，请参阅第 10 章）。SQL 选项卡显示已完成的 SQL 查询。对于每一个查询，可以单击"Details"列中的"+Details"链接，并获得类似于之前显示的输出。

2. 利用分区统计信息

Catalyst 优化器检查 DataFrame 分区的内容，计算其列的统计信息（如下限和上限、NULL 值的数量等），然后使用此数据在过滤时跳过某些分区，这会增加额外的性能优势。当 DataFrame 缓存在内存中时，会自动计算这些统计信息，因此无需特殊操作即可启用此行为。记住要缓存 DataFrame。

5.6　Tungsten 的性能改进

Spark 1.5 还引入了 Tungsten 项目。Tungsten 对 Spark 内存管理进行了全面的检查，并对排序、聚合和混排方面的其他性能进行了改进。从 Spark 1.5 开始，默认情况下启用 Tungsten（Spark SQL 配置参数 spark.sql.tungsten.enabled）。自从 Spark 2.0 以来，它的改进从 DataFrame 中的结构化数据扩展到 DataSet 中的非结构化数据。

Tungsten 的内存管理改进基于对象的二进制编码（整数、字符串、元组等），并直接在内存中引用它们。支持两种模式：堆外分配和堆上分配。堆上分配将二进制编码的对象存储在大型的 JVM 管理的 longs 数组中；堆外分配模式使用 sun.misc.Unsafe 类直接通过地址分配（和释放）内存，类似于它在 C 语言中的操作方式。

堆外模式仍然使用 longs 数组来存储二进制编码对象，但是这些数组不再被 JVM 分配和垃圾收集。它们由 Spark 直接管理。一个新类 UnsafeRow 用于内部表示由直接管理的内存支持的行。默认情况下禁用非堆分配，但可以通过将 spark.unsafe.offHeap Spark 配置参数（而不是 Spark SQL 参数）设置为 true 来启用它。

二进制编码对象占用的内存要少于 Java 表示形式。它们存储在 Long（堆上模式）数组中显著减少了垃圾回收。分配这些数组（堆外模式）完全不需要垃圾回收。Tungsten 的二进制编码还包括几个技巧，以便数据可以更有效地缓存在 CPU 的 L1 和 L2 高速缓存中。

Tungsten 项目也提高了混排性能。在 Spark 1.5 之前，只有基于 sort 和基于 hash 的 shuffle 管理器才可用。现在可以使用一个新的 Tungsten shuffle 管理器。它也是基于排序的，但使用二进制编码（前面提到）。用户可以通过将 Spark 的 spark. shuffle. manager 参数设置为 tungsten-sort 来启用它。未来 Spark 版本将通过在 Spark 组件中进一步实施 Tungsten 的二进制编码来带来更多的性能改进。

5.7 总结

- DataFrame 将 SQL 代码和 DSL 表达式转换为优化的低级 RDD 操作。
- DataFrame 已成为 Spark 中最重要的功能之一，并使 Spark SQL 成为最活跃的 Spark 组件。
- 创建 DataFrame 的 3 种方法：通过转换现有 RDD、运行 SQL 查询或加载外部数据。
- 可以使用 DataFrame DSL 操作来选择、过滤、分组和连接数据。
- DataFrame 支持标量、聚合、窗口和用户定义函数。
- DataFrameNaFunctions 类可以通过 DataFrame 的 na 字段访问，可以用来处理数据集中的缺失值。
- SparkSQL 有自己的配置方法。
- 表格可以临时和永久地注册在 Hive metastore 中，Hive metastore 可以驻留在本地的 Derby 数据库或远程关系数据库中。
- Spark SQL shell 可用于直接编写引用在 Hive metastore 中注册的表的查询。
- Spark 包括 Thrift 服务器，客户端可以通过 JDBC 和 ODBC 连接，并用于执行 SQL 查询。
- 数据通过 DataFrameReader 加载到 DataFrame 中，可通过 SparkSession 的 read 字段获得。
- 数据通过 DataFrameWriter 从 DataFrame 中保存，可通过 DataFrame 的 write 字段获得。
- Spark 的内置数据源为 JSON、ORC、Parquet 和 JDBC。第三方数据源可供下载。
- Catalyst 优化器（DataFrame 背后的大脑）可以优化逻辑计划并创建物理执行计划。
- Tungsten 项目通过二进制、缓存友好的对象编码、堆上和堆外分配以及新的 shuffle 管理器，引入了许多性能改进。
- DataSet 是一个与 DataFrame 类似的实验功能，但它们能够存储普通的 Java 对象，而不是通用的 Row 容器。

第6章 使用 Spark Streaming 提取数据

本章涵盖

- 使用离散流。
- 随时保存计算状态。
- 使用窗口操作。
- 从 Kafka 读写。
- 获得良好的性能。

在当今高速互联的世界中，实时数据摄入变得越来越重要。如今有很多关于所谓的物联网的话题，换句话说，在人们的日常生活中使用的设备世界，它们不断地将数据传输到互联网和彼此，让人们的生活更轻松（至少理论上是这样）。即使没有那些微型设备用它们的数据压倒网络，如今许多公司需要实时接收数据，从中学习并立即采取行动。毕竟，正如人们所说的，时间就是金钱。

不难理解某些专业领域从实时数据分析中获利：流量监控、在线广告、股票市场交易、不可避免的社交网络等。其中许多案例需要可扩展的容错系统来摄入数据，而 Spark 拥有所有这些功能。除了能够对高吞吐量数据进行可扩展分析外，Spark 还是一个统一的平台，这意味着可以使用来自流和批处理程序中的相同 API。这样，可以构建 lambda 架构的速度层和批处理层（lambda 架构的名称和设计来自 Nathan Marz；查看他的书《Big Data》[Manning, 2015]）。

Spark Streaming 具有用于从 Hadoop 兼容的文件系统（如 HDFS 和 S3）和分布式系统（如 Flume、Kafka 和 Twitter）读取数据的连接器。在本章中，首先从文件中流式传输数据并将结果写回文件。然后，将对此进行扩展，并使用可扩展和分布式消息队列系统 Kafka 作为数据的源和目标。在本章的最后，将展示如何确保流应用程序的良好性能。

Spark Streaming 成功应用在实时日志分析问题上的案例将在第 13 章呈现。本章所教授的方法和概念将在那里应用。

6.1 编写 Spark Streaming 应用程序

如前几章所示，Spark 对于处理结构化和非结构化数据非常有用。正如已经得出的结论，Spark 是面向批处理的，但是 Spark 的批处理功能如何应用于实时数据？

答案是 Spark 使用小批量。这意味着 Spark Streaming 将获取特定时间段的数据块，并将其打包为 RDD。图 6-1 说明了这个概念。

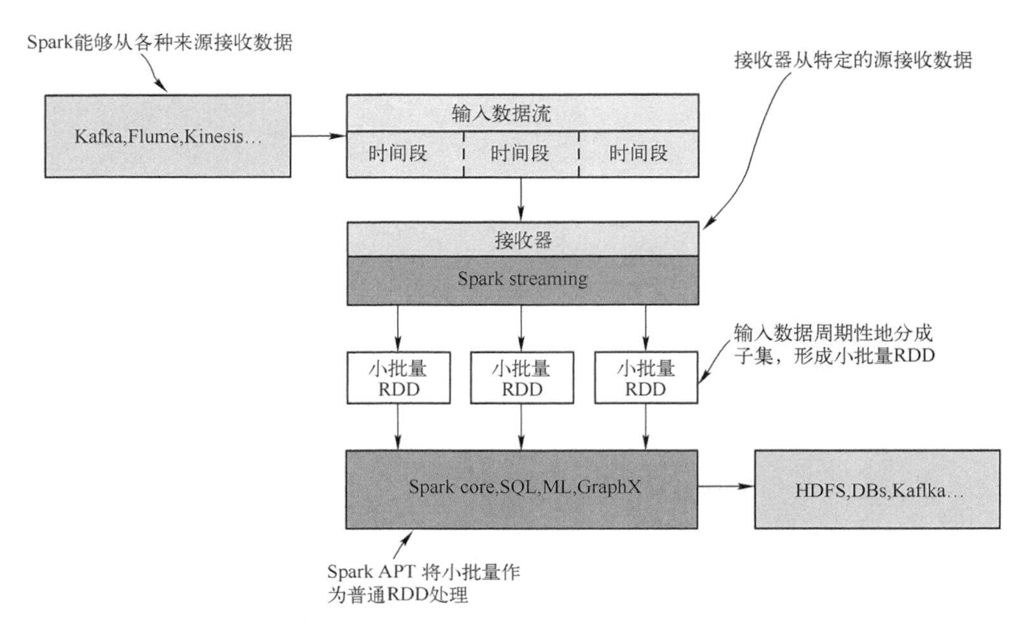

图 6-1　在 Apache Spark 中处理流数据的概念。Spark Streaming 将输入数据流分解成基于时间的小批量 RDD，然后像往常一样使用其他 Spark 组件进行处理

如图 6-1 所示，数据可以从各种外部系统进入 Spark Streaming 作业。这些包括文件系统和 TCP / IP 套接字连接，还包括其他分布式系统，如 Kafka、Flume、Twitter 和 Amazon Kinesis。针对不同源存在不同的 Spark Streaming 接收器实现（来自某些数据源的数据在不使用接收器的情况下被读取，但是不要过早地使事情复杂化）。接收器知道如何连接到源，读取数据，并将其进一步转发到 Spark Streaming。Spark Streaming 将传入的数据拆分为小批量 RDD，一个小批量 RDD 一段时间后，Spark 应用程序根据应用程序内置的逻辑对其进行处理。在小批量处理期间，用户可以自由使用 Spark API 的其他部分，如机器学习和 SQL。计算结果可以写入文件系统、关系数据库或其他分布式系统。

6.1.1 介绍示例应用程序

为了学习 Spark Streaming 概念，想象需要为经纪公司构建仪表盘应用程序。公司的客户使用其互联网应用程序下达市场订单（用于买卖证券[1]），经纪人需要在市场上执行订单。需要构建的仪表盘应用程序将计算出每秒卖出和买入订单数量，以买入或卖出的总额计算前五名客户以及过去 1 h 内买入或卖出的前五名证券。

为了简化操作，将从 HDFS 文件中读取数据并将结果写回 HDFS。在 6.2 节中，将对此进行扩展，并向用户展示如何连接到分布式消息传递系统 Kafka。

同样，为了使用更简单的功能，第一个版本的实施只会计算每秒的卖出和买入订单数量。之后，将为前五名客户和前五名证券添加计算。

还有一点需要注意：本章中的所有内容都将使用 Spark shell 完成，并将指出从 Spark shell 和独立应用程序运行 Spark Streaming 之间的任何差异。如果用户成功完成了第 3 章，那么就应该能够应用在那里学到的原理，并将本章中的代码嵌入到独立的应用程序中，还可以将其作为 JAR 存档提交给集群。

6.1.2　创建流上下文

现在是时候启动 Spark shell 了。用户可以在 spark-in-action VM 中启动本地集群，也可以连接到 Spark 独立集群、YARN 集群或 Mesos 集群（如果可以使用）（有关详细信息，请参阅第 10、11 或 12 章）。在任何情况下，确保执行器可以使用多个内核，因为每个 Spark Streaming 接收器必须使用一个内核（技术上，它是一个线程）来读取传入的数据，并且至少需要一个内核可用于执行程序的计算。

例如，要运行本地集群，则可以发出以下命令：

```
$ spark-shell --master local[4]
```

shell 启动后，首先需要创建一个 StreamingContext 实例。在 Spark shell 中，使用 SparkContext 对象（可用作变量 sc）和 Duration 对象来实例化，该对象指定 Spark Streaming 应分割输入流数据和创建小批量 RDD 的时间间隔。小批量间隔取决于用例（查看最新数据的重要性）以及集群的性能要求和容量。现在，使用 5 s 的间隔：

```
scala>import org.apache.spark._
scala>import org.apache.spark.streaming._
scala>val ssc = new StreamingContext(sc,Seconds(5))
```

注意　可以使用 Milliseconds 和 Minutes 对象来指定持续时间，而不是用 Seconds。

之前的 StreamingContext 构造函数重用现有的 SparkContext，但是如果给它一个 Spark 配置对象，SparkStreaming 也可以启动一个新的 SparkContext：

```
val conf = new SparkConf().setMaster("local[4]").setAppName("App name")
val ssc = new StreamingContext(conf,Seconds(5))
```

可以在独立应用程序使用此代码段，但如果从 shell 中运行该代码段，则无法使用，因

[1] 证券是可交易性金融资产，如债券、股票和臭名昭著的衍生品。

为无法在同一个 JVM 中实例化两个 Spark 上下文。

6.1.3 创建离散流

首先，将流式传输文件中的数据。先看看数据的样子。

1. 下载数据流

我们准备了一个包含 50 万行代表买卖订单的文件。数据随机生成，每行包含以下逗号分隔的元素。

- 订单时间戳：格式 yyyy-mm-dd hh:MM:ss。
- 订单 ID：连续递增整数。
- 客户 ID：从 1~100 范围内随机选取的整数。
- 股票代码：从 80 个股票代码列表中选择。
- 买入或卖出的股票数量：随机数从 1 到 1000。
- 购买或出售的价格：从 1~100 的随机数。
- 字符 B 或 S：该事件是否是买入或卖出的订单。

可以在在线存储库中找到包含此文件的存档。应该已经将存储库复制到/home/spark 文件夹中，因此应该可以使用以下命令解压压缩文件：

```
$ cd first-edition/ch06
$ tar xvfz orders.tar.gz
```

这是将要进入流应用程序的数据。

为了直接从文件流式传输传入的文本数据，StreamingContext 提供了 textFileStream 方法，该方法监视目录（任何兼容 Hadoop 的目录，如 HDFS、S3、GlusterFS 和本地目录），并读取目录中的每个新创建的文件。该方法只需要一个参数：要监视的目录的名称。

新创建的意思是当流上下文启动时，它不会处理文件夹中已存在的文件，也不会对添加到文件中的数据做出反应。处理开始后，它将仅处理复制到文件夹的文件。

因为所有 500000 个事件一次性到达系统是不现实的，所以还准备了一个名为 splitAndSend.sh 的 Linux shell 脚本，它将解压缩的文件（orders.txt）分为 50 个文件，每个文件包含 10000 行。然后定期将拆分移动到 HDFS 目录（作为参数提供），在复制每个拆分后等待 3 s。这与在真实环境中会发生的情况相似。

登录的用户需要有权访问 hdfs 命令。如果无法访问 HDFS（如果使用的是 spark-in-action VM 是可以的），则可以指定本地文件夹并添加一个参数：local，然后脚本将定期把拆分移动到指定的本地文件夹。

此时没有必要启动脚本，稍后再做。

2. 创建一个 Dstream 对象

用户应该选择一个文件夹（HDFS 或本地文件夹），其中拆分将被复制到流式应用程序读取它们的位置（如/home/spark/ch06input），然后将该文件夹指定为 textFileStream 方法的参数：

```
scala>val filestream = ssc.textFileStream("/home/spark/ch06input")
```

生成的 fileDstream 对象是 DStream 类的一个实例。DStream（代表“离散流”）是 Spark Streaming 中的基本抽象，表示从输入流周期性创建的 RDD 序列。不用说，DStreams 就像 RDD 一样被延迟计算。所以当创建一个 DStream 对象时，什么也没有。RDD 将在启动流上下文后开始进入，将在第 6.1.6 节中进行。

6.1.4　使用离散流

现在有了 DStream 对象，需要使用它来计算每秒销售和购买订单的数量。但是怎么做的呢？

与 RDD 类似，DStream 有将它们转换成其他 DStream 的方法。可以使用这些方法来过滤、映射和减少 DStream 的 RDD 中数据甚至可以组合和连接不同的 DStream。

1. 解析行

对于任务，应该首先将每行转换成更易于管理的内容，如 Scala case 类。首先创建一个 Order 类，它将保存订单数据：

```
scala>import java.sql.Timestamp
scala>case class Order(time:java.sql.Timestamp,orderId:Long,
➥ clientId:Long,symbol:String,amount:Int,price:Double,buy:Boolean)
```

因为 Spark DataFrames 的支持，可以使用 java.sql.Timestamp 来表示时间，因此，如果需要，可以使用此类构建 DataFrame。

现在，需要解析来自 filestream DStream 的行，从而获取包含 Order 对象的新 DStream。有几种方法可以实现这一点。使用 flatMap 变换，它对 DStream 中的所有 RDD 的所有元素进行操作。使用 flatMap 而不是 map 转换的原因是想忽略与人们期望的格式不匹配的任何行。如果可以解析该行，则该函数将返回一个包含单个元素的列表，否则返回一个空列表。

需要的代码段如下：

```
import java.text.SimpleDateFormat
val orders=filestream.flatMap(line=>{
    val dateFormat=new SimpleDateFormat("yyyy-MM-dd hh:mm:ss")//Java 的 SimpleDateFormat
    用于解析时间戳
    val s=line.split(",")//每行首先用逗号分隔
    try {
        assert(s(6)=="B" || s(6)=="S")//第 7 个字段应等于“B”(买入)或“S”(卖)
        List(Order(new Timestamp(dateFormat.parse(s(0)).getTime()),
        s(1).toLong,s(2).toLong,s(3),s(4).toInt,
        s(5).toDouble,s(6)=="B"))//从解析的字段构造一个 Order 对象
}
catch { //如果在解析过程中出现任何问题,则会记录错误(在此例中是 system.out)以及导致错误的完整行
  case e :Throwable=>println("Wrong line format ("+e+"):"+line)
List()  //如果无法解析行,则返回空列表,忽略有问题的行
```

```
    }
})
```

订单 DStream 中的每个 RDD 现在都包含 Order 对象。

2. 计算买入和卖出的数量

任务是计算每秒买卖订单的数量。为此，将使用 PairDStreamFunctions 对象。与 RDD 类似，如果它们包含双元素元组，则它们将隐式转换为 PairRDDFunctions 对象的实例，包含双元素元组的 DStream 将自动转换为 PairDStreamFunctions 对象。这样，可以在 DStream 对象上使用诸如 combineByKey、reduceByKey 和 flatMapValues 函数，以及各种连接和可以从第 4 章认识的其他函数。

如果将订单映射到包含订单类型作为键、计数作为值的元组，则可以使用 reduceByKey（PairDStreamFunction 中没有 countByKey 函数）。例如，用于计算每种订单类型（买入或卖出）的发生次数：

```
scala>val numPerType=orders.map(o=>(o.buy,1L)).
reduceByKey((c1,c2)=>c1+c2)
```

这应该是在第 4 章熟悉的。在这里 reduceByKey 只需将每个键的不同值相加，它们最初都等于 1。所得到的 numPerType DStream 中的每个 RDD 将包含最多两个（Boolean，Long）元组：一个用于购买订单（true），另一个用于卖出订单（false）。

6.1.5 将结果保存到文件

要将计算结果保存到文件中，可以使用 DStream 的 saveAsTextFiles 方法。它需要一个 String 前缀和一个可选的 String 扩展名，并使用它们来构建应定期保存数据的路径。如果未提供扩展名，则每个小批量 RDD 都保存到一个名为<your_prefix>-<time_in_milliseconds>.<your_suffix>的文件夹中或者只有<your_prefix>-<time_in_milliseconds>。这意味着每 5 s（在这个例子中）创建一个新的目录。对于 RDD 中每个分区，每个目录都包含一个名为 part-xxxxx（其中 xxxxx 是分区的编号）的文件。

要为每个 RDD 文件夹仅创建一个 part-xxxxx 文件，只需将 DStream 重新分区到一个分区，然后再将其保存到文件中。前面已经证明每个 RDD 最多只包含两个元素，因此可以确定将所有数据放入一个分区不会导致任何内存问题。可以这样做：

```
scala>numPerType.repartition(1).saveAsTextFiles(
  "/home/spark/ch06output/output","txt")
```

输出文件可以再次是本地文件（如果正在运行本地集群）或分布式 Hadoop 兼容文件系统（如 HDFS）上的文件。

注意 开发流应用程序时，DStream 的 print(n)方法可能会很有用。它打印出每个小批量 RDD 的前 n 个元素（默认为 10 个）。

但是即使执行了最后一个命令，仍然没有任何反应。那是因为还没有开始流上下文。

6.1.6　启动和停止流计算

通过发出以下命令启动流计算：

```
scala>ssc.start()
```

这将启动流上下文，它评估用于创建的 DStream，启动其接收器，并开始运行 DStream 代表的程序。在 Spark shell 中，只需运行应用程序的流式计算即可。接收器在不同的线程启动，仍然可以使用 Spark shell 与流计算并行地输入和运行其他代码行。

注意　虽然可以使用相同的 SparkContex 对象来构造多个 StreamingContext 实例，但是不能一次在同一个 JVM 中启动多个 StreamingContext。

但是，如果要在独立应用程序中启动这样的流上下文，虽然接收器线程将被启动，但驱动程序的主线程将退出，除非添加了以下行：

```
ssc.awaitTermination()
```

此行告诉 Spark 等待 Spark Streaming 计算停止。还可以使用 awaitTerminationOrTimeout(<timeout in milliseconds>)方法，该方法将等待指定的最大秒数以便流式传输完成，如果超时发生，则返回 false；如果在超时之前流式计算停止，则返回 true。

1. 发送数据到 Spark 流

现在的 Spark Streaming 应用程序正在运行，但它没有任何数据可以处理。所以此处可以使用前面提到的 splitAndSend.sh 脚本来给它一些数据。首先需要使脚本可以执行：

```
$ chmod+x first-edition/ch06/splitAndSend.sh
```

然后，从命令提示符启动脚本并指定在 Spark Streaming 代码中使用的输入文件夹（假设使用/home/spark/ch06input）。确保解压缩的 orders.txt 文件在/home/spark/first-edition/ch06 中，如果流输入文件夹是本地文件夹，请不要忘记添加本地参数：

```
$ cd first-edition/ch06
$ ./splitAndSend.sh/home/spark/ch06input local
```

开始将 orders.txt 文件的一部分复制到指定的文件夹，并且应用程序将在复制的文件中自动开始计算买卖订单。

2. 停止 Spark 流上下文

可以等待所有文件被处理（这将需要大约 2.5 min），或者可以直接从 shell 中停止正在运行的流上下文。只需将该行粘贴到 shell 中，流上下文就会停止：

```
scala>ssc.stop(false)
```

参数 false 表示流上下文不停止 Spark 上下文，默认情况下它将执行。用户不能重新启动停止的流上下文，但可以重用现有的 Spark 上下文来创建新的流上下文。并且因为 Spark shell 允许覆盖以前使用的变量名，所以可以将所有之前的行粘贴到 shell 中并再次运行整个应用程序（如果希望这样做）。

3. 检查生成的输出

如前所述，saveAsTextFiles 会为每个小批量创建一个文件夹。如果查看输出文件夹，则会发现每个文件中都有两个文件，命名为 part-00000 和__SUCCESS。_SUCCESS 意味着写入成功完成，part-00000 包含计算的计数。part-00000 文件的内容可能如下所示：

```
(false,9969)
(true,10031)
```

从所有这些文件夹中读取数据可能看起来很困难，但使用 Spark API 就会很简单。当指定 SparkContext 的 textFile 方法的路径时，可以使用星号（*）一次读取多个文本文件。要将刚刚生成的所有文件读入单个 RDD，则可以使用以下表达式：

```
val allCounts=sc.textFile("/home/spark/ch06output/output*.txt")
```

在这种情况下，星号将替换生成的时间戳。

6.1.7 随时保存计算状态

用户已经了解了如何使用 Spark Streaming 进行基本计算，但如何执行其他的所需计算仍不清楚。用户必须以买入或卖出的总金额来确定前五名客户以及过去 1 h 内买入或卖出的前五大证券。

以前的计算只需要当前的小批量数据，但是这些新数字也必须通过考虑以前的小批量数据来获得。要计算前五名客户，必须跟踪每个客户购买或出售的总金额。换句话说，必须跟踪一段时间以及不同的小批量持续存在的状态。

该原理如图 6-2 所示。新数据随着时间的推移以小批量的形式定期到达。每个 DStream 都是一个处理数据并产生结果的程序。通过使用 Spark Streaming 方法更新状态，DStreams 可以将来自状态的持久化数据与当前小批量的新数据进行组合，结果是更强大的流程序。

1. 使用 updateStateByKey 跟踪状态

除了第 6.1.9 节将介绍的窗口操作外，Spark 还提供了两种执行计算的主要方法，同时考虑了以前的计算状态：updateStateByKey 和 mapWithState。首先介绍如何使用 updateStateByKey。这两种方法都可以从 PairDStreamFunction 获得。换句话说，它们只适用于包含键值元组的 DStream。因此，在使用这些方法之前，必须创建一个这样的 DStream。

将重用之前创建的订单 DStream，并通过添加和更改几行来扩展前面的示例。创建 orders 和 numPerType DStreams 与前面的示例保持一致。只需添加状态计算，并更改保存结果的方式。完整的列表将在本节末尾给出。

首先创建一个 DStream，其中包含客户 ID 作为键，并将美元金额作为值（购买或出售的股票数量乘以其价格）：

```
scala>val amountPerClient=orders.map(o=>(o.clientId,o.amount * o.price))
```

现在可以使用 updateStateByKey 方法。updateStateByKey 有两个基本版本，第一个将在此示例中使用，可以允许用户使用 DStream 的值；第二个版本也允许使用并且可能更改

DStream 的键。两个版本都返回一个新的状态 DStream，它包含每个键的状态值。

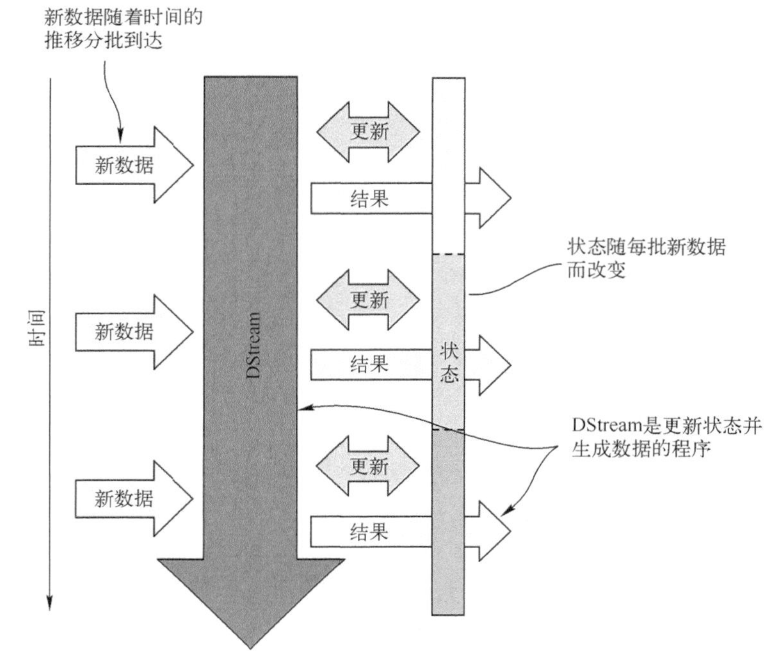

图 6-2　随时保持状态。DStream 将到达的小批量新数据与来自持久化状态的数据相结合，生成结果并更新状态

第一个版本，至少将具有此签名的函数作为参数：

```
(Seq[V],Option[S])=>Option[S]
```

该函数的第一个参数是一个 Seq 对象，该对象具有当前小批量中一个键的新值。第二个参数是键的状态值，如果该键的状态尚未计算，则为 None。如果已经计算了键的状态，但是在当前的小批量中没有收到键的新值，则第一个参数将为空 Seq。该函数应该返回键的状态的新值。

此函数是 updateStateByKey 方法唯一必需的参数，也可以指定用于生成的 DStream 的分区数或 Partitioner 对象数。如果需要跟踪很多键和包含很多大型状态对象，那么指定分区数或对象数就变得很重要。

要应用此示例并从 amountPerClient DStream 创建状态 DStream，可以使用以下代码段：

```
val amountState=amoutPerClient. updateStateByKey((vals,
  totalOpt=>{
  totalOpt match{
  case Some(total)=>vals. sum+total//如果该密钥的状态已经存在,则将其与新值的总和相加
  case None=>vals. sum//否则,只返回新值的总和
  }
})
```

现在，要按照订单的金额找到前 5 名客户，需要在 amountState DStream 中对每个 RDD 进行排序，并在每个 RDD 中留下前 5 个元素。要仅将顶部元素留在 RDD 中，将执行以下操作：使用 zipWithIndex 向每个 RDD 元素添加索引，仅过滤出前 5 个索引的元素，并使用 map 删除索引。整个片段看起来像这样：

```
val top5clients = amountState.transform(_.sortBy(_._2,false).
zipWithIndex.filter(x=>x._2<5).map(x=>x._1))
```

2. 使用 union 组合两个 DStreams

为了在每个批处理间隔中仅写入两个计算结果（前 5 个客户以及先前计算的买卖单数），首先必须将它们组合在一个 DStream 中。可以使用各种 join 方法或 cogroup 方法通过键组合两个 DStream，也可以使用 union 合并它们。这里选择后者。

要合并两个 DStream，它们的元素必须属于同一类型。将 top5clients 和 numPerType DStreams 元素转换为元组，其第一个元素是描述度量的键（买入订单数量为“BUYS”，卖出订单数量为“SELLS”，前 5 个客户的列表为“TOP5CLIENTS”），第二个元素是字符串列表。它们需要是列表，因为前 5 个客户度量标准是一个列表。将所有值转换为字符串，以便以后能够添加顶级股票（其符号）列表。

将 numPerType 转换为新格式并不困难。如果键为 true，则该值代表买单数量，否则代表卖出订单数量：

```
val buySellList = numPerType.map(t =>
if(t._1) ("BUYS",List(t._2.toString))
else ("SELLS",List(t._2.toString)) )
```

要转换 top5clients DStream，首先要确保 5 个客户都通过调用 repartition(1)在同一个分区中，然后删除金额，只留下客户 ID（转换为字符串），并调用 glom 将分区中的所有客户 ID 分组在一个数组中。最后，将该数组映射到一个键等于度量名称的元组：

```
val top5clList = top5clients.repartition(1).        //确保所有数据都在一个分区中
map(x=>x._1.toString).                              //只留下客户 ID
glom().                                             //将所有客户 ID 放入单个数组
map(arr=>("TOP5CLIENTS",arr.toList))                //添加度量键
```

现在，可以将两个 DStream 联合在一起：

```
val finalStream = buySellList.union(top5clList)
```

保存组合的 DStream 与以前相同：

```
finalStream.repartition(1).
saveAsTextFiles("/home/spark/ch06output/output","txt")
```

3. 指定检查点目录

在开始流上下文之前，需要再做一件事情，即指定一个检查点目录：

```
scala>sc.setCheckpointDir("/home/spark/checkpoint")
```

回顾第 4 章可以看到，检查点保存 RDD 的数据及其完整的 DAG（RDD 的计算计划），以便如果执行程序发生故障，则 RDD 不必从头开始重新计算。它可以从磁盘读取。这对于由 updateStateByKey 方法产生的 DStream 是必需的，因为 updateStateByKey 在每个小批量中扩展 RDD 的 DAG，并且可以快速导致堆栈溢出异常。通过定期检查 RDD，它们的计算计划对以前的小批量的依赖性被打破了。

4. 开始流上下文并检查新的输出

最后，可以启动流上下文。完整的代码可以粘贴到 Spark shell 中，如下所示。

清单 6.1　计算买/卖订单数量，找出前 5 名客户

```
import org.apache.spark._
import org.apache.spark.streaming._
import java.text.SimpleDateFormat

val ssc=new StreamingContext(sc,Seconds(5))

val filestream=ssc.textFileStream("/home/spark/ch06input")

import java.sql.Timestamp
case class Order(time:java.sql.Timestamp,orderId:Long,clientId:Long,
  symbol:String,amount:Int,price:Double,buy:Boolean)

val orders=filestream.flatMap(line=>{
  val dateFormat=new SimpleDateFormat("yyyy-MM-dd hh:mm:ss")
  val s=line.split(",")
  try {
    assert(s(6)=="B" || s(6)=="S")
    List(Order(new Timestamp(dateFormat.parse(s(0)).getTime()),
      s(1).toLong,s(2).toLong,s(3),s(4).toInt,s(5).toDouble,s(6)=="B"))
  }
  catch {
    case e :Throwable=>println("Wrong line format ("+e+"):"+line)
    List()
  }
})
val numPerType=orders.map(o=>(o.buy,1L)).
  reduceByKey((c1,c2)=>c1+c2)

val amountPerClient=orders.map(o=>(o.clientId,o.amount * o.price))
```

```
val amountState=amountPerClient.updateStateByKey((vals,
➡ totalOpt:Option[Double])=>{
  totalOpt match {
    case Some(total)=>Some(vals.sum+total)
    case None=>Some(vals.sum)
  }
})
val top5clients=amountState.transform(_.sortBy(_._2,false).map(_._1).
zipWithIndex.filter(x=>x._2<5))

      val buySellList=numPerType.map(t=>
        if(t._1) ("BUYS",List(t._2.toString))
        else ("SELLS",List(t._2.toString)) )
      val top5clList=top5clients.repartition(1).
        map(x=>x._1.toString).glom().map(arr=>("TOP5CLIENTS",arr.toList))
      val finalStream=buySellList.union(top5clList)
      finalStream.repartition(1).
      ➡ saveAsTextFiles("/home/spark/ch06output/output","txt")

      sc.setCheckpointDir("/home/spark/checkpoint ")

      ssc.start()
```

启动流上下文后，像以前一样启动 splitAndSend.sh 脚本。几秒钟后，其中一个输出文件夹中的 part-00000 文件可能如下所示：

```
(SELLS,List(4926))
(BUYS,List(5074))
(TOP5CLIENTS,List(34,69,92,36,64))
```

正在取得进展，但仍然需要在过去 1 h 内找到顶级交易的证券。但在这之前，必须描述之前跳过的 mapWithState 方法。

5. 使用 mapWithState 方法

mapWithState 方法比 updateStateByKey 更新，并包含多个性能和功能改进。自 Spark 1.6 以来一直可用。

与 updateStateByKey 相比的主要区别是它允许保持一种类型的状态并返回另一种类型的数据。

mapWithState 只有一个参数：StateSpec 类的实例，用于构建实际参数。可以通过给它一个具有此签名的函数来实例化 StateSpec 对象（第一个 Time 参数是可选的）：

```
(Time,KeyType,Option[ValueType],State[StateType])=>Option[MappedType]
```

类似于 updateStateByKey 和给它的函数，将为每个键的新值（键类型为 KeyType，值类型为 ValueType）以及每个键的现有状态（StateType 类型）调用传递给 StateSpec（以及之后的 mapWithState）的函数。生成的 DStream 将具有 MappedType 类型的元素，与 updateStateByKey 不同，其结果 DStream 具有等同于维护状态的元素。

所提供的函数接收的 State 对象拥有键的状态，并具有以下几种有用的方法操作。

- exists：如果定义了状态，则返回 true。
- get：获取状态值。
- remove：删除键的状态。
- update：更新或设置键的新状态值。

例如，与 mapWithState 一起使用的以下函数将允许像以前使用 updateStateByKey 一样获取相同的 amountState DStream：

```
val updateAmountState = (clientId:Long, amount:Option[Double],
                          State:State[Double]) = >{
var total = amount.getOrElse(0.toDouble)   //将新的状态值设置为新的传入值(如果存在),否则为零
if(state.exists())
total+ = state.get()                       //通过现有状态的值来增加新状态的值
state.update(total)                        //使用新值更新状态
Some((clientId,total))                     //返回带有客户 ID 和新状态值的元组
}
```

像这样使用函数：

```
val amountState = amountPerClient.mapWithState(StateSpec.
function(updateAmountState)).stateSnapshots()
```

如果没有最后的方法 stateSnapshots，那么将得到一个 DStream 包含客户 ID 及其总金额，但只有当前小批量订单到达的客户。stateSnaphots 提供了包含整个状态（所有客户）的 DStream，就像 updateStateByKey 一样。

构建 StateSpec 对象时，除了指定状态映射函数之外，还可以指定所需分区的数量、要使用的 Partitioner 对象、具有初始状态值的 RDD 和超时。具有初始状态值的 RDD 可能在希望保持状态并在重新启动流作业后重新使用的情况下很有用。在这个例子中，在一天结束时证券交易所关闭之后，可以保存客户列表和交易金额，明天继续下去。

超时参数也很有趣。可以使用它来使 Spark Streaming 在值过期后从状态中删除特定值。这可以应用于计算会话超时。例如，当使用 updateStateByKey 时，必须手动完成会话超时。

最后，可以一个接一个地链接所有这些参数。

```
StateSpec.function(updateAmountState).numPartitions(10).
  timeout(Minutes(30))
```

这些都是功能的改进，但是 mapWithState 也带来了一些性能改进。在维护状态下，它可

以比 updateStateByKey 保持 10 倍以上的键，并且可以快 6 倍㊀（主要是通过避免在没有新键到达时进行处理）。

6.1.8 使用窗口操作进行限时计算

最后一个任务是：在过去 1 h 内找到前 5 名交易最多的证券。这与以前的任务不同，因为它是限制时间的。在 Spark Streaming 中，这种类型的计算是使用窗口操作完成的。

主要原理如图 6-3 所示。可以看到，窗口操作在小批量的滑动（Slide）窗口上操作。每个窗口 DStream 由窗口持续时间和滑动持续时间（窗口数据重新计算的频率）确定，都是小批量持续时间的倍数。

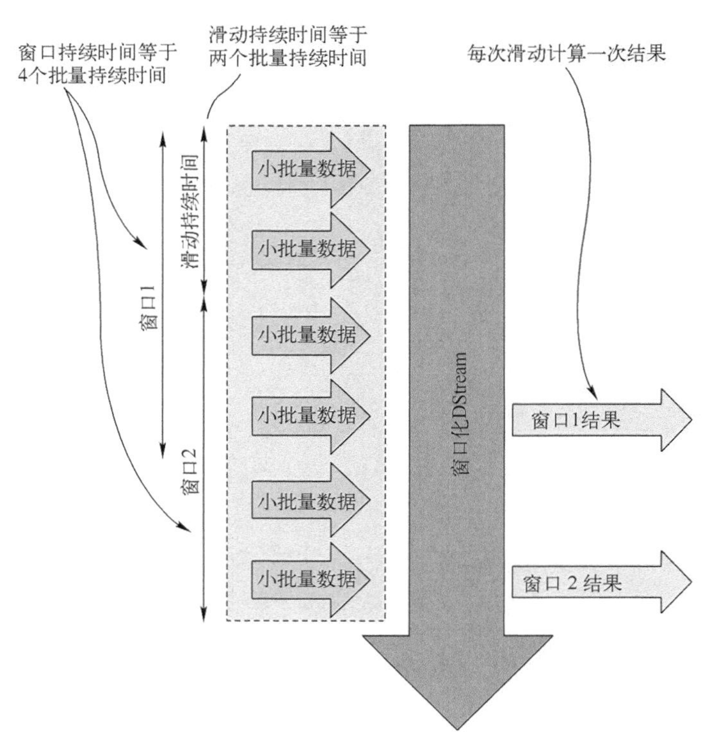

图 6-3 窗口 DStream 处理数据，滑动持续时间为两个小批量持续时间，并且窗口持续时间为 4 个小批量持续时间，每次滑动计算一次结果

1. 用窗口操作解决最终任务

在示例中，窗口持续时间为 1 h（需要过去 1 h 内排名前 5 的交易最多的证券）。但是滑动持续时间与小批量持续时间（5 s）相同，因为想要报告每个小批量中前 5 名交易最多的证券以及其他指标。

要创建一个窗口 DStream，可以使用其中一种窗口方法。对于此任务，将使用 reduce-

㊀ 这些数字是基于 Databricks 人员测量的：http://mng.bz/42QD。

ByKeyAndWindow 方法，需要指定 reduce 函数和窗口持续时间（如果不同于小批量持续时间，还可以指定滑动持续时间），并且它将创建一个窗口 DStream，并使用 reduce 函数减少它。因此，为了计算每只股票和每个窗口交易的金额，可以使用此代码段（将此放在 finalStream 变量初始化之前）：

```
val stocksPerWindow = orders.
  map(x => (x.symbol, x.amount)).window(Minutes(60))
  reduceByKey((a1:Int, a2:Int) => a1+a2)
```

其余与为顶级客户所做的相同：

```
val topStocks = stocksPerWindow.transform(_.sortBy(_._2, false).map(_._1).
  zipWithIndex.filter(x => x._2<5)).repartition(1).
    map(x => x._1.toString).glom().
    map(arr => ("TOP5STOCKS", arr.toList))
```

需要将此结果添加到最终的 DStream 中：

```
val finalStream = buySellList.union(top5clList).union(topStocks)
```

其余与以前相同：

```
finalStream.repartition(1).
➥ saveAsTextFiles("/home/spark/ch06output/output", "txt")
sc.setCheckpointDir("/home/spark/checkpoint/")
ssc.start()
```

现在，当启动流式应用程序时，生成的 part-00000 文件可能包含以下结果：

```
(SELLS, List(9969))
(BUYS, List(10031))
(TOP5CLIENTS, List(15, 64, 55, 69, 19))
(TOP5STOCKS, List(AMD, INTC, BP, EGO, NEM))
```

2. 探索其他窗口操作

Window 方法不是唯一可用的窗口操作。还有一些其他的，这在许多情况下都是有用的。其中一些可用于普通的 DStream，而其他的仅适用于键值对 DStream（byKey 函数）。表 6-1 列出了所有这些。

表 6-1　在 Spark Streaming 中可用的窗口操作

窗口操作	描　述
window(winDur, [slideDur])	在 winDur 持续时间的滑动窗口中，每个 slideDur 生成 RDD 中出现在此 DStream 中的元素。默认情况下，slideDur 等于小批量持续时间
countByWindow(winDur, slideDur)	每个 slideDur 生成单元素 RDD，其中包含在 winDur 持续时间的滑动窗口期间出现在此 DStream 中的元素数量

（续）

窗口操作	描　述
countByValueAndWindow(winDur, slideDur, [numParts])	计算窗口中的不同元素（由 winDur 和 slideDur 参数确定）。使用 numParts 可以更改默认使用的分区数
reduceByWindow(reduceFunc, winDur, slideDur)	每个 slideDur 生成包含使用 reduceFunc 函数减少的 winDur 持续时间窗口中的元素的单元素 RDD
reduceByWindow(reduceFunc, invReduceFunc, winDur, slideDur)	比 reduceByWindow 更有效。每个 slideDur 生成包含使用 reduceFunc 函数减少的 winDur 持续时间窗口中的元素的单元素 RDD，但使用 invReduceFunc 减去离开窗口的元素
groupByKeyAndWindow(winDur, [slideDur], [numParts/partitioner])	按键分组窗口中的元素（由 winDur 和 slideDur 参数决定，slideDur 可选）。还可以指定要使用的分区器或分区的数量
reduceByKeyAndWindow(reduceFunc, winDur, [slideDur], [numParts/partitioner])	通过键减少窗口中的元素（由 winDur 和 slideDur 参数决定；slideDur 是可选的）。还可以指定要使用的分区器或分区的数量
reduceByKeyAndWindow(reduceFunc, invReduceFunc, winDur, [slideDur], [numParts], [filterFunc])	一个更有效的版本，也使用逆减函数来减去离开窗口的元素。filterFunc 是一个可选函数，指定键值对需要满足以保留在 DStream 中的条件

读者可能已经注意到，在前面的例子中使用 reduceByKeyAndWindow 方法解决的问题也可以使用 Window 方法，然后使用 reduceByKey 方法解决。

6.1.9　检查其他内置输入流

在继续之前，先来看看使用内置输入流接收数据的其他选项。除了以前使用的 textFileStream 方法之外，Spark Streaming 还有几种创建 DStream 的方法。下面将简要说明如何使用它们。

1. 文件输入流

要从文件读取数据，还有 binaryRecordsStream 方法和更通用的 fileStream 方法。它们都监视新建文件的文件夹，就像 textFileStream，但是它们可以读取不同类型的文件。

binaryRecordsStream 读取指定大小的记录中的二进制文件（传递给它一个文件夹名称和记录的大小），并返回一个包含字节数组（Array [Byte]）的 DStream。使用 fileStream 更复杂，要求使用键类型、值类型和输入格式（Hadoop 的 NewInputFormat 的子类）对其进行参数化，以便读取 HDFS 文件。所产生的 DStream 将包含具有指定键和值类型的两个元素的元组。

除了这些类之外，还需要提供要监视的文件夹的路径，可以指定多个可选参数。

- filter 函数，对于每个 Path（表示文件的 Hadoop 类）对象决定是否处理它（返回一个布尔值）。
- newFilesOnly 标志确定是仅处理受监视文件夹中的新创建的文件还是所有文件。
- Hadoop Configuration 对象包含用于读取 HDFS 文件的其他配置选项。

有关使用 Hadoop API 读取文件的详细信息超出了本书的范围，但有很好的信息可以在

Alex Holmes（Manning，2014）的《Hadoop in Practice》中找到。

2. Socket 输入流

可以使用 Spark Streaming 直接从 TCP/IP 套接字接收数据。可以使用 socketStream 和 socketTextStream 方法来实现。socketTextStream 返回一个 DStream，它的元素是 UTF8 编码的行，用换行符分隔。它需要一个连接的主机名和端口号以及可选的 StorageLevel（默认值为 StorageLevel. MEMORY_AND_DISK_SER_2，这意味着内存和磁盘的复制因子为 2）。StorageLevel 确定数据将保存在哪里以及是否将被复制。

socketStream 方法还需要一个用于将 Java InputStream 对象（用于读取二进制数据）转换为生成 DStream 元素的目标对象的函数。当启动套接字流时，其接收器在其中一个工作节点上的执行程序中运行。

6.2　使用外部数据源

上一节已经介绍了如何使用内置数据源：文件和套接字。现在是连接外部数据源的时候了，而这些数据源并未与 Spark 捆绑在一起。官方 Spark 连接器存在以下外部系统和协议。

- Kafka(https://kafka.apache.org)：分布式、快速、可扩展的发布订阅消息系统。它会保留所有的消息，并且能够充当重播队列。
- Flume(https://flume.apache.org)：一个分布式、可靠的系统，用于收集、聚合和传输大量日志数据。
- Amazon Kinesis(https://aws.amazon.com/en/kinesis)：与 Kafka 类似的 AWS 流媒体平台。
- Twitter(https://dev.twitter.com/overview/documentation)：流行的社交网络的 API 服务。
- ZeroMQ(http://zeromq.org)：分布式消息系统。
- MQTT(http://mqtt.org)：轻量级发布/订阅消息传输协议。

注意　除 Kafka 和 Amazon Kinesis 之外，所有这些数据源的源代码已从 Spark 项目中移除到 Spark 软件包项目，网址为 https://github.com/spark-packages。

还有很多有趣的系统可以提供，但在本书中全部覆盖它们是不可能的。所以本书会专注于（可以说）最受欢迎的 Apache Kafka。如果对 Kafka 不太了解，请先阅读 http://kafka.apache.org/documentation.html#introduction 上的官方介绍。

在本节中，不需要与以前一样从文件中读取销售和购买订单，而是将使用编写的一个 shell 脚本将订单发送到 Kafka 主题。Spark Streaming 作业将从本主题读取订单，并将计算的指标写入不同的 Kafka 主题，然后将使用 Kafka 控制台消费者脚本来接收和显示结果。

6.2.1　设置 Kafka

本节中的示例使用 Kafka，它已经安装在 spark-in-action VM 中。如果不使用虚拟机，并且希望按照本节中的示例进行操作，则需要安装和配置 Kafka。

要设置 Kafka，首先需要下载（从官方下载页面：http://kafka. apache. org/downloads. html）。应该选择与的 Spark 版本[1]兼容的版本（如 Spark 2. 0 的 kafka_2. 10-0. 8. 2. 1. tgz 存档）。接下来，将存档解压缩到硬盘驱动器上的文件夹：

```
$ tar -xvfz kafka_2.10-0.8.2.1.tgz
```

在虚拟机中，Kafka 已经安装在文件夹/usr/local/kafka 中。

Kafka 需要 Apache ZooKeeper，这是一个用于可靠分布式进程协调的开源服务器（https://zookeeper. apache. org/），因此应该在启动 Kafka 之前先启动它：

```
$ cd/usr/local/kafka
$ bin/zookeeper-server-start.sh config/zookeeper.properties &
```

这将启动 2181 端口上的 ZooKeeper 进程，并使 ZooKeeper 在后台运行。接下来，可以启动 Kafka 服务器：

```
$ bin/kafka-server-start.sh config/server.properties &
```

最后，需要创建将用于发送订单和指标数据的主题：

```
$ bin/kafka-topics.sh --create --zookeeper localhost:2181
➥ --replication-factor 1 --partitions 1 --topic orders
$ bin/kafka-topics.sh --create --zookeeper localhost:2181
➥ --replication-factor 1 --partitions 1 --topic metrics
```

现在，可以从上一节更新 Spark Streaming 程序，以便将数据读取和写入到 Kafka，而不是文件系统。

6.2.2 使用 Kafka 更改流应用程序

如果 Spark Shell 仍然打开着，将需要重新启动它，并将 Kafka 库和 Spark Kafka 连接器库添加到其类路径中。可以手动下载所需的 JAR 文件，也可以使用 packages 参数[2]，并让 Spark 下载文件（稍后再执行）：

```
$ spark-shell --master local[4] --packages org.apache.spark:spark-
➥ streaming-kafka-0-8_2.11:1.6.1,org.apache.kafka:kafka_2.11:0.8.2.1
```

packages 参数中的冒号之间的名称是组 ID、工件 ID 和来自中央 Maven 存储库的 Spark Kafka 连接器工件的版本。该版本取决于使用的 Spark 版本。如果正在将应用程序构建为 Maven 项目，则可以通过将以下依赖项添加到 pom. xml 文件来实现相同的操作：

```
<dependency>
```

[1] 可以在 http://mng. bz/Df88 上查看适用于自己使用的 Spark 版本对应的 Kafka 版本。

[2] 在某些情况下，下载可能会重复出现故障。在这种情况下，请尝试清除 Ivy 缓存：删除主目录中的 . ivy/cache 下的所有内容。

```
    <groupId>org.apache.spark</groupId>
    <artifactId>spark-streaming-kafka-0-8_2.11</artifactId>
    <version>2.0.0</version>
</dependency>
<dependency>
    <groupId>org.apache.kafka</groupId>
    <artifactId>kafka_2.11</artifactId>
    <version>0.8.2.1</version>
</dependency>
```

1. 使用 Spark Kafka 连接器

现在有两个版本的 Kafka 连接器。第一个是基于接收器的连接器，第二个是较新的直接连接器。当使用基于接收器的连接器时，在某些情况下，可能会多次使用同一条消息；直接连接器可以实现对传入消息的精确处理。基于接收器的连接器的效率也较低（需要设置预写日志，这会减慢计算速度）。本节使用直接连接器。

要创建从 Kafka 主题读取数据的 DStream，需要设置一个参数映射，该参数映射至少包含 metadata.broker.list 参数，该参数指向集群中 Kafka 代理的地址。也可以使用相同的值指定 bootstrap.servers 参数，而不是 metadata.broker.list 参数。如果在与 Spark shell 相同的计算机上运行一个 Kafka 服务器，则只需将其设置为 VM 的地址（192.168.10.2）和默认端口，即 9092：

```
val kafkaReceiverParams = Map[String, String](
    "metadata.broker.list" -> "192.168.10.2:9092")
```

将参数映射传递给 KafkaUtils.createDirectStream 方法，以及对流上下文的引用以及一组要连接的主题名称。createDirectStream 方法需要使用用于消息键和值以及键和值解码器的类进行参数化。在这个例子的情况下，键和值是字符串，使用 Kafka 的 StringDecoder 类来解码它们：

```
import org.apache.spark.streaming.kafka.KafkaUtils
val kafkaStream = KafkaUtils.
    createDirectStream[String, String, StringDecoder, StringDecoder](ssc,
    kafkaReceiverParams, Set("orders"))
```

基于接收者的使用者将最近使用的消息偏移量保存在 ZooKeeper 中。直接使用者不使用 ZooKeeper，而是在 Spark 检查点目录中存储偏移量。如果最后使用的消息的偏移量不可用，则可以在参数映射中放置的 auto.offset.reset 参数确定要使用哪些消息。如果设置为 smallest，它将从最小的偏移开始使用。默认情况下，它使用最新消息。

创建的 kafkaStream 现在可以与以前使用过的 fileStream 以相同方法使用。唯一的区别是 fileStream 的元素是字符串，而 kafkaStream 包含有两个字符串的元组：一个键和一个消息。现在暂时跳过该部分代码，先展示如何将消息写回 Kafka。完整的代码清单将在本节末尾给出。

2. 向 Kafka 写入信息

以前，将计算出的指标从 finalStream DStream 写入文件。现在将其改为写入 Kafka 的指标主题。这是通过 DStream 有用的 foreachRDD 方法来实现的。用户可以使用它来对 DStream 中的每个 RDD 执行任意操作。它有以下两个版本：

```
def foreachRDD(foreachFunc:RDD[T] =>Unit):Unit
def foreachRDD(foreachFunc:(RDD[T],Time)=>Unit):Unit
```

两个版本只接受一个函数作为参数，它接收一个 RDD 并返回 Unit（在 Java 中等于 void）。区别在于第二个函数还接收到一个 Time 对象，所以它可以根据接收到 RDD 数据的时刻做出决定。

要将消息写入 Kafka，可以使用 Kafka 的 Producer 对象。该对象连接到 Kafka 代理并发送表示为 KeyedMessage 对象的消息。需要使用 ProducerConfig 对象来配置 Producer。

Producer 对象不可序列化：它们打开与 Kafka 的连接，用户无法序列化连接，在另一个 JVM 中将其反序列化，并继续使用它。因此，用户需要在执行器中运行的代码中创建 Producer 对象。发送消息到 Kafka 的第一个尝试可能如下所示：

```
import kafka.producer.Producer
import kafka.producer.KeyedMessage
import kafka.producer.ProducerConfig
finalStream.foreachRDD((rdd)=>{
  val prop=new java.util.Properties
  prop.put("metadata.broker.list","192.168.10.2:9092")
  rdd.foreach(x=>{
    val p=new Producer[Array[Byte],Array[Byte]](
      new ProducerConfig(prop))
    p.send(new KeyedMessage(topic,x.toString.toCharArray.map(_.toByte)))
    p.close()
  })
})
```

代码段的粗体部分在执行器中执行，其余的在驱动器中执行。但是这段代码为每条消息创建一个新的 Producer，这种效果不好。

可以使用 foreachPartition 和为每个 RDD 分区创建一个 Producer 来优化它：

```
finalStream.foreachRDD((rdd)=>{
  val prop=new java.util.Properties
  prop.put("metadata.broker.list","192.168.10.2:9092")
  rdd.foreachPartition((iter)=>{
    val p=new Producer[Array[Byte],Array[Byte]](
      new ProducerConfig(prop))
```

```
      iter.foreach(x=>p.send(new KeyedMessage("metric",
        x.toString.toCharArray.map(_.toByte))))
      p.close()
    })
  })
```

效果比上一段代码好，但仍然不理想。最好的方法是创建一个单例对象，每个 JVM 只初始化一次 Producer 对象。下面将创建一个单例对象作为 KafkaProducerWrapper 类的伴生对象（希望记住第4章中的伴生对象）。代码如下：

```
import kafka.producer.Producer
import kafka.producer.KeyedMessage
import kafka.producer.ProducerConfig
case class KafkaProducerWrapper(brokerList:String) {
  val producerProps = {
    val prop = new java.util.Properties
    prop.put("metadata.broker.list",brokerList)
    Prop
    }
    val p = new Producer[Array[Byte],Array[Byte]](new
    ProducerConfig(producerProps))
def send(topic:String,key:String,value:String) {
p.send ( new  KeyedMessage ( topic, key.toCharArray.map ( _ .toByte ), value.toCharArray.map
(_.toByte)))
  }
    }
    object KafkaProducerWrapper {
      var brokerList = ""
lazy val instance = new KafkaProducerWrapper(brokerList)
    }
```

伴生对象必须在与同名类相同的文件中声明。为了避免 Spark shell 中的序列化和实例化问题，可以将 KafkaProducerWrapper 类编译为 JAR 文件，该文件应该已经在 first-edition/ch06/directory 中的虚拟机中下载。下载 JAR 文件并启动 Spark shell，使用--jars 参数将 JAR 添加到 Spark 的类路径中，包括之前提到的--packages 参数，启动 Spark shell 的完整命令如下所示：

```
$ spark-shell --master local[4] --packages org.apache.spark:spark-
  ➥ streaming-kafka_2.11:2.0.0,org.apache.kafka:kafka_2.11:0.8.2.1 --jars
{CA]first-edition/ch06/kafkaProducerWrapper.jar
```

运行 Python 版本

要运行 Python 版本的程序，只需要第一个包：

```
$ pyspark --master local[4] --packages org.apache.spark:spark-streaming-
➥ kafka_2.10:1.6.1
```

但是，还需要安装 kafka-python Python 软件包（https://github.com/dpkp/kafka-python），默认情况下它不会安装在 spark-in-action VM 中。需要安装 pip：

```
$ sudo apt-get install python-pip
$ sudo pip install kafka-python
```

完整的 Scala 程序（Python 版本在存储库中），可以将其粘贴到 Spark shell 中，并计算本章中的所有指标并将它们发送到 Kafka，如清单 6.2 所示。在其中，将目前看到的所有代码都组合在了一起。

清单 6.2 计算指标并将结果发送给 Kafka 的完整代码

```
import org.apache.spark._
import kafka.serializer.StringDecoder
import kafka.producer.Producer
import kafka.producer.KeyedMessage
import kafka.producer.ProducerConfig
import org.apache.spark.streaming._
import org.apache.spark.streaming.kafka._

val ssc=new StreamingContext(sc,Seconds(5))

val kafkaReceiverParams=Map[String,String](
"metadata.broker.list" ->"192.168.10.2:9092")
val kafkaStream=KafkaUtils.
  createDirectStream[String,String,StringDecoder,StringDecoder](ssc,
    kafkaReceiverParams,Set("orders"))

import java.sql.Timestamp
case class Order(time:java.sql.Timestamp,orderId:Long,clientId:Long,
  symbol:String,amount:Int,price:Double,buy:Boolean)
import java.text.SimpleDateFormat
val orders=kafkaStream.flatMap(line=>{
  val dateFormat=new SimpleDateFormat("yyyy-MM-dd hh:mm:ss")
  val s=line._2.split(",")
  try {
    assert(s(6)=="B" || s(6)=="S")
```

```
    List(Order(new Timestamp(dateFormat.parse(s(0)).getTime()),
  s(1).toLong,s(2).toLong,s(3),s(4).toInt,s(5).toDouble,s(6)=="B"))
  }
  catch {
    case e :Throwable=>println("Wrong line format ("+e+"):"+line._2)
    List()
  } })
val numPerType=orders.map(o=>(o.buy,1L)).reduceByKey((c1,c2)=>
  c1+c2)
val buySellList=numPerType.map(t=>
  if(t._1) ("BUYS",List(t._2.toString))
  else ("SELLS",List(t._2.toString)) )

val amountPerClient=orders.map(o=>(o.clientId,o.amount * o.price))
val amountState=amountPerClient.updateStateByKey((vals,
    totalOpt:Option[Double])=>{
  totalOpt match {
    case Some(total)=>Some(vals.sum+total)
    case None=>Some(vals.sum)
  } })
val top5clients=amountState.transform(_.sortBy(_._2,false).map(_._1).
  zipWithIndex.filter(x=>x._2<5))
val top5clList=top5clients.repartition(1).map(x=>x._1.toString).
  glom().map(arr=>("TOP5CLIENTS",arr.toList))

val stocksPerWindow=orders.map(x=>(x.symbol,x.amount)).
  reduceByKeyAndWindow((a1:Int,a2:Int)=>a1+a2,Minutes(60))
val topStocks=stocksPerWindow.transform(_.sortBy(_._2,false).map(_._1).
  zipWithIndex.filter(x=>x._2<5)).repartition(1).
    map(x=>x._1.toString).glom().
    map(arr=>("TOP5STOCKS",arr.toList))

val finalStream=buySellList.union(top5clList).union(topStocks)

import org.sia.KafkaProducerWrapper
finalStream.foreachRDD((rdd)=>{
  rdd.foreachPartition((iter)=>{
    KafkaProducerWrapper.brokerList="192.168.10.2:9092"
    val producer=KafkaProducerWrapper.instance
    iter.foreach({ case (metric,list)=>
      producer.send("metrics",metric,list.toString) })
```

```
}) })
sc.setCheckpointDir("/home/spark/checkpoint")
ssc.start()
```

3. 运行示例

要查看程序的操作，需要再打开两个 Linux shell。这里准备了一个脚本，它从 orders.txt 文件中流传输行（每 0.1 s 一行），并将它们发送到 orders Kafka 主题。可以在在线存储库（现在应该克隆的）中找到 streamOrders.sh 脚本，并在第一个 Linux shell 中启动它。可能首先需要设置其执行标志：

```
$ chmod+x streamOrders.sh
```

该脚本要求 orders.txt 文件存在于同一目录中，并且还需要 Kafka bin 目录存在于 PATH 中（它将调用 kafka-console-producer.sh 脚本）。可以将代理列表作为参数给出（默认值是 192.168.10.2:9092）：

```
$ ./streamOrders.sh 192.168.10.2:9092
```

在第二个 Linux shell 中，启动 kafka-console-onsumer.sh 脚本，并让它使用来自指标主题的消息并查看流程序的输出：

```
$ kafka-console-consumer.sh --zookeeper localhost:2181 --topic metrics
TOP5CLIENTS,List(62,2,92,25,19)
SELLS,List(12)
BUYS,List(20)
TOP5STOCKS,List(CHK,DOW,FB,SRPT,ABX)
TOP5CLIENTS,List(2,62,87,52,45)
TOP5STOCKS,List(FB,CTRE,AU,PHG,EGO)
SELLS,List(28)
BUYS,List(21)
SELLS,List(37)
BUYS,List(12)
TOP5STOCKS,List(FB,CTRE,SDLP,AU,NEM)
TOP5CLIENTS,List(14,2,81,43,31)
```

在那里有它的 Spark Streaming 程序正在通过 Kafka 发送其计算的指标。

6.3 Spark Streaming 作业的性能

通常希望的流应用程序如下所述。

- 尽可能快地处理每个输入记录（低延迟）。
- 紧跟传入数据流的增加（可扩展性）。
- 不断摄入数据并在节点发生故障的情况下，不丢失任何数据（容错）。

在调优 Spark Streaming 作业的性能并确保它们容错时，有一些参数值得一提。

6.3.1　获得良好的性能

使用 Spark Streaming，需要决定的第一个参数是小批量持续时间。没有确定其值的确切方法，因为它取决于作业执行的处理类型和集群的容量。可以帮助用户的是 Spark Web UI 的 Streaming 页面，它可以为每个 Spark 应用程序自动启动。默认情况下，用户可以访问端口 4040 上的 Spark Web UI。

如果正在运行 Spark Streaming 应用程序（StreamingContext），则 Streaming 选项卡会自动显示在 Web UI 上。它显示了几个有用的图形（见图 6-4），具有以下指标。

- 输入速率：每秒传入的记录数。
- 调度延迟：新的小批量花费等待其安排工作的时间。
- 处理时间：处理每个小批量作业所需的时间。
- 总延迟：处理批量所用的总时间。

每个小批量的总处理时间（总延迟）应低于小批量持续时间，它应该或多或少地保持恒定。如果它不断增加，长期来看，计算是不可持续的，并且必须减少处理时间，增加并行度或限制输入速率。

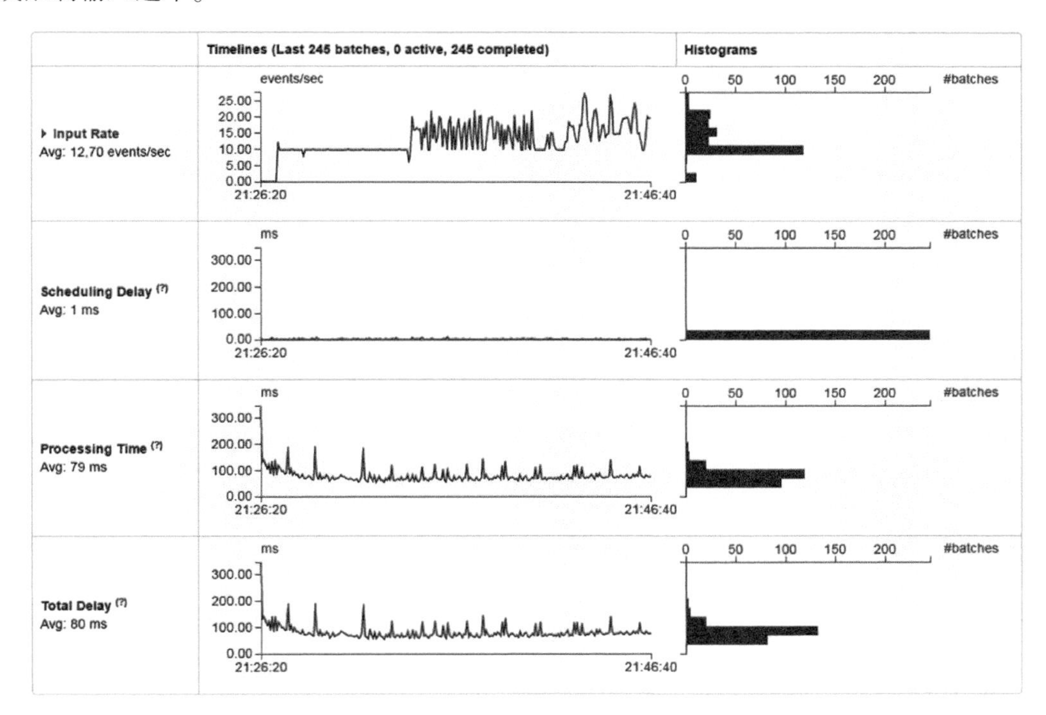

图 6-4　Spark Web UI 的流页面，显示各种指标：输入速率、调度延迟、处理时间和总延迟

1. 缩短处理时间

如果开始看到调度延迟，则首先要优化程序并减少每批的处理时间。本书中的方法将有

助于此。需要避免不必要的混排，如第 4 章所讨论的那样。如果正在向外部系统发送数据，则需要重新使用分区内的连接，并使用某种连接池，如本章所讨论的。

还可以尝试增加小批量持续时间，因为 Spark Streaming 作业调度、任务序列化和数据混排时间将在更大的数据集上均衡，从而减少每个记录的处理时间。但是，将小批量持续时间设置得太高将会增加每个小批量的内存需求；此外，较低的输出频率可能无法满足业务的需求。

其他集群资源也可以帮助减少处理时间。例如，添加内存可能会降低垃圾回收率，并且添加 CPU 内核可能会提高处理速度。

2. 增加并行性

为了有效地使用所有 CPU 内核并获得更高的吞吐量，需要增加并行性。用户可以在几个级别上增加它。首先，可以在输入源处执行此操作。例如，Kafka 有分区的概念，它决定了消费者可以实现的并行程度。如果使用 Kafka 直接连接器，它将自动处理并行性，并将 Spark Streaming 中的消耗线程数与 Kafka 中的分区数相匹配。

如果使用基于接收器的连接器，则可以通过创建多个 DStream 并将它们一起使用来增加消费者并行性：

```
val stream1 = ...
val stream2 = ...
val stream = stream2. union( stream2)
```

在下一级，可以通过将 DStream 显式重新分区到更多数量的分区（通过使用 repartition 方法）来增加并行性。一般的经验法则是接收器的数量不应超过可用的内核数量或者执行器的数量。

3. 限制输入速率

如果不能减少处理时间或增加并行性，仍然会遇到日益增加的调度延迟，可能需要限制数据被摄取的速率。手动限制摄取速率有两个参数：用于基于接收器的消费者的 spark. streaming. receiver. maxRate 和 Kafka 直接消费者的 spark. streaming. kafka. maxRatePerPartition。前者限制每个基于接收器的流的记录数，后者限制每个 Kafka 分区的记录数（多个 Kafka 分区可以由单个直接 Kafka 流读取）。两者都表示每秒记录的数量，默认情况下不设置。

也可以通过将 spark. streaming. backpressure. enabled 参数设置为 true 来启用背压功能。如果调度延迟开始出现，则它将自动限制应用程序可以接收的最大消息数。如果设置，则速率将不会超过前两个参数的值。

6.3.2 实现容错

流应用程序通常是长时间运行的应用程序，并且驱动器和执行器进程的故障可以预期。Spark Streaming 使得这些故障可以在零数据丢失的情况下继续存在。

1. 从执行器故障中恢复

通过在执行器中运行的接收器接收的数据在集群中进行复制。如果运行接收器的执行器失败，则驱动器将重新启动另一个节点上的执行器，数据将被恢复。不需要特别启用此行为，Spark 自动执行此操作。

2. 从驱动器故障中恢复

在驱动器进程失败的情况下，与执行器的连接丢失，应用程序需要重新启动。正如将在第 11、12 章中讨论的，集群管理器可以自动重新启动驱动器进程（如果在 Spark Standalone 集群中时使用--supervise 选项提交，在 YARN 中使用集群模式，或者在 Mesos 中使用 Marathon）。

一旦重新启动驱动器进程，Spark Streaming 就可以通过读取流上下文的检查点状态来恢复先前的流应用程序的状态。Spark 的 StreamingContext 有一个特殊的初始化方法来利用这个功能。该方法是 StreamingContext.getOrCreate()，它将使用一个检查点目录和一个初始化上下文的函数。该函数需要执行所有常规步骤来实例化流并初始化 StreamingContext 对象。getOrCreate 方法首先检查检查点目录以查看是否存在任何状态。如果是这样，它将加载先前的检查点状态，并跳过 StreamingContext 初始化。否则，它会调用初始化函数。

要在本章的例子中使用它，需要重新排列代码：

```
    def setupStreamContext():StreamingContext {
    val ssc = new StreamingContext(sc,Seconds(5))
    val kafkaReceiverParams = Map[String,String]("metadata.broker.list" ->
    ➥"192.168.10.2:9092")
    //...
    //perform all other DStream computations
    //...
    ssc.checkpoint("checkpoint_dir")
    ssc
  }
  val ssc = StreamingContext("checkpoint_dir",setupStreamContext)
  ssc.start()
```

ssc.checkpoint 告诉流上下文将流的状态周期性地保存到指定的目录。如果驱动器重新启动，应用程序将能够从停止的位置继续。

在驱动器重启的情况下，还需要防止数据丢失。在处理数据之前，Spark Streaming 接收器可以将它们接收的所有数据写入预写日志。它们向输入源（如果输入源允许消息被确认）确认只有在写入预写日志之后才接收到该消息。如果接收器（及其执行器）重新启动，它将从预写日志读取所有未处理的数据，因此不会发生数据丢失。Kafka 直接连接器不需要预写日志来防止数据丢失，因为 Kafka 提供了这种功能。

默认情况下，预写日志未启用。需要通过将 spark.streaming.receiver.writeAheadLog.enable 设置为 true 来显式启用它们。

6.4　结构化流

在 Spark 2.0 中，引入了一种称为结构化流的实验性新型流 API。其背后的想法是通过掩盖使流操作容错和一致性的细节来使流 API 与批处理 API 相似。

结构化流操作直接在 DataFrame（或 DataSet）上工作。不再有“流”的概念。只有 streaming 和普通的 DataFrame。Streaming DataFrame 实现为仅附加表格。流数据的查询返回新的 DataFrame，可以像在批处理程序中一样使用它们。

6.4.1 创建流式 DataFrame

要创建流式 DataFrame，而不是调用在 SparkSession 上的 read，请调用 readStream。它将返回一个 DataStreamReader，与 DataFrameReader 几乎相同的方法。关键的区别在于它适用于不断到达的数据。

例如，从 ch06input 文件夹中加载文件，就像本章开始时所做的那样，但是使用结构化的流 API。首先需要 DataFrame 的 implicits：

```
import spark.implicits._
```

使用 DataStreamReader 的 text 方法加载文件：

```
scala>val structStream=spark.readStream.text("ch06input")
structStream:org.apache.spark.sql.DataFrame=[value:string]
```

生成的对象是一个名为“value”的单列 DataFrame。可以通过调用 isStreaming 方法来检查它是否是一个流式 DataFrame：

```
scala>structStream.isStreaming
res0:Boolean=true
```

还可以检查执行计划：

```
scala>structStream.explain()
==Physical Plan==
StreamingRelation FileSource[ch06input],[value#263]
```

6.4.2 输出流数据

structStream 将监视输入文件夹中的新文件并定期处理它们，但是仍然不知道如何处理它们。要对流式 DataFrame 执行任何有用的操作并启动流式计算，必须使用 DataFrame 的 writeStream 方法，该方法提供了 DataStreamWriter 类的实例。也可以使用构建器模式进行配置，这意味着可以一个接一个地链接配置函数。一些可用的函数如下所示。

- Trigger：使用它来指定触发执行的间隔。需要使用 ProcessingTime.create 函数来构造间隔描述，如 ProcessingTime.create（“5 s”）。
- format：指定输出格式。Spark 2.0 中仅支持“parquet”“console”和“memory”。第一个写入 Parquet 文件，第二个将 DataFrame 打印到控制台（使用 show()），第三个将数据保存在驱动器内存中，可以交互式查询。
- outputMode：指定输出模式。

- option：指定其他具体参数。
- foreach：将其用于各个 DataFrame 上的计算。必须指定一个类实现 ForeachWriter 接口。
- queryName：与“memory”格式一起使用。

目前只支持两种输出模式（Spark 2.0）。

- append：仅输出上次输出后接收到的数据。
- complete：每次输出所有可用数据，只能用于聚合。

指定所需的所有配置选项后，调用 start()开始流式计算。要打印每 5 s 到达 ch06input 文件夹的每个文件的前 20 行，请运行以下命令：

```
scala>import org.apache.spark.sql.streaming.ProcessingTime
scala>val streamHandle = structStream.
    writeStream.
    format("console").
    trigger(ProcessingTime.create("5 seconds")).
    start()
```

要在控制台中查看结果，请在单独的 Linux 控制台中启动 splitAndSend.sh 脚本，如本章开头所示：

```
$ cd first-edition/ch06
$ ./splitAndSend.sh/home/spark/ch06input local
```

现在在 Spark shell 中应该可以看到文件的内容。

6.4.3　检查流执行

Start()返回一个 StreamingQuery 对象，该对象充当流执行的句柄。可以使用它通过 isActive()方法检查执行的状态，使用 stop()方法停止执行，阻塞直到执行结束时使用 awaitTermination()方法，用 exception()方法检查异常（如果它发生），或从 id 字段获取执行的 ID。

SparkSession 还提供查询流执行的方法。SparkSession.streams.active 返回一个活动流执行数组，SparkSession.streams.get(id)使用户可以使用其 ID 获取流式处理，并且 SparkSession.streams.awaitAnyTermination 阻塞直到任何流执行完成。

6.4.4　结构化流的未来方向

虽然在 Spark 2.0 中仍然是一个实验性功能，但结构化流式传输被证明是一个强大的概念。它可以实现批量和流式计算的真正统一，并将流与批量数据相连接，这一功能并不是很多流引擎可以夸耀的。除此之外，它还为 Spark 流媒体提供了 Tungsten 的性能改进。

Spark 社区有结构化流的大计划。社区成员希望将其扩展到所有其他 Spark 组件：在流数据上训练机器学习算法，并使用流概念执行 ETL 转换，这可能会降低容量需求。

这是结构化流的简要概述。在 Structured Streaming Programming Guide(http://mng.bz/

bxF9)及其原始设计文档(http://mng.bz/0ipm)中，可以找到有关结构化流的更多信息。

6.5 总结

- Spark Streaming 通过使用小批量将 Spark 的批处理功能应用于实时数据。
- Spark 可以从文件系统和 TCP/IP 套接字连接中获取数据，也可以从其他分布式系统（如 Kafka、Flume、Twitter 和 Amazon Kinesis）获取数据。
- 初始化 Spark Streaming 上下文时设置小批量持续时间。它确定输入数据将被分割并打包为 RDD 的间隔。它对系统性能有很大的影响。
- DStream（代表离散流）是 Spark Streaming 中的基本抽象，表示从输入流定期创建的 RDD 序列。没有它们就不能写 Spark Streaming 程序。
- DStream 具有将其转换为其他 DStream 的方法。可以使用这些方法在 DStream 的 RDD 中过滤、映射和减少数据，甚至组合和连接不同的 DStream。
- DStream 的 saveAsTextFiles 方法采用 String 前缀和可选的 String 扩展名，并使用它们构建数据应定期保存的路径。可以使用它将计算结果保存到文件系统。
- 可以使用 updateStateByKey 和 mapWithState 方法执行计算，同时考虑到以前的计算状态。
- mapWithState 方法允许维护一种类型的状态并返回另一种类型的数据。它还带来性能改进。
- 保存流状态时需要检查点，否则 RDD 谱系将会太长，这将最终导致堆栈溢出错误。
- 窗口操作在小批量的滑动窗口上操作，由窗口持续时间和窗口的滑动决定。可以使用它们来维持有时间限制的状态并对其中包含的数据执行计算。
- 在使用外部源之前，需要将其 Maven 包添加到 Spark 类路径中。
- Spark 有两个 Kafka 连接器：基于接收器的连接器和直接连接器。直接连接器可以实现一次性处理。
- 向 Kafka 写入消息的最佳方式是创建一个单例对象，每个 JVM 只能对 Producer 对象初始化一次。这样，每个执行器的单个连接可以在流应用程序的整个生命周期中重复使用。
- Spark Web UI 的 Streaming 页面包含有用的图表，可帮助确定理想的小批量持续时间。
- 通过减少处理时间、增加并行度、增加更多资源或限制输入速率，可以减少流应用程序的调度延迟。
- 通过启用驱动器进程的自动重新启动、使用 StreamingContext.getOrCreate 初始化 StreamingContext，以及基于接收器的连接器启用预写日志，可以使作业具有容错能力。

第7章 使用 MLlib 变得更智能

本章涵盖

- 机器学习基础知识。
- 在 Spark 中执行线性代数。
- 缩放和归一化功能。
- 训练和应用线性回归模型。
- 评估模型的性能。
- 使用正则化。
- 优化线性回归。

机器学习是研究使计算机完成复杂任务而无须对其进行明确编程的算法使用和开发的科学学科。也就是说，算法最终将学习如何解决给定的任务。这些算法包括来自统计学、概率论和信息理论的方法和技术。

今天，机器学习无处不在。例如，在线商店为你提供其他用户浏览或购买过的类似商品，电子邮件客户端自动将邮件转为垃圾邮件，几家汽车制造商最近开发的自主驾驶技术的进步以及语音和视频识别。它也成为在线业务的重要组成部分：在用户习惯和行为中找到隐藏的关系（并从中学习）可以为现有产品和服务带来关键的附加价值。

随着处理大量数据（称为大数据）公司的出现，我们需要更具可扩展性的机器学习软件包。Spark 提供了各种机器学习算法的分布式和可扩展的实现，并可以处理那些不断增长的数据集⊖。

Spark 提供了最重要和最常用的机器学习算法的分布式实现，并且不断添加新的实现。Spark 的分布式特性可以帮助用户以足够的速度在非常大的数据集上应用机器学习算法。Spark 作为一个统一的平台，可以在同一个系统中使用相同的 API 执行大部分机器学习任务（如数据收集、准备、分析、模型训练和评估）。

⊖ Spark 不是提供分布式机器学习包的唯一框架，还有其他框架，如 GraphLab、Flink 和 TensorFlow。

在本章中，将使用线性回归来预测波士顿的房价。回归分析是对变量之间关系进行建模的统计过程。线性回归作为回归分析的一种特殊类型，假设这些关系是线性的。它在历史上是统计学中使用最广泛、最简单的回归方法之一。

在使用线性回归预测房价时，将了解线性回归如何准备数据、训练模型、使用模型进行预测，评估模型的每个表现并进行优化。本章将首先简要介绍机器学习以及在 Spark 中使用线性回归的入门知识。

首先是免责声明。机器学习是一个如此广泛的话题，在这里无法完全覆盖。要了解有关机器学习的更多信息，请参阅 Henrik Brink 和 Joseph W. Richards(Manning,2016 年 9 月)写的《RealWorld Machine Learning》和 Peter Harrington(Manning,2012)写的《Machine Learning in Action》。可以在网上找到其他海量资源，斯坦福大学由 Andrew Ng（http://mng.bz/K6XZ）提供的“Machine Learning”课程，是一个很好的起点。

7.1 机器学习简介

从现实生活中使用机器学习的一个例子开始吧。假设正在运行一个网站，让人们可以在线销售汽车。假设希望系统在卖家发布广告时自动提出合理的起始价格。方法是通过获取以前的销售数据，分析汽车的特征和销售价格以及建模它们之间的关系，使用回归分析可以达到此目的，但是数据库中没有足够的广告，因此决定从公开来源获取汽车价格。在线查找了很多有趣的汽车销售记录，但大多数数据都以 CSV 文件提供，其中大部分是 PDF 和 Word 文档（包含汽车销售报价）。

首先解析 PDF 和 Word 文档以识别和匹配类似的字段（制造商、型号、制造等）。回归分析模型无法处理各种字段的字符串值（如“自动”和“手动”），因此可以提出一种将这些值转换为数值的方法。然后，用户会注意到某些记录（如制造年份）中缺少重要字段，并且决定从数据集中删除这些记录。

当最终将数据清理并存储在某处时，将开始检查各种字段：它们是如何相关的以及它们的分布情况（这对于了解数据的隐藏依赖关系很重要），然后决定使用哪个回归分析模型。

假设选择线性回归，因为根据计算的相关性，假设主要关系为线性关系。在构建模型之前，可以对数据进行归一化和扩展（更多关于如何以及为什么要尽快完成），并将其分解为训练和验证数据集。最后使用训练的数据来训练模型（使用历史数据设置模型的权重以预测价格未知的未来数据；稍后将对此进行解释），并获得可用的线性回归模型。当在验证数据集上进行测试时，结果是可怕的。更改一些用于训练模型的参数，再次测试，并重复该过程，直到获得性能可接受的模型。最后，将该模型纳入 Web 应用程序，并开始收到想知道是如何做到这一点的客户的电子邮件（或来自那些抱怨错误预测的客户）。

这个例子说明的是机器学习项目由多个步骤组成。虽然典型的步骤如图 7-1 所示，但整个过程通常可以分为以下几个步骤。

1）收集数据。首先需要从各种来源收集数据。来源可以是日志文件、数据库记录、来自传感器的信号等。Spark 可以帮助从关系数据库、CSV 文件、远程服务和分布式文件系统（如 HDFS）或使用 Spark Streaming 从实时源加载数据。

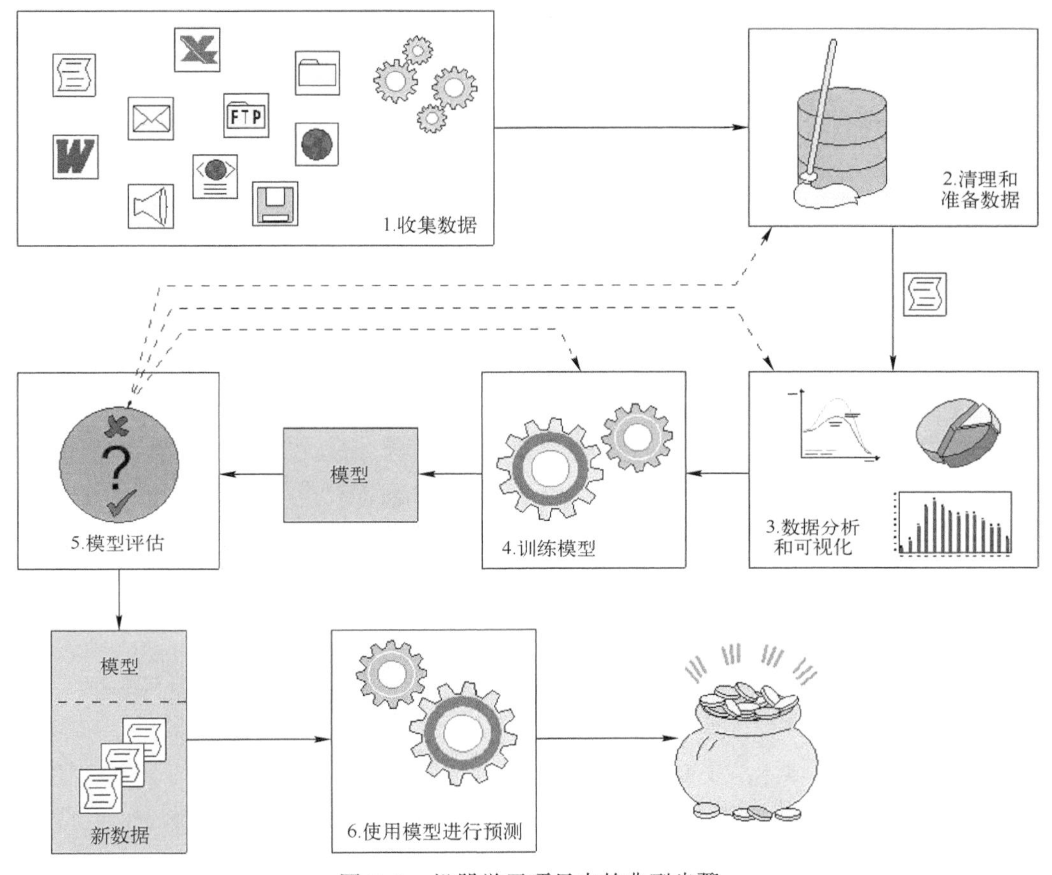

图 7-1　机器学习项目中的典型步骤

2）清理和准备数据。数据并不总是适用于机器学习的结构化格式（文本、图像、声音、二进制数据等），因此需要设计并实施一种方法将此非结构化数据转换成数字特征。此外，需要处理丢失的数据和可输入相同值的不同格式（例如，VW 和 Volkswagen 是同一台汽车制造商）。通常，数据也需要进行缩放，以便所有维度都具有可比较的范围。

3）分析数据和提取功能。如果需要，可以分析数据、检查其相关性并将其可视化（使用各种工具）。（如果其中一些维度没有提供任何额外的信息，则可以在此步骤中减少维度的数量，如假设它们是冗余的）。选择适当的机器学习算法（或一组算法）并将数据拆分为训练和验证子集。这很重要，因为希望看到模型在训练阶段未显示的数据的行为。或者决定使用不同的交叉验证方法，在这种方法中可以将数据集连续分割成不同的训练和验证数据集，并在各轮中对结果进行平均。

4）训练模型。通过运行从输入数据学习一组算法指定参数的算法来训练模型。

5）评估模型。然后将模型用于验证数据集，并根据某些条件评估其性能。在这一点上，可能会决定需要更多的输入数据，或者需要更改提取特征的方式。也可以更改特征空间或切换到其他模型。在任何这些情况下，返回步骤 1）或步骤 2）。

6）使用模型。将构建的模型部署到网站的生产环境中。

使用 API（Spark 或其他机器学习库）来训练和测试模型的机制只是过程的最后和最短部分。同样重要的是收集准备和分析数据，其中需要有关问题领域的知识。因此，如前所述，本章和以下关于机器学习的章节主要涉及步骤 4）和步骤 5）。

7.1.1 机器学习的定义

机器学习是人工智能最大的研究领域之一，是研究用于模拟智能的算法的科学领域。Ron Kohavi 和 Foster Provost 在他们的文章《Glossary of Terms》中用这些话来描述机器学习：机器学习是一门科学学科，它探索了可以从数据中学习和预测的算法的结构和研究㊀。

这与传统的编程方法相反，传统的编程方法在算法中需要做的事情（如解析具有特定结构的 XML 文件）被明确地编入其中。这种传统方法不能轻易地扩展以涵盖类似的任务，如解析具有类似结构的 XML 文件。另一个例子，通过显式编程语音识别程序来识别不同的口音和声音将是不可能的，因为单个单词的发音方式的大量变化将需要许多版本的程序。

机器学习不依赖于程序本身的问题领域的显性知识，而是依赖于统计、概率和信息理论领域的方法来发现和使用数据中固有的知识，然后相应地改变程序的行为，以能够解决初始任务（如识别语音）。

7.1.2 机器学习算法的分类

机器学习算法的最基本分类将它们分为两类：监督学习和无监督学习。监督学习的数据集被预先标注（有关预期预测输出的信息与数据一起提供），而一个用于无监督学习的数据集不包含标签，并且算法需要自己确定它们。

监督学习用于今天许多实际的机器学习问题，如垃圾邮件检测、语音和手写识别以及计算机视觉。例如，通过手动标记为垃圾邮件或非垃圾邮件（标注数据）的电子邮件示例来对垃圾邮件检测算法进行训练，并学习如何对未来的电子邮件进行分类。

无监督学习也是广泛使用的强大工具。除此之外，它还用于发现数据中的结构，如被称为集群的类似项目组）、异常检测、图像分割等。

1. 监督和无监督算法分类

在监督学习中，给出一组已知输入和匹配输出的算法，并且必须找到可用于将给定输入转换为真实输出的函数，即使在训练阶段没有看到输入数据的情况。可以使用相同的函数来预测任何未来输入的输出。典型的监督学习任务是回归和分类。

回归尝试基于一组输入变量来预测连续输出变量的值。分类旨在将输入集合分成两个或

㊀ Ron Kohavi 和 Foster Provost，“Glossary of Terms”，Special Issue on Applications of Machine Learning and the Knowledge Discovery Process，Machine Learning，vol. 30（1998）：271-274。

更多个类（离散输出变量）。回归和分类模型都基于一组具有已知输出的输入进行训练，其中已知输出是输出变量、值或类，这是受监督的问题。

在无监督学习的情况下，输出不是预先知道的，算法必须在不提供额外信息的情况下在数据中找到一些结构。典型的无监督学习任务是聚类。通过聚类，该算法的目标是通过分析输入示例之间的相似性来发现输入数据中的密集区域（称为簇）。没有已知的类用作参考。

关于监督和非监督学习之间差异的一个例子如图 7-2 所示。它显示了 1936 年创建的经常使用的鸢尾花数据集[1]。该数据集包含 3 个鸢尾种类的 150 朵花瓣和萼片[2]的宽度和长度：Iris setosa、Iris versicolor 和 Iris virginica（每种 50 朵花）。为了简单起见，在图 7-2 中仅给出了萼片长度和宽度。这样就可以绘制二维数据集了。

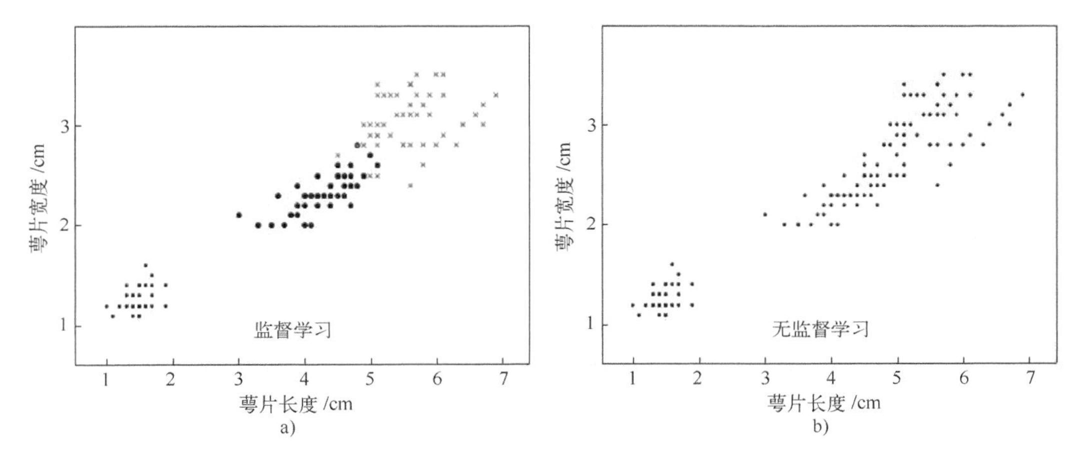

图 7-2　鸢尾花数据集中的监督和无监督学习

a）用于监督学习的数据集是预先标记的　b）用于无监督学习的数据集不包含标签，因为算法需要自己确定它们

萼片长度和萼片宽度是输入的特征（或尺寸），花种是输出（或目标变量、标签）。希望的算法能够找到一个映射函数，该函数可以将萼片长度和萼片宽度正确地映射到现有和将来例子中的花物种。

注意　由于历史原因，并且由于许多可能的应用领域，机器学习中的单一概念可以有几个不同的名称。输入也称为示例、点、数据样本、观察或实例。在 Spark 中，监督学习的训练示例称为标记点。特征（如鸢尾花数据集中的萼片长度和萼片宽度）也称为尺寸、属性、变量或独立变量。

在图 7-2a 的图表中，对应于每个输入的花卉种类用点、圆和 X 标记，这意味着花种是预先知道的。可以将其称为训练集，因为它可以用于训练（或拟合）机器学习模型的参数以确定映射函数。使用包含不同标记示例集的测试集测试训练模型的准确性。如果满意其性

[1] 鸢尾花数据集，维基百科（http://en.wikipedia.org/wiki/Iris_flower_data_set）。

[2] 萼片是花朵的一部分，支持其花瓣并保护芽中的花朵。

能，就可以让它预测真实数据的标签。

图 7-2b 的图表显示了聚类（一种无监督学习的形式），需要该算法来找到映射函数和类别。可以看到，所有示例都标有相同的符号（一个点），并且算法需要为给定示例找到最可能的分组系统。

在显示聚类的图表中，图形左下角的一组示例与其余的示例之间显然有明显的区别，但是其他两个类别之间的分隔并不清楚。可能已经猜到，无监督学习算法在正确地将该数据集分为 3 个花类方面将不太成功，因为监督学习算法有更多的数据要学习。

2. 基于目标变量类型的算法分类

除了将机器学习算法分类为监督和无监督之外，还可以根据目标变量的类型将其分类为分类和回归算法。上一节提到的鸢尾花数据集是分类问题的一个例子，因为目标变量是分类（或定性的），这意味着它们可以采用有限数量的值（离散值）。在分类算法中，目标变量也称为标签、类或类别，算法本身称为分类器、识别器。在回归算法的情况下，目标变量是连续的或定量的（实数）。

回归和分类都是简单的监督学习算法，因为估计函数是根据先验已知值拟合的。图 7-3 显示了仅在 x 轴上显示的一个特征的线性回归示例。输出值显示在 y 轴上。

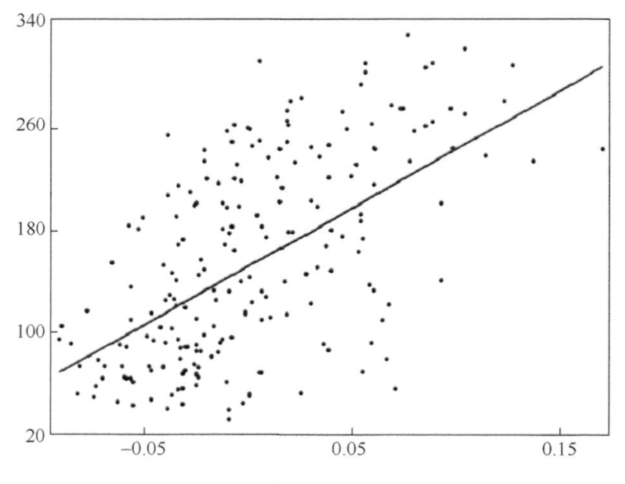

图 7-3　一个简单的线性回归问题的例子

回归的目的是基于一组示例找到尽可能接近特征与目标变量之间的关系的近似值的数学函数。图 7-3 中的回归是一个简单的线性回归，因为只有一个自变量（简单），假设函数被建模为线性函数（直线）。如果有两个变量，则可以将 3D 空间中的估计函数绘制为平面。当特征更多时，该函数将成为超平面。

7.1.3　使用 Spark 进行机器学习

Spark 的所有优点也扩展到了机器学习。Spark 最重要的方面是它的分布式性质。它使用户能够以足够的速度在大型数据集上训练和应用机器学习算法。

第二个优点是 Spark 的统一性；它为执行大多数任务提供了一个平台。可以收集、准备和分析数据，并在同一个系统中使用相同的 API 来训练、评估和使用模型。

Spark 提供了最流行的机器学习算法的分布式实现，并且不断添加新的算法。Spark 的主要机器学习 API 称为 MLlib。它基于加利福尼亚州伯克利的 MLbase 项目。自从纳入 Spark 0.8 以来，MLlib 已经被开源社区扩展和开发。

Spark 1.2 引入了一种称为 Spark ML 的新的机器学习 API。Spark ML 背后的想法是提供一个通用的 API，可以用同样的方法来训练和调整不同的算法。它还提供了管道，可以将与机器学习相关的处理步骤的序列作为一个单元收集和处理。

新的 Spark ML API 正在与“旧”Spark MLlib API 并行开发。Spark MLlib 将继续得到支持和扩展。

Spark 依赖于几个低级库来执行优化的线性代数运算。这些针对 Scala 和 Java 的 Breeze 和 jblas 以及针对 Python 的 NumPy。请参阅官方文档（http://mng.bz/417O）以了解如何配置这些内容。本书将使用默认的 Spark 构建，但该决定不应影响本章中描述的功能方面。

7.2　Spark 中的线性代数

线性代数是数学的分支，专注于向量空间和线性运算，它们之间的映射主要由矩阵表示。线性代数对于了解大多数机器学习算法背后的数学是至关重要的，因此如果不太了解向量和矩阵，则应该在附录 C 中了解线性代数的入门知识。

Spark 中的矩阵和向量可以在本地（在驱动器或执行器进程中）或以分布式方式进行操作。Spark 中分布式矩阵的实现使用户能够跨越大量机器对大量数据进行线性代数运算。对于局部线性代数操作，Spark 使用非常快的 Breeze 和 jblas 库（和 Python 中的 NumPy），并且它具有自己的分布式实现。

稀疏和密集的向量和矩阵

Spark 支持稀疏和密集的向量和矩阵。如果向量或矩阵大多数为零，那么它是稀疏的。在这些索引下使用索引和值对来表示这些数据效率更高。稀疏向量或矩阵可以比作地图（或 Python 中的字典）。相反，密集向量或矩阵包含所有索引位置上不存储索引的所有数据值，类似于数组或列表。

7.2.1　本地向量和矩阵实现

Spark 中的本地向量和矩阵实现位于 org.apache.spark.mllib.linalg 包中。此处将使用可以在 Spark shell 中运行的一组示例来检查 Spark 的线性代数 API。要在本地模式下启动 shell，请使用命令 spark-shell --master local[*]。假设正在 spark-in-action VM 中运行 Spark。

1. 生成本地向量

Spark 中的本地向量使用 DenseVector 和 SparseVector 两个类来实现，它们实现了一个名为 Vector 的通用接口，确保两个实现都支持完全相同的操作集。创建向量的主要类是

Vectors 类及其 dense 和 sparse 方法。Dense 方法有以下两个版本：它可以将所有元素作为内联参数，或者可以使用一个元素数组。对于 sparse 方法，需要指定向量大小、一个带索引的数组和一个带值的数组。以下 3 个向量（dv1，dv2 和 sv）包含相同的元素，因此表示相同的数学向量：

```
import org.apache.spark.mllib.linalg.{Vectors,Vector}
val dv1=Vectors.dense(5.0,6.0,7.0,8.0)
val dv2=Vectors.dense(Array(5.0,6.0,7.0,8.0))
val sv=Vectors.sparse(4,Array(0,1,2,3),Array(5.0,6.0,7.0,8.0))
```

注意 确保始终使用排序索引来构建稀疏向量（sparse 方法的第二个参数）。否则，可能会获得不希望得到的结果。

可以通过其索引访问向量中的特定元素：

```
scala>dv2(2)
res0:Double=7.0
```

可以使用 size 方法获取向量的大小：

```
scala>dv1.size
res1:Int=4
```

要将向量的所有元素作为数组，可以使用 toArray 方法：

```
scala>dv2.toArray
res2:Array[Double]=Array(5.0,6.0,7.0,8.0)
```

2. 本地向量线性代数运算

可以使用 Breeze 库来完成对局部向量的线性代数运算，Spark 用于相同目的在内部使用它。toBreeze 函数存在于 Spark 向量和矩阵本地实现中，但它们被声明为私有的。Spark 社区已决定不允许最终用户访问此库，因为它们不想依赖第三方库。但是很可能需要一个用于处理局部向量和矩阵的库。另一种方法是创建自己的将 Spark 向量转换为 Breeze 类的函数，这并不难。笔者提出以下解决方案：

```
import org.apache.spark.mllib.linalg.{DenseVector,SparseVector,Vector}
import breeze.linalg.{DenseVector=>BDV,SparseVector=>BSV,Vector=>BV}
def toBreezeV(v:Vector):BV[Double]=v match {
    case dv:DenseVector=>new BDV(dv.values)
    case sv:SparseVector=>new BSV(sv.indices,sv.values,sv.size)
}
```

现在，可以使用此函数（toBreezeV）和 Breeze 库来添加向量并计算它们的点积。例如：

```
scala>toBreezeV(dv1)+toBreezeV(dv2)
res3:breeze.linalg.Vector[Double]=DenseVector(10.0,12.0,14.0,16.0)
```

```
scala>toBreezeV(dv1).dot(toBreezeV(dv2))
res4:Double=174.0
```

Breeze 库提供了更多的线性代数操作，用户可以检查其丰富的功能集。应该注意到，Breeze 类的名称与 Spark 类的名称相冲突，因此在的代码中使用两者时要小心。一个解决方案是在导入期间更改类名，如前面的 BreezeV 函数示例所示。

3. 生成本地密集矩阵

类似于 Vectors 类，Matrices 类也具有用于创建矩阵的 dense 和 sparse 方法。Dense 方法需要行数、列数和带数据的数组（数据类型为 Double 的元素）。数据应该逐列指定，这意味着数组的元素将被顺序地用于填充列。例如，将以下矩阵创建为 DenseMatrix

$$\boldsymbol{M}=\begin{bmatrix}5 & 0 & 1\\0 & 3 & 4\end{bmatrix}$$

使用类似于此的代码段：

```
scala>import org.apache.spark.mllib.linalg.{DenseMatrix,SparseMatrix,
Matrix,Matrices}
scala>import breeze.linalg.{DenseMatrix=>BDM,CSCMatrix=>BSM,Matrix=>
    BM}
scala>val dm=Matrices.dense(2,3,Array(5.0,0.0,0.0,3.0,1.0,4.0))
dm:org.apache.spark.mllib.linalg.Matrix=
5.0   0.0   1.0
0.0   3.0   4.0
```

Matrices 对象提供了快速创建恒等矩阵、对角矩阵以及全零和全 1 矩阵的快捷方法。eye(n)方法[1]创建大小为 $n\times n$ 的密集单位矩阵。方法 speye 等价于创建稀疏身份矩阵。方法 ones(m,n)和 zeros(m,n)创建具有大小为 $m\times n$ 的全 1 或全零的密集矩阵。diag 方法采用 Vector，并创建一个对角矩阵（其元素全为零，除了主对角线上的元素），其中输入 Vector 的元素位于其对角线上。其尺寸等于输入 Vector 的大小。

此外，可以使用 Matrices 对象的 rand 和 randn 方法生成一个填充了 0~1 范围内随机数的 DenseMatrix。第一种方法根据均匀分布生成数字，第二种方法根据高斯分布（高斯分布，也称为正态分布，具有熟悉的钟形曲线）生成数字。两种分布都采用行数、列数和初始化的 java.util.Random 对象作为参数。sprand 和 sprandn 方法是生成 SparseMatrix 对象的等效方法。

注意，这些方法（eye、rand、randn、zeros、ones 和 diag）在 Python 中不可用。

4. 生成局部稀疏矩阵

生成稀疏矩阵比生成密集矩阵要复杂一些。将行数和列数传递给 sparse 方法，但非零元素值（仅稀疏矩阵、非零元素是必需的）以压缩稀疏列（CSC）格式指定。[2] CSC 格式由 3

[1] 恒等矩阵通常用字母 I 表示，与“eye”相同；因此，这是方法名称中的双关语。

[2] Jack Dongarra 等人，Compressed Column Storage（CCS），http://mng.bz/Sajv。

个数组组成，包含列指针、行索引和非零元素。行索引数组包含元素数组中每个元素的行索引。列指针数组包含属于同一列的元素的索引范围。

注意　SparseMatrix 在 Python 中不可用。

对于先前的 ***M*** 矩阵示例（以前使用的相同矩阵），用于指定 CSC 格式的矩阵的数组如下：

```
colPtrs=[0 1 2 4],rowIndices=[0 1 0 1],elements=[5 3 1 4]
```

colPtrs 数组中，索引 0（包含）到 1（不包含）的元素，仅仅是元素 5，属于第一列。索引 1~2 的元素（仅元素 3）属于第二列。最后，索引 2~4（元素 1 和 4）的元素属于第三列。每个元素的行索引在 rowIndices 数组中给出。

要创建与矩阵 ***M*** 相对应的 SparseMatrix 对象，可以使用以下代码行：

```
val sm=Matrices.sparse(2,3,Array(0,1,2,4),Array(0,1,0,1),Array(5.,3.,1.,4.))
```

注意，索引指定为 Int，值为 Double。

可以使用相应的 toDense 和 toSparse 方法将 SparseMatrix 转换为 DenseMatrix，反之亦然。但是需要将 Matrix 对象显式转换为适当的类：

```
scala>import org.apache.spark.mllib.linalg.{DenseMatrix,SparseMatrix}
scala>sm.asInstanceOf[SparseMatrix].toDense
res0:org.apache.spark.mllib.linalg.DenseMatrix=
5.0    0.0    1.0
0.0    3.0    4.0
scala>dm.asInstanceOf[DenseMatrix].toSparse
2 x 3 CSCMatrix
(0,0) 5.0
(1,1) 3.0
(0,2) 1.0
(1,2) 4.0
```

5. 本地矩阵上的线性代数运算

与向量类似，可以通过以下索引来访问矩阵的特定元素：

```
scala>dm(1,1)
res1:Double=3.0
```

可以使用 transpose 方法有效地创建转置矩阵：

```
scala>dm.transpose
res1:org.apache.spark.mllib.linalg.Matrix=
5.0    0.0
0.0    3.0
1.0    4.0
```

对于类似于向量的其他局部矩阵操作，转换为 Breeze 矩阵是必要的。在线存储库包含 toBreezeM 和 toBreezeD 函数，可用于将局部和分布式矩阵转换为 Breeze 对象。

一旦转换为 Breeze 矩阵，就可以使用元素加法和矩阵乘法等操作，在此将其留给用户进一步探索 Breeze API。

7.2.2 分布式矩阵

当在大型数据集上使用机器学习算法时，分布式矩阵是必要的。它们存储在许多机器上，并且它们可以具有大量的行和列。分布式矩阵使用 Longs 而不使用 Ints 来索引行和列。Spark 中有 4 种类型的分布式矩阵在 org. apache. spark. mllib. linalg. distributed 包中定义：RowMatrix、IndexedRowMatrix、BlockMatrix 和 CoordinateMatrix。

1. RowMatrix

RowMatrix 将矩阵的行存储在 Vector 对象的 RDD 中。该 RDD 可作为行成员字段访问。可以使用 numRows 和 numCols 获得行数和列数。可以使用 multiply 方法将 RowMatrix 乘以局部矩阵（生成另一个 RowMatrix）。RowMatrix 还提供了其他有用的方法，不适用于其他分布式实现。

可以使用内置的 toRowMatrix 方法将每种其他类型的 Spark 分布式矩阵转换为 RowMatrix，但是没有将 RowMatrix 转换为其他分布式实现的方法。

2. IndexedRowMatrix

IndexedRowMatrix 是 IndexedRow 对象的 RDD，每个对象包含行的索引和带有行数据的 Vector。虽然没有用于将 RowMatrix 转换为 IndexedRowMatrix 的内置方法，但很容易做到：

```
import org. apache. spark. mllib. linalg. distributed. IndexedRowMatrix
import org. apache. spark. mllib. linalg. distributed. IndexedRow
val rmind = new IndexedRowMatrix(rm. rows. zipWithIndex(). map(x =>
IndexedRow(x. _2,x. _1)))
```

3. CoordinateMatrix

CoordinateMatrix 将其值作为 MatrixEntry 对象的 RDD 存储，其中包含矩阵中的各个条目及其(i,j)位置。这不是一种存储数据的有效方法，所以应该使用 CoordinateMatrix 来存储稀疏矩阵。否则，它可能消耗太多的内存。

4. BlockMatrix

BlockMatrix 是唯一具有加上和乘以其他分布式矩阵的方法的分布式实现。它将其值存储为元组((i,j),Matrix)的 RDD。换句话说，BlockMatrix 包含由它们在矩阵中的位置引用的局部矩阵（块）。除了最后的可以更小的子矩阵之外（以使总矩阵具有任何维度），其他子矩阵占据相同大小的块（每块的行数和每块的列数）。validate 方法检查所有块是否具有相同的大小（除了最后的块）。

5. 具有分布式矩阵的线性代数运算

使用分布式矩阵实现的线性代数运算有限，因此需要自己实现一些。例如，分布式矩阵的元素加法和乘法仅适用于 BlockMatrix 矩阵。原因是只有 BlockMatrices 提供了一种有效地处理具有多行和多列的矩阵操作的方法。

换位仅适用于 CoordinateMatrix 和 BlockMatrix。例如，像矩阵求逆的其他操作必须手动完成。

7.3 线性回归

在本节中，将了解线性回归的工作原理以及如何将其应用于样本数据集。在此过程中，将学习如何分析和准备线性回归的数据以及如何评估模型的性能，还将学习重要概念，如偏差-方差权衡、交叉-验证和正则化。

7.3.1 关于线性回归

从历史上看，线性回归一直是最广泛使用的回归方法之一，也是统计学中基本的分析方法之一。它在今天仍然被广泛使用，是因为建模线性关系比建模非线性关系容易得多。所得模型的解释也更容易。线性回归背后的理论也成为机器学习中更先进的方法和算法的基础。

像其他类型的回归一样，线性回归可以让用户使用一组独立变量来对目标变量进行预测，并量化它们之间的关系。线性回归假设在独立变量和目标变量之间存在一个线性关系（因此得名）。简单线性回归只有一个独立变量和一个目标变量。使用简单的线性回归，可以在两个维度上绘制问题：x 轴是独立变量，y 轴是目标变量。之后，将会将其扩展为具有更多自变量的模型，这被称为多元线性回归。

7.3.2 简单线性回归

例如，使用 UCI 波士顿房屋数据集[㊀]，虽然数据集相当小，并不代表大数据问题，但它适用于在 Spark 中解释机器学习算法。此外，如果想这样做，则可以在本地机器上使用它。

数据集包含波士顿郊区的自住住房的平均值，以及可用于预测房屋价值的 13 个特征。这些特征包括犯罪率、每个住宅的房间数量、高速公路的可达性等。

对于简单的线性回归示例，可以根据每个住宅的平均房间数预测房价。可能不需要使用线性回归就能发现，如果房间里有更多的房间，则房子的价格可能会上涨。这很明显直观。但是线性回归可以量化这种关系，就是说一定数量房间的预期价格是多少。如果要绘制 x 轴上的平均房间数量和 y 轴上的平均价格，则将得到类似于图 7-4 所示的输出。

两个变量之间显然有相关性：昂贵的房子几乎没有房间少的，廉价的房子几乎没有房间多的。线性回归使用户能够找到通过这些数据点中间的一条线，并以这种方式估算出给定平均房间数时用户可能期望的最可能的房价。这一条线的数据如图 7-4 所示。下面来看看找

㊀ Housing Data Set, UCI Machine Learning Repository, https://archive.ics.uci.edu/ml/datasets/Housing.

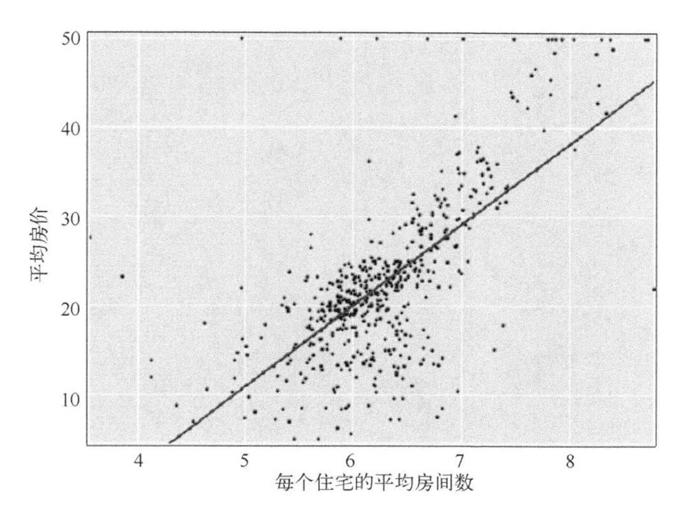

图 7-4　波士顿平均房价（按每个住宅的平均房间数）。线性回归用于查找此数据的最佳拟合线（如图所示）

到它的方法是什么。

通常，如果要在二维空间中绘制一条线需要两个值：线的斜率和线与 y 轴相交的值，也称为截距。如果将房间数量表示为 x，则可以使用以下公式描述将房价计算为 h（代表假设）的函数，以及截距和斜率分别为 w_0 和 w_1，可以用下面的公式描述该线：

$$h(x)=w_0+w_1x$$

目标是找到最适合数据的权重 w_0 和 w_1。线性回归法找到合适的权重值是最小化所谓的成本函数。成本函数返回一个值，该值可用作衡量由权重确定的线适合数据集中所有示例的程度。可以使用不同的成本函数。线性回归中使用的是数据集中所有 m 个实例的目标变量的预测值和实际值之间的二次方差的平均值（均方误差）。成本函数（在等式中称为 C）可以这样写：

$$C(w_0,w_1)=\frac{1}{2m}\sum_{i=1}^{m}\left(h(x^{(i)})-y^{(i)}\right)^2=\frac{1}{2m}\sum_{i=1}^{m}\left(w_0+w_1x^{(i)}-y^{(i)}\right)^2$$

如果给这个函数 $x^{(1)}$ 到 $x^{(m)}$ m 个例子（匹配的目标值 $y^{(1)}$ 到 $y^{(m)}$）和权重 w_0 和 w_1，并且认为这些是最适合数据，该函数将给出一个单一的错误值。如果该值低于对于不同的权重集获得的第二个值，这意味着第一个模型（由选择的权重 w_0 和 w_1 确定）更适合数据集。

如何获得最佳权重？可以找到最小的成本函数。如果基于权重 w_0 和 w_1 绘制成本函数，则它在三维空间中形成一个曲面，类似于图 7-5 中的曲面。成本函数的形状取决于用户的数据集。在该示例中，成本函数具有波谷，许多点对应于低误差值。这意味着可以在图 7-4 中画出许多符合数据集的线（由权重 w_0 和 w_1 定义）。

均方误差成本函数用于线性回归，因为它提供了一些好处：即使相应的偏差可能为负，各个偏差的平方也不能相互抵消（它们总是为正）。函数是凸的，这意味着没有局部最小值，只有全局最小值，并提供了一个解决方案来找到其最小值。

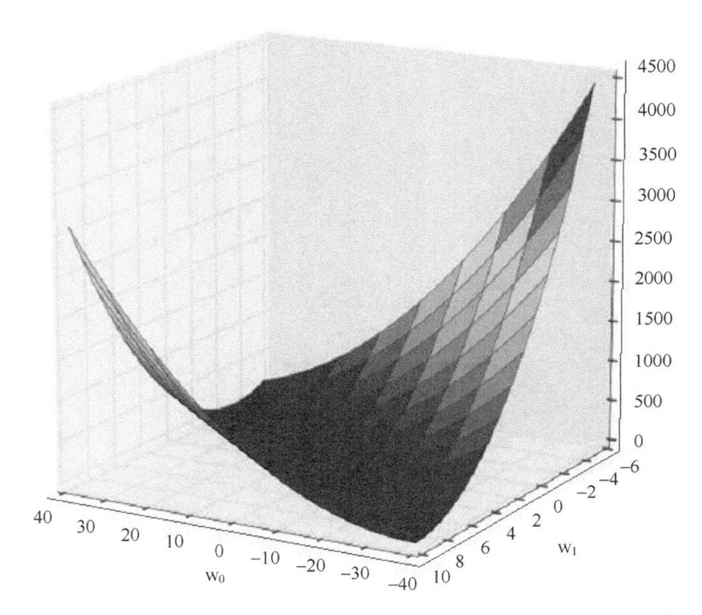

图 7-5　房屋数据集的成本函数取决于权重 w_0 和 w_1，中间的波谷表明 w_0 和 w_1 的许多组合可以很好地拟合数据

7.3.3　将模型扩展到多元线性回归

有一个很好的向量化解决方案来找到成本函数 C 的最小值，但是首先要扩展模型以使用多元线性回归。如前所述，扩展模型以使用多元线性回归意味着实例将具有更多的维度（自变量）。在此示例中，需要添加房屋数据集的其余 12 个维度。这将为数据集添加附加信息，并使模型能够根据该附加信息进行更好的预测。这也意味着，从这一点上，将无法绘制数据或成本函数，因为线性回归解决方案现在变为 13 维超平面（而不是 2 维中的一条线）。

将剩余的 12 个维度添加到数据集后，假设函数就变成了

$$h(x)=w_0+w_1x_1+\cdots+w_nx_n=w_Tx$$

其中，n 在本示例中等于 12。在右侧，可以看到相同表达式的向量化版本。为了能够引入向量化符号（因为截距值 w_0乘以 1），需要使用一个额外的分量 x_0扩展原始向量 $\boldsymbol{x}$，该分量的常量值为 1：

$$\boldsymbol{x}^{\mathrm{T}}=[1\quad x_1\quad \cdots\quad x_n]$$

现在可以重写多元线性回归模型的成本函数，如下所示：

$$C(w)=\frac{1}{2m}\sum_{i=1}^{m}(\boldsymbol{w}^{\mathrm{T}}\boldsymbol{x}^{(i)}-\boldsymbol{y}^{(i)})^2$$

这也是成本函数的向量化版本（如该方程式中的粗体字所示）。

1. 使用正则方程法找到最小值

关于权重 w_0至 w_n的成本函数最小化的问题的向量化解由正则方程式给出：

$$\boldsymbol{w}=(\boldsymbol{X}^{\mathrm{T}}\boldsymbol{X})^{-1}\boldsymbol{X}^{\mathrm{T}}\boldsymbol{y}$$

这里 $\boldsymbol{X}$ 是一个矩阵，有 m 行（m 个例子）和 n+1 列（n 维加 1 个 x_0）。$\boldsymbol{w}$ 和 $\boldsymbol{y}$ 分别是具有 n+1 个权重和 m 个目标值的向量。

2. 使用梯度下降求最小值

用前面的公式直接求解这个方程可能是非常昂贵的并且不容易做（因为需要矩阵乘法和矩阵求逆计算），特别是如果数据集中有大量的维数和行数，那么将使用更常用的梯度下降法，也可以在 Spark 中使用它。

梯度下降算法迭代工作。它从某一点开始，代表权重参数值的最佳猜测（该点也可以随机选择），并且对于每个权重参数 w_j 计算相对于该权重参数的成本函数的偏导数。偏导数告诉算法如何更改有问题的权重参数以尽可能快地降到成本函数的最小值。该算法根据所计算的偏导数更新权重参数，并计算新点处成本函数的值。如果新值小于某个容差值，则表示该算法已经收敛，并且该过程停止。有关说明请参见图 7-6。

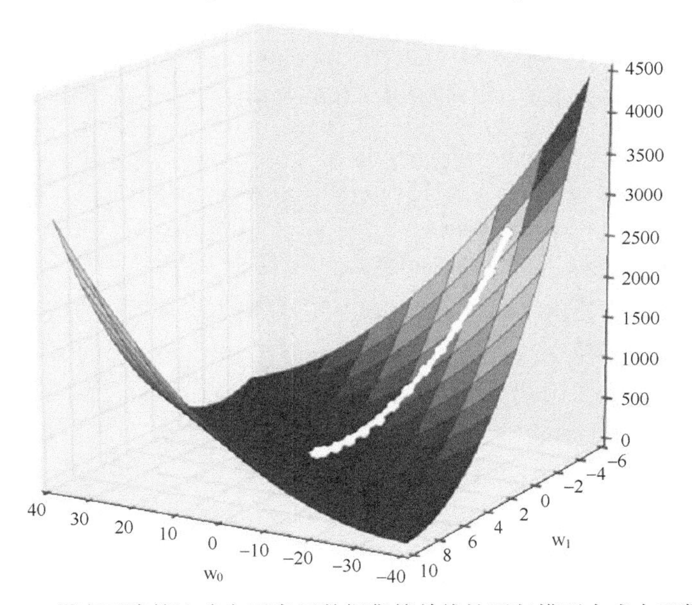

图 7-6　梯度下降算法确定了房屋数据集简单线性回归模型中成本函数的最小值，白线连接算法每个步骤中访问的点

作为梯度下降算法的一个例子，下面回到简单的线性回归实例及其成本函数，如图 7-6 所示。图 7-6 中白线上的点是算法每个步骤中访问的点。白线是从成本函数起点到最小值的最短路径。

相对于任何权重参数 w_j，成本函数 C 的偏导数由下式给出：

$$\frac{\partial}{\partial w_i}C(w)=\frac{1}{m}\sum_{i=1}^{m}(h(x^{(i)})-y^{(i)})x_j^{\ (i)}$$

注意　对于所有示例，x_0 等于 1。

如果偏导数为负，则成本函数随着权重参数 w_j 的增加而减小。现在，可以使用此值来更新权重参数 w_j 以降低成本函数的值。并且可以更新所有权重参数作为单个步骤的一部分：

$$w_j := w_j - \gamma \frac{\partial}{\partial w_j} C(w) = w_j - \gamma \frac{1}{m} \sum_{i=1}^{m} (h(x^{(i)}) - y^{(i)}) x_j^{(i)}, \quad \text{对于每一个} j$$

更新所有权重参数后，再次计算成本函数（图 7-6 中黑线第二点），如果仍然高的令人不能接受，则使用偏导数再次更新权重。重复此过程直到收敛（成本函数的值保持稳定）。

参数 γ 是有助于稳定算法的步长参数。

7.4 分析和准备数据

这是线性回归实例的理论背景的一个良好的示例。现在使用 Spark 的 API 来实现所有这些：下载房屋数据集，准备数据，拟合线性回归模型，并使用模型预测一些示例的目标值。

首先，从在线存储库下载房屋数据集（housing. data）（使用 GitHub 存储库[1]，而不是 UCI 机器学习存储库，因为作者更改了数据集）。假设将 GitHub 存储库复制到 VM 中的/home/spark/first-edition 文件夹，用户可以在文件 ch07/housing. names 中找到数据集的描述。

在主目录中启动 Spark shell，并使用以下代码加载数据：

```
import org.apache.spark.mllib.linalg.Vectors
val housingLines=sc.textFile("first-edition/ch07/housing.data",6)
val housingVals=housingLines.map(x =>
Vectors.dense(x.split(",").map(_.trim().toDouble)))
```

为 housingLines RDD 使用了 6 个分区，但可以根据集群环境选择其他值。[2]

现在已将数据解析并作为 Vector 对象使用。但在做任何有用的事情之前，请先了解一下数据。处理任何机器学习问题的第一步是分析数据并注意其在不同变量之间的分布和相互关系。

7.4.1 分析数据分布

要了解刚刚加载的数据，可以计算出它的多元统计汇总，可以从相应的 RowMatrix 对象获取该值：

```
import org.apache.spark.mllib.linalg.distributed.RowMatrix
    val housingMat=new RowMatrix(housingVals)
    val housingStats=housingMat.computeColumnSummaryStatistics()
```

或者可以使用 Statistics 对象达到相同的目的：

```
import org.apache.spark.mllib.stat.Statistics
val housingStats=Statistics.colStats(housingVals)
```

现在可以使用获取的 MultivariateStatisticalSummary 对象来检查矩阵每列中的平均值

---

[1] 在这里找到房屋数据集：https://github.com/williamdemeo spark-in-actionwjd/blob/master/ch07/housing.data。

[2] 如果需要有关所需分区数量的更多信息，第 4 章是一个很好的选择。

(mean 方法)、最大值 (max 方法) 和最小值 (min 方法)。例如，列中的最小值为

```
scala>housingStats.min
    res0:org.apache.spark.mllib.linalg.Vector=[0.00632,0.0,0.46,0.0,0.385,
    3.561,2.9,1.1296,1.0,187.0,12.6,0.32,1.73,5.0]
```

还可以使用 normL1 和 normL2 方法获取每个列的 L1 范数 (每列的所有元素的绝对值之和) 和 L2 范数 (也称为欧几里得范数，等于向量/列的长度)。可以用 variance 方法获得每列的方差。

定义　方差是数据集离散度的量度，等于值与其平均值的平方偏差的平均值。标准差计算为方差的二次方根。协方差是衡量两个变量相对于彼此变化的程度。

所有这一切在第一次检查数据时尤其有用，特别是在决定是否需要特征缩放 (稍后描述) 时。

7.4.2　分析列余弦相似性

列余弦相似性表示两列之间的角度，被视为向量。类似的程序也可以用于其他目的(如用于查找类似的产品或类似的物品)。

可以从 RowMatrix 对象获取列余弦相似性:

```
val housingColSims=housingMat.columnSimilarities()
```

PYTHON　columnSimilarities 方法在 Python 中不可用。

所得到的对象是包含上三角矩阵 (上三角矩阵包含仅在其对角线之上的数据) 的分布式 CoordinateMatrix。所得到的 housingColSims 矩阵中第 i 行和第 j 列的值给出了 HousingMat 矩阵中第 i 列和第 j 列之间的相似度度量。housingColSims 矩阵中的值可以从-1 到 1，值为-1表示两列具有完全相反的方向，值为 0 意味着它们彼此正交，值为 1 表示两列 (向量) 具有相同的方向。

查看此矩阵内容的最简单方法是使用 toBreezeD 方法将其转换为 Breeze 矩阵，然后使用可以在存储库列表中找到的实用方法 printMat 打印输出，由于简单，我们省略了该方法。为此，首先将 printMat 方法定义粘贴到 shell 中并执行以下操作:

```
printMat(toBreezeD(housingColSims))
```

这将打印矩阵的内容 (也可以在在线存储库中找到预期的输出)。如果查看结果的最后一列，则可以测量数据集中的每个维度对应于目标变量 (平均价格) 的程度。最后一列如下所示: 0.224, 0.528, 0.63, 0.303, 0.83, 0.949, 0.803, 0.856, 0.588, 0.789, 0.897, 0.928, 0.670, 0.000。这里最大的价值是第 6 个价值 (0.949)，对应于包含平均房间数的列。现在可以看到，上一个简单的线性回归示例选择该列并不是巧合，它与目标值具有最强的相似性，因此代表了简单线性回归最合适的候选。

7.4.3　计算协方差矩阵

用于检查输入集的不同列 (维数) 之间的相似性的另一种方法是协方差矩阵。在统计

学中，对变量之间的线性对应关系进行建模很重要。在 Spark 中，可以使用 RowMatrix 对象来计算与列统计信息和列相似性类似的协方差矩阵：

```
val housingCovar=housingMat. computeCovariance( )
    printMat( toBreezeM( housingCovar) )
```

PYTHON computeCovariance 方法在 Python 中不可用。

预期的输出也可在在线信息库中获得。请注意，矩阵中有大量的值，其中一些是负值，有些是正值。用户还可能会注意到矩阵是对称的（也就是说，每个(i,j)元素与(j,i)元素相同）。

这是因为方差-协方差矩阵包含其对角线上每列的方差以及所有其他位置上两个匹配列的协方差。如果两列的协方差为零，则它们之间不存在线性关系。负值表示两列中的值从平均值向相反方向移动，而正值则相反。

Spark 还提供了另外两种检查数据系列之间的相关性的方法：Spearman 和 Pearson 方法。对这些方法的解释超越本书的范围。用户可以通过 org. apache. spark. mllib. stat. Statistics 对象访问它们。

7.4.4 转换为标记点

现在已经检查了数据集，可以继续准备数据进行线性回归。首先，必须将数据集中的每个示例放在一个称为 LabeledPoint 的结构中，该结构在大多数 Spark 的机器学习算法中使用。它包含目标值和具有特征的向量。包含所有变量的 Vector 对象和等效的 HousingMat RowMatrix 对象的 houseVals 在检查整个数据集（前面的部分）时很有用，但现在需要将目标变量（标签）与特征分开。

要做到这一点，可以转换 housingVals RDD（目标变量在最后一列）：

```
import org. apache. spark. mllib. regression. LabeledPoint
    val housingData=housingVals. map( x => {
    val a=x. toArray
    LabeledPoint( a( a. length-1) ,Vectors. dense( a. slice( 0,a. length-1) ) )
    })
```

7.4.5 拆分数据

第二个重要的步骤是将数据分成训练和验证集。训练集用于训练模型，验证集用来查看模型对未用于训练模型的数据的执行情况。训练集的通常分流率为 80%，验证集为 20%。

可以使用 RDD 的内置 randomSplit 方法在 Spark 中轻松拆分数据：

```
val sets=housingData. randomSplit( Array( 0. 8,0. 2) )
    val housingTrain=sets( 0)
    val housingValid=sets( 1)
```

该方法返回一个 RDD 数组，每个数组包含原始数据所请求的大约百分比。

7.4.6　特征缩放和均值归一化

当检查数据的分布时，列之间的数据跨度有很大差异。例如，第一列中的数据 0.00632~88.9762，第五列中的数据 0.385~0.871。

解释由这样的数据训练的线性回归模型的结果可能很困难，并且可能会导致一些数据转换（将在下一节中执行）出现问题。首先标准化数据通常是一个好主意，这不会伤害模型。以下两种方法可以做到这一点：特征缩放和均值归一化。

特征缩放意味着将数据范围缩放到可比较的大小。均值归一化意味着数据被转换，使得平均值大致为零。可以在一次传递中同时执行这两项操作，但是需要一个 StandardScaler 对象来执行此操作。在构造函数中，可以指定要使用的标准化技术（将同时使用），然后根据某些数据进行拟合：

```
import org.apache.spark.mllib.feature.StandardScaler
val scaler=new StandardScaler(true,true).
fit(housingTrain.map(x => x.features))
```

拟合查找输入数据的列汇总统计信息，并使用这些统计信息（在下一步中）进行缩放。根据训练集合安装了缩放器，然后将使用相同的统计信息来缩放训练集和验证集（只有训练集中的数据应用于拟合缩放器）

```
val trainScaled=housingTrain.map(x => LabeledPoint(x.label,
➥ scaler.transform(x.features)))
val validScaled=housingValid.map(x => LabeledPoint(x.label,
➥ scaler.transform(x.features)))
```

现在，终于准备好使用住房数据集进行线性回归了。

7.5　拟合和使用线性回归模型

Spark 中的线性回归模型由 org.apache.spark.mllib.regression 包中的 LinearRegressionModel 类实现。它是通过拟合一个模型并保持拟合模型的参数来生成的。当拟合了一个 LinearRegressionModel 对象时，可以使用其对各个 Vector 示例的 predict 方法来预测相应的目标变量。使用 LinearRegressionWithSGD 类构建模型，该类实现了用于训练模型的算法。可以通过以下两种方法来实现：第一种是调用静态 train 方法的标准 Spark 方法。

```
val model=LinearRegressionWithSGD.train(trainScaled,200,1.0)
```

可是，这种方法不能找到截距值（只有权重），所以使用第二个非标准方法：

```
import.org.apache.spark.mllib.regression.LinearRegreesionWithSGD
val alg=new LinearRegressionWithSGD()              //实例化对象
```

```
alg.setIntercept(true)                                //设置查找截距值的选项
alg.optimizer.setNumIterations(200)                   //设置要运行的迭代次数
trainScaled.cache()
validScaled.cache()                                   //缓存输入数据很重要
val model = alg.run(trainScaled)                      //开始训练模型
```

在执行此代码的几秒钟之内，可以使用 Spark 线性回归模型来预测。数据集被缓存，这对于迭代算法（如机器学习算法）是重要的，因为它们往往会多次重复使用相同的数据。

7.5.1 预测目标值

现在可以使用经过训练的模型，通过对每个元素运行预测来预测验证集中的向量的目标值。验证集包含标记的点，但只需要这些功能。还需要将预测与原始标签一起使用，因此可以对其进行比较。下面是可以将标记的点映射到预测值和原始值对的方法：

```
val validPredicts = validScaled.map(x => (model.predict(x.features),x.label))
```

可以通过检查 validPredicts 的内容来了解模型在验证集上的效果：

```
scala> validPredicts.collect()
res123:Array[(Double,Double)] = Array((28.250971806168213,33.4),
(23.050776311791807,22.9),(21.278600156174313,21.7),
(19.067817892581136,19.9),(19.463816495227626,18.4),...
```

一些预测与原始标签接近，有些则差很多。为了量化模型的成功，可以计算均方根误差（以前定义的成本函数的根）：

```
scala> math.sqrt(validPredicts.map{case(p,l) => math.pow(p-l,2)}.mean())
res0:Double = 4.775608317676729
```

目标变量（房价）的平均值是 22.5，这是在计算列统计数据时所得到的。因此 4.78 的均方根误差（RMSE）似乎有些大。但如果用户考虑到房价的变化是 84.6，那么 4.78 这个数字看起来就没有那么大了。

7.5.2 评估模型的性能

这里介绍的不是评估回归模型性能的唯一方法。Spark 为此提供了 RegressionMetrics 类。用户给它一个具有成对预测和标签的 RDD，它返回几个有用的评估指标：

```
scala> import org.apache.spark.mllib.evaluation.RegressionMetrics
scala> val validMetrics = new RegressionMetrics(validPredicts)
scala> validMetrics.rootMeanSquaredError
res1:Double = 4.775608317676729
scala> validMetrics.meanSquaredError
res2:Double = 22.806434803863162
```

除了以前计算出的均方根误差之外，RegressionMetrics 还提供以下信息。

- meanAbsoluteError：预测值和实际值之间的平均绝对差值（在这种情况下为 3.044）。
- r2：判定系数 R^2（在这种情况下为 0.71）是 0 和 1 之间的值，表示所解释的方差分数。这是衡量一个模型对目标变量（预测）变化的影响程度，以及它有多少是“无法解释的”。接近 1 的值意味着模型解释了目标变量的大部分方差。
- explainedVariance：与 R^2类似的值（在这种情况下为 0.711）。

所有这些都在实践中使用，但是判定系数可以给出一些误导的结果（当特征数量增加时，它会趋于上升，无论它们是否相关）。因此，将从现在开始使用 RMSE。

7.5.3　解释模型参数

模型已学习的权重集可以告诉用户关于单个维度对目标变量的影响。如果一个特定的权重接近于零，相应的维度就不会以显著的方式对目标变量（房屋价格）做出贡献（假设数据已经缩放，否则甚至是低范围的特征也可能是重要的）。

可以使用以下代码片段检查各个权重的绝对值：

```
scala> println(model.weights.toArray.map(x => x.abs).
     | zipWithIndex.sortBy(_._1).mkString(","))
(0.112892822124492423,6),(0.163296952677502576,2),
(0.588838584855835963,3),(0.939646889835077461,0),
(0.994950411719257694,11),(1.263479388579985779,1),
(1.660835069779720992,9),(2.030167784111269705,4),
(2.072353314616951604,10),(2.419153951711214781,8),
(2.794657721841373189,5),(3.113566843160460237,7),
(3.323924359136577734,12)
```

模型的权重向量首先转换为 Scala 数组，然后计算绝对值，使用 Scala 的 zipWithIndex 方法将索引附加到每个权重，最后，权重按其值进行排序。

可以看到数据集中最具影响力的维度是索引为 12 的维度，它对应于 LSTAT 列，或者是“总体状态较低的百分比”。（用户可以在本书的在线存储库中的 housing.names 文件中找到该列的描述）影响力最二大的维度是索引为 7 的列或“到波士顿五个就业中心的加权距离”等。

两个最不重要的维度是“1940 年以前建成的自用单位比例”和“每个城镇非零售商业用地比例”。这些维度可以从数据集中删除，而不会对模型的性能产生显著的影响。事实上，这可能甚至会改善它，因为这样，模型将重点放在重要的特征上。

7.5.4　加载和保存模型

因为使用大量数据训练模型可能是一项昂贵且耗时的操作，所以 Spark 提供了一种将模型作为 Parquet 文件保存到文件系统（见第 5 章）的方法，并在需要时加载它。可以使用 save 方法保存大多数 Spark MLlib 模型。用户只需传递一个 SparkContext 实例和一个文件系统路径给它，与此类似：

```
model.save(sc,"chapter07output/model")
```

Spark 使用创建目录的路径，并在其中创建两个 Parquet 文件：数据和元数据。

在线性回归模型的情况下，元数据文件包含模型的实现类名称、实现版本以及模型中的特征数量。数据文件包含权重和线性回归模型的截距。

要加载模型，请使用相应的 load 方法，再次传递一个 SparkContext 实例和包含已保存模型的目录路径。例如：

```
import org.apache.spark.mllib.regression.LinearRegressionModel
val model=LinearRegressionModel.load(sc,"ch07output/model")
```

该模型可以用于预测。

7.6 调整算法

在第 7.3.3 节中，给出了梯度下降公式：

$$w_j := w_j - \gamma \frac{\partial}{\partial w_j} C(w) = w_j - \gamma \frac{1}{m} \sum_{i=1}^{m} (h(x^{(i)}) - y^{(i)}) x_j^{(i)}, \text{对于每一个 } j$$

公式中的参数 γ 是步长参数，有助于稳定梯度下降算法。但是可能难以找到该参数的最优值。如果它太小，算法将需要太多的小步骤来收敛。如果它太大，算法可能永远不会收敛。正确的值取决于数据集。

它与迭代次数相似。如果它太大，拟合模型将花费太多时间。如果它太小，算法可能达不到最小值。

虽然只设置了上一次运行线性回归算法的迭代次数（使用的步长为默认值 1.0），但可以在使用 LinearRegressionWithSGD 时设置这两个参数。不能告诉 Spark “迭代直到算法收敛”（这将是理想的），必须自己找到这两个参数的最佳值。

7.6.1 找到正确的步长和迭代次数

找到这两个参数的令人满意的值的一种方式是尝试几种组合，并找到给出最好结果的组合。这里组合了一个可以帮助执行此功能的函数。在在线存储库（ch07-listing.scala 和 ch07-listings.py 文件）中找到 iterateLRwSGD 函数，并将其粘贴到 Spark shell 中。这是完整的函数：

```
import org.apache.spark.rdd.RDD
def iterateLRwSGD(iterNums:Array[Int],stepSizes:Array[Double],
train:RDD[LabeledPoint],test:RDD[LabeledPoint])={
for(numIter <- iterNums; step <- stepSizes) {
val alg=new LinearRegressionWithSGD()
alg.setIntercept(true).optimizer.setNumIterations(numIter).
```

```
        setStepSize(step)
    val model=alg.run(train)
    val rescaledPredicts=train.map(x =>
        (model.predict(x.features),x.label))
    val validPredicts=test.map(x => (model.predict(x.features),x.label))
    val meanSquared=math.sqrt(rescaledPredicts.map(
        {case(p,l) => math.pow(p-l,2)}).mean())
    val meanSquaredValid=math.sqrt(validPredicts.map(
        {case(p,l) => math.pow(p-l,2)}).mean())
    println("%d,%5.3f -> %.4f,%.4f".format(numIter,
        step,meanSquared,meanSquaredValid))
    }
    }
```

iterateLRwSGD 函数使用两个数组，包含不同数量的迭代和步长参数，以及两个包含训练和验证数据的 RDD。对于输入数组中的步长和迭代次数的每个组合，该函数返回训练和验证集的 RMSE。这是打印输出的样子：

```
scala> iterateLRwSGD(Array(200,400,600),Array(0.05,0.1,0.5,1,1.5,2,
➥ 3),trainScaled,validScaled)
200,0.050 -> 7.5420,7.4786
200,0.100 -> 5.0437,5.0910
200,0.500 -> 4.6920,4.7814
200,1.000 -> 4.6777,4.7756
200,1.500 -> 4.6751,4.7761
200,2.000 -> 4.6746,4.7771
200,3.000 -> 108738480856.3940,122956877593.1419
400,0.050 -> 5.8161,5.8254
400,0.100 -> 4.8069,4.8689
400,0.500 -> 4.6826,4.7772
400,1.000 -> 4.6753,4.7760
400,1.500 -> 4.6746,4.7774
400,2.000 -> 4.6745,4.7780
400,3.000 -> 25240554554.3096,30621674955.1730
600,0.050 -> 5.2510,5.2877
600,0.100 -> 4.7667,4.8332
600,0.500 -> 4.6792,4.7759
600,1.000 -> 4.6748,4.7767
600,1.500 -> 4.6745,4.7779
600,2.000 -> 4.6745,4.7783
600,3.000 -> 4977766834.6285,6036973314.0450
```

可以从这个输出中看到：首先，测试 RMSE 总是大于训练 RMSE（除了一些角落外），这是可以预料的。此外，对于每个迭代次数，随着步长增加，两个误差都迅速下降，遵循一些反指数函数。这是有道理的，因为对于较小数量的迭代和较小的步长，没有足够的迭代来达到最小。然后，对于更大数量的迭代，误差值变得更平缓。这也是有意义的，因为对数据集的拟合程度有一些限制。拟合大量迭代的模型将表现得更好。对于步长值 3，错误值会爆炸，因为此步长值太大，算法错过最小值。如果迭代次数保持不变，步长为 0.5 或 1.0 似乎会得到最好的结果。

运行更多的迭代并没有多少帮助。例如，步长为 1.0，使用 200 次迭代与使用 600 次迭代得到几乎相同的训练 RMSE。

7.6.2 添加高阶多项式

似乎 4.7760 的测试 RMSE 是可以获得的房屋数据集的最低误差。其实可以做得更好（添加高阶多项式时，模型会发生变化而不再是“模型”）。通常，数据不遵循简单的线性公式（二维空间中的直线），可能是某种曲线。通常可以用包含高阶多项式的函数来描述曲线。

例如：

$$h(x)=w_0x^3+w_1x^2+w_2x+w_3$$

这个假设能够匹配由非线性关系控制的数据。

Spark 不提供训练非线性回归模型的方法，该模型包括高阶多项式，如上述假设。相反，可以使用一个小技巧，并做一些类似的操作：可以使用通过将现有特征相乘所获得的附加特征来扩展数据集。例如，如果有 x_1 和 x_2 的特征，则可以将数据集扩展为 x_1^2 和 x_2^2。添加交互项 x_1x_2 在 x_1 和 x_2 一起影响目标变量的情况下有帮助。

现在来使用这个数据集。使用一个简单的函数来映射数据集中的每个 Vector，以包括每个要素的二次方：

```
def addHighPols(v:Vector):Vector =
{
Vectors.dense(v.toArray.flatMap(x => Array(x,x * x)))        //向向量添加二次方
}
val housingHP = housingData.map(x => LabeledPoint(x.label,     //映射原始数据集
addHighPols(x.features)))
```

housingHP RDD 现在包含原始 housingData RDD 中的 LabeledPoint，但是扩展了包含二阶多项式的附加特征。现在有 26 个特征，而不是之前的 13 个：

```
scala> housingHP.first().features.count()
res0:Int = 26
```

接下来，有必要再次完成用于训练和测试子集的数据集拆分，并按照以前所做的相同的方式缩放数据：

```
val setsHP = housingHP. randomSplit( Array( 0. 8 ,0. 2) )
val housingHPTrain = setsHP( 0)
val housingHPValid = setsHP( 1)
val scalerHP = new StandardScaler( true , true)
scalerHP. fit( housingHPTrain. map( x  => x. features) )
val trainHPScaled = housingHPTrain. map( x  => LabeledPoint( x. label ,
➥ scalerHP. transform( x. features) ) )
val validHPScaled = housingHPValid. map( x  => LabeledPoint( x. label ,
➥ scalerHP. transform( x. features) ) )
trainHPScaled. cache( )
validHPScaled. cache( )
```

可以看到新模型的行为与不同的迭代次数和步长大小有关：

```
iterateLRwSGD( Array( 200 ,400) , Array( 0. 4 ,0. 5 ,0. 6 ,0. 7 ,0. 9 ,1. 0 ,1. 1 ,1. 2 ,
    1. 3 ,1. 5) , trainHPScaled , validHPScaled)
```

从结果中可以看出，RMSE 会以 1. 3 的步长进行爆炸，并且用户可以获得步长为 1. 1 的最佳结果，错误值低于之前的值。最佳 RMSE 为 3. 9836（400 次迭代），而之前为 4. 776。因此可以得出结论，添加高阶多项式有助于线性回归算法找到性能更好的模型。

但这是使用此数据集获得的最低 RMSE 吗？现在看看如果增加迭代次数（使用最佳步长 1. 1）会发生什么：

```
scala> iterateLRwSGD( Array( 200 ,400 ,800 ,1000 ,3000 ,6000) , Array( 1. 1) ,
➥ trainHPScaled , validHPScaled)
200 ,1. 100 -> 4. 1605 ,4. 0108
400 ,1. 100 -> 4. 0378 ,3. 9836
800 ,1. 100 -> 3. 9438 ,3. 9901
1000 ,1. 100 -> 3. 9199 ,3. 9982
3000 ,1. 100 -> 3. 8332 ,4. 0633
6000 ,1. 100 -> 3. 7915 ,4. 1138
```

随着迭代次数的增加，测试 RMSE 甚至开始增加。（根据数据集的拆分，可能会得到不同的结果）那么应该选择哪个步长？RMSE 为什么会增加呢？

7. 6. 3　偏差-方差权衡和模型复杂度

测试 RMSE 在训练 RMSE 降低的同时增加的情况称为过度拟合。所发生的是，模型过于适应训练集中的“噪声”，并且在分析不具有与训练集相同属性的新的真实数据时变得不太准确。还有一个相反的术语：欠拟合，模型过于简单，无法充分捕捉数据的复杂性。了解这些现象对于正确使用机器学习算法并充分利用数据很重要。

图 7-7 显示了二次函数后的样本数据集（圆圈）。图 7-7a 不能正确建模数据。图 7-7b

的二次函数刚好正确，图 7-7c 的高阶多项式的函数会过度拟合数据集。

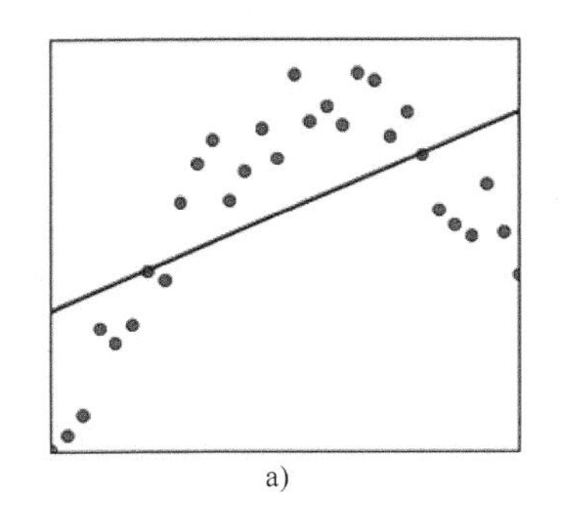
a)

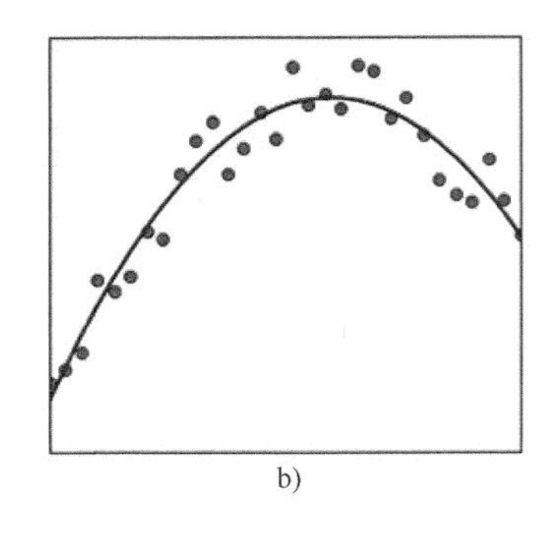
b)

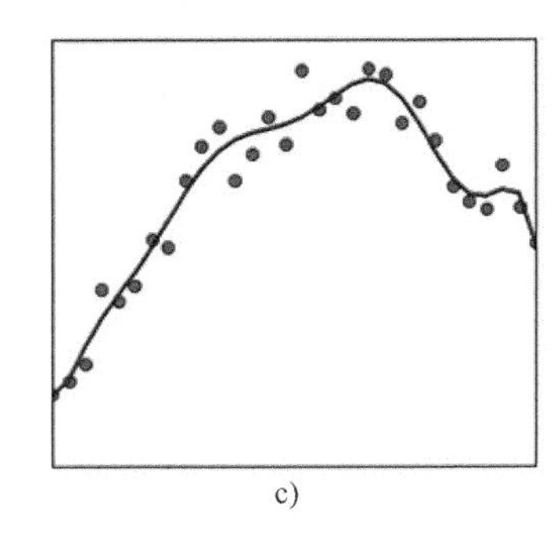
c)

图 7-7　二次函数后的样本数据集

a）线性模型欠拟合数据集　b）具有高阶多项式的模型过度拟合　c）二次模型恰到好处

通常希望的模型适合训练数据集中的数据，但也可以扩展到其他一些目前未知的数据。不一定能做到两者都完美。

这导致了要进行偏差-方差权衡，这里的偏差与模型有关。如图 7-7a 所示的线性模型具有较高的偏差：它假设独立变量和目标变量之间存在线性关系，因此它具有偏差。图 7-7c 所示的模型具有较高的方差，因为它预测的值更具振荡性。偏差-方差权衡表明，不一定能同时拥有这两者并且需要寻求均衡或中间立场。

如何知道模型是否具有较高的偏差（欠拟合）或高方差（过度拟合）？通常，当模型复杂度和训练集大小的比率变大时，发生过度拟合。如果有一个复杂的模型，同时也有一个相对较大的训练集，则过度拟合不太可能发生。当添加高阶多项式并且用更多迭代训练模型时，验证集上的 RMSE 开始上升。高阶多项式给模型带来更多的复杂性，并且在算法收敛时，更多的迭代将模型过度拟合到数据。下面来看一下尝试更多的迭代会发生什么：

```
scala> iterateLRwSGD(Array(10000,15000,30000,50000),Array(1.1),
➥ trainHPScaled,validHPScaled)
10000,1.100 -> 3.7638,4.1553
15000,1.100 -> 3.7441,4.1922
30000,1.100 -> 3.7173,4.2626
50000,1.100 -> 3.7039,4.3163
```

可以看到训练 RMSE 在测试 RMSE 持续上升的同时持续降低。而对于过度拟合情况来说，这是典型的：训练误差下降，然后平稳（这将会发生更多次迭代），并且测试误差下降然后开始上升，这意味着模型学习训练集特定的属性，而不是代表整个人口的特征。如果要绘制，将得到一个类似于图 7-8 所示的曲线。

回答迭代次数和步长选择哪些值的问题：在开始上升之前选择与测试 RMSE 曲线的最小值对应的值。在这种情况下，400 次迭代和步长为 1.1 会给出非常好的结果（测试 RMSE 为 3.98）。

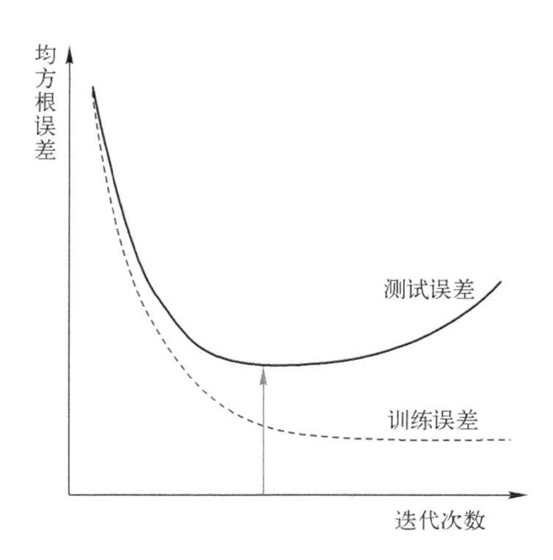

图 7-8　作为使用迭代次数的函数的误差。测试 RMSE 下降，但随后在某一点开始上升。应该为模型选择对应于该点的参数，因为模型已经开始过度拟合数据

7.6.4　绘制残差图

如何判断是否需要继续添加高阶多项式，或者如果需要，首先添加哪些多项式呢？在哪里停下来？检查残差图可以帮助回答这些问题。

残差是目标变量的预测值和实际值之间的差值。换句话说，对于训练数据集中的一个例子，残差是其标签值与模型显示标签的价值之间的差值。残差图在 y 轴上具有残差，在 x 轴上具有预测值。

残差图应该没有明显的图案，它在 x 轴上的所有点应该具有相同的高度，如果通过绘制的值绘制最佳拟合线（或曲线），则线应保持平坦。如果它显示类似于字母 U（或倒 U）的形状，那意味着非线性模型将更适合于某些维度。

两个模型的两个残差图（原始线性回归模型和加上二阶多项式的两个残差图）如图 7-9 所示。图 7-9a 显示了一个倒 U 形曲线的形状。图 7-9b 虽然还不完美，但却显示出了一个改进：形状更加平衡。

正如上面所说，新的残差图仍然不完美，进一步的维度变换可能会有所帮助，但可能并不多。两个图的右下部分中的一条线也是可见的，这是由几个异常值或代表某种异常的点。造成的。在这种情况下，有几个昂贵的房屋（50000 美元），可能是由于缺少变量（数据集中不存在的某些因素（如美观））导致房屋价格昂贵。

残差图也可以在许多其他情况下有帮助。如果图表显示扇入或扇出形状（残差在图的一端显示比另一端更大的方差，则称为异方差[⊖]），除了加上高阶多项式之外，还有一个解决方案可能是以对数方式转换目标变量，以便于模型预测 log(y)（或某些其他函数）而不是 y。

⊖ 有关更多信息，请参阅 https://en.wikipedia.org/wiki/Heteroscedasticity。

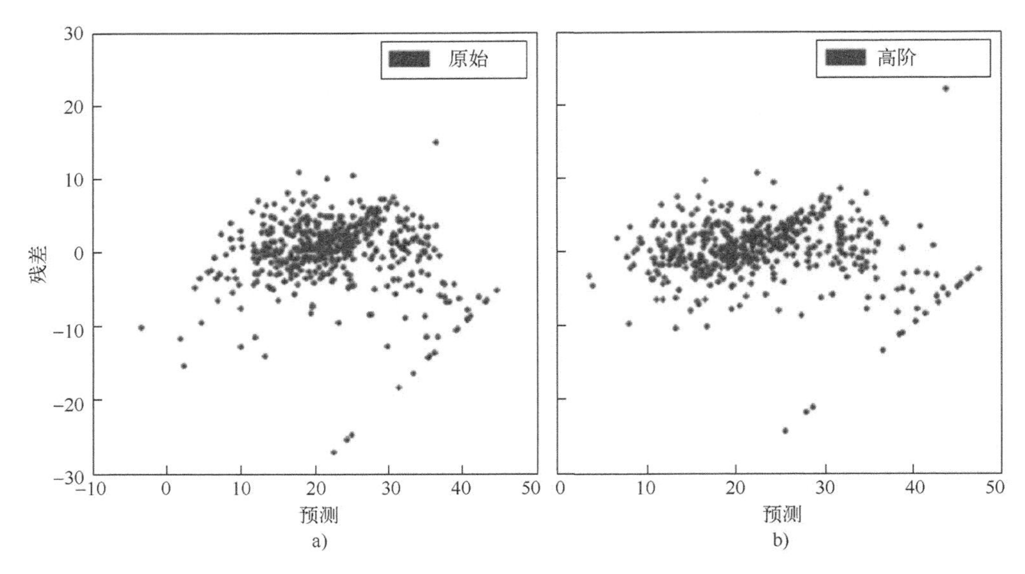

图 7-9　两个线性回归模型的残差图

a）模型使用原始的房屋数据集进行了拟合并显示一个倒 U 形曲线

b）使用附加二阶多项式的数据集拟合并显示更平衡的模式

7.6.5　使用正则化避免过度拟合

下面回到过度拟合。可以使用称为正则化的方法避免过度拟合，从而增加模型的偏差，并通过惩罚模型参数中的大值来减小方差。

正则化为成本函数添加了一个额外的元素（将其表示为 β）来惩罚模型中的复杂性。有不同的正则化类型。最常见的是 L1 和 L2 正则化（以第 7.4.2 节讨论的 L1 和 L2 规范命名），它们是 Spark 中提供的。具有 L1 正则化的线性回归称为 Lasso 回归，具有 L2 回归的线性回归称为 Ridge 回归。

正则化元素 β 的成本函数如下所示：

$$C(w)=\frac{1}{2m}\sum_{i=1}^{m}(\boldsymbol{w}^{\mathrm{T}}\boldsymbol{x}^{(i)}-\boldsymbol{y}^{(i)})^{2}+\beta=\frac{1}{2m}\sum_{i=1}^{m}(\boldsymbol{w}^{\mathrm{T}}\boldsymbol{x}^{(i)}-\boldsymbol{y}^{(i)})^{2}+\lambda\,\|\boldsymbol{X}\|_{\mathrm{I/(II)}}$$

β 是两个要素的产物：正则化参数，L1($\|w\|_{i}$)或 L2($\|w\|_{ii}$)权重向量的规范。如第 7.4.1 节所述，L1 范数是向量元素的绝对值的和，L2 范数是向量元素的二次方和的二次方根，它等于向量元素的长度。

正则化与绝对权重值成比例地增加误差。这样，优化函数试图减弱个体维度，并随着权重变大而减慢算法。L1 正则化（Lasso 回归）在这个过程中更具侵略性。它能够将个体权重降低到零，从而完全从数据集中删除一些特征。

此外，Spark 中的 L1 和 L2 正则化都会减小与迭代次数成比例的步长。这意味着算法运行的时间越长，所需的步骤越短。这与正则化本身无关，但它是 Spark 中的 L1 和 L2 正则化实现的一部分。

在将模型过度拟合到数据集的情况下，正则化可以提供帮助。通过增加正则化参数（β），可以减少过度拟合。此外，若有许多维度，正则化可以帮助更快地降低错误值，因为它会降低对性能影响较小的维度的影响。但缺点是正则化需要配置一个额外的参数，这增加了进程的复杂性。

在 Spark 中使用 Lasso 和 Ridge 回归

在 Spark 中，可以通过更改 LinearRegressionWithSGD. optimizer 对象的 regParam 和 updater 属性或使用 LassoWithSGD 和 RidgeRegressionWithSGD 类来手动设置 Lasso 和 Ridge 回归。这里选择后者。

可以在在线信息库中找到两个附加方法：iterateLasso 和 iterateRidge。它们类似于之前使用的 iterateLRwSGD 方法，但是它们需要一个额外的 regParam 参数并训练不同的模型。

可以尝试这两种方法，并在步长相同，回归参数的值为 0.01 时，查看 Lasso 和 Ridge 回归给出的数据集 RMSE 值与之前使用的二阶多项式（trainHPScaled 和 validHPScaled），哪个给出最好的结果：

```
iterateRidge(Array(200,400,1000,3000,6000,10000),Array(1.1),0.01,
trainHPScaled,validHPScaled)
iterateLasso(Array(200,400,1000,3000,6000,10000),Array(1.1),0.01,
trainHPScaled,validHPScaled)
```

结果（在线存储库）显示，Ridge 给出比 Lasso 回归更低的 RMSE，并且 Ridge 甚至比以前使用的普通最小二乘（OLS）回归更好（对于 1000 次迭代，RMES 为 3.966，而对于 400 次迭代，RMES 则为 3.984）。请注意，对于 Ridge 和 Lasso 回归，也发生了测试 RMSE 的增加，这是迭代次数超过 400 次，也就是过度拟合的影响。过度拟合开始对 Ridge 回归起作用。如果要增加正则化参数，稍后会看到 RMSE 增加，但 RMSE 水平会更高。

应该选择哪种正则化方法和正则化参数很难说，因为它取决于数据集。应该应用类似于用于查找迭代次数和步长的方法（训练具有不同参数的几个模型并选择具有最低误差的模型）。最常用的方法是 k 折交叉验证。

7.6.6　k 折交叉验证

k 折交叉验证是模型验证的一种方法。它包括将数据集划分为大致相等大小的 k 个子集和训练 k 个模型，每次排除不同的子集。排除的子集用作验证集，并将所有剩余子集的并集作为训练集。

对于要验证的每组参数，训练所有 k 个模型并计算所有 k 个模型的平均误差。最后，选择一组参数，给出最小的平均误差。

为什么这很重要？因为拟合模型在很大程度上取决于所使用的训练集和验证集。如果获取了房屋数据集，再将其分为训练集和验证集，然后完成本章中所做的所有操作，就会注意到结果和参数将会有所不同，甚至可能非常显著。k 折交叉验证可以帮助确定选择哪个参数组合。下一章讨论 Spark 的新 ML Pipeline API 时，还有更多关于 k 折交叉验证的知识。

7.7 优化线性回归

如前面的例子所示，LinearRegressionSGD（及其父类 GeneralizedLinearAlgorithm）具有可以配置的 optimizer 成员对象。以前使用了默认的 GradientDescent 优化器，并使用迭代次数和步长进行配置。

可以使用两种额外的方法来使线性回归更快地找到成本函数的最小值：①GradientDescent 优化器配置为小批量随机梯度下降；②使用 Spark 的 LBFGS 优化器（见第 7.7.2节）。

7.7.1 小批量随机梯度下降

如第 7.3.3 节所述，梯度下降通过遍历整个数据集来更新每个步骤中的权重。用于更新每个权重参数的公式是

$$w_j := w - \gamma \frac{1}{m} \sum_{i=1}^{m} (h(x^{(i)}) - y^{(i)}) x_j^{(i)}$$

这也称为批量梯度下降（BGD）。相比之下，小批量随机梯度下降在每个步骤中仅使用数据的一个子集；而不是从 1 到 m（整个数据集），它只从 1 到 k（作为 m 的一部分）。如果 k 等于 1，这意味着算法只考虑每个步骤中的一个示例，这个优化器称为随机梯度下降（SGD）。

小批量 SGD 的计算成本要低得多，特别是在并行化时，它可以通过更多迭代来补偿这种并行化。它有更多的收敛困难，但它足够接近最小值（除了在极少数情况下）。如果小批量（k）很小，则该算法更随机，这意味着它具有朝向成本函数最小值的更随机的路径。如果 k 越大，算法就越稳定。但是，在这两种情况下，它都达到了最小值，并且可以非常接近 BGD 结果。

下面看看如何在 Spark 中使用小批量 SGD。之前使用的相同的 GradientDescent 优化器用于小批量 SGD，但需要指定一个附加参数（miniBatchFraction）。miniBatchFraction 取 0~1 之间的值。如果等于 1（默认值），则小批量 SGD 将成为 BGD，因为在每个步骤中都会考虑整个数据集。

小批量 SGD 的参数可以与之前的方式类似地选择，只是现在还有一个参数需要配置。如果步长参数适用于 BGD，这并不意味着它可以在小批量 SGD 上工作，因此必须以与之前相同的方式选择参数的值，或者最好使用 k 折交叉验证。

小批量分数参数的良好起点为 0.1，但可能需要进行微调。可以选择迭代次数，使得整个数据集总共迭代了大约 100 次（有时甚至更少）。例如，如果分数参数为 0.1，则指定 1000 次迭代确保数据集中的元素被平均考虑到 100 次。出于性能原因，为了平衡集群中的节点之间的计算和通信，小批量大小（绝对大小，而不是分数参数）通常必须比集群中的

机器数量至少大两个数量级[⊖]。

在在线存储库中，用户将找到 iterateLRwSGDBatch 方法，该方法是具有一个附加行的 iterateLRwSGD 的变体：

```
alg. optimizer. setMiniBatchFraction(miniBFraction)
```

该方法的签名也是不同的，因为它的参数包含 3 个数组：除了迭代次数和步长之外，还有一个具有小批量分数的数组。该方法尝试所有这 3 个值的组合并打印结果（训练和测试 RMSE）。可以在使用特征方块（trainHPScaled 和 validHPScaled RDD）扩展的数据集上尝试。首先，要了解其他两个上下文中的 step-size 参数，请执行以下命令：

```
iterateLRwSGDBatch(Array(400,1000),Array(0.05,0.09,0.1,0.15,0.2,0.3,
0.35,0.4,0.5,1),Array(0.01,0.1),trainHPScaled,validHPScaled)
```

结果（在线可用）显示步长 0.4 的效果最好。现在使用该值并查看更改其他参数时算法的行为：

```
iterateLRwSGDBatch(Array(400,1000,2000,3000,5000,10000),Array(0.4),
➥ Array(0.1,0.2,0.4,0.5,0.6,0.8),trainHPScaled,validHPScaled)
```

结果（在线可用）显示，2000 次迭代足以获得 3.965 的最佳 RMSE，这比以前的 3.966 的最佳 RMSE（对于 Ridge 回归）稍好一点。结果还显示，超过 5000 次迭代，将进入过度拟合的领域。这种最小的 RMSE 是以 0.5 的小批量分数完成的。

如果数据集很大，0.5 的小批量分数可能太大而无法获得良好的性能结果。用户应该尝试更低的小批量分数和更多次迭代。这将需要进行一些实验。

可以得出结论，小批量 SGD 可以提供与 BGD 相同的 RMSE。由于性能的提高，用户可能更喜欢 BGD。

7.7.2　LBFGS 优化器

LBFGS 是用于最小化多维函数的 Broyden-Fletcher-Goldfarb-Shanno（BFGS）算法的有限内存近似。经典的 BFGS 算法计算所谓的 Hessian 矩阵的近似逆，它是函数的二阶导数的矩阵，并且在存储器中保持 $n \times n$ 矩阵，其中 n 是维数。LBFGS 在最后计算的校正中保留的数量少于 10 个，并且内存效率更高，特别是对于更大数量的维度。

PYTHON　LBFGS 回归优化器在 Python 中不可用。

LBFGS 可以提供良好的性能。使用起来要简单得多，因为它不需要迭代次数和步长，其停止标准是收敛容差参数。如果每次迭代后的 RMSE 变化小于收敛容差参数的值，它将停止。这是一个更自然和更简单的标准。

还需要给出运行的最大迭代次数（如果它不收敛），要保留的修正次数（这应该是小于

[⊖] Chenxin Ma 等人，“Adding vs. Averaging in Distributed Primal-Dual Optimization”，www.cs.berkeley.edu/~vsmith/docs/cocoap.pdf。

10，这是默认值）和正则化参数（它允许自由地使用 L1 或 L2 正则化）。

可以在在线存储库中找到 iterateLBFGS 方法，并将其粘贴到 Spark Scala shell 中，以便尝试这样做，但在运行该程序之前，可能需要将 Breeze 库日志记录级别设置为 WARN（该代码段可在线获取）：

```
iterateLBFGS(Array(0.005,0.007,0.01,0.02,0.03,0.05,0.1),10,1e-5,
➥ trainHPScaled,validHPScaled)
0.005,10 -> 3.8335,4.0383
0.007,10 -> 3.8848,4.0005
0.010,10 -> 3.9542,3.9798
0.020,10 -> 4.1388,3.9662
0.030,10 -> 4.2892,3.9996
0.050,10 -> 4.5319,4.0796
0.100,10 -> 5.0571,4.3579
```

现在需要调整的唯一参数是正则化参数，因为其他两个参数不会对算法有太大影响，这些默认值可以安全使用。显然，0.02 的正则化参数给出了 3.9662 的最佳 RMSE。这几乎与以前最好的 RMSE 相同。

7.8 总结

- 监督学习使用标记数据进行训练。非监督学习算法通过模型拟合发现未标记数据的内部结构。
- 回归和分类根据目标变量的类型不同：用于回归的连续（实数）和用于分类的分类（一组离散数）。
- 在使用数据进行线性回归之前，最好分析其分布和相似度，还应规范化并缩放数据并将其分解为训练和验证数据集。
- 均方根误差（RMSE）通常用于评估线性回归模型的性能。
- 线性回归模型的学习参数可以帮助了解每个特征如何影响目标变量。
- 为数据集添加高阶多项式可以将线性回归应用于非线性问题，并可在一些数据集上产生更好的结果。
- 增加模型的复杂性可能导致过度拟合。偏差-方差均衡表明可能具有高偏差或高方差，但不能两者兼具。
- Ridge 和 Lasso 正则化有助于减少线性回归的过拟合。
- 小批量随机梯度下降优化了线性回归算法的性能。
- Spark 中的 LBFGS 优化器需要更少的时间进行训练，并提供卓越的性能。

第 8 章 ML：分类和聚类

本章涵盖

- Spark ML 库。
- 逻辑回归。
- 决策树和随机森林。
- K-均值聚类。

第 7 章主要介绍了 Spark MLib，它是 Spark 的机器学习库。主要用于机器学习，而线性回归是回归分析最重要的方法。本章将介绍机器学习中的两个同样重要的领域：分类和聚类。

分类是监督机器学习算法的一个子集，其中目标变量是分类变量，这意味着它只需要有限的一组值。因此，分类任务是将输入示例分为几个类。例如，认识手写字母是一个分类，因为每个输入图像需要被标记为字母表中的一个字母。根据出现的症状认识到患者可能患有的疾病是类似的问题。

聚类还将输入数据分组到类（称为簇）中，但作为无监督的学习方法，它没有适当标记的数据可供学习，并且必须自己弄清楚什么构成簇。例如，可以使用群集按照习惯或特征（客户细分）对客户进行分组，或者在新闻文章中识别不同的主题（文本分类）。

对于 Spark 中的分类任务，可以使用逻辑回归、朴素贝叶斯、支持向量机（SVM）、决策树和随机森林算法。它们都有自己的优点和缺点，也有不同的逻辑和理论。本章将介绍逻辑回归、决策树和随机森林，以及最常用的聚类算法 k-均值聚类。

本书没有足够的篇幅来介绍朴素贝叶斯、SVM 和其他 Spark 聚类算法，如幂迭代聚类、高斯混合模型和潜在狄利克雷分配，还必须跳过其他机器学习方法，如交替最小二乘法的建议、文本特征提取和频繁项集。

Spark 有两个机器学习库：MLlib 和 ML 库。它们都在积极发展，但目前的发展重点更多的是 ML 库。本章将使用 ML 库以便了解它的使用方式以及它与 MLlib 的不同之处。

第 8.1 节将概述 ML 库；第 8.2 节将使用 ML 库进行逻辑回归分类，这是一种众所周知的分类算法；第 8.3 节将介绍如何使用 Spark 的决策树和随机森林，这两种算法可用于分类和聚类；第 8.4 节将使用 k-means 聚类算法来聚类样本数据。

8.1 Spark ML 库

Spark 1.2 引入了 Spark ML 库。新机器库的动机来自于 MLlib 没有足够的可伸缩和可扩展性，也不足以在实际机器学习项目中使用。新的 Spark ML 库的目标是概括机器学习操作并简化机器学习过程。受 Python 的 scikit-learn 库的影响[⊖]，它引入了可以组合形成管道的几个新的抽象概念——估计器、转换器和评估器。所有这些都可以通过一般方式参数化 ML 参数。

Spark ML 无处不在地使用 DataFrame 对象来呈现数据集。这就是不能简单地升级旧的 MLlib 算法的原因：Spark ML 架构需要结构性更改，因此需要相同算法的新实现。在撰写本文时，旧的 MLlib 库仍然提供比 ML 更丰富的算法，但这一定会很快改变，因为估计器、转换器、评估器、ML 参数和管道是 Spark ML 的主要组件。

8.1.1 估计器、转换器和评估器

在 Spark 中，可以使用转换器实现将一个数据集转换为另一个数据集的机器学习组件。Spark ML 中的机器学习模型是转换器，因为它们通过添加预测来转换数据集，主要的方法是 transform，它需要 DataFrame 和可选的参数集。

估计器通过在数据集上拟合而产生转换器。线性回归算法产生一个线性回归模型，该模型具有拟合权重和截距，截距即转换器。使用估计器的主要方法是 fit，它也需要一个 DataFrame 和一组可选参数。

评估器根据单一度量来评估模型的性能。例如，回归评估器可以使用 RMSE 和 R^2 作为度量。图 8-1 以图形方式显示了转换器、估计器和评估器的操作。本章给出了转换器、估计器和评估器的例子。

8.1.2 ML 参数

在 Spark ML 中为估计器和转换器指定参数是很通用的，因此可以使用 Param、ParamPair 和 Param Map 类来指定所有参数。Param 描述了参数类型：包含参数名称、类类型、参数描述、用于验证参数的函数以及可选的默认值。ParamPair 包含参数类型（Param 对象）及其值。ParamMap 包含一组 ParamPair 对象。

将 ParamPair 或 ParamMap 对象传递给估计器和转换器的 fit 或 transform 方法，或者可以使用特定的 setter 的方法设置参数。例如，可以在名为 linreg 的 LinearRegression 对象上调用 setRegParam（0.1），也可以将 ParamMap（linreg.regParam-> 0.1）对象传递给其 fit 方法。

⊖ 有关更多信息请参阅 http://mng.bz/22lY 上的 Spark “Pipelines and Parameters” 设计文档以及 https://issues.apache.org/jira/browse/SPARK-3530 上相应的 JIRA ticket。

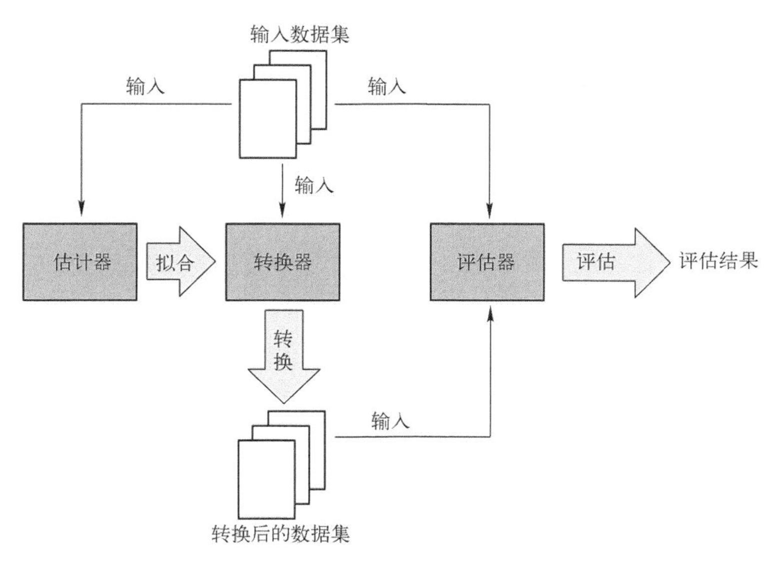

图 8-1　估计器、转换器和评估器的操作

8.1.3　ML 管道

在机器学习中，相同的步骤通常使用稍微不同的参数以相同的顺序重复，以找到产生最佳结果（最低误差或其他度量）的参数。在第 7 章中，已经多次训练了线性回归模型，每次使用不同的参数集。然后将高阶多项式添加到数据集中，并再次对该模型进行多次训练。

每次不用手动，Spark ML 可以创建具有两个阶段的 Pipeline 对象。第一阶段通过添加高阶多项式来转换数据集。ML 库中的 PolynomialExpansion 转换器使用多项式次数作为参数。第二阶段进行线性回归分析，将整个管道视为单个估计器，产生一个 PipelineModel 模型。PipelineModel 也有两个阶段：多项式展开步骤和拟合的线性回归模型。可以在验证数据上使用它来查看其执行情况。

每次拟合管道时，都会给它一组不同的参数（包含两个阶段的参数 ParamMap），然后选择一个可以获得最佳结果的集合。

8.2　逻辑回归

第 7 章中，有一个例子是预测波士顿郊区的房价。这是回归分析的典型例子，因为目标是基于一组输入变量查找一个值。另一方面，分类的目标是将输入示例（由输入变量值组成）分类为两个或更多个类。

如果想预测平均房价是否大于某个固定金额，可以轻松将预测中值房价的问题转化为分类问题（假设为 30000 美元[⊖]），那么目标变量只需要两个可能的值：1（如果价格大于

⊖ 30000 美元似乎价格低廉，但请记住，波士顿住房数据集是 1978 年创建的。

30000 美元）或 0（如果它不到 30000 美元）。这被称为二值响应，因为只有两个可能的类。

逻辑回归输出某个例子属于某个类的概率。二值响应示例是二元逻辑回归的示例。笔者将在下一节中描述其模型，然后展示如何在 Spark 中训练和使用逻辑回归模型。还将讨论如何使用逻辑回归作为示例来评估分类结果。在本节最后，将逻辑回归模型扩展到多类逻辑回归，可以将示例分类到两个以上的类中。

8.2.1 二元逻辑回归模型

在房价数据集上训练的线性回归模型提供了一个数字，可以将其视为 1（如果它大于某个阈值）或 0（如果它小于阈值）。像这样的二元分类问题，线性回归可以给出非常好的结果，但它不是为用于预测分类变量而设计的。此外，诸如逻辑回归的分类方法输出一个例子 $\boldsymbol{x}$（一个向量）属于特定类别的概率 $p(\boldsymbol{x})$。

概率在 0~1 的范围内（对应于 0% 和 100% 的概率），但是线性回归输出值在这些边界之外。因此，在逻辑回归中，不是使用线性方程 $p(\boldsymbol{x})=w_0+w_1x_1+\cdots+w_nx_n=\boldsymbol{w}^{\mathrm{T}}\boldsymbol{x}$ 建模概率 $p(\boldsymbol{x})$，而是用所谓的逻辑函数（逻辑回归得到它的名称）进行建模：

$$p(\boldsymbol{x})=\frac{\mathrm{e}^{\boldsymbol{w}^{\mathrm{T}}\boldsymbol{x}}}{1+\mathrm{e}^{\boldsymbol{w}^{\mathrm{T}}\boldsymbol{x}}}=\frac{1}{1+\mathrm{e}^{-\boldsymbol{w}^{\mathrm{T}}\boldsymbol{x}}}$$

对于两个不同的权重集合 $\boldsymbol{w}$ 绘制该函数的结果如图 8-2 所示。图 8-2a 显示了基本逻辑函数。其中，w_0 为 0，w_1 为 1。图 8-2b 对应于不同的权重集合，其中 w_0 为 4，w_1 为-2。可以看到，权重参数 w_0 沿着 x 轴向左或向右移动函数的步长，权重参数 w_1 改变步长的斜率，也会影响其水平位置。因为逻辑函数总是给出 0~1 之间的值，所以它更适合于建模概率。

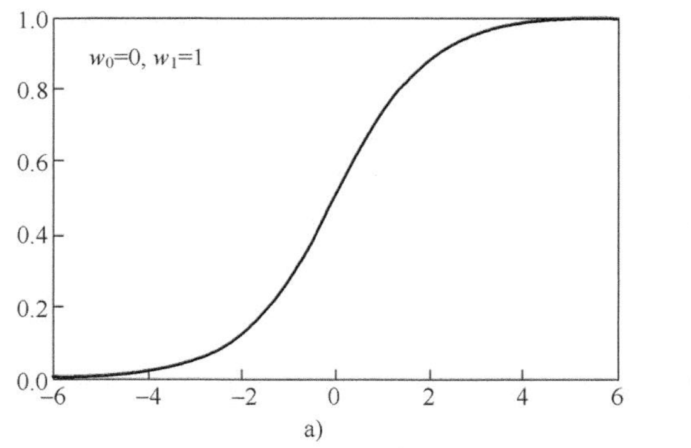

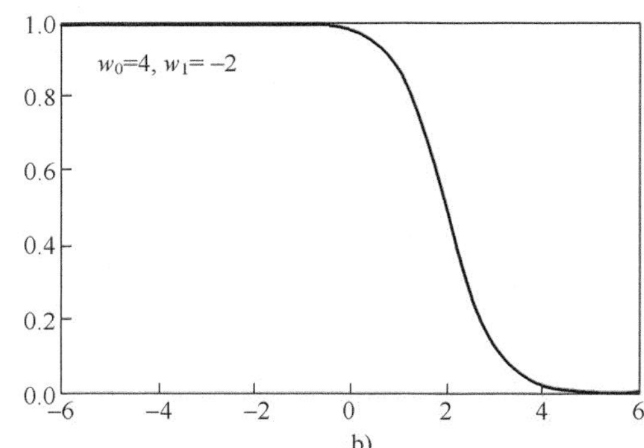

图 8-2 对于任何输入值，逻辑函数给出范围 0~1 的值

a）权重 w_0 为 0，w_1 为 1 b）权重 w_0 为 4，w_1 为-2

通过进一步操作逻辑函数，可以得出以下结论：

$$\frac{p(\boldsymbol{x})}{1-p(\boldsymbol{x})}=\mathrm{e}^{\boldsymbol{w}^{\mathrm{T}}\boldsymbol{x}}$$

这个方程左边的表达式称为赔率，如可能听到某个赌徒说“赔率是三比一”。赔率公式可以表示为：事件发生的概率除以相反的概率。取等式的自然对数后，可以得出以下表达式。

$$\ln \frac{p(\boldsymbol{x})}{1-p(\boldsymbol{x})}=\boldsymbol{w}^{\mathrm{T}}\boldsymbol{x}$$

方程左侧的表达式变成逻辑函数的对数（或对数几率）；它线性地取决于 $\boldsymbol{x}$。请注意，向量 $\boldsymbol{w}$ 包含截距 w_0，x_0 等于 1。

$p(\boldsymbol{x})$实际上是输入例子 $\boldsymbol{x}$ 属于 1 类（平均房价大于 30000 美元）的概率，所以 $1-p(\boldsymbol{x})$ 等于相反情况的概率（平均房价不到 30000 美元）。这可以使用条件概率表示法来写：

$$p(\boldsymbol{x})=p(y=1 \mid \boldsymbol{x};\boldsymbol{w})$$
$$1-p(\boldsymbol{x})=p(y=0 \mid \boldsymbol{x};\boldsymbol{w})$$

第一个方程的右侧可以被读为“类别为 1 的概率，给定了示例 $\boldsymbol{x}$ 并由权重 $\boldsymbol{w}$ 的向量参数化”。

通过最大化所谓的似然函数来确定逻辑回归中的权重参数的最优值，其给出了从数据集中正确预测所有示例的标签的联合概率（一组事件在同一时间发生的概率）。对于标记为这样的示例，希望预测概率（由逻辑函数给出并由权重值参数化）尽可能接近 1，并且对于那些不符合此要求的示例，希望预测概率尽可能接近 0。在数学上产生以下等式：

$$L(\boldsymbol{w})=\prod_{i:y_i=1} p(x_i) \prod_{j:y_j=0} (1-p(x_j))=p(p_1 \mid x_1;\boldsymbol{w})p(y_2 \mid x_2;\boldsymbol{w})\cdots p(y_n \mid x_n;\boldsymbol{w})$$

以最后一个表达式的自然对数给出了对数似然函数（或对数据失），这更容易最大化，因此它被用作逻辑回归的成本函数：

$$L(\boldsymbol{w})=\ln p(y_1 \mid x_1;\boldsymbol{w})+p(y_2 \mid x_2;\boldsymbol{w})+\cdots+p(y_n \mid x_n;\boldsymbol{w})$$

如果计算出了这道数学题，对数似然函数可以减少到如下所示：

$$l(\boldsymbol{w})=\sum_{i=1}^{m} y_i \boldsymbol{w}_{\mathrm{T}} x_1 - \ln(1 - \mathrm{e}^{\boldsymbol{w}^{\mathrm{T}} x_i})$$

现在有了成本函数，梯度下降可用于找到其最小值，类似于第 7 章所述的线性回归方法。事实上，上一章中用于线性回归的许多方法，如作为 L1 和 L2 正则化和 LBFGS 优化，也可以用于逻辑回归。

相对于第 j 个权重参数 w_j（执行梯度下降所必需）的对数似然函数的偏导数如下：

$$\frac{\partial}{\partial w_j} l(\boldsymbol{w}) = \sum_{i=1}^{m} \left(y_i - \frac{\mathrm{e}^{\boldsymbol{w}^{\mathrm{T}} x_i}}{1 + \mathrm{e}^{\boldsymbol{w}^{\mathrm{T}} x_i}} \right) x_{ij}$$

但是为了在 Spark 中使用逻辑回归还需要更多的数学知识，下面具体来看看怎么做。

8.2.2　准备数据以使用 Spark 中的逻辑回归

本节将加载一个示例数据集，清理数据并将其打包，以便它可以被 Spark ML API 使用。下一节将使用此数据来训练逻辑回归模型。

用于逻辑回归的示例数据集是从 1994 年美国人口普查数据中提取的成人数据集（http://archive.ics.uci.edu/ml/datasets/Adult）。它包含 13 个属性[⊖]，包括一个人的性别、

⊖ 删除了 education-num 列，因为它是 education 列的转换，因此不包含额外的信息。

年龄、教育程度、婚姻状况、民族、原籍等数据，以及目标变量（收入）。目标是预测一个人的年薪是大于还是小于 50000 美元（收入列只包含 1 和 0 的值）。

第一步是下载数据集（在在线存储库中找到 adult. raw 文件）并将其加载到 Spark shell 中。在本地集群上启动 Spark Shell，获取所有可用的 CPU 内核（如果需要，也可以在 Mesos 或 YARN 上运行，但是假设你正在 spark-in-action VM 中运行本地群集）：

```
$cd /home/spark
$spark-shell --master local[ * ]
```

使用以下命令加载数据集（第三行转换为所有可转换的值的双倍，其他的留作字符串）：

```
val census_raw=sc.textFile("first-edition/ch08/adult.raw",4).
  map(x => x.split(",")).
  map(row => row.map(x => try {x.toDouble}
    catch {case _ :Throwable => x}))
```

首先通过将数据加载到 DataFrame 中来检查数据。

```
val adultschema=StructType(Array(
    StructField("age",DoubleType,true),
    StructField("workclass",StringType,true),
    StructField("fnlwgt",DoubleType,true),
    StructField("education",StringType,true),
    StructField("marital_status",StringType,true),
    StructField("occupation",StringType,true),
    StructField("relationship",StringType,true),
    StructField("race",StringType,true),
    StructField("sex",StringType,true),
    StructField("capital_gain",DoubleType,true),
    StructField("capital_loss",DoubleType,true),
    StructField("hours_per_week",DoubleType,true),
    StructField("native_country",StringType,true),
    StructField("income",StringType,true)
))
val dfraw=sqlContext.createDataFrame(census_raw.map(Row.fromSeq(_)),
    adultschema)
```

1. 处理缺失值

这里有几个小问题（称之为“挑战”）。首先，检查数据（如通过使用 dfraw.show()列出前 20 行）时，将看到一些列具有缺失值（标记为“?”）。有以下几个处理缺失值的选项。

- 如果列中缺少大量数据，则可以从数据集中删除整个列，因为该列（特征）可能会对结果产生负面影响。

- 如果单个示例（行）中包含太多缺失值，则可以将其从数据集中删除。
- 可以将缺失值设置为列中最常见的值。
- 可以训练单独的分类或回归模型，并使用它来预测缺失值。

最后一个选项显然是最复杂和最耗时的，因此将通过计算所有值和使用最常用的值来实现第三个选项。

缺失值仅在这三列中出现：workclass、occupa 和 native_country。下面来研究 workclass 列中各个值的计数。

```
scala> dfraw.groupBy(dfraw("workclass")).count().rdd.foreach(println)
[?,2799]
[Self-emp-not-inc,3862]
[Never-worked,10]
[Self-emp-inc,1695]
[Federal-gov,1432]
[State-gov,1981]
[Local-gov,3136]
[Private,33906]
[Without-pay,21]
```

You can see that the valuePrivate occurs the most often in the workclass column. For the occupation column, the value Prof-specialty is the most common. For the native_country column it is, not surprisingly, United-States. You can now use this information to *impute* (which is the official term) the missing values with the Data-FrameNaFunctions class, available through the DataFrame's na field:

可以看到，“Private”值最常出现在 workclass 列中。对于 occupation 列，Prof-specialty 值是最常见的。native_country 列的最常用值是 United-States。现在可以使用这些信息通过 DataFrame 的 na 字段使用 DataFrameNaFunctions 类来估算（这是官方术语）缺失值。

```
val dfrawrp = dfraw.na.replace(Array("workclass"),
    Map("?" -> "Private"))
val dfrawrpl = dfrawrp.na.replace(Array("occupation"),
    Map("?" -> "Prof-specialty"))
val dfrawnona = dfrawrpl.na.replace(Array("native_country"),
    Map("?" -> "United-States"))
```

replace 方法采用列名称数组，并替换第二个参数中的映射指定的值。DataFrameNaFunctions 还可以使用 fill 方法的多个版本填充缺少（null）值，如果它们包含一定数量的缺失值（由多个版本的 drop 方法实现）则删除行。[1]

2. 处理类别值

还有一个挑战：dfrawnona 数据框架中的大多数值都是字符串值，分类算法无法处理它

[1] 有关更多信息，请查看 http://mng.bz/X3Zg 上的官方文档。

们。所以首先需要将数据转换为数值。但是即使这样做，仍然会遇到问题，因为数字编码会按照类别数字值进行排序，并且经常搞不清楚应如何排序。如果将 marital status 字段的值（separated、divorced、never married、widowed、married[㊀]）编码为 0~4 的整数值，是对它们的意义的现实解释吗？never married“大于” separated？不，不是。因此，更常用的是一种称为独热编码的技术。

在独热编码中，一个列扩展到和列中所具有的不同的值一样多的列，因此对于单个行，只有一个列包含 1 并且其他所有列都包含 0。以 marital status 列为例（见图 8-3），列将扩展为 5 列（值从 0~4），如果一行包含 married 值，则新列包含值 0，0，0，0，1。以这种方式，所有可能的值变得同样重要。

marital status
separated
divorced
widowed
married
widowed
separated
never married
married

→

married	divorced	separated	widowed	never Married
0	0	1	0	0
0	1	0	0	0
0	0	0	1	0
1	0	0	0	0
0	0	0	1	0
0	0	1	0	0
0	0	0	0	1
1	0	0	0	0

图 8-3　marital status 列的独热编码。它被扩展为 5 个新的列，每列只包含 1 和 0。每行只包含一个列中对应于原始列值的 1

新的 Spark ML 库中的 3 个类可以处理分类值。

- StringIndexer。
- OneHotEncoder。
- VectorAssembler。

3. 使用 StringIndexer

StringIndexer 可以将 String 分类值转换为这些值的整数索引。StringIndexer 接受一个 DataFrame 并拟合一个 StringIndexerModel，然后将其用于列的转换。必须拟合和要转换的列一样多的 StringIndexerModel。可以用下面的方法来实现。

```
import org.apache.spark.sql.DataFrame
def indexStringColumns(df:DataFrame, cols:Array[String]):DataFrame = {
  var newdf = df
  for(col <- cols) {
```

㊀ 在这里省略了一些其他可能的值。

```
val si = new StringIndexer().setInputCol(col).setOutputCol(col+"-num")
                        对于 col 参数中的每一列，
                        拟合一个 StringIndexer 模型
val sm:StringIndexerModel = si.fit(newdf) <-
        通过将转换的值放在带有扩展名"-num"的新列
        来创建 DataFrame；删除旧列
  newdf = sm.transform(newdf).drop(col) <-
  newdf = newdf.withColumnRenamed(col+"-num", col) <-
}                                    将新列重命名为旧名称
  newdf
}
val dfnumeric = indexStringColumns(dfrawnona, Array("workclass",
  "education", "marital_status", "occupation", "relationship", "race",
  "sex", "native_country", "income")) <-  将 dfrawnona DataFrame 的列转换为数值
```

StringIndexerModel 还将元数据添加到其转换的列中。此元数据包含有关列包含的值类型的信息（二进制、标称值、数值型）。一些算法依赖于这个元数据。

4. 使用 OneHotEncoder 编码数据

有助于数据准备的第二个类是 OneHotEncoder，其中一个对列进行热编码，并将结果作为一个热编码的稀疏向量放入新列中。在这里，提供一个方法 oneHotEncodeColumns，可以使用它来对任意数量的列进行独热编码。提供一个 DataFrame 对象和数值列的列表，它将使用具有独热码值的向量替换每个列：

```
def oneHotEncodeColumns(df:DataFrame, cols:Array[String]):DataFrame = {
    var newdf = df
    for(c <- cols) {          为每个指定列创建 OneHotEncoder
        val onehotenc = new OneHotEncoder().setInputCol(c) <-
        onehotenc.setOutputCol(c+"-onehot").setDropLast(false)
        newdf = onehotenc.transform(newdf).drop(c) <-        创建新列并删除旧列
        newdf = newdf.withColumnRenamed(c+"-onehot", c)
    }                          将新列重命名为旧名称
    newdf
}
val dfhot = oneHotEncodeColumns(dfnumeric, Array("workclass", "education",
"marital_status", "occupation", "relationship", "race", "native_country"))
```

5. 使用 VectorBemerberer 合并数据

最后一步是将所有这些新向量和原始列合并到包含所有特征的单个向量列中。默认情况下，Spark ML 算法使用两列，分别命名为 features 和 label。如果从第 7 章回想起，MLlib 算法使用包含 LabeledPoint 对象的 RDD。如果将包含 LabeledPoint 的 RDD 转换为 DataFrame

（使用 toDF 方法），则生成的 DataFrame 包含两列：features 和 label。所以可以说 DataFrame 和 LabeledPoint 是等价的。

这是第三个有用的类 VectorAssembler 发挥作用。它需要一些列名（作为 inputCols 参数）、输出列名（作为 outputCol 参数）和 DataFrame，然后将所有输入列的值组合到输出列中。

最后一步是使用 VectorAssembler。输入列是 dfhot DataFrame 的所有列，减去 income 列：

```
val va = new VectorAssembler().setOutputCol("features").
    setInputCols(dfhot.columns.diff(Array("income")))
```

转换后，仍然需要重新命名 income 列 label：

```
val lpoints = va.transform(dfhot).select("features","income").
    withColumnRenamed("income","label")
```

VectorAssembler 还添加了组合特征的元数据。此外，一些算法依赖于这些。现在有一个带有标记点的数据框架，可以继续拟合逻辑回归模型了。

8.2.3 训练模型

与任何机器学习模型一样，必须在准备的数据上训练它。这意味着算法需要尽可能多地找到具有与数据对应的参数的模型。

Spark 中的逻辑回归模型可以使用 MLlib 类 LogisticRegressionWithSGD 和 LogisticRegressionWithLBFGS（这提供了一个 Mllib LogisticRegressionModel 对象）以及使用新的 ML API 类 LogisticRegression（这提供了一个 ML LogisticRegressionModel 对象）来训练。

现在使用与上一章中相同的原则将数据集分为训练和验证集。DataFrames 还为此提供了一个 randomSplit 方法，与 RDD 相同：

```
val splits = lpoints.randomSplit(Array(0.8,0.2))
val adulttrain = splits(0).cache()
val adultvalid = splits(1).cache()
```

下面将使用训练集来拟合模型，然后使用验证集来测试模型的性能。请注意，这些集合缓存在内存中：这对于本质上是迭代的机器学习算法很重要，并可以多次重复使用相同的数据集多次。

要训练逻辑回归模型，请在 LogisticRegression 对象上设置参数并调用其 fit 方法传入 DataFrame：

```
val lr = new LogisticRegression
lr.setRegParam(0.01).setMaxIter(500).setFitIntercept(true)
val lrmodel = lr.fit(adulttrain)
```

如第 8.1 节所述，还可以使用 fit 方法设置参数：

```
val lrmodel = lr.fit(adulttrain,ParamMap(lr.regParam -> 0.01,
    lr.maxIter -> 500,lr.fitIntercept -> true))
```

Spark ML 中的逻辑回归使用 LBFGS 算法来最小化损失函数，因为它收敛速度更快，更易于使用。Spark 中的逻辑回归实现也会自动缩放这些特征。

解释模型参数

现在可以检查算法找到的模型参数：

```
scala> lrmodel.weights
res0:org.apache.spark.mllib.linalg.Vector =
[0.02253347752531383,5.79891265368467E-7,1.4056502945663293E-4,
5.405187982713647E-4,0.025912049724868744,-0.5254963078098936,
0.060803010946022244,-0.3868418367509028,...
scala> lrmodel.intercept
res1:Double=-4.396337959898011
```

在前一章中，经过训练的线性回归模型给出了权重，其权值直接对应于特定特征的重要性：换句话说，是它们对目标变量的影响。在逻辑回归中，对样本在某一类别中的概率感兴趣，但模型的权重不会线性地影响该概率。相反，它们线性地影响由该方程式给出的对数几率（从第 8.2.1 节重复）：

$$\ln\frac{p(\boldsymbol{x})}{1-p(\boldsymbol{x})}=\boldsymbol{w}^{\mathrm{T}}\boldsymbol{x}$$

从 log-odds 方程式，计算几率的方程如下：

$$\frac{p(\boldsymbol{x})}{1-p(\boldsymbol{x})}=\mathrm{e}^{\boldsymbol{w}^{\mathrm{T}}\boldsymbol{x}}$$

下面了解各个权重参数如何影响概率。如果将单个特征（假设为 x_1）增加 1 并保持所有其他值不变，会发生什么？可以看出，这等于将几率乘以 e_1^{w}。

如果以 age 维度为例，相应的权重参数为 0.0225335（四舍五入）。$\mathrm{e}^{0.0225335}$等于 1.0228，这意味着年龄增加 1，每年赚取 50000 美元以上的人的概率增加了 2.28%。简而言之，这就是解释逻辑回归参数的方法。

8.2.4　评估分类模型

现在已经有一个训练过的模型，可以看到它在训练数据集上的表现如何。首先，使用线性回归模型 lrmodel（转换器）来转换验证数据集，然后使用 BinaryClassificationEvaluator 来评估模型的性能：

```
val validpredicts=lrmodel.transform(adultvalid)
```

validpredicts DataFrame 现在包含来自 adultvalid DataFrame 的标签和特征列，以及一些其他列：

```
scala> validpredicts.show()
```

```
+-----------------+-----+---------------+--------------+--------+
|(103,[0,1,2,4,5,6...|  0.0|[1.00751014104...|[0.73253259721...|     0.0|
|(103,[0,1,2,4,5,6...|  0.0|[0.41118861448...|[0.60137285202...|     0.0|
|(103,[0,1,2,4,5,6...|  0.0|[0.39603063020...|[0.59773360388...|     0.0|
...
```

probability 列包含具有两个值的向量：样本不在类别的概率（此人年薪低于 50000 美元）及其在类别的概率。这两个值总是加起来为 1。rawPrediction 列也包含具有两个值的向量：样本不属于类别的对数几率和属于类别的对数几率。这两个值总是相反的数字（它们加起来为 0）。prediction 列包含 1 和 0，表示样本是否可能属于该类别。如果其概率大于某个阈值（默认为 0.5），则样本可能属于该类别。

可以使用参数（如 outputCol、rawPredictionCol、probabilityCol 等）自定义所有这些列的名称（包括 features 和 label）。

1. 使用 BinaryClassificationEvaluator

要评估模型的性能，可以使用 BinaryClassificationEvaluator 类及其 evaluate 方法：

```
scala> val bceval = new BinaryClassificationEvaluator()
bceval: org.apache.spark.ml...
scala> bceval.evaluate(validpredicts)
res0: Double = 0.9039934862200736
```

这个结果是什么意思，它是如何计算出来的？可以通过调用 getMetricName 方法来检查 BinaryClassificationEvaluator 使用的度量标准：

```
scala> bceval.getMetricName
res1: String = areaUnderROC
```

这个度量被称为“接收器工作特性曲线下的面积”。还可以通过设置 setMetricName("areaunderpr")来配置 BinaryClassificationEvaluator 以计算“精确率与召回率曲线下的面积”。

为了理解这些术语的含义，首先需要理解精确率和召回率。

2. 精确率和召回率

第 7 章使用 RMSE 来评估线性回归的性能。当评估分类结果（标称值）时，此方法是不合适的。相反，使用基于计算好和坏预测的度量。

要评估模型的性能，可以计算真正（TP），即正确分类为正的模型预测数，以及假正（FP），即预测为正但实际为负的样本。类似地，存在真负（TN）和假负（FN）。

从这 4 个数字来看，精确率（P）和召回率（R）度量计算如下：

$$P = \frac{TP}{TP+FP}, R = \frac{TP}{TP+FN}$$

换句话说，精确率是模型中的所有标记为正的真正的百分比。召回率是模型确认（或召回）的所有正的百分比。召回率也称为敏感度、真正率（TPR）和命中率。

所以，如果模型预测只有 0，则它的精确率和召回率都等于 0，因为没有真或假的正。

如果预测只有 1，则召回率等于 1，精确率将取决于数据集：如果数据集中正有很大的百分比，精确率也将接近 1，这是会产生误导的。

这就是为什么测量被称为 f 值或 f1 分数，这是更常用的。它被用来计算精确率和召回率的调和平均值：

$$f_1=\frac{2PR}{P+R}$$

如果两个度量（精确率或召回率）中的任何一个为 0，则 f1 分数将为 0，如果两者都近似 1，则它将近似 1。

3. 精确率-召回率曲线

当逐渐更改模型确定样本是否属于某个类别（如从 0~1）的概率阈值时，将获得精确率和召回率（PR）曲线，并且在每个点上都可以计算精确率和召回率。然后，将得到的值绘制在同一个图形上（y 轴上的精确率和 x 轴上的召回率）。

如果增加概率阈值，则会有很少的假正，因此精确率会上升，但是召回率会下降，因为数据集中的少数正将会被识别。如果降低阈值，则精确率会下降，因为更多的正（真的和假的）将被识别，但召回率会上升。

Python　Python 中的 BinaryClassificationMetrics 类不提供用于在不同阈值下计算精确率和召回率值的方法，但它提供 areaUnderPR 和 areaUnderROC 度量。

可以使用 setThreshold 方法更改模型的阈值。来自 MLlib 库的 BinaryClassificationMetrics 类可以计算包含具有 predictions 和 labels 的元组的 RDD 的精确率和召回率。这里给出一个名为 computePRCurve 的小方法（可以在在线存储库中找到它），其输出阈值为 0~1 范围内 11 个值的精确率和召回率。所得到的 PR 曲线如图 8-4 所示。

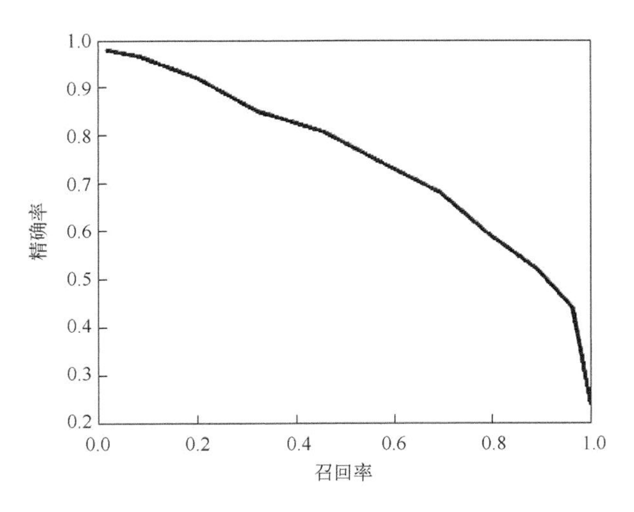

图 8-4　示例模型的精确率和召回率曲线

最后，当使用前面提到的 BinaryClassificationEvaluator 类时，PR 曲线下的面积是可用的两个度量之一。在这种情况下，PR 曲线下的面积为 0.7548，结果不错。

4. 接收者操作特征曲线

当使用 BinaryClassificationEvaluator 时，第二个可用度量（和默认度量）是接收者操作特征（ROC）曲线下的面积。ROC 曲线与 PR 曲线相似，但在 y 轴上绘制了召回率（TPR），在 x 轴上绘制了假正率（FPR）。FPR 计算为所有负样本中假正的百分比：

$$\text{FPR}=\frac{\text{FP}}{\text{FP}+\text{TN}}$$

换句话说，FPR 测量模型错误地归类为正的所有负样本的百分比。示例模型的 ROC 曲线如图 8-5 所示。它的数据是使用在线存储库中的 computeROCCurve 方法生成的。

理想的模型将具有较低的 FPR（较少数量的假正）和较高的 TPR（较少数量的假负），并且匹配的 ROC 曲线将会靠近左上角。靠近对角线的 ROC 曲线是随机结果的模型的标识。如果模型将 FPR 和 TPR 值放置在右下角，则可以将模型反转，以便输出更正确的结果。

图 8-5 所示的 ROC 曲线非常好。曲线下的匹配面积为 0.904，这非常高。

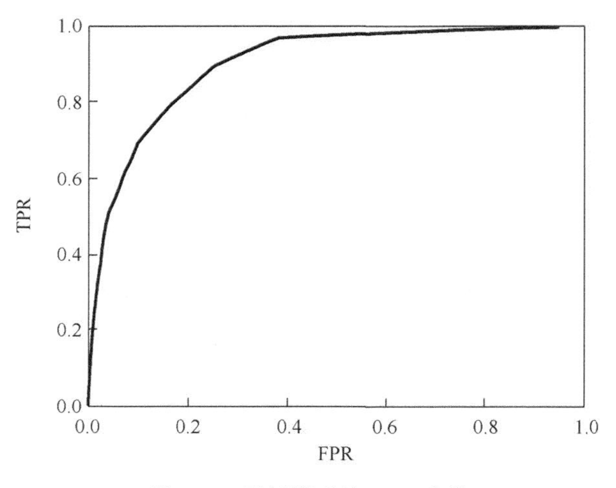

图 8-5　示例模型的 ROC 曲线

当数据集具有的正样本百分比较小时，PR 曲线可以提供比 ROC 曲线更相关的结果。ROC 曲线和 PR 曲线都用于比较不同的模型。

8.2.5　执行 k 折交叉验证

一般来说，使用交叉验证有助于更加可靠地验证模型的性能，因为它会多次验证模型并返回平均值作为最终结果。以这种方式，它不太可能过度拟合数据的一个特定视图。

正如上一章所说，k 折交叉验证包括将数据集划分为大小相等的 k 个子集，并每次训练排除了不同子集的 k 个模型。排除的子集用作验证集，所有其他子集一起用作训练集，如图 8-6 所示。

对于要验证的每组参数，需要训练所有 k 个模型，然后计算所有 k 个模型的平均误差（见图 8-6）。最后，选择一组参数，给出最小的平均误差。

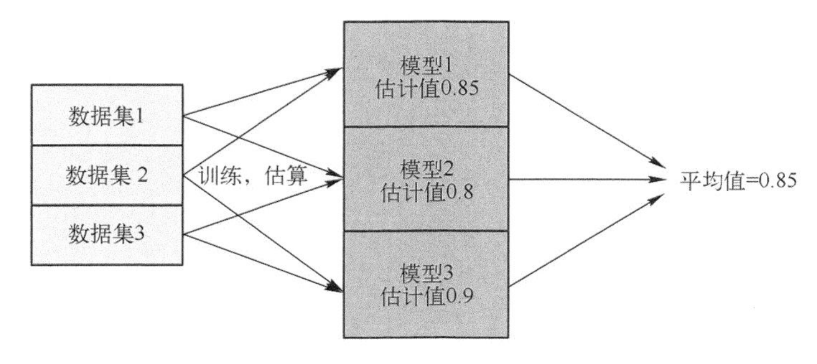

图 8-6　一个 3 折交叉验证的例子。数据集分为 3 个子集，用于训练具有相同参数的 3 个模型。将平均评估结果作为衡量使用所选参数的模型性能的一个度量

Spark ML 中的 CrossValidator 类可以自动执行此操作。给它一个估计器（如 LogisticRegression 对象）和一个评估器（BinaryClassificationEvaluator），然后设置它要使用的折数（默认值为 3）：

```
val cv = new CrossValidator().setEstimator(lr).
    setEvaluator(bceval).setNumFolds(5)
```

CrossValidator 在 setEstimatorParamMaps 方法中使用几组参数（ParamMaps 数组）。它为每个 ParamMap 对象执行 k 折交叉验证。另一个类 ParamGridBuilder 可以轻松地生成参数组合作为 ParamMaps 数组。可以添加带有单个参数值集的网格，然后构建完整的网格，如下所示：

```
scala> val paramGrid = new ParamGridBuilder().
    addGrid(lr.maxIter, Array(1000)).
    addGrid(lr.regParam, Array(0.0001, 0.001, 0.005, 0.01, 0.05, 0.1)).
    build()
```

为了使用 LBFGS 进行逻辑回归，只有正则化参数是相关的，所以只有 regParam 参数在参数网格中变化，最大迭代次数保持在 1000。最后，将参数网格送到 CrossValidator：

```
scala> cv.setEstimatorParamMaps(paramGrid)
```

当调用 cv CrossValidator 的 fit 方法时，它拟合必要的模型并返回最佳的模型，由 bceval 评估器衡量（可能需要一些时间）：

```
scala> val cvmodel = cv.fit(adulttrain)
```

返回的模型是 CrossValidatorModel 类型，可以通过 bestModel 字段访问选定的逻辑回归模型：

```
scala> cvmodel.bestModel.asInstanceOf[LogisticRegressionModel].coefficients
```

```
res0:org.apache.spark.mllib.linalg.Vector=
    [0.0248435418248564,7.555156155398289E-7,3.1447428691767557E-4,
6.176181173588984E-4,0.027906992593851074,-0.7258527114344593,...
```

此外，要了解哪种正则化参数被作为最佳选择，可以访问 bestModel 的父级（不能在 Python 中执行此操作）：

```
scala>cvmodel.bestModel.parent.asInstanceOf[LogisticRegression].getRegParam
res1:Double=1.0E-4
```

0.0001 的正则化参数给出最好的结果。现在可以在验证数据集上测试其性能：

```
scala> new BinaryClassificationEvaluator().
    evaluate(cvmodel.bestModel.transform(adultvalid))
res2:Double=0.9073005687252869
```

如上所见，CrossValidatorModel 使得执行 k 折交叉验证变得简单。虽然不能将其用于不同算法的模型比较，但可以加速不同参数组之间的比较。

8.2.6 多类逻辑回归

如前所述，多级分类意味着分类器将输入示例分为几个类。Spark ML 的逻辑回归此时不支持多类分类，但可以使用 MLlib 的 LogisticRegressionWithLBFGS 来执行。这里没有详细介绍 LogisticRegressionWithLBFGS㊀，但是将展示使用二分类模型执行多类分类的另一种方法，被称为一对多策略。

当使用一对多策略时，每个类训练一个模型，每次将所有其他类（the rest）视为“负”。然后，当对新的样本进行分类时，可以使用所有训练的模型对它们进行分类，并选择与给出最高概率的模型相对应的类。

为此，Spark ML 提供了 OneVsRest 类。它生成一个可用于数据集转换的 OneVsRestModel。由于 Spark ML 库中的多类评估器在写入时不存在于 Spark 中，因此将使用 MLlib 中的 MulticlassMetrics 类。

下面将介绍如何在包含从手写数字缩放图像中提取的数据的示例数据集上使用这些类。这是一个可从 UCI 机器学习库获得的公共数据集㊁，其中包含 10992 个从 0~9 手写数字的样本。每个样本包含 16 个像素，亮度值为 0~100。

PYTHON OneVsRest 在 Python 中不可用。

首先，从在线存储库下载 penbased.dat 文件，并将其加载到 Spark 中，方式与成年人数据集相同（参见第 8.2.2 节）：

```
StructField("pix1",IntegerType,true),StructField("pix2",IntegerType,true),
StructField("pix3",IntegerType,true),StructField("pix4",IntegerType,true),
```

㊀ 可以在官方 Spark 配置中找到一个例子：http://mng.bz/Ab91。

㊁ 可以在 http://mng.bz/9jHs 找到它。

```
StructField("pix5",IntegerType,true),StructField("pix6",IntegerType,true),
StructField("pix7",IntegerType,true),StructField("pix8",IntegerType,true),
StructField("pix9",IntegerType,true),StructField("pix10",IntegerType,true),
StructField("pix11",IntegerType,true),StructField("pix12",IntegerType,true),
StructField("pix13",IntegerType,true),IntegerType ("pix14",IntegerType,true),
StructField("pix15",IntegerType,true),StructField("pix16",IntegerType,true),
StructField("label",IntegerType,true)))
val pen_raw=sc.textFile("first-edition/ch08/penbased.dat",4).
    map(x => x.split(",")).
    map(row => row.map(x => x.toDouble.toInt))
import org.apache.spark.sql.Row
val dfpen=spark.createDataFrame(pen_raw.map(Row.fromSeq(_)),penschema)
import org.apache.spark.ml.feature.VectorAssembler
val va=new VectorAssembler().setOutputCol("features")
va.setInputCols(dfpen.columns.diff(Array("label")))
val penlpoints=va.transform(dfpen).select("features","label")
```

将数据集分为训练和验证集：

```
val pensets=penlpoints.randomSplit(Array(0.8,0.2))
val pentrain=pensets(0).cache()
val penvalid=pensets(1).cache()
```

现在可以使用数据集了。首先，将为 OneVsRest 指定一个分类器。在这里，将使用逻辑回归分类器（但也可以使用其他分类器）：

```
val penlr=new LogisticRegression().setRegParam(0.01)
val ovrest=new OneVsRest()
ovrest.setClassifier(penlr)
```

最后，将在训练集上拟合用以获取模型：

```
val ovrestmodel=ovrest.fit(pentrain)
```

刚获得的一对多模型包含 10 个逻辑回归模型（每个数字一个）。现在可以使用它来预测验证数据集中的样本类别：

```
val penresult=ovrestmodel.transform(penvalid)
```

正如之前所述 Spark ML 还没有多类评估器，所以需要使用 Spark MLlib 的 MulticlassMetrics 类。但它需要一个包含 prediction 和 label 的元组的 RDD。所以首先需要将 penresult DataFrame 转换为 RDD：

```
val penPreds=penresult.select("prediction","label").
    rdd.map(row => (row.getDouble(0),row.getDouble(1)))
```

最后将构建一个 MulticlassMetrics 对象：

```
val penmm = new MulticlassMetrics(penPreds)
```

多类分类器的召回率和精确率是相等的，因为所有假正的总和等于所有假负的总和。在这种情况下，它们等于 0.90182。MulticlassMetrics 还可以为每个类别提供精确率、召回率和 f 值：

```
scala> penmm.precision(3)
res0:Double = 0.9026548672566371
scala> penmm.recall(3)
res1:Double = 0.9855072463768116
scala> penmm.fMeasure(3)
res2:Double = 0.9422632794457274
```

它还可以显示混淆矩阵，它具有与类对应的行和列。第 i 行和第 j 列中的每个元素显示第 i 类中有多少元素归类为第 j 类：

```
scala> penmm.confusionMatrix
res3:org.apache.spark.mllib.linalg.Matrix =
228.0   1.0     0.0     0.0     1.0     0.0     1.0     0.0     10.0    1.0
 0.0    167.0   27.0    3.0     0.0     19.0    0.0     0.0     0.0     0.0
 0.0    11.0    217.0   0.0     0.0     0.0     0.0     2.0     0.0     0.0
 0.0    0.0     0.0     204.0   1.0     0.0     0.0     1.0     0.0     1.0
 0.0    0.0     1.0     0.0     231.0   1.0     2.0     0.0     0.0     2.0
 0.0    0.0     1.0     9.0     0.0     153.0   9.0     0.0     9.0     34.0
 0.0    0.0     0.0     0.0     1.0     0.0     213.0   0.0     2.0     0.0
 0.0    14.0    2.0     6.0     3.0     1.0     0.0     199.0   1.0     0.0
 7.0    7.0     0.0     1.0     0.0     4.0     0.0     1.0     195.0   0.0
 1.0    9.0     0.0     3.0     3.0     7.0     0.0     1.0     0.0     223.0
```

对角线上的值对应于正确分类的样本。可以看到，这个模型表现相当好。现在来看看决策树和随机森林如何处理这个数据集。

8.3 决策树和随机森林

本节将介绍如何使用决策树和随机森林，这些简单而强大的算法可用于分类和回归。这里将遵循这两个章节中用于其他算法的相同方法：解释它们的理论背景，然后展示如何在 Spark 中使用它们。

决策树算法使用树状的用户定义或学习规则集合来根据其特征值对输入示例进行分类。它可以使用从训练数据集学习的简单决策规则进行分类和回归分析。学习的决策规则可以被可视化，并且它们对算法的内部运算提供直观的解释。此外，决策树不需要数据规范化，它们可以处理数字和分类数据，并且可以使用缺失值。

它们容易过度拟合（参见第 7 章），对输入数据非常敏感。输入数据集的小变化可以大大改变决策规则。训练一个最优决策树是 NP-complete[⊖]（没有找到解决方案的有效方法），所以现有的实际解决方案在每个节点找到局部最优解，但不能保证是全局最优的。

随机森林对从原始数据集随机采样的数据训练一定数量的决策树。使用多个训练模型的方法通常称为集成学习方法。使用随机抽样数据来训练模型，然后将其结果求平均的过程称为装袋。装袋有助于减少方差，从而减少过度拟合。这并不是所有关于随机森林算法的说法。下面先来看看决策树。

8.3.1　决策树

决策树算法如何工作？它首先测试每个特征对整个训练数据集进行分类的程度。用于这个的度量称为不纯度和信息增益（稍后将详细介绍）。选择最佳特征作为节点，并根据所选特征的可能值创建离开节点的新分支。如果特征包含连续值，则将其划分为子范围（或箱子）。一个参数决定了每个特征将使用多少个箱子。

Spark 只创建二值决策树。也就是说，每个节点只有两个分支离开它。数据集根据分支（所选特征的值）划分，并为每个分支重复整个过程。如果分支仅包含单个类，或者如果分支达到某个树深度，则分支将变为叶节点，并且该分支的过程停止。

1. 一个富于启发性的例子

这可能听起来很复杂，所以下面用一个例子来说明。为了创建一个示例数据集，采用了上一章中使用的房屋数据集并简化了它，仅选择 age（年龄）、education（学历）、sex（性别）、hours worked per week（每周工作时间）和目标变量 income（收入）等特征，并将 income 值转换为分类标签（如果一个人的年薪超过 5 万美元为 1，否则为 0）。然后对数据进行采样，只得到 16 个样本。结果数据集显示在图 8-7 左侧。

age	hours per week	education	sex	income
25.0	40.0	bachelors	male	
39.0	40.0	some college	male	
27.0	30.0	HS-grad	female	
51.0	40.0	some college	male	50000美元
46.0	40.0	some college	female	
52.0	30.0	Prof-school	female	50000美元
48.0	35.0	10th	female	
36.0	40.0	HS-grad	female	
37.0	50.0	1HS-grad	male	
47.0	35.0	masters	male	50000美元
63.0	44.0	1Assoc-voc	female	
19.0	25.0	some college	female	
63.0	60.0	7th-8th	male	50000美元
59.0	40.0	HS-grad	male	50000美元
27.0	40.0	HS-grad	male	
58.0	40.0	some college	female	

1st level	2nd level	3rd level		
education	Age	sex	hours per week	income
bachelors	25.0	male	40.0	
some college	19.0	female	25.0	
some college	39.0	male	40.0	
some college	46.0	female	40.0	
some college	58.0	female	40.0	
HS-grad	36.0	female	40.0	
HS-grad	27.0	male	40.0	
HS-grad	27.0	female	30.0	
10th	48.0	female	35.0	
9th	37.0	male	50.0	
1st-4th	63.0	female	44.0	
Prof-school	52.0	female	30.0	
some college	51.0	male	40.0	50000 美元
HS-grad	59.0	male	40.0	50000 美元
masters	47.0	male	35.0	50000 美元
7th-8th	63.0	male	60.0	50000 美元

图 8-7　示例数据集用于训练决策树模型。该模型的算法首先通过 education 来划分数据集。所得到的左分支（黑色背景）以 age 划分，所得到的右分支（灰色背景）以 sex 划分。建立的模型（树）的深度为 3，有 7 个节点。列中的每个彩色单元组对应一个节点，加上在图中不可见的根节点

[⊖] Laurent Hyafil 和 Ronald L. Rivest，《Constructing Optimal Binary Decision Trees IsNP -Complete》，1976 年，http://mng.bz/9G3C。

接下来使用数据集训练决策树模型。算法使用原始数据集的方式如图 8-7 所示。第一步（在结果树的根节点中），算法确定应该首先选择 education 特征（这就是为什么 education 列在右边的表格中首先显示）。它将根据目标类别值（income）的 education 特征的可能类别划分为左侧类别，对应于图 8-8 中的左侧分支，并在图 8-7 中用深灰色背景描绘；对应于图 8-8 中的右侧分支，并在图 8-7 中以浅灰色背景进行了描述。所得到的右分支仅包含“正”示例（年薪大于 50000 美元），因此它被声明为叶节点（树中的最后节点）。

在下一步中，算法使用 age 特征。它重复相同的过程，只将左边 education 分支中的列值（因为右边的 education 分支中的值成为叶节点）分为两组。因为 age 是连续的，它使用阈值（值 48）而不是一组类别来划分值。这时左分支成为叶节点（预测分类值为 false）。对于右分支，选择 sex 特征，并且产生两个最后的叶节点。该算法从来没有使用 hours per week 特征，因此该特征不会对预测产生影响。相应的决策树如图 8-8 所示。

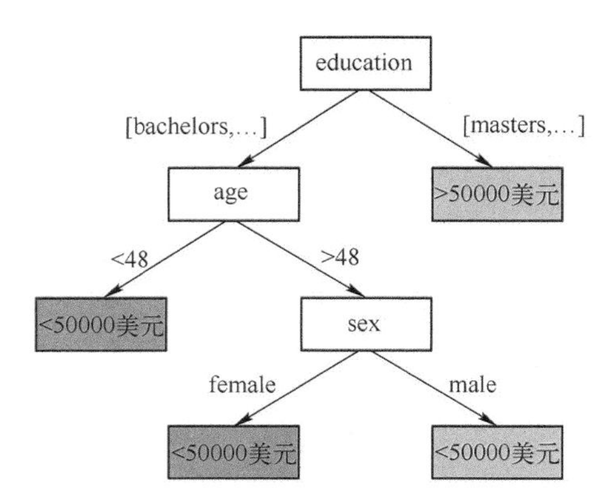

图 8-8　与图 8-7 所示数据对应的决策树。决策树有 7 个节点，深度为 3。根据预测，叶节点被绘制为黑色或灰色背景。

图 8-8 中具有白色背景的节点对应于用于分割数据集的列，而深灰色和浅灰色箭头对应于数据的左和右子集。具有深灰色和浅灰色背景的节点是包含最终预测值的叶节点。经过训练的决策树有 7 个节点，深度为 3。决策树可用于快速分类传入的特征向量。

2. 理解不纯度与信息增益

决策树算法使用不纯度和信息增益来确定要分割的特征。决策树中使用了两种不纯度：熵和基尼不纯度。基尼不纯度是 Spark 和其他决策树实现中的默认值。

熵（香农熵）来自信息论，是衡量消息中包含的信息量的指标。数据集 D 的熵被计算为

$$E(D)=\sum_{j=i}^{K} -P(C_j)\log_2 P(C_j)$$

式中，K 是目标类的数量，$p(Cj)$ 是第 j 类 Cj 的比例。对于图 8-7 所示的二值分类示例数据集，熵等于：

$$E(D)=-\frac{5}{16}\log_2\frac{5}{16}-\frac{11}{16}\log_2\frac{11}{16}=0.3125\times1.678072+0.6875\times0.540568=0.896038$$

如果数据集中只有一个类，则熵等于 0。如果所有类在数据集中平均存在，则熵达到最大值。对于二值分类，此最大值等于 1。

基尼不纯度是衡量数据集随机选择的元素，如果根据数据集中标签分布进行随机标记的

错误标记的度量，[⊖]它是这样计算的：

$$Gini(D)=1-\sum_{j=1}^{K}P(C_j)^2$$

如果所有类在数据集中平均存在（在两个类的情况下等于 0.5），则它也达到最大值，如果数据集只包含一个类（目标变量的值），则等于 0。例如，图 8-8 中的数据集等于 0.4296875。

这就是不纯度的计算方法。当决定如何分割数据集时，使用信息增益度量。它代表根据特征 F 分解数据集 D 后的预期不纯度减少。它以下列方式计算

$$IG(D,F)=I(D)-\sum_{s\varepsilon subsets(F)}\frac{|D_s|}{|D|}I(D_s)$$

式中：subsets（F）是分割后的特征 F 的子集，$|D_s|$ 是子集 s 中的元素数，$|D|$ 是数据集中元素的数量。在前面的例子中，当根据特征 education 分割数据集时，信息增益等于以下结果。注意，在本例中熵用于计算不纯度：

$$IG(D,F_{\text{education}})=0.896038-\frac{13}{16}\times\left(-\frac{2}{13}\log_2\frac{2}{13}-\frac{11}{13}\log_2\frac{11}{13}\right)-\frac{3}{16}=0.3928$$

如果选择任何其他分类的教育类别，则信息增益将会降低。通过检查图 8-7 中的 education 和 income 列，这是很明显的。如果把 bachelors 特征转移到右侧的分支，如右分支将不再包含一个单一的类（bachelors 的类是“<50000 美元”，另外两个浅灰色教育值-Masters 和 7th-8th-都有“>50000 美元”的类别），其不纯度将大于零，从而减少信息增益。该算法使用信息增益来决定如何在决策树的每个节点分割数据集。

3. 训练决策树模型

现在将使用以前用于多类逻辑回归的同一手写数字数据集来训练一个决策树模型。但在使用数据集之前，需要一个额外的数据准备步骤。需要添加列元数据，决策树算法需要确定可能类的数量。用户可以使用 StringIndexer 类（与第 8.2.2 节中使用的将类别字符串值转换为整数标称值相同的类），因为 StringIndexer 将所需的元数据信息添加到转换后的列。在第 8.2.6 节中加载的 penlpoints DataFrame 包含数据集，可以使用以下代码片段添加元数据信息：

```
val dtsi=new StringIndexer().setInputCol("label").setOutputCol("label-i")
val dtsm:StringIndexerModel=dtsi.fit(penlpoints)
val pendtlpoints=dtsm.transform(penlpoints).drop("label").
    withColumnRenamed("label-i","label")
```

与往常一样，将数据集分为训练集和验证集是必要的：

```
val pendtset=penlpointsf.randomSplit(Array(0.8,0.2))
val pendttrain=pendtsets(0).cache()
```

⊖　如维基百科定义：https://en.wikipedia.org/wiki/Decision_tree_learning#Gini_impurity。

```
val pendtvalid=pendtsets(1).cache()
```

Spark ML 中的决策树分类算法由 DecisionTreeClassifier 类实现。用于回归的决策树由 DecisionTreeRegressor 类实现，但不会在此使用它。它可以配置多个参数：

- maxDepth 确定最大树深。默认值为 5。
- maxBins 确定在连续特征划分时创建的最大箱子数。默认值为 32。
- minInstancesPerNode 设置每个分支在分割后需要具有的最小数据集样本数。默认值为 1。
- minInfoGain 将分割的最小信息增益设置为有效（否则，分割将被丢弃）。默认值为 0。

大多数情况下，默认参数正常工作。对于这个例子，需要将最大深度调整为 20（因为 5 级的默认深度不够），并通过调用训练集上的 fit 来训练模型：

```
val dt=new DecisionTreeClassifier()
dt.setMaxDepth(20)
val dtmodel=dt.fit(pendttrain)
```

4. 检查决策树

如前所述，决策树的优点之一是学习的决策规则可以被可视化，并且可以提供算法的内部工作原理的直观解释。在 Spark 中如何检查模型的学习决策规则？

可以先检查树的根节点（请注意，这些结果高度依赖于数据集的分割方式，因此结果可能有所不同）：

```
scala> dtmodel.rootNode
res0:org.apache.spark.ml.tree.Node=InternalNode(prediction=0.0,
impurity=0.4296875,split=org.apache.spark.ml.tree.
CategoricalSplit@557cc88b)
```

在这里可以看到根节点的计算不纯度（等于 0.4296875）。还可以通过检查 rootNode 分割的 featureIndex 字段来查看第一个节点上的分割使用了哪个特征（需要先将根节点转换为 InternalNode）：

```
scala> dtmodel.rootNode.asInstanceOf[InternalNode].split.featureIndex
res1:Int=15
```

PYTHON　*无法访问 Python 中的根节点。*

索引 15 对应于数据集中的最后一个像素。使用 split 字段，还可以看到使用哪个阈值来分割特征 15 的值：

```
scala> dtmodel.rootNode.asInstanceOf[InternalNode].split.
    asInstanceOf[ContinuousSplit].threshold
res2:Double=51.0
```

如果特征 15 是分类值，则拆分将是 CategoricalSplit 类的实例，可以访问其 leftCategories 和 rightCategories 字段来检查每个分支使用哪些类别。

此外，可以访问左右节点：

```
dtmodel.rootNode.asInstanceOf[InternalNode].leftChild
dtmodel.rootNode.asInstanceOf[InternalNode].rightChild
```

可以继续该模型中所有节点的过程。

5. 评估模型

现在可以使用 MulticlassMetrics 转换验证集并评估模型，就像对多类逻辑回归进行的那样：

```
scala> val dtpredicts = dtmodel.transform(pendtvalid)
scala> val dtresrdd = dtpredicts.select("prediction","label").rdd
.map(row => (row.getDouble(0),row.getDouble(1)))
scala> val dtmm = new MulticlassMetrics(dtresrdd)
scala> dtmm.precision
res0:Double = 0.951442968392121
scala> dtmm.confusionMatrix
res1:org.apache.spark.mllib.linalg.Matrix =
192.0  0.0    0.0    9.0    2.0    0.0    2.0    0.0    0.0    0.0
0.0    225.0  0.0    1.0    0.0    1.0    0.0    0.0    3.0    2.0
0.0    1.0    217.0  1.0    0.0    1.0    0.0    1.0    1.0    0.0
9.0    1.0    0.0    205.0  5.0    1.0    3.0    1.0    1.0    0.0
2.0    0.0    1.0    1.0    221.0  0.0    2.0    3.0    0.0    0.0
0.0    1.0    0.0    1.0    0.0    201.0  0.0    0.0    0.0    1.0
2.0    1.0    0.0    2.0    1.0    0.0    207.0  0.0    2.0    3.0
0.0    0.0    3.0    1.0    1.0    0.0    1.0    213.0  1.0    2.0
0.0    0.0    0.0    2.0    0.0    2.0    2.0    4.0    198.0  6.0
0.0    1.0    0.0    0.0    1.0    0.0    3.0    3.0    4.0    198.0
```

可见，如果没有太多准备，决策树会给出比逻辑回归更好的结果。逻辑回归的精确率和召回率为 0.90182，而在这里它们为 0.95，增幅为 5.5%。但随机森林可以给出更好的结果。

8.3.2　随机森林

随机森林是强大的分类和回归算法，它可以在无须大量调整的情况下提供出色的结果。如前所述，随机森林算法是训练多个决策树并通过对所有决策树的结果进行平均来选择最佳结果的集成方法。这使得算法可以避免过度拟合，并找到特定决策树不能自己找到的全局最优。

随机森林还使用特征装袋，其中在决策树的每个节点中仅随机选择特征的一个子集，并且根据该缩减的特征集来确定最佳分割。这样做的原因是当决策树相关（类似）时，随机森林模型的错误率增加。特征装袋使决策树的相似性降低。

随机森林给出了更好的结果，减少了过度拟合，并且通常易于训练和使用，但它们并不像决策树那样容易理解和可视化。

在 Spark 中使用随机森林

Spark 中的随机森林由 RandomForestClassifier 和 RandomForestRegressor 类实现。因为本章是关于分类的，所以将使用 RandomForestClassifier。可以使用两个附加参数进行配置。

- numTrees 是要训练的树的数量。默认值为 20。
- featureSubsetStrategy 确定特征装袋的完成方式。它的值可以是以下之一：all（使用所有特征）、onethird（随机选择 1/3 的特征）、sqrt（随机选择 sqrt（特征数量））、log2（随机选择 log2（特征数量））或 auto，这意味着 sqrt 用于分类，onethird 用于回归。默认值为 auto。

大多数情况下，默认值都可以正常工作。如果想训练大量的树，则需要确保给驱动器提供足够的内存，因为经过训练的决策树被保存在驱动器的内存中。

训练随机森林分类模型很简单：

```
val rf=new RandomForestClassifier()
rf.setMaxDepth(20)
val rfmodel=rf.fit(pendttrain)
```

有一个可用的模型，可以通过访问 trees 字段检查它所训练的树：

```
scala> rfmodel.trees
res0:Array[org.apache.spark.ml.tree.DecisionTreeModel] =
Array(DecisionTreeClassificationModel of depth 20 with 833 nodes,
DecisionTreeClassificationModel of depth 17 with 757 nodes,
DecisionTreeClassificationModel of depth 16 with 691 nodes,...
```

转换验证集后，可以使用 MulticlassMetrics 类以常规的方式评估模型的性能：

```
scala> val rfpredicts=rfmodel.transform(pendtvalid)
scala> val rfresrdd=rfpredicts.select("prediction","label").
rdd.map(row => (row.getDouble(0),row.getDouble(1)))
scala> val rfmm=new MulticlassMetrics()
scala> rfmm.precision
res1:Double=0.9894640403114979
scala> rfmm.confusionMatrix
res2:org.apache.spark.mllib.linalg.Matrix =
205.0  0.0    0.0    0.0    0.0    0.0    0.0  0.0  0.0  0.0
0.0    231.0  0.0    0.0    0.0    0.0    0.0  0.0  1.0  0.0
0.0    0.0    221.0  1.0    0.0    0.0    0.0  0.0  0.0  0.0
5.0    0.0    0.0    219.0  0.0    0.0    2.0  0.0  0.0  0.0
0.0    0.0    0.0    0.0    230.0  0.0    0.0  0.0  0.0  0.0
0.0    1.0    0.0    0.0    0.0    203.0  0.0  0.0  0.0  0.0
```

```
1.0  0.0  0.0  1.0  0.0  0.0  216.0   0.0    0.0    0.0
0.0  0.0  1.0  0.0  2.0  0.0    0.0  219.0   0.0    0.0
0.0  0.0  0.0  1.0  0.0  0.0    0.0    1.0  212.0   0.0
0.0  0.0  0.0  0.0  0.0  0.0    2.0    2.0    2.0  204.0
```

这里随机森林模型的精确率为 0.99，这意味着其误码率只有 1%。这比决策树的精确率好 4%，比逻辑回归好 10%，而且根本不需要调整算法。

这些都是非常好的结果。这也不足为奇。随机森林是最受欢迎的算法之一，因为它具有出色的性能和易用性。它也被证明在高维数据集上表现同样出色，[1]但在其他算法中并不适用。

8.4　使用 k-均值聚类

本书介绍的最后的机器学习算法是聚类。聚类的任务是基于某种相似性度量将一组示例分组成几个组（簇）。聚类是一种无监督的学习方法，这意味着与分类不同，这些示例在聚类之前不被标记：聚类算法学习标签本身。

例如，分类算法获得一组标记为猫和狗的图像，并且它将学习如何在将来的图像上识别猫和狗。聚类算法可以尝试发现不同图像之间的差异，并自动将其分为两组，但不知道每个组的名称。最多可以将它们标记为“组 1”和“组 2”。

聚类可以用于许多目的，如下所述。

- 将数据分组（如客户细分或通过相似习惯对客户进行分组）。
- 图像分割（识别图像中的不同区域）。
- 检测异常。
- 文本分类或识别一组文章中的主题。
- 分组搜索结果（如 www.yippy.com 搜索引擎自动根据类别对结果进行分组）。

聚类数据集中缺少标签的原因可能是标记所有数据太贵和费时（如分组搜索结果时）或该簇未被提前知道（如市场细分），用户希望该算法找到簇，以便可以更好地了解数据。Spark 提供以下聚类算法的实现。

- k-均值聚类。
- 高斯混合模型。
- 幂迭代聚类。

k-均值聚类是三者中最简单和最常用的。不幸的是，它具有以下缺点：处理非球形簇和不均匀大小的簇（密度不均匀或半径不均匀）是有困难的。它也不能有效地利用在第 8.2.2 节中使用的独热编码功能。它通常用于分类文本文档，以及词频-逆文档频率（TF-IDF）特征向量化方法。[2]

---

[1] Rich Caruana 等人，《An Empirical Evaluation of Supervised Learning in High Dimensions》，纽约州伊萨卡的康奈尔大学。

[2] 有关更多信息，请参阅 Spark 文档中的 TF-IDF：http://mng.bz/4GE3。

高斯混合模型（或高斯混合）是一种基于模型的聚类技术，这意味着每个簇都由高斯分布表示，模型是这些分布的混合。与执行硬聚类（建模示例是否属于簇）的 k-均值不同，它执行软聚类（将示例属于簇的概率建模）。因为高斯混合模型不能很好地扩展到具有多个维度的数据集，所以不在这里讨论。

幂迭代聚类是一种谱聚类的形式，它的数学运算对本章来说太高级了。它在 Spark 中的实现基于 GraphX 库，将在下一章中介绍。

本节的其余部分专门用于介绍 k-均值聚类：解释 k-均值聚类如何工作，然后在之前使用的手写数字数据集上执行聚类。

8.4.1 k-均值聚类

假设在二维数据集中有一组示例，如图 8-9 中左上图所示，并且希望将这些示例分组到两个簇中。

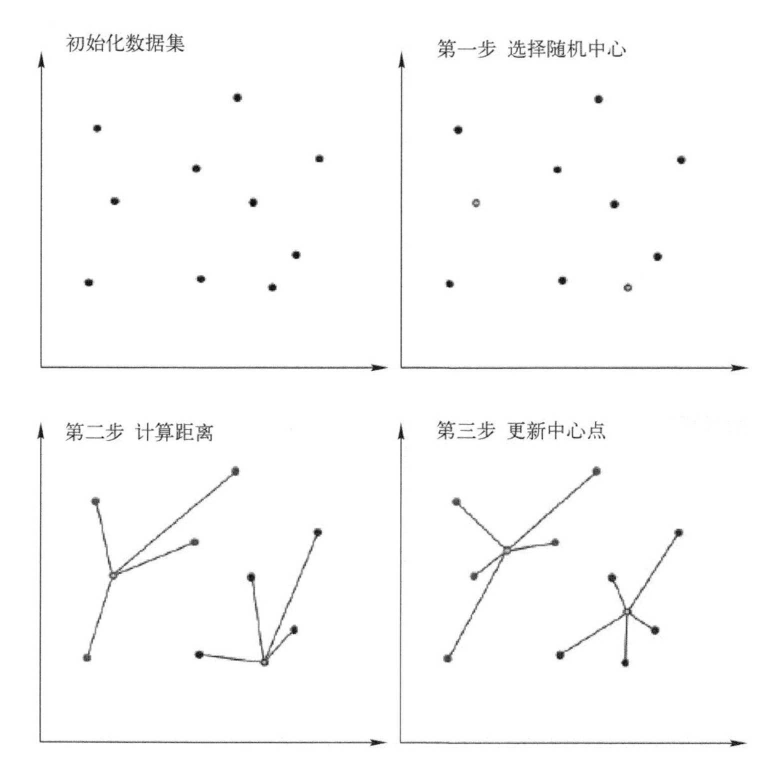

图 8-9 运行 k-均值聚类算法

第一步，k-均值聚类算法随机选择两点作为簇中心。第二步，计算数据集中每个中心到所有点的距离，然后将点分配给它们最接近的簇。第三步，计算每个簇的均值点，这些点成为新的簇中心，再次计算到所有点的距离，将点相应地分配给簇，并再次计算新的聚类中心。如果新的簇中心没有明显移动，则这个过程就会停止。

在此过程结束时，会有一组簇中心，可以通过计算每个簇中心的距离并选择最近的簇中心，将每个新点归类为属于其中一个簇。

1. 在 Spark 中使用 k-均值聚类

算法确实很简单。下面来看看它在 Spark 中如何工作。用于此示例的手写数字的每个图像都表示为表示图像像素的一系列数字（维度）。这样，每个图像是 n 维空间中的一个点。k-均值聚类可以组合在这个空间中相近的图像。在理想的情况下，所有这些都将是相同数字的图像。

要实现 k-均值，首先必须确保数据集是标准化的（所有维度都具有可比较的范围），因为 k-均值聚类不适用于非标准化数据。手写数字数据集的尺寸已经标准化（所有值都是 0~100），因此现在可以跳过此步骤。

使用聚类算法，没有必要进行验证和训练数据集。因此，将使用之前使用的 Penlpoints DataFrame 中包含的整个数据集，可以使用以下参数对 KMeans 估计器进行参数化。

- k——要查找的簇数（默认为 2）。
- maxIter——要执行的最大迭代次数（必需）。
- predictionCol——预测列名称（默认为“prediction”）。
- featuresCol——特征列名称（默认为“features”）。
- tol——收敛容差。
- seed——簇初始化的随机种子值。

簇的数量是 10（数据集中有 10 位），最大迭代次数可以设置为几百个。通常不需要更多的迭代。

如果用户怀疑需要更多的迭代，请打开信息性消息的日志记录（如果需要复习，请查看第 2 章），并查看是否显示消息“KMeans 达到最大迭代次数”。如果看到这个消息，则需要更多的迭代。

要训练一个 k-均值模型，请使用以下行：

```
import org.apache.spark.ml.clustering.KMeans
val kmeans = new KMeans()
kmeans.setK(10)
kmeans.setMaxIter(500)
val kmmodel = kmeans.fit(penlpoints)
```

2. 评估模型

由于聚类问题的性质，评估聚类模型可能很困难：簇不是提前知道的，分离好坏簇并不容易。解决这个问题没有灵丹妙药，但是有以下几种方法可以帮助：成本值、与中心的平均距离和列联表。

成本值（也称为失真），是指从所有点到匹配簇中心的二次方距离的总和，是评估 k-均值模型的主要指标。

KMeansModel 类有一个可以用来计算数据集成本的 computeCost（DataFrame）方法：

```
scala> kmmodel. computeCost( penlpoints)
res0:Double = 4. 517530920539787E7
```

该值取决于数据集，可用于在同一数据集上比较不同的 k-均值模型，但不能直观地了解模型的整体运行情况。如何把这个巨大的价值放在上下文中？距离中心的平均距离可能会更直观一些。要获取它，将成本的二次方根除以数据集中的示例数：

```
scala> math. sqrt( kmmodel. computeCost( penlpoints)/penlpoints. count( ) )
res2:Double = 66. 5102817068467
```

这样，该值与特征可以具有的最大值（100）相当。

有时，在聚类问题中，一些示例可以手动标记。可以将这些原始标签与其最终的簇进行比较。通过手写数字数据集，可以使用标签，并将其与预测标签进行比较。但预测标签（簇索引）是通过独立于原始标签的 k-均值聚类算法来构建的。例如，标签 4（手写数字 4）不必对应于簇 4。如何匹配这两个？只需找到簇中具有特定标签的最多示例，并将该标签分配给该簇。

下面给出一个简单的 printContingency 方法（可以在在线存储库中找到它），打印所谓的列联表，其中原始标签为行，k-均值簇索引为列。表中的单元格包含属于原始标签和预测簇的示例数量。

该方法采用包含预测的元组和原始标签（两个双精度值）的 RDD。在使用该方法之前，需要使用此信息获取 RDD。可以这样做：

```
val kmpredicts = kmmodel. transform( penlpoints)
```

printContingency 方法还获取用于构造表的标签数组（它假定簇索引和原始标签都在相同的范围内）。对于每个原始标签，该方法还可以找到标签最常见的簇，打印找到的映射，并计算纯度，这是定义为正确分类示例的概率的度量。最后得到：

```
printContingency( kmpredicts,0 to 9)
orig. class | Pred0 | Pred1 | Pred2 | Pred3 | Pred4 | Pred5 | Pred6 | Pred7 | Pred8 | Pred9
-------+----+-----+-----+-----+-----+-----+-----+-----+----+---
      0 |     1 |   379 |    14 |     7 |     2 |   713 |     0 |     0 |    25 |   2
-------+----+-----+-----+-----+-----+-----+-----+-----+----+---
      1 |   333 |     0 |     9 |     1 |   642 |     0 |    88 |     0 |     0 |  70
-------+----+-----+-----+-----+-----+-----+-----+-----+----+---
      2 |  1130 |     0 |     0 |     0 |    14 |     0 |     0 |     0 |     0 |   0
-------+----+-----+-----+-----+-----+-----+-----+-----+----+---
      3 |     1 |     0 |     0 |     1 |    24 |     0 |  1027 |     0 |     0 |   2
-------+----+-----+-----+-----+-----+-----+-----+-----+----+---
      4 |     1 |     0 |    51 |  1046 |    13 |     0 |     1 |     0 |     0 |  32
-------+----+-----+-----+-----+-----+-----+-----+-----+----+---
      5 |     0 |     0 |     6 |     0 |     0 |     0 |   235 |   624 |     3 | 187
```

```
-------+---+-----+-----+-----+-----+-----+-----+-----+-----+---
  6    |  0|    0| 1052|    3|    0|    0|    0|    1|    0| 0
-------+---+-----+-----+-----+-----+-----+-----+-----+-----+---
  7    |903|    0|    1|    1|  154|    0|   78|    4|    1| 0
-------+---+-----+-----+-----+-----+-----+-----+-----+-----+---
  8    | 32|  433|    6|    0|    0|   16|  106|   22|  436| 4
-------+---+-----+-----+-----+-----+-----+-----+-----+-----+---
  9    |  9|    0|    1|   88|   82|   11|  199|    0|    1| 664
-------+---+-----+-----+-----+-----+-----+-----+-----+-----+---
Purity:0.6672125181950509
Predicted->original label map:Map(8.0 -> 8.0,2.0 -> 6.0,5.0 -> 0.0,
4.0 -> 1.0,7.0 -> 5.0,9.0 -> 9.0,3.0 -> 4.0,6.0 -> 3.0,0.0 -> 2.0)
```

纯度计算为每列中最大值除以实例总数[⊖]（所有单元格中的值之和）之和。

这个表有一些问题。簇 0 列有两个值是其所在行（标签 2 和 7）中最大的值。这意味着标签 2 和 7 主要聚集在簇 0 中。因为标签 2 在簇 0 中更频繁，所以选择 2 作为其标签，现在标签 7 没有匹配的簇。簇 1 也有一个问题。它包含其他表中更常见的标签的示例，因此它根本没有标签。与簇 0 类似，簇 1 还包含两个同样频繁的标签：标签 0 和标签 8。

发生了什么？这个算法把 8 与 0 以及 7 和 2 混淆了。这些数字看起来相似，所以算法可能无法识别它们之间的差异，这并不奇怪。用户只能通过以不同的方式从手写数字的图像创建特征来尝试“更正”数据集。

但是在现实生活中，很可能没有这个选择，用户只能拥有一组簇中心和簇样本集。解释簇的含义取决于数据的性质。

3. 确定簇数

现实生活中还会有另外一个问题：应该使用多少个簇？有时，用户对簇的数量有一个粗略的想法，在这种情况下，可以使用“肘部法则”。

逐渐增加簇数量，为每个数字训练一个模型，并查看每个模型的成本。成本不可避免地会下降，因为随着簇数量的增加，它们越来越小，距离中心的距离也越来越小。但是，如果将成本作为簇数 k 的函数，可能会注意到函数的斜率突然变化的几个“肘部”。与这些点相对应的 k 数字是使用的良好候选者。

作者绘制了在 pen 数据集（簇数为 2~30）上训练的模型的成本。结果如图 8-10 所示。

图 8-10 中的曲线大致平滑。唯一的轻微肘部的 k 值为 15 处，然后是 36 处。但是这些并不那么明显。

关于如何选择正确数量的簇有很多争论。已经提出了几种方法，但是 Spark 中没有一种方法可用。例如，轮廓、信息标准、信息理论和交叉验证是一些提出的方法。Trupti M. Ko-

---

⊖ 纯度等于精确率（或精度），并且应急表包含与用于分类的混淆矩阵相同的值。

dinariya 和 Prashant R. Makwana 博士的论文中提供了一个很好的概述。[⊖]

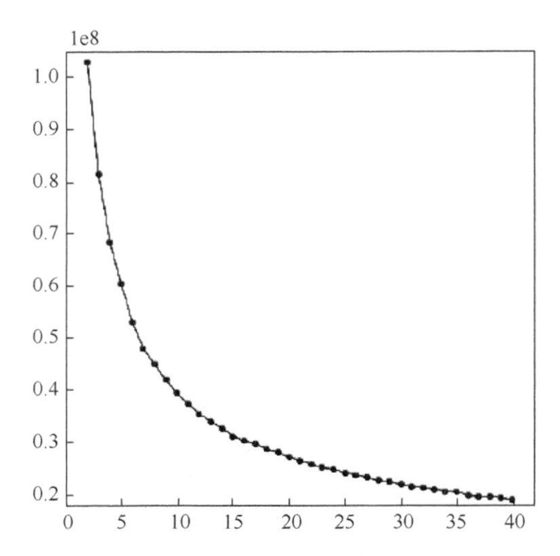

图 8-10　在 pen 数据集上训练的模型的成本与簇数量的关系

8.5　总结

- Spark ML 库概括了机器学习操作并简化了机器学习过程。
- Spark ML 引入了几种新的抽象概念：估计器、转换器和评估器，可以组合以形成管道。所有这些都可以通过一般方式参数化 ML 参数。
- 分类的目的是将输入示例分类为两个或更多个类。
- Logistic 回归使用逻辑函数输出某个例子属于某一类的概率。
- 缺失值可以通过删除列、删除行，将缺失值设置为最常见的值，或通过使用单独的模型预测缺失值来处理。
- 分类值可以进行独热编码，以便将列扩展为尽可能多的列，因为其中有不同的值；因此，对于单独一行，只有一列包含 1，所有其他列都包含 0。
- VectorAssembler 将几列合并到一个包含 Vector 中所有值的列中。
- 精确率和召回率（PR）曲线下的面积是评估分类模型的指标之一。
- 接收者操作特征（ROC）曲线下的面积是评估分类模型的另一个指标。
- k 折交叉验证验证模型性能更可靠，因为它多次验证模型，并将平均值作为最终结果。
- 多类逻辑回归将示例分为两类以上。使用 MulticlassMetrics 类来评估结果。
- 决策树算法使用树状的用户定义或学习规则集合来根据其特征值对输入示例进行

⊖ Trupti M. Kodinariya 和 Prashant R. Makwana 博士，《K-均值聚类中确定簇数的综述》，国际计算机科学与管理研究进展研究杂志 1，第 6 期（2013 年 11 月），http://mng.bz/k2up。

分类。

- 在决策树中使用不纯度和信息增益来决定如何分割数据集。
- 决策树结构可以被检查和可视化。
- 随机森林在从原始数据集随机抽样的数据上训练一定数量的决策树，并对结果进行平均。
- k-均值聚类通过计算从簇中心到数据点的距离，将簇中心移到簇中心的平均位置。当簇中心停止移动时，它将停止。
- 可以使用列联表来可视化聚类的结果。
- 有时可以使用肘部原则确定适当数量的簇。

第 9 章 使用 GraphX 连接点

本章涵盖

- 使用 GraphX API。
- 转换与连接图。
- 使用 GraphX 算法。
- 使用 GraphX API 实现 A* 搜索算法。

本章将使用 GraphX，即 Spark 的图形处理 API 来概述 Spark 组件。本章将演示如何使用 GraphX，并通过例子告诉读者怎样在 Spark 中使用图算法。这些包括最短路径、页面排名、连通分量和强连通分量。如果读者有兴趣学习其他在 Spark 可用的算法（三角形计数、LDA 和 SVD++）或更多关于 GraphX 常规用法，作者强烈推荐 Michael Malak 和 Robin East 著作的《GraphX in Action》（Manning，2016），书中有更详细的介绍。

9.1 Spark 图形处理

作为链接对象的数学概念，图形由顶点（图中的对象）和连接顶点（或对象之间的链接）的边组成。在 Spark 中，边是有向的（它们有一个源和一个目标顶点），边和顶点都有附加的属性对象。例如，在包含页面和链接的数据的图表中，附加到顶点的属性对象可能包含有关页面的 URL、标题、日期等信息，并且附加到边的属性对象可能包含链接的描述（<a> html标记的内容）。

一旦呈现为图，一些问题就变得容易解决，它们自然地产生了图论算法。例如，使用传统的数据组织方法（如关系数据库）呈现分层数据可能很复杂，但可以使用图形简化。除了使用它们来表示社交网络和网页之间的链接之外，图形算法在生物学、计算机芯片设计、旅行、物理、化学和其他领域都有应用。

在本节中，读者将了解如何使用 GraphX 构造和转换图。先来构建一个表示一个社交网络的示例图（见图 9-1），它由 4 个顶点和 4 条边组成。在这个图中，顶点代表人物，边代表他们之间的关系。每个顶点都有一个顶点 id（圆中的数字）和属于它的顶点属性（关于这个人的名字和年龄的信息）。边属性包含有关关系类型的信息。在这种情况下，也可以在相反的方向绘制边（因为“已婚”是双向的），但希望可以保持简单，并节省一些内存空间。这不是 Spark 的限制，Spark 允许用户定义相同顶点之间的几条边，它们可以双向定向。

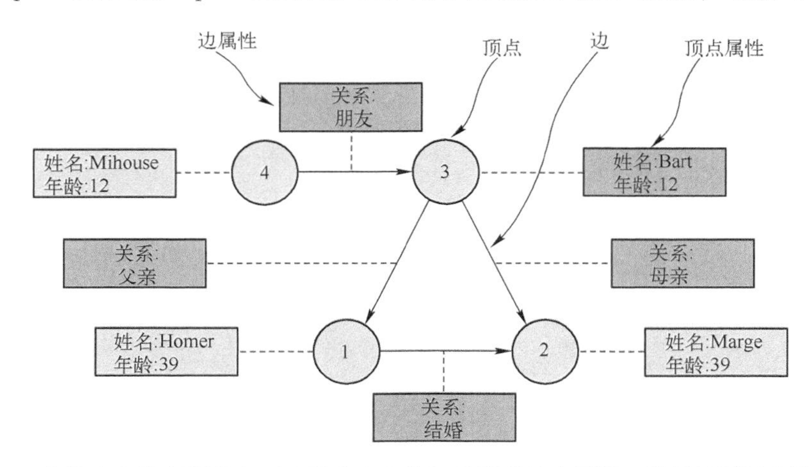

图 9-1　一个代表辛普森斯家庭（在玛吉出生前）的简单社交网络。编号的圆圈是图形顶点，连接它们的实线是图的边。附加到顶点的属性（带有虚线）包含有关姓名和年龄的信息。附加到边的属性（也用虚线表示）描述了关系类型

9.1.1　使用 GraphX API 构建图

Graph（http://mng.bz/078m）是 GraphX 中的主类，它提供对顶点和边的访问以及用于转换图的各种操作。Spark 中的顶点和边由以下两个特殊的 RDD 实现。

- VertexRDD 包含元组，其中包括两个元素：一个 Long 类型的顶点 ID 和一个任意类型的属性对象。
- EdgeRDD 包含 Edge 对象，它由源和目标顶点 ID（分别为 srcId 和 dstId ）和任意类型（attr 字段）的属性对象组成。

构造图

可以通过以下几种方式使用 Spark 构建图形。一种方法是使用包含元组的 RDD 实例化 Graph 对象，该元组由顶点 ID 和顶点属性对象组成，并使用包含 Edge 对象的 RDD。可以使用此方法构造图 9-1 中的示例图。首先，需要导入所需的类。打开 Spark shell，然后粘贴到以下行中：

```
import org.apache.spark.graphx._
```

注意　读者可以在在线资源库中找到本章的完整代码。由于 Spark GraphX API 在 Python 或 Java 中不可用，因此不会在那里找到任何 Python 或 Java 代码。

Person 样本类包含节点的属性（边属性是简单的字符串）：

```
case class Person(name:String,age:Int)
```

接下来，使用所需的顶点和边对象构造顶点和边 RDD：

```
val vertices=sc.parallelize(Array((1L,Person("Homer",39)),
(2L,Person("Marge",39)),(3L,Person("Bart",12)),
(4L,Person("Milhouse",12))))
val edges=sc.parallelize(Array(Edge(4L,3L,"friend"),
Edge(3L,1L,"father"),Edge(3L,2L,"mother"),
Edge(1L,2L,"marriedTo")))
```

最后，构造图形对象：

```
val graph=Graph(vertices,edges)
```

现在，可以访问图的 vertices 和 edges 属性，并使用稍后将提到的其他的图形变换和操作方法：

```
scala> graph.vertices.count()
res0:Long=4
scala> graph.edges.count()
res1:Long=4
```

第 9.4 节将展示在 GraphX 中创建图形的更多方法。

9.1.2 转换图

下面看看可以用图做什么，以及如何操作它们。本节将展示如何映射边和顶点，以便将数据添加到附加于它们的属性对象，或者通过计算它们的新值来转换它们。然后展示如何通过聚合它们以及使用 Spark 的 Pregel（Google 的大规模图形处理系统）实现在整个图形中发送消息。最后展示如何连接和过滤图。

GraphX 中表示图的主类是 Graph。但是也有 GraphOps 类（http://mng.bz/J4jv），其方法被隐式添加到 Graph 对象。在确定使用哪些方法时，需要考虑这两个类。本节中提到的一些方法来自 Graph，一些来自 GraphOps。

1. 映射边和顶点

假设用户需要更改图形对象的边以使其成为 Relationship 类的实例（稍后给出）而不是现在的字符串。这只是一个说明这个概念的例子，而 Relationship 类只是一个围绕 String 关系属性的包装器。用户可以通过这种方式给边添加更多信息，稍后可以使用此信息进行其他计算。例如，用户可以添加有关两个人何时开始他们的关系以及他们会面频率的信息。

用户可以用 mapEdges 和 mapVertices 方法转换边和顶点属性对象。mapEdges 方法需要映射函数，该映射函数在分区中使用分区 ID 和边的迭代器，并返回包含每个输入边的新边属性对象（而不是新边）的转换迭代器。下面的代码将完成这项工作：

```
case class Relationship(relation:String)
```

```
val newgraph = graph.mapEdges((partId, iter) =>
iter.map(edge => Relationship(edge.attr)))
```

newgraph 现在将 Relationship 对象作为边属性：

```
scala> newgraph.edges.collect()
res0: Array[org.apache.spark.graphx.Edge[Relationship]] =
Array(Edge(3,1,Relationship(father)),...)
```

提示： 另一个映射边的有用方法是 mapTriplets。它也是将边属性对象映射到新的对象，但是它期望的映射函数接收 EdgeTriplet 对象。除了包含 srcId、dstId 和 attr 作为边的字段之外，EdgeTriplet 对象还保留源和目标顶点属性对象（srcAttr 和 dstAttr）。当用户需要根据边的当前属性对象和连接顶点的属性来计算新属性对象的内容时，可以使用 mapTriplet。

假设用户想给图中的每个人附加如下信息：拥有的孩子、朋友和同事的数量，并添加一个标志，表示他们是否已婚。首先需要更改顶点属性对象，以便允许存储这些新属性。使用 PersonExt 样本类来实现这一点：

```
case class PersonExt(name: String, age: Int, children: Int = 0, friends: Int = 0,
    married: Boolean = false)
```

现在需要更改图的顶点来使用这个新的属性类。mapVertices 方法映射顶点的属性对象，并且与 mapEdges 类似。需要提供给映射函数一个顶点 ID 和一个顶点属性对象，并返回新的属性对象：

```
val newGraphExt = newgraph.mapVertices((vid, person) =>
    PersonExt(person.name, person.age))
```

现在 newGraphExt 中的所有顶点都有这些新属性，但是它们都默认为 0，所以图中没有人结婚、有孩子或者有朋友。如何计算正确的值？这就是 aggregateMessages 方法的由来。

2. 聚合信息

aggregateMessages 方法用于在图的每个顶点上运行一个函数，并可选择地将消息发送到其邻近的顶点。该方法收集并聚合发送到每个顶点的所有消息，并将它们存储在新的 VertexRDD 中。它有以下签名：

```
def aggregateMessages[A: ClassTag](
    sendMsg: EdgeContext[VD, ED, A] => Unit,
    mergeMsg: (A, A) => A,
    tripletFields: TripletFields = TripletFields.All)
    : VertexRDD[A]
```

需要提供 sendMsg 和 mergeMsg 两个函数以及 tripletFields 属性。

sendMsg 函数接收图中的每条边的 EdgeContext 对象，如果需要，则使用边上下文将消息发送到顶点。EdgeContext 对象包含源和目标顶点的 ID 和属性对象、边的属性对象以及将消息发送到相邻顶点的方法有两种：sendToSrc 和 sendToDst。sendMsg 函数可以使用边上下文来决定向每个顶点发送哪些消息（如果有的话）。

mergeMsg 函数聚合发往同一顶点的消息。最后，tripletFields 参数指定应该提供哪些字段作为边上下文的一部分。可能的值是 TripletFields 类中的静态字段（None、EdgeOnly、Src、Dst 和 All）。

下面使用 aggregateMessages 来计算 PersonExt 对象中的其他属性（朋友和孩子的数量和结婚标记），对于 newGraphExt 图的每个顶点：

```
val aggVertices = newGraphExt.aggregateMessages(
    (ctx:EdgeContext[PersonExt,Relationship,
        Tuple3[Int,Int,Boolean]]) => {
    if(ctx.attr.relation == "marriedTo")
        {ctx.sendToSrc((0,0,true)); ctx.sendToDst((0,0,true));}
    else if(ctx.attr.relation == "mother" || ctx.attr.relation == "father")
        {ctx.sendToDst((1,0,false));}
    else if(ctx.attr.relation.contains("friend"))
        {ctx.sendToDst((0,1,false)); ctx.sendToSrc((0,1,false));}
},
    (msg1:Tuple3[Int,Int,Boolean],
    msg2:Tuple3[Int,Int,Boolean]) =>
        (msg1._1+msg2._1,msg1._2+msg2._2,msg1._3 || msg2._3)
)
```

sendMsg 函数发送到顶点的消息是包含儿童数量（Int）、朋友数量（Int）以及此人是否已婚（Boolean）的元组。只有当被检查的边属于适当类型时，这些值才会设置为 1（或 true）。第二个函数（mergeMsg）将每个顶点的所有值相加，以便生成的元组包含这些和。

因为 marriedTo 和 friendOf 关系只用一条边（以节省空间）表示，但它们实际上是双向关系，在这些情况下，sendMsg 会向源顶点和目标顶点发送相同的消息。母亲和父亲的关系是单向的，当用于计算孩子的数量时，这些消息只需要发送一次。

所得到的 RDD 与原始 VertexRDD 一样都具有 7 个元素，因为所有顶点都收到消息：

```
scala> aggVertices.collect.foreach(println)
(4,(0,1,false))
(2,(1,0,true))
(1,(1,0,true))
(3,(0,1,false))
```

结果是一个 VertexRDD，因为仍然没有生成的图，所以工作并没有完成。要使用这些新找到的值更新原始图，需要将这些新的顶点与原来的图连接在一起。

3. 连接图数据

使用 outerJoinVertices 函数连接原始图和新顶点消息，该函数具有以下签名：

```
def outerJoinVertices[U:ClassTag,VD2:ClassTag](other:RDD[(VertexId,U)])
    (mapFunc:(VertexId,VD,Option[U]) => VD2) :Graph[VD2,ED]
```

需要提供以下两个参数：包含具有顶点 ID 和新顶点对象的元组的 RDD，以及用于组合旧顶点属性对象（类型 VD）和来自输入 RDD（类型 U）的新顶点对象的映射函数。如果特定顶点 ID 的输入 RDD 中不存在对象，则映射函数接收 None。

以下语句将使用来自 aggVertices 的新信息加入到 newGraphExt 图中：

```
val graphAggr = newGraphExt.outerJoinVertices(aggVertices)(
    (vid,origPerson,optMsg) => { optMsg match {
    case Some(msg) => PersonExt(origPerson.name,origPerson.age,
    msg._1,msg._2,msg._3)
    case None => origPerson
}}
)
```

映射函数将输入消息中的求和值复制到新的 PersonExt 对象中，如果顶点的输入消息存在，则保存名称和年龄属性，否则返回原来的 PersonExt 对象：

```
scala> graphAggr.vertices.collect().foreach(println)
(4,PersonExt(Milhouse,12,0,1,false))
(2,PersonExt(Marge,39,1,0,true))
(1,PersonExt(Homer,39,1,0,true))
(3,PersonExt(Bart,12,0,1,false))
```

结果图如图 9-2 所示。

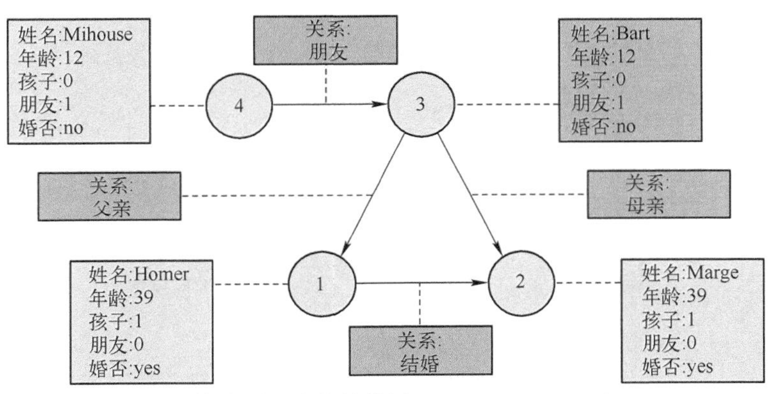

图 9-2　添加了附加顶点属性的转换图。这些是使用 aggregateMessages 和 outerJoinVertices 方法获得的

之前描述的 Graph 方法、aggregateMessages 和 outerJoinVertices 以及映射函数是 GraphX 中基本的图形操作，在 GraphX 应用程序中经常使用它们。

GraphX 的 Pregel 实现

Pregel 是 Google 的大规模图形处理系统。[1] GraphX 包含一个实现类似于 Pregel 的 API，可

[1] Grzegorz Malewicz 等人，“Pregel：A System for Large-Scale Graph Processing,” https://kowshik.github.io/JPregel/pregel_paper.pdf.

以使用它来执行类似于 aggregateMessages 的计算。但是，Pregel 更强大，这就是为什么它被用于在 GraphX 中实现许多图形算法的原因。

Pregel 通过执行一系列称为超级步的迭代来工作。每个超级步与 aggregateMessages 类似，因为 sendMsg 函数在边上被调用并且 mergeMsg 函数用于合并发往同一顶点的消息。此外，一个用户定义的顶点程序（vprog）是每个顶点都要调用的。vprog 函数接收传入的消息并计算顶点的新值。

初始超级步在所有顶点上执行，后续的超级步只在接收消息的顶点上执行。仅为接收消息的顶点的传出边调用 sendMsg。如果没有发送新消息或达到最大迭代次数，则进程将停止。GraphX 的 Pregel API 通过 Pregel 对象实现，其 apply 方法具有以下签名：

```
def apply[VD:ClassTag,ED:ClassTag,A:ClassTag]
    (graph:Graph[VD,ED],
    initialMsg:A,
    maxIterations:Int=Int.MaxValue,
    activeDirection:EdgeDirection=EdgeDirection.Either)
    (vprog:(VertexId,VD,A) => VD,
    sendMsg:EdgeTriplet[VD,ED] => Iterator[(VertexId,A)],
    mergeMsg:(A,A) => A)
    :Graph[VD,ED]
```

以下是该方法所需要的参数。

1）graph——要进行操作的输入图。

2）initialMsg——发送到第一个超级步所有顶点的消息。

3）maxIterations——要执行的最大超级步数。

4）activeDirection——何时调用 sendMsg 函数：边上的源顶点收到消息（EdgeDirection.Out），边上的目标顶点收到消息（EdgeDirection.In），源或目标收到消息（EdgeDirection.Either），或者两个顶点收到消息（EdgeDirection.Both）。

5）vprog——顶点程序函数在每个顶点上调用。它接收消息，并可能更改顶点的内容。

6）sendMsg——接收 EdgeTriplet 并返回一个（顶点 ID，消息）元组的迭代器的函数。这些消息被发送到指定的顶点。

7）mergeMsg——用于合并指向到同一顶点的消息的函数。

4. 选择图子集

关于图的另一个重要操作是只选择图的一部分。下面介绍实现该操作的 3 种方法。

- subgraph——根据提供的谓词选择顶点和边。
- mask——仅选择在另一个图中存在的顶点。
- filter——前两者的组合。

从 graphAggr 中选择那些有孩子的人。可以使用 subgraph 方法，并选择那些必须满足谓词的顶点和边，以下是 subgraph 的签名：

```
def subgraph(
    epred:EdgeTriplet[VD,ED] => Boolean=(x => true),
    vpred:(VertexId,VD) => Boolean=((v,d) => true))
    :Graph[VD,ED]
```

如上可见，边谓词函数（epred）接收一个 EdgeTriplet 对象。如果返回 true，则特定边将包含在结果图中。顶点谓词函数（vpred）接收顶点 ID 及其属性对象。如果省略顶点谓词函数，则子图函数在新图中保留所有原始顶点。在新图中那些顶点不存在的边将自动删除。

若要只选择有孩子的人，可以执行以下操作：

```
val parents = graphAggr.subgraph(_ => true,          <── 如果源或目标顶点不再存在,则边自动删除
(vertexId, person) => person.children > 0)          <── 只保留有一个或多个孩子的人
```

如果观察剩余的边和顶点，则会看到只剩下了 Marge 和 Homer，单边连接它们：

```
scala> parents.vertices.collect.foreach(println)
(1,PersonExt(Homer,39,1,0,true))
(2,PersonExt(Marge,39,1,0,true))
scala> parents.edges.collect.foreach(println)
Edge(1,2,Relationship(marriedTo))
```

mast 函数是另一种在 GraphX 中过滤图的方法。使用 mast，可以将图映射到另一个图上，只保留那些在第二个图中也存在的顶点和边，而不用考虑任何图的属性对象。mast 唯一的参数就是第二个图。

过滤图的内容的第三个函数是 filter。它与 subgraph 和 mast 函数有关。它需要 3 个参数：预处理函数、边和顶点谓词函数（如 subgraph）。预处理函数可以将原始图转换为另一个图，然后使用提供的边和顶点谓词函数进行简化。生成的图形将用作原始图形的掩膜。换句话说，filter 允许将两个步骤组合为一个步骤，并且只有在不需要预处理图形的情况下才有用，除非是屏蔽原始图形。

9.2 图算法

图算法是 GraphX 存在的最主要原因：将数据组织成图形的关键是能够使用专门为图形数据处理而构建的算法。许多问题可以用图解法优雅地解决。

下面将介绍以下几种 Spark 图算法。

1）Shortest paths——查找一组顶点的最短路径。

2）Page rank——基于发出和进入的边数计算顶点在图中的相对重要性。

3）Connected components——查找不同的子图（如果它们存在于图中）。

4）Strongly connected components——查找双连通顶点的集群。

9.2.1 数据集的介绍

本节将切换到不同的数据集，将使用的数据集可以从斯坦福大学获得。[1]它是由 Robert West 和 Jure Leskovec 作为项目“Human Wayfinding in Information Networks”的一部分。[2]数据集是基于一个名为 Wikispeedia 的在线游戏（http://snap.stanford.edu/data/wikispeedia.html），也是研究项目的一部分。[3]游戏包含维基百科文章的子集，并要求用户用尽可能少的链接连接两篇文章。数据集存档（http://mng.bz/N2kf）包含多个文件，但是对于本节，只需要两个文件：articles.tsv 和 links.tsv。第一个包含唯一的文章名称（每行一个），第二个包含由制表符分隔的源和目标文章名称的链接。这两个文件都可以从 GitHub 存储库中获得（在第 2 章中复制的）。

使用 zipWithIndex，以下代码片段可实现加载文章名称、删除空行和注释行，并为每个文章名称分配唯一的编号（ID）（假设在主目录中运行，在其中复制了存储库）：

```
val articles=sc.textFile("first-edition/ch09/articles.tsv").
    filter(line => line.trim() != "" && ! line.startsWith("#")).
    zipWithIndex().cache()
```

调用 cache 将使文章名称和 ID 可用于快速查找。加载带有链接的行是类似的，除非不需要使用 zipWithIndex：

```
val links=sc.textFile("first-edition/ch09/links.tsv").
    filter(line => line.trim() ! = "" && ! line.startsWith("#"))
```

解析每个链接行以获取文章名称，然后通过连接 articles RDD 和名称，用文章 ID 来替换每个名称：

```
val linkIndexes=links.map(x => {
    val spl=x.split("\t");
    (spl(0),spl(1))}).
join(articles).map(x => x._2).join(articles).map(x => x._2)
```

生成的 RDD 包含源和目标文章 ID 的元组，可以使用它构造一个 Graph 对象：

```
val wikigraph=Graph.fromEdgeTuples(linkIndexes,0)
```

可以看到，图中的文章和顶点的数量有细微的差别：

```
scala> wikigraph.vertices.count()
res0:Long=4592
```

---

[1] WikispeediaNavigation Paths dataset：http://snap.stanford.edu/data/wikispeedia.html。

[2] Robert West and Jure Leskovec, “Human Wayfinding in Information Networks,” 21st International WorldWide Web Conference (WWW), 2012.

[3] Robert West, Joelle Pineau, and Doina Precup, “Wikispeedia: An Online Game for Inferring Semantic Distancesbetween Concepts,” 21st International Joint Conference on Artificial Intelligence (IJCAI), 2009.

```
scala> articles.count()
res1:Long=4604
```

这是因为链接文件中缺少文章。可以通过计数 linkIndexes RDD 中的所有不同的文章名称来检查这一点：

```
scala> linkIndexes.map(x => x._1).union(linkIndexes.map(x => x._2)).
    distinct().count()
res2:Long=4592
```

9.2.2　最短路径算法

对于图中的每个顶点，最短路径算法找到需要的最小边数以便到达起始顶点。如果用户有一个 LinkedIn 账户，无疑会看到最短路径算法的一个例子。在“如何连接”部分中，LinkedIn 会展示通过正在查看的人员可以了解到的人员。

Spark 使用 ShortestPaths 对象实现最短路径算法。它只有一个称为 run 的方法，它需要一个图和一个标志顶点 ID 的 Seq。返回图的顶点包含到每个标志的最短路径图，其中标志顶点 ID 是键，最短路径长度是值。

Wikispeedia 提出的挑战之一是连接 the 14th Century 和 Rainbow 页面。在 paths_finished.tsv 文件中，将找到成功完成的挑战的示例。有些人通过 6 次点击完成了挑战，有些人只用了 3 次点击。下面来看看 Spark 给出所需的最小点击次数：

首先，需要找到两个页面的顶点 ID：

```
scala> articles.filter(x => x._1 == "Rainbow" || x._1 == "14th_century").
    collect().foreach(println)
(14th_century,10)
(Rainbow,3425)
```

然后调用 ShortestPaths 的 run 方法，wikigraph 和 Seq 中的一个 ID 作为参数：

```
import org.apache.spark.graphx.lib._
val shortest=ShortestPaths.run(wikigraph,Seq(10))
```

最短图具有顶点，顶点的属性对象是与 landmark 相距距离的映射。现在只需要找到对应于 Rainbow 文章的顶点：

```
scala> shortest.vertices.filter(x => x._1 == 3425).collect.foreach(println)
(3425,Map(1772 -> 2))
```

实际最小点击次数为 2 次。但是 ShortestPaths 不会给出从一个顶点到另一个顶点的路径，只有用户需要到达的边的数量。

要在最短路径上查找顶点，用户需要编写自己的最短路径算法的实现，这超出了本书的范围。如果需要走这条路，可以参考 GraphX in Action，还可以参考第 9.3 节中给出的一个 A* 算法的实现。

9.2.3 网页排名

网页排名算法由 Google 的联合创始人拉里·佩奇发明。它通过计算传入的边来确定图中顶点的重要性。它已经广泛用于分析网页在网络图中的相对重要性。它首先为每个顶点分配网页排名（PR）值为 1。它将此 PR 值除以输出边数，然后将结果添加到所有相邻顶点的 PR 值。重复该过程，直到没有 PR 值的变化超过容差参数。

由于网页的 PR 值需要除以输出边的数量，因此网页的影响与它引用的网页数量成比例缩小。排名最高的网页是具有最小输出链接数和最大传入链接数的网页。

可以通过调用其 pageRank 方法并传入容差参数来在图上运行网页排名算法。容差参数确定网页等级值可以改变的量，并且仍然被认为收敛的。更小值意味着更高的准确度，但是该算法还需要更多的时间来收敛。结果是其顶点包含 PR 值的图：

```
val ranked = wikigraph.pageRank(0.001)
```

下面来看看维基百科网页 Wikispeedia 子集中排名最高的 10 个网页：

```
val ordering = new Ordering[Tuple2[VertexId,Double]] {
    def compare(x:Tuple2[VertexId,Double],y:Tuple2[VertexId,Double]):Int =
        x._2.compareTo(y._2)}
val top10 = ranked.vertices.top(10)(ordering)
```

top10 数组中包含排名最高的 10 个网页的顶点 ID 和它们的 PR 值，但仍然不知道这些 ID 属于哪些网页，可以连接数组和 articles RDD 来找出：

```
scala> sc.parallelize(top10).join(articles.map(_.swap)).collect.
    sortWith((x,y) => x._2._1 > y._2._1).foreach(println)
(4297,(43.064871681422574,United_States))
(1568,(29.02695420077583,France))
(1433,(28.605445025345137,Europe))
(4293,(28.12516457691193,United_Kingdom))
(1389,(21.962114281302206,English_language))
(1694,(21.77679013455212,Germany))
(4542,(21.328506154058328,World_War_II))
(1385,(20.138550469782487,England))
(2417,(19.88906178678032,Latin))
(2098,(18.246567557461464,India))
```

结果中每个元组的第一个元素是顶点 ID，第二个元素包含 PR 值和网页名称。可以看到，关于美国的网页是数据集中最有影响力的网页。

9.2.4 连通分量

查找图的连通分量意味着寻找子图，其中每个顶点都可以通过跟随子图的边到达其他顶点。如果一个图只包含一个连通分量，并且它的所有顶点都可以从其他顶点到达，则这个图是连通的。图 9-3 显示了一个有两个连通分量的图：一个连通分量的顶点无法从另一个连通分量到达。

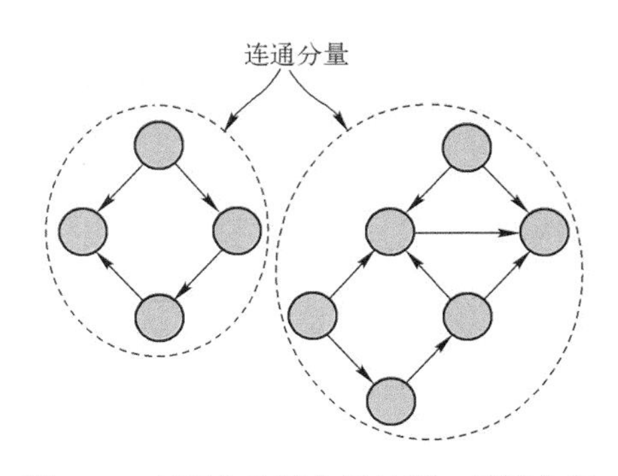

图 9-3　有两个连通分量的图。尽管它们属于同一个图形，但来自一个连通分量的顶点无法从另一个连通分量到达

在许多情况下，查找连通分量是很重要的。例如，应该在运行其他算法之前检查图是否连通，因为这可能会影响结果并扭曲结论。

要在 GraphX 图上查找连通分量，请调用 connected-Components 方法（隐式地从 GraphOps 对象提供）。

连通分量由连通分量中的最小顶点 ID 表示。使用 Wikispeedia 图：

```
val wikiCC = wikigraph.connectedComponents()
```

wikiCC 图顶点的属性对象包含它们所属的连通分量的最小顶点 ID。要查找图中的所有连通分量，可以查找不同的连通分量的 ID。要查找这些 ID 的网页名称，则可以再次将它们跟 articles RDD 连接：

```
scala> wikiCC.vertices.map(x => (x._2,x._2)).
     distinct().join(articles.map(_.swap)).collect.foreach(println)
(0,(0,%C3%81ed%C3%A1n_mac_Gabr%C3%A1in))
(1210,(1210,Directdebit))
```

正如结果所示，Wikispeedia 图有两个单独的网页页面集群。第一个是由关于 Áedán mac Gabráin 的网页的顶点 ID 标识，第二个由 Direct Debit 网页的顶点 ID 标识。

下面来看看每个组中有多少网页：

```
scala> wikiCC.vertices.map(x => (x._2,x._2)).countByKey().foreach(println)
(0,4589)
(1210,3)
```

第二组只有三页，这意味着 Wikispeedia 连通良好。

9.2.5　强连通分量

强连接分量（SCC）是子图，其中所有顶点都连接到子图中的每个其他顶点（不一定直接）。SCC 中的所有顶点都需要彼此可达（沿着边的方向）。图 9-4 给出了一个示例，显示了具有 4 个强连接分量的图。与连通分量不同，SCC 可以通过其顶点相互连接。

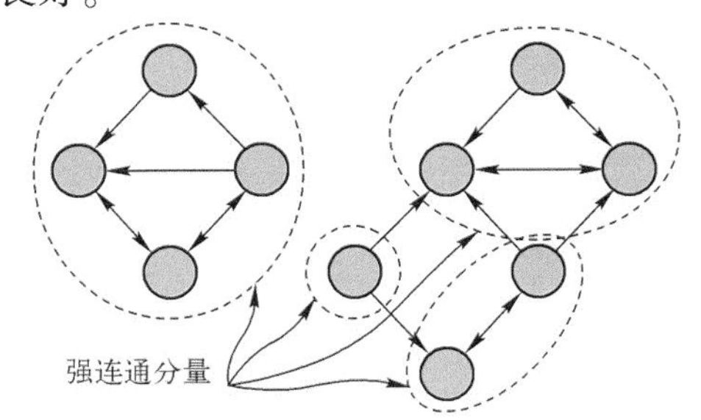

图 9-4　有 4 个强连通分量的图。每个分量中的所有顶点都连接到其他每个顶点

SCC 在图论和其他领域有许多应用。作为

一个实际的例子，再来看一下 LinkedIn。LinkedIn 图中的 SCC 可能发生在小公司、团队或好友间，但不可能跨越行业存在，如 IT 和建筑。

在 Spark 中，strongConnectedComponents 方法也可以从 GraphOps 对象中获得，隐式添加到 Graph 对象，只需要为它提供执行的最大迭代次数：

```
val wikiSCC = wikigraph. stronglyConnectedComponents(100)
```

与连通分量算法一样，由 SCC 算法生成的图的顶点包含它们所属的强连通分量的最小顶点 ID。

wikiSCC 图包含 519 个强连通分量：

```
scala> wikiSCC. vertices. map(x => x. _2). distinct. count
res0:Long = 519
```

来看看哪个是最大的：

```
scala> wikiSCC. vertices. map(x => (x. _2,x. _1)). countByKey().
filter(_. _2 > 1). toList. sortWith((x,y) => x. _2 > y. _2). foreach(println)
(6,4051)
(2488,6)
(1831,3)
(892,2)
(1950,2)
(4224,2)
...
```

最大的 SCC 有 4051 个顶点，这太多了，不能在这里全部显示。用户可以在几个较小的 SCC 中检查属于顶点的网页的名称。对于发现的 3 个次大规模 SCC，第一个 SCC 的成员是各大洲的各个国家的列表（Wikipedia 自维基百科数据集构建以来，这些网页在维基百科中被更改，并且它们不再形成 SCC）：

```
scala> wikiSCC. vertices. filter(x => x. _2 == 2488).
    join(articles. map(x => (x. _2,x. _1))). collect. foreach(println)
(2490,(2488,List_of_Asian_countries))
(2496,(2488,List_of_Oceanian_countries))
(2498,(2488,List_of_South_American_countries))
(2493,(2488,List_of_European_countries))
(2488,(2488,List_of_African_countries))
(2495,(2488,List_of_North_American_countries))
scala> wikiSCC. vertices. filter(x => x. _2 == 1831).
    join(articles. map(x => (x. _2,x. _1))). collect. foreach(println)
(1831,(1831,HD_217107))
(1832,(1831,HD_217107_b))
```

```
(1833,(1831,HD_217107_c))
scala> wikiSCC.vertices.filter(x => x._2 == 892).
     join(articles.map(x => (x._2,x._1))).collect.foreach(println)
(1262,(892,Dunstable_Downs))
(892,(892,Chiltern_Hills))
```

第二个 SCC 包含有关恒星（HD_217107）及其两个行星的网页。第三个 SCC 的成员是英格兰的地区。

9.3　实现 A* 搜索算法

在本节中，将实现 A*（发音为 A 星）搜索算法用来查找图中两个顶点之间的最短路径。A* 算法由于其在路径查找中的效率而广泛流行。在本章中使用 GraphX API 实现这个算法的主要原因是帮助用户更好地理解 GraphX 类和方法。

通过这个过程，用户将应用图过滤、消息聚合和连接顶点来解决一个实际问题。当然，用户还将了解 A* 搜索算法本身。

9.3.1　了解 A* 算法

A* 算法可能看起来很复杂，但是一旦掌握诀窍，它就很简单。假设有一个开始顶点和一个结束顶点，A* 算法可以找到它们之间的最短路径。该算法通过计算每个顶点相对于起点和终点的代价，然后以最小代价选择包含顶点的路径。

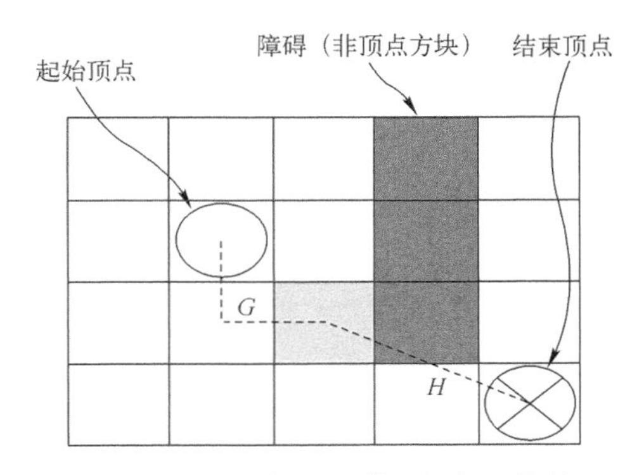

图 9-5　用于说明 A* 算法如何工作的 2D 地图。它的方块可以表示为图的节点，边连接相邻的方块。深色的方块是障碍。A* 算法的目标是在起始和结束节点之间找到最短路径。浅灰色方块是正在计算成本的方块。虚线是在起始顶点和当前顶点之间的路径。短画线是当前顶点和结束顶点之间的估算距离

下面通过一个简单的 2D 地图（见图 9-5）来说明 A* 算法的工作原理。地图包含一个具有起始和结束方块以及它们之间的障碍的网格。假设这个二维地图表示为一个图，其中每个方块是一个顶点，通过边连接到相邻的方块。顶点不能对角线连接，只能水平和垂直连接。

每个顶点的成本使用两种方式计算（虚线和短画线），如图 9-5 所示。浅灰色方块表示一个正在计算成本的顶点。虚线是顶点和起始节点之间的路径（到目前为止遍历的路径）。该路径的长度用字母 G 表示，并且在这个示例中等于 2，因为两个邻居之间的距离总是 1（每个边的长度或权重为 1）。

短画线是当前顶点和结束顶点之间的估计路径。该路径的长度用字母 H 表示，是当前

顶点和结束顶点之间的估算距离。在这种情况下，值 H 被计算为从顶点到目的地的直线的长度，但也可以使用其他估计函数。

由字母 F 表示的最终顶点成本通过对 G 和 H 值求和来计算：

$$F=G+H$$

估算函数是 A* 算法的核心，不能在没有计算两个随机顶点之间的估算距离选项的图上使用 A* 算法。来自第 9.1 节的图就是这样一个图，因为你不能估算 Marge 和 Milhouse 之间的距离。如果知道它们之间的路径，则可以计算距离，但是没有办法只通过检查两个顶点来估算它。

图 9-6 显示了 A* 算法的过程。该算法在开放组和封闭组中保存顶点，并且跟踪当前顶点。封闭组中的正方形用浅灰色背景表示。开放组中的正方形用白色背景表示，其上写有计算出的数字。上面的两个数字是 G 和 H 值，下面的数字是最终的 F 值（G 和 H 的总和）。

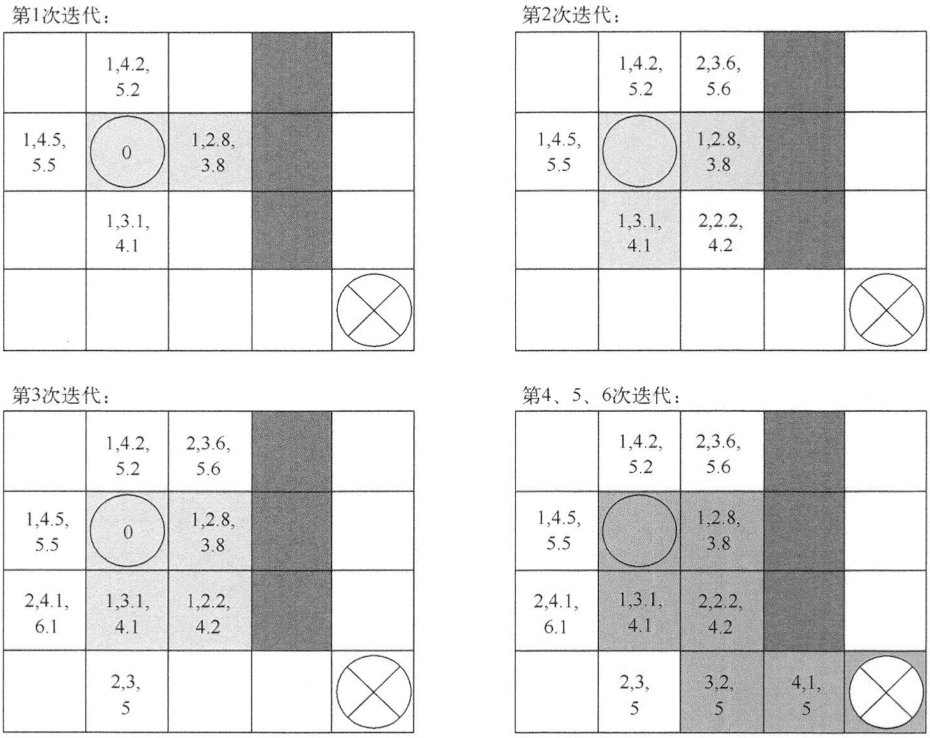

图 9-6　A* 算法找到一条从起始顶点（带圆的方块）到结束顶点（带×的顶点）的路径。在每次迭代中，算法计算当前顶点邻居的 F、G 和 H 值。一旦计算出值，顶点就属于开放组。接下来，算法从开放组中选择具有最小 F 值的顶点作为下一个当前顶点，并把它放在封闭组（浅灰色方块）。一旦到达目标顶点，该算法就通过遵循最小的 F 值（暗灰色方块）构建到起始顶点的路径。图中的黑色方块是障碍物

在算法的第一次迭代中，起始顶点是当前顶点。其 G 值等于 0，并且不使用其 H 值。在

每次迭代中，A*算法将当前顶点放在封闭组中，并计算其不在封闭组中的每个邻居的 *G*、*H* 和 *F* 值。如果邻居已经计算了其 *F* 值（这意味着它在开放组中），则将旧的 *F* 值与新的值进行比较，使用较小的值。

接着，选择具有最小 *F* 值的开放组的顶点作为新的当前顶点。如果新的当前顶点是目标顶点，则最后路径是通过返回并沿着具有最小 *F* 值的顶点（或使用顶点父信息，正如这里实现的情况）来构造的。

在图 9-6 中，最后路径显示为较深的灰色。最深的颜色表示屏障。

9.3.2　实现 A*算法

现在来学习使用 GraphX API 构建 A*算法的实现。在这里将会使用几乎所有在前几节中学到的方法。

完整的算法在下面的清单中给出，也可以从在线存储库中找到它，下面逐行进行。

清单 9.1　A*搜索算法的 GraphX 实现

```
object AStar extends Serializable {
    import scala.reflect.ClassTag
    private val checkpointFrequency=20
    def run[VD:ClassTag,ED:ClassTag](graph:Graph[VD,ED],
        origin:VertexId,dest:VertexId,maxIterations:Int=100,
        estimateDistance:(VD,VD) => Double,
        edgeWeight:(ED) => Double,
        shouldVisitSource:(ED) => Boolean=(in:ED) => true,
        shouldVisitDestination:(ED) => Boolean=(in:ED) => true):Array[VD] =
        {
        val resbuf=scala.collection.mutable.ArrayBuffer.empty[VD]
        val arr=graph.vertices.flatMap(n => if(n._1 == origin ||
            n._1 == dest) List[Tuple2[VertexId,VD]](n) else List()).collect()
        if(arr.length != 2)
            throw new IllegalArgumentException("Origin or destination not found")
        val origNode=if (arr(0)._1 == origin) arr(0)._2 else arr(1)._2
        val destNode=if (arr(0)._1 == origin) arr(1)._2 else arr(0)._2
        var dist=estimateDistance(origNode,destNode)
        case class WorkNode(origNode:VD,g:Double=Double.MaxValue,
            h:Double=Double.MaxValue,f:Double=Double.MaxValue,
            visited:Boolean=false,predec:Option[VertexId]=None)
        var gwork=graph.mapVertices{case(ind,node) => {
            if(ind == origin)
                WorkNode(node,0,dist,dist)
            else
                WorkNode(node)
```

```
    }}.cache()
var currVertexId:Option[VertexId]=Some(origin)
var lastIter=0
for(iter <- 0 to maxIterations
    if currVertexId.isDefined;
    if currVertexId.getOrElse(Long.MaxValue) != dest)
    {
    lastIter=iter
    println("Iteration "+iter)
    gwork.unpersistVertices()
    gwork=gwork.mapVertices((vid:VertexId,v:WorkNode) => {
        if(vid != currVertexId.get)
            v
        else
            WorkNode(v.origNode,v.g,v.h,v.f,true,v.predec)
        }).cache()
    if(iter % checkpointFrequency == 0)
        gwork.checkpoint()
    val neighbors=gwork.subgraph(trip => trip.srcId ==
        currVertexId.get || trip.dstId == currVertexId.get)
    val newGs=neighbors.aggregateMessages[Double](ctx => {
        if(ctx.srcId == currVertexId.get &&
            ! ctx.dstAttr.visited && shouldVisitDestination(ctx.attr)) {
            ctx.sendToDst(ctx.srcAttr.g + edgeWeight(ctx.attr))
        }
        else if(ctx.dstId == currVertexId.get &&
            ! ctx.srcAttr.visited && shouldVisitSource(ctx.attr)) {
            ctx.sendToSrc(ctx.dstAttr.g + edgeWeight(ctx.attr))
        }}
        ,(a1:Double,a2:Double) => a1,//never supposed to happen
        TripletFields.All)
    val cid=currVertexId.get
    gwork=gwork.outerJoinVertices(newGs)((nid,node,totalG) =>
        totalG match {
            case None => node
            case Some(newG) => {
            if(node.h == Double.MaxValue) {
            val h=estimateDistance(node.origNode,destNode)
        WorkNode(node.origNode,newG,h,newG+h,false,Some(cid))
        }
```

```
                else if( node. h + newG < node. f) //the new f is less than old
                {
                WorkNode( node. origNode, newG, node. h, newG+node. h, false,
                Some( cid) )
                }
                else
                node
                }})
                val openList=gwork. vertices. filter( v => v. _2. h < Double. MaxValue &&
                    ! v. _2. visited)
                if( openList. isEmpty)
                    currVertexId=None
                else {
                    val nextV=openList. map( v => (v. _1, v. _2. f)).
                    reduce( (n1, n2) => if( n1. _2 < n2. _2) n1 else n2)
                    currVertexId=Some( nextV. _1)
                }
            }
        if( currVertexId. isDefined && currVertexId. get == dest) {
            var currId: Option[ VertexId] =Some( dest)
            var it=lastIter
            while( currId. isDefined && it >= 0) {
                val v=gwork. vertices. filter( x => x. _1 == currId. get). collect( )(0)
                resbuf += v. _2. origNode
                currId=v. _2. predec
                it=it-1
            }
        }
        else
            println( "Path not found!" )
        gwork. unpersist( )
        resbuf. toArray. reverse
        }
    }
```

1. 初始化算法

可以通过调用 AStar 对象的 run 方法来运行 A*算法。下面是参数的描述。

- graph——要运行 A*算法的图（必需）。
- origin——起始顶点 ID（必需）。
- dest——目标顶点 ID（必需）。
- maxIterations——要运行的最大迭代数。默认值为 100。

- estimateDistance——获取两个顶点属性对象，并估算它们之间距离的函数（必需）。
- edgeWeight——获取边属性对象并计算其权重的函数：衡量将边包括在路径中的成本（必需）。
- shouldVisitSource——获取边属性对象，并确定是否访问源顶点的函数。所有边和顶点的默认值为 true。可用于模拟具有单向边的双向图。
- shouldVisitDestination——获取边属性对象，并确定是否访问目标顶点的函数。所有边和顶点的默认值为 true。可用于模拟具有单向边的双向图。

estimateDistance 函数返回两个顶点之间的估算距离，由它们的属性对象确定。例如，如图 9-6 所示，它获取两个方块的 x 和 y 坐标，并使用毕达哥拉斯公式计算它们之间的距离。edgeWeight 函数确定每个边的权重。在图 9-6 中，它总是返回 1，因为正方形只连接到它们相邻的正方形，而相邻的正方形总是在一个正方形之外。shouldVisitSource 和 should-Visit-Destination 分别确定是否访问边的源和目标顶点。即使图是单向的，也可以使用此函数来访问两个顶点，或者确定边是否仅对于一些边是单向的。如果图有双向边，那么只有 should-VisitDestination 应该返回 true、shouldVisitSource 应该返回 false。

run 方法首先检查图中是否存在提供的源和目标顶点 ID，并估算到目标的起始距离：

```
val arr = graph. vertices. flatMap( n =>
    if( n. _1 = = origin || n. _1 = = dest)
        List[ Tuple2[ VertexId, VD ] ]( n)
    else
        List( ) ). collect( )
if( arr. length  ! = 2)
    throw new IllegalArgumentException( " Origin or destination not found" )
val origNode = if  ( arr( 0 ). _1 = = origin)  arr( 0 ). _2 else arr( 1 ). _2
val destNode = if  ( arr( 0 ). _1 = = origin)  arr( 1 ). _2 else arr( 0 ). _2
var dist = estimateDistance( origNode, destNode)
```

然后准备一个工作图，用于计算 F、G 和 H 值。可以使用 WorkNode 案例类来计算：

```
case class WorkNode( origNode:VD,
    g:Double = Double. MaxValue,
    h:Double = Double. MaxValue,
    f:Double = Double. MaxValue,
    visited:Boolean = false,
    predec:Option[ VertexId ] = None)
```

WorkNode 将原始节点对象保留在 origNode 属性中，但它也包含 G、H 和 F 值的属性、Visited 标志（如果 Visited 是 true，则顶点是在封闭组中）、以及前趋顶点的 ID（predec 属性），用于构造最终路径。

工作图（gwork）通过将顶点映射到 WorkNode 对象来创建。源点顶点的 F、G 和 H 值也在以下过程中设置：

```
var gwork = graph.mapVertices{case(ind, node) => {
    if(ind == origin)
        WorkNode(node, 0, dist, dist)
    else
        WorkNode(node)
}}.cache()
```

最后，将源点设置为当前顶点：

```
var currVertexId:Option[VertexId] = Some(origin)
```

至此，主循环的所有先决条件都已完成。

2. 理解主循环

如果开放组中没有更多的顶点并且还没有达到目标，则 currVertexId 将被设置为 None。如果达到目标，则它将等于目标顶点 ID。这是留在主循环的两个条件。第三个条件是迭代次数：

```
for(iter<-0 to maxIterations
    if currVertexId.isDefined;
    if currVertexId.getOrElse(Long.MaxValue) != dest) {
```

在主循环中会发生以下情况。

1）当前顶点标记为已访问（相当于将其放置在封闭组中）。

2）计算当前顶点的相邻顶点的 F、G 和 H 值。

3）下一个当前顶点是从开放组中选择的。

因为工作图在主循环中被重用，所以它被缓存，然后它的顶点在下一次迭代之前是不存在的。边没有被修改，所以它们保留在缓存中。

缓存和检查点图

许多图算法需要重复使用相同的数据。因此，将图数据放在内存中随时可用是很有帮助的。Graph 的 cache 方法通过缓存顶点和边来进行操作。默认情况下，Spark 只在内存中缓存顶点和边数据，但在使用 persist 方法时可以指定其他存储级别。它以 StorageLevel 作为参数，它有几个定义的常量（DISK_ONLY、MEMORY_AND_DISK 等）。读者可以在 http://mng.bz/pM17 中找到更多关于存储级别的信息。

如果图数据不断变化和缓存，则它很快就会填充可用的内存空间，迫使 JVM 经常执行垃圾收集（GC）。Spark 可以比 JVM 更高效地释放缓存的数据，因此，如果用户频繁地保留图数据，也应该释放它。要做到这一点，可以使用 unpersist 方法，它释放边和顶点；或者可以使用 unpersistVertices 方法，它仅释放顶点。这两种方法都使用一个布尔参数，该参数决定是否阻止数据被取消缓存。

3. 标记当前顶点为已访问

因为 RDD 是不可改变的，所以不能更改顶点的属性对象。因此需要转换顶点 RDD。这本身很简单：

```
gwork = gwork.mapVertices((vid:VertexId, v:WorkNode) => {
    if(vid != currVertexId.get)
        v
    else
        WorkNode(v.origNode, v.g, v.h, v.f, true, v.predec)
    }).cache()
```

除了当前顶点的 visited 属性设置为 true 之外，其他所有边的工作节点保持不变。

4. 检查点工作图

工作图需要定期检查点（每 20 次迭代），因为其 RDD DAG 变得太大，并且计算成本越来越大：

```
if(iter % checkpointFrequency == 0)
    gwork.checkpoint()
```

工作图不断变换，并且如果执行了太多的迭代，就会导致堆栈溢出错误。通过保持 DAG 方案定期检查点可以避免这一问题。

5. 计算 *F*、*G* 和 *H* 值

只需要计算相邻顶点的 *F*、*G* 和 *H* 值，因此首先创建一个工作图的子图，该子图仅包含进入当前顶点与从当前顶点发出的边。

```
val neighbors = gwork.subgraph(trip => trip.srcId == currVertexId.get ||
    trip.dstId == currVertexId.get)
```

接下来，如果 shouldVisit * 函数认为应该访问这些邻居但还没有访问过，则需要向这些满足条件的邻居发送消息。发送给每个节点的消息（使用 sendToSrc 或 sendToDst）包含该顶点使用提供的 edgeWeight 函数计算的新 *G* 值。结果（newGs）是一个仅包含新 *G* 值作为顶点值的 VertexRD。

```
val newGs = neighbors.aggregateMessages[Double](ctx => {
    if(ctx.srcId == currVertexId.get &&
            ! ctx.dstAttr.visited && shouldVisitDestination(ctx.attr)) {
        ctx.sendToDst(ctx.srcAttr.g+edgeWeight(ctx.attr))
    } else if(ctx.dstId == currVertexId.get && ! ctx.srcAttr.visited &&
            shouldVisitSource(ctx.attr)) {
    ctx.sendToSrc(ctx.dstAttr.g+edgeWeight(ctx.attr))
    }}, (a1:Double, a2:Double) => a1,
    TripletFields.All)
```

在下一步中，包含新 *G* 值的图将与工作图连接。如果新的 *F* 值（新 *G* 加 *H* 值）小于当前 *F* 值，则顶点被更新，并且其 predec（前趋）字段被设置为当前顶点 ID。对于那些没有在 newG 图中计算新 *G* 值的顶点（它们不是当前顶点的邻居），连接函数中的 totalG 值将为

None，并且该函数使现有顶点对象保持不变：

```
val cid=currVertexId.get
gwork=gwork.outerJoinVertices(newGs)((nid, node, totalG)=>
    totalG match {
        case None=>node
        case Some(newG)=>{
            if(node.h==Double.MaxValue) {
            val h=estimateDistance(node.origNode, destNode)
                WorkNode(node.origNode, newG, h, newG+h, false, Some(cid))
            } else if(node.h+newG< node.f) {
            WorkNode(node.origNode, newG, node.h, newG+node.h, false, Some(cid))
        }
        else
            node
} })
```

新的 gwork 图现在包含当前开放组中所有顶点的更新的 *F* 值。剩下要做的就是选择下一个当前的顶点。

6. 选择下一个当前顶点

要查找下一个当前顶点，首先只选择开放组中的顶点：

```
val openList=gwork.vertices.filter(v=>
    v._2.h< Double.MaxValue && ! v._2.visited)
```

如果开放组为空，则无法到达目标顶点。否则，找到具有最小 F 值的顶点：

```
if(openList.isEmpty)
    currVertexId=None
else {
    val nextV=openList.map(v=>(v._1, v._2.f)).
        reduce((n1, n2)=>if(n1._2< n2._2) n1 else n2)
    currVertexId=Some(nextV._1)
}
```

7. 收集最终路径顶点

最后，在主循环完成并到达目的地之后，currentVertexId 等于目标顶点 ID。A* 算法遵循每个顶点的 predec 字段，获取对应的顶点属性对象，并将它们放在最终集合中（resbuf，一个 Scala 可变的 ArrayBuffer）：

```
if(currVertexId.isDefined && currVertexId.get==dest) {
    println("Found!")
    var currId:Option[VertexId]=Some(dest)
    var it=lastIter
```

```
    while(currId.isDefined && it >=0) {
        val v=gwork.vertices.filter(x=>x._1==currId.get).collect()(0)
        resbuf+=v._2.origNode
        currId=v._2.predec
        it=it-1
    }
}
```

将 resbuf 的内容反转并作为最终的最短路径返回：

```
resbuf.toArray.reverse
```

9.3.3 测试的实施

下面的测试在一个简单、易于可视化的数据集上实施。该测试将使用的图连接三维空间中的点。图中的每个顶点都包含 *X*、*Y* 和 *Z* 坐标。测试中使用以下案例类来表示点：

```
case class Point(x:Double, y:Double, z:Double)
```

通过手动指定点来创建图：

```
val vertices3d=sc.parallelize(Array((1L, Point(1,2,4)),
    (2L, Point(6,4,4)), (3L, Point(8,5,1)), (4L, Point(2,2,2)),
    (5L, Point(2,5,8)), (6L, Point(3,7,4)), (7L, Point(7,9,1)),
    (8L, Point(7,1,2)), (9L, Point(8,8,10)),
    (10L, Point(10,10,2)), (11L, Point(8,4,3))))
val edges3d=sc.parallelize(Array(Edge(1, 2, 1.0), Edge(2, 3, 1.0),
    Edge(3, 4, 1.0), Edge(4, 1, 1.0), Edge(1, 5, 1.0), Edge(4, 5, 1.0),
    Edge(2, 8, 1.0), Edge(4, 6, 1.0), Edge(5, 6, 1.0), Edge(6, 7, 1.0),
    Edge(7, 2, 1.0), Edge(2, 9, 1.0), Edge(7, 9, 1.0), Edge(7, 10, 1.0),
    Edge(10, 11, 1.0), Edge(9, 11, 1.0)))
val graph3d=Graph(vertices3d, edges3d)
```

相应的点和它们之间的边如图 9-7 所示。

图的边的值都是 1。calcDistance3d 函数计算三维空间中两点之间的距离：

```
val calcDistance3d=(p1:Point, p2:Point)=>{
    val x=p1.x-p2.x
    val y=p1.y-p2.y
    val z=p1.z-p2.z
    Math.sqrt(x * x+y * y+z * z)
}
```

可以使用这个函数来绘制边，并计算每个边连接的顶点之间的实际距离：

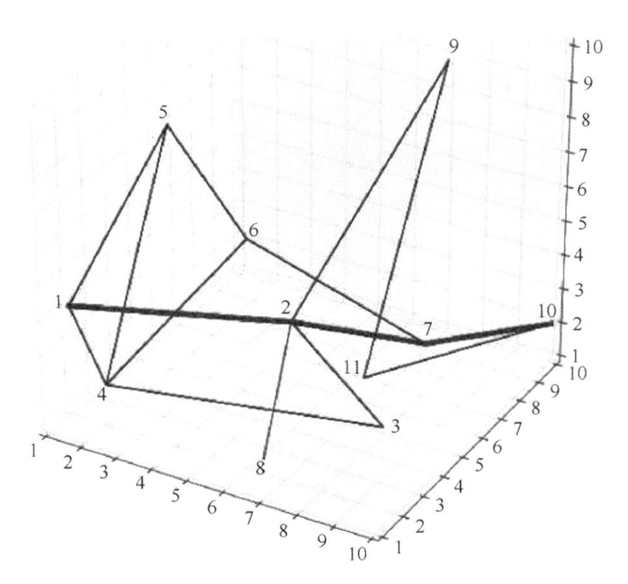

图 9-7　用于测试 A* 算法实现的示例图。图的顶点是三维空间中的点。从顶点 1 到顶点 10 的最短路径显示为粗线

```
val graph3dDst=graph3d.mapTriplets(t=>
    calcDistance3d(t.srcAttr, t.dstAttr))
```

因为 A* 算法使用检查点（在第 4 章中讨论过），在运行这个算法之前，设置 Spark 检查点目录：

```
sc.setCheckpointDir("/spark/checkpoint/directory")
```

现在可以在 graph3dDst 图上运行 A* 算法了。相同的 calcDistance3d 函数可以用于计算 *H* 值（从顶点到目标顶点的距离）。计算边权重的函数可以返回附加到每个顶点的属性对象（因为刚刚计算的每个边的权重，而 graph3dDst 已经包含它们）。

现在来计算顶点 1 和 10 之间的最短路径：

```
scala>AStar.run(graph3dDst, 1, 10, 50, calcDistance3d, (e:Double)=>e)
res0: Array[Point]=Array(Point(1.0,2.0,4.0), Point(6.0,4.0,4.0),
Point(7.0,9.0,1.0), Point(10.0,10.0,2.0))
```

最终的最短路径在图 9-7 中用粗线示出。

9.4　总结

- 图是链接对象的数学概念，用于建模它们之间的关系。
- 图由顶点（图中的节点）和连接顶点的边组成。在 Spark 中，边是有方向的，边和顶点都有属性对象附加到它们。

- 在 Spark 中，顶点和边由两个特殊的 RDD 实现来实现：VertexRDD 和 EdgeRDD。
- 可以使用包含顶点 ID 和顶点属性对象元组的 RDD 以及包含 Edge 对象的 RDD 构建图对象。
- 可以使用 mapEdges、mapVertices 和 mapTriplets 方法来转换图对象，以便向边和顶点添加更多信息，或者转换附加到它们的属性对象。
- 使用 aggregateMessages 方法，可以在每个顶点运行一个函数并且可选地向其相邻顶点发送消息，收集以及聚合发送到新顶点 RDD 中的每个顶点的所有消息。
- 可以使用 outerJoinVertices 方法连接两个图。aggregateMessages 和 outerJoinVertices，以及映射函数是 GraphX 中基本的图形操作，在 GraphX 应用程序中经常使用它们。
- GraphX 包含类似于 Pregel 的 API 的实现。它也由函数在整个图中发送消息。
- 可以使用 subgraph、mask 和 filter 函数对图进行过滤。
- 最短路径算法找到从一组顶点到图中的每个其他顶点的最短路径。可以将其用于各种任务，如查找从一个页面到另一个页面所需的最小链接数。
- 页面排名根据进入或离开顶点的边的数目找到顶点的相对重要性。可以使用它来查找图中最有影响力的节点（如 web 页面和它们之间的链接，或者在社交网络中的人）。
- 连通分量算法找到图的不同的、不相交的子图。
- 强连通分量算法找到双重连接的集群顶点。
- A* 搜索算法是查找路径的快速算法。本章给出了一个用于教学目的的 A* 算法的 GraphX 实现。

第3部分

Spark ops

使用Spark不仅仅是编写和运行Spark应用程序，也用于配置Spark集群和系统资源以供应用程序高效使用。本部分介绍了在Spark standalone、Hadoop YARN和Mesos集群上运行Spark应用程序的必要概念和配置选项。

第10章探讨了Spark运行时组件、Spark集群类型、作业和资源调度、配置Spark和Spark Web UI。这些是Spark可以运行的所有集群管理器的共同概念：Spark standalone集群、YARN和Mesos。第10章还介绍了两种本地模式。

第11章介绍了Spark standalone集群：它的组件，如何启动它并在其上运行应用程序，以及如何使用其Web UI；还讨论了Spark历史服务器，它保存有关以前运行作业的详细信息；还介绍了如何使用Spark的脚本在Amazon EC2上启动Spark standalone集群。

第12章详细介绍了运行Spark应用程序的YARN和Mesos集群的设置、配置和使用。

第 10 章 运行 Spark

本章涵盖

- Spark 运行时组件。
- Spark 集群类型。
- 作业和资源调度。
- 配置 Spark。
- Spark web UI。
- 在本地机器上运行 Spark。

前面的章节提到了运行 Spark 的不同方式。本章以及接下来的两章将讨论如何设置 Spark 集群。Spark 集群是一组互连的进程，通常以分布式方式运行在不同的机器上。Spark 运行的主要集群类型是 YARN、Mesos 和 Spark standalone。另外两个运行时选项是本地模式和本地集群模式。本地模式是在单个机器上运行的伪集群，而本地集群模式是一个仅限于单个计算机的 Spark 独立群集。如果所有这些听起来令人困惑，别担心，作者将在本章中逐步解释这些问题。

本章还将描述适用于所有 Spark 集群类型的 Spark 运行时体系结构的常见元素。例如，驱动器和执行器进程以及 Spark 上下文和调度器对象，它们对于所有 Spark 运行时模式都是常见的。作业和资源调度在所有集群类型上的功能类似，Spark web UI 的使用和配置也用于监视 Spark 作业的执行。

本章还将展示如何配置 Spark 的运行时实例，这是所有集群类型都类似的。不同的配置选项和不同的运行时模式的数量可能会使人眼花缭乱；本章将解释和列出最重要参数和配置选项的用法。熟悉这些常见概念将帮助读者了解后面两章中的特定集群类型，对于读者控制程序运行也是非常重要的。

10.1 Spark 运行时体系结构概述

在谈到 Spark 运行时体系结构时，可以区分各种集群类型的具体情况以及所有共享的典型 Spark 组件。接下来的两章将描述 Spark standalone、YARN 和 Mesos 集群的详细信息。无论选择哪种运行时的模式，典型的 Spark 组件都是相同的。

10.1.1 Spark 运行时组件

熟悉 Spark 运行时组件将帮助读者了解作业的工作方式。图 10-1 显示了集群中运行的主要 Spark 组件：客户端、驱动器和执行器。

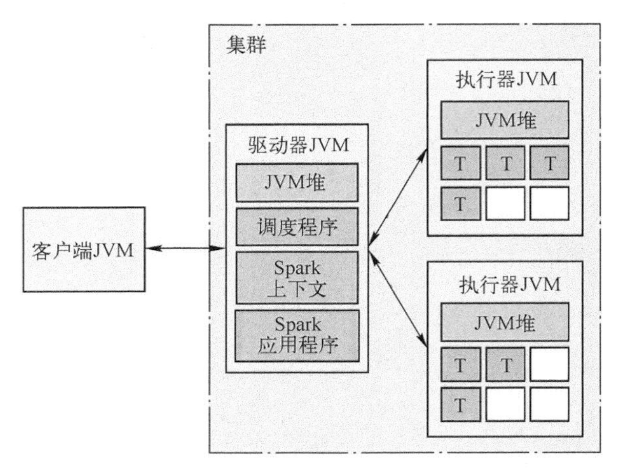

图 10-1 集群部署模式中的 Spark 运行时组件。在任务槽中运行的应用程序任务用 T 标记。空闲任务槽位于白色框中

执行器和驱动器进程的物理位置取决于集群类型及其配置。例如，其中一些进程可以共享一个物理机器，或者它们都可以在不同的物理机器上运行。图 10-1 仅显示了集群部署模式中的逻辑组件。

1. 客户端进程组件的职责

客户端进程启动驱动器。客户端进程可以用于运行应用程序的 spark-submit 脚本、spark-shell 脚本或使用 Spark API 的自定义应用程序。客户端进程为 Spark 应用程序准备类路径和所有配置选项。它还将应用程序参数（如果有的话）传递给在驱动器中运行的应用程序。

2. 驱动器组件的职责

驱动器协调和监视 Spark 应用程序的执行。每个 Spark 应用程序总是有一个驱动器。可以将驱动器看成应用程序的包装器。驱动器及其子组件（Spark 上下文和调度程序）负责以下事项。

- 从集群管理器请求内存和 CPU 资源。
- 将应用程序逻辑分为阶段和任务。
- 向执行器发送任务。
- 收集结果。

第 4 章描述了将应用程序的工作分为阶段和任务的逻辑。

驱动器的运行有以下两种基本方式。

1）集群部署模式如图 10-1 所示。在这种模式下，驱动器进程作为一个单独的 JVM 进程运行在集群中，集群管理其资源（主要是 JVM 堆内存）。

2）客户端部署模式如图 10-2 所示。在这种模式下，驱动器在客户端的 JVM 进程中运行，并与由集群管理的执行器进行通信。

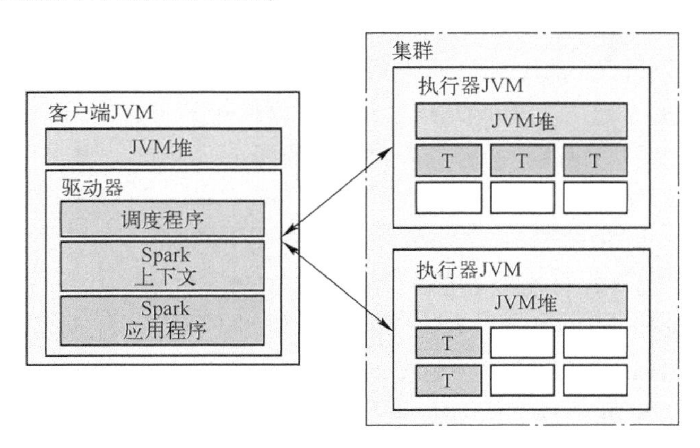

图 10-2　客户端部署模式下的 Spark 运行时组件。驱动程序正在客户端的 JVM 进程中运行

用户选择的部署模式会影响配置 Spark 的方式和客户端 JVM 的资源需求，这个问题将在以下章节讨论。

3. 执行器的职责

执行器（它们是 JVM 进程）接受来自驱动器的任务，执行这些任务，并将结果返回给驱动器。图 10-1 和图 10-2 中的示例驱动器只使用两个执行器，但用户可以使用更多的执行器（现在一些公司运行 Spark 集群有成千上万个执行器）。

每个执行器都有几个任务槽用于并行运行任务。图 10-2 中的执行器每个都有 6 个任务槽。白色框中的槽是空的。用户可以设置任务槽数量为 CPU 内核数的 2 倍或 3 倍。虽然这些任务槽通常被称为 Spark 中的 CPU 内核，但它们作为线程实现，不必与机器上的物理 CPU 内核数量相对应。

4. 创建 Spark 上下文

一旦驱动器启动，它将启动并配置一个 SparkContext 的实例。前面的章节中有这方面的代码示例。当运行 Spark REPL shell 时，shell 是驱动器。Spark 上下文已预配置并可用作 sc 变量。当通过提交 JAR 文件或通过使用来自其他程序的 Spark API 运行独立的 Spark 应用程序时，Spark 应用程序将启动并配置 Spark 上下文。每个 JVM 只能有一个 Spark 上下文。

注意　虽然配置选项 spark. driver. allowMultipleContexts 存在，但它具有误导性，因为不鼓励使用多个 Spark 上下文。此选项仅用于 Spark 内部测试，建议读者不要在用户程序中使用它。如果这样做，可能会在一个 JVM 中运行多个 Spark 上下文时获得意外结果。

正如在前面的章节中看到的，Spark 上下文提供了许多有用的方法用于创建 RDD、加载数据等，它是访问 Spark 运行时的主要接口。

10.1.2 Spark 集群类型

虽然 Spark 可以在本地模式下运行，但在 Spark standalone、YARN 和 Mesos 集群中运行，可能更适用于用户的环境和用例。本节将介绍每种类型的优缺点。

1. Spark standalone 集群

Spark standalone 集群是 Spark 特有的集群。由于 standalone 集群是为 Spark 应用程序专门构建的，因此它不支持与使用 Kerberos 身份验证协议保护的 HDFS 进行通信。如果用户需要这种安全性，请使用 YARN 来运行 Spark。然而，Spark standalone 集群提供比在 YARN 上运行的作业更快的作业启动。作者将在第 11 章介绍 Spark standalone 集群。

2. YARN 集群

YARN 是 Hadoop 的资源管理器和执行系统。它也被称为 MapReduce 2，因为它取代了 Hadoop1 中仅支持 MapReduce 作业的 MapReduce 引擎。

在 YARN 上运行 Spark 有以下几个优点。

- 许多组织已经拥有大规模的 YARN 集群，以及管理和监控 YARN 集群的技术知识、工具和程序。
- YARN 允许用户运行不同类型的 Java 应用程序，而不只是 Spark，所以用户可以轻松混合传统的 Hadoop 和 Spark 应用程序。
- YARN 提供用于在用户和组织之间隔离应用程序和确定其优先级的方法，这是 standalone 集群没有的功能。
- 它是唯一支持 Kerberos-secured HDFS 的集群类型。
- 不必在集群的所有节点上安装 Spark。

3. Mesos 集群

Mesos 是一个用 C++编写的可扩展且容错的分布式系统内核。在 Mesos 集群上运行 Spark 也有优势。与 YARN 不同，Mesos 支持 C++和 Python 应用程序。与 YARN 和仅调度内存的 Spark standalone 集群不同，Mesos 还提供其他类型资源的调度（如 CPU、磁盘空间和端口），虽然这些额外的资源在当前版本（1.6）不被 Spark 使用。Mesos 还有其他集群类型没有的作业调度选项（如细粒度模式）。

Mesos 因为它的两级调度体系结构，所以被认为是一个“调度程序框架的调度器”。YARN 和 Mesos 哪一个更好还无法定论，但现在，通过 Myriad 项目（http://myriad.incubator.apache .org/），用户可以在 Mesos 上运行 YARN 来解决这个难题。YARN 和 Mesos 将在第 12 章讨论。

4. Spark 本地模式

Spark 本地模式和 Spark 本地集群模式是 Spark standalone 集群在单台机器上运行的特殊情况。因为这些集群类型容易设置和使用，所以它们便于快速测试，但不应在生产环境中使用。

此外，在这些本地模式中，工作负载不是分布式的，因此单台机器的提供资源受到限制，并且性能是次优的。当然，在单台机器上不可能实现真正的高可用性。本地模式将在第 10.5.1 节详细介绍。

10.2　作业和资源调度

Spark 应用程序的资源被调度为执行器（JVM 进程）和 CPU（任务槽），然后为它们分配内存。当前正在运行集群的集群管理器和 Spark 调度程序为执行 Spark 作业提供资源。

集群管理器启动由驱动器请求的执行器进程，并在以集群部署模式下运行时启动驱动器进程本身。集群管理器也可以重新启动和停止它已经启动的进程，并可以设置执行器进程能够使用的最大 CPU 数。

一旦应用程序的驱动器和执行器运行，Spark 调度器将直接与它们通信，并决定哪些执行器将运行哪些任务，这称为作业调度，它会影响集群中的 CPU 资源使用情况。它也会间接地影响内存的使用，因为在单个 JVM 中运行的更多任务将使用更多的堆。但是，内存不像 CPU 那样直接在任务级别进行管理。Spark 管理由集群管理器分配的 JVM 堆内存，将其分为几个部分，这一点马上就会学到。

为在集群中运行的每个 Spark 应用程序分配一组专用的执行器。如果多个 Spark 应用程序（可能还有其他类型的应用程序）运行在单个集群中，它们会竞争集群的资源。

因此，存在以下两个级别的 Spark 资源调度。

- 集群资源调度：为不同 Spark 应用程序的 Spark 执行器分配资源。
- Spark 资源调度：用于在单个应用程序中调度 CPU 和内存资源。

10.2.1　集群资源调度

集群资源调度（在一个集群中运行的多个应用程序之间划分集群资源）是集群管理器的职责。这在 Spark 支持的所有集群类型上类似，但略有不同。

所有受支持的集群管理器为每个应用程序提供所请求的资源并在应用程序关闭时释放所请求的资源。Mesos 在 3 种集群类型中是独一无二的：它的细粒度调度器可以为每个任务分配资源，而不是为每个应用程序分配资源。这样一来，应用程序就可以使用其他应用程序当前未请求的资源。

关于这些内容的更多细节，将在第 11 章讲解 standalone 集群，在第 12 章讲解 Mesos 和 YARN 集群。本章末尾讲解 Spark 本地模式。

10.2.2　Spark 作业调度

一旦集群管理器为执行器分配 CPU 和内存资源，就可以在 Spark 应用程序中进行作业调度。作业调度仅依赖于 Spark，并不依赖于集群管理器。它通过一种机制来决定如何将作业分解为任务以及如何选择哪些执行器执行它们。正如第 4 章中介绍的，Spark 基于 RDD 谱系创建作业、阶段和任务，然后调度器将这些任务分发给执行器并监视它们的执行。

多个用户（多线程）也可以同时使用相同的 SparkContext 对象（SparkContext 是线程安全的）。在这种情况下，同一个 SparkContext 的几个作业会竞争其执行器的资源。

图 10-1 和图 10-2 显示了每个驱动器使用单个调度器来分发任务。实际上，有几个调

度对象正在发挥作用，但是所有这些调度对象都可以抽象为单个调度对象。

Spark 分配 CPU 资源的方式有两种：FIFO（先进先出）调度和公平调度。Spark 参数 spark.scheduler.mode 设置调度器模式，并且它有两个可能的取值：FAIR 和 FIFO（有关设置 Spark 参数的详细信息，请参见第 10.3 节）。

1. FIFO 调度

FIFO 调度功能的原则是先来先服务。第一个作业请求资源时会占用所有必需的（和可用的）执行器任务槽（假设每个作业只包括一个阶段）。

如果集群中有 500 个任务槽，而第一个作业只需要 50 个，则其他作业可以在第一个作业运行时使用剩余的 450 个。但如果第一个作业需要 800 个任务槽，则所有其他作业必须等待直到第一个作业的任务释放执行器资源。图 10-3 显示了另一个示例。

在这个例子中，驱动器有两个执行器，每个执行器有 6 个任务槽和两个要运行的 Spark 作业。第一个作业有 15 个任务需要执行，其中 12 个正在执行。第二个作业有 6 个任务，但他们需要等待，因为作业 1 是第一个请求资源的。将图 10-3 与图 10-4 中的公平调度器示例进行比较。FIFO 调度是默认的调度器模式，如果应用程序是一次只运行一个作业的单用户应用程序，它的工作效果最好。

2. 公平调度

公平调度以循环方式在竞争 Spark 作业之间平均分配可用资源（执行器线程）。对于同时运行多个作业的多用户应用程序来说，它是一个更好的选择。Spark 的公平调度器受到 YARN 公平调度器（第 12 章中描述）的启发。图 10-4 提供了一个例子。

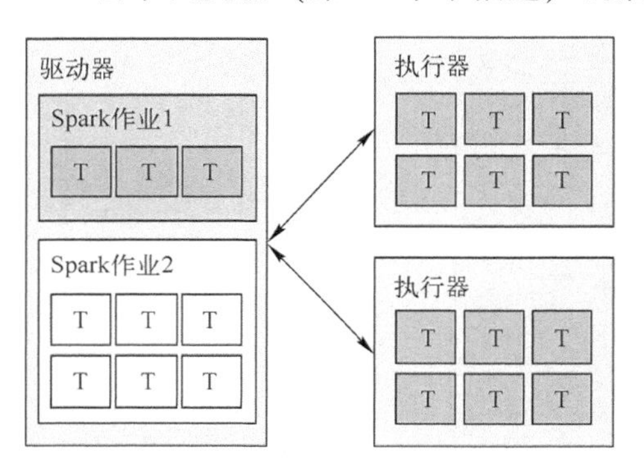

图 10-3　具有两个作业和两个执行器的 FIFO 调度模式。作业 2 中的任务必须等待，直到作业 1 中的所有任务都完成执行

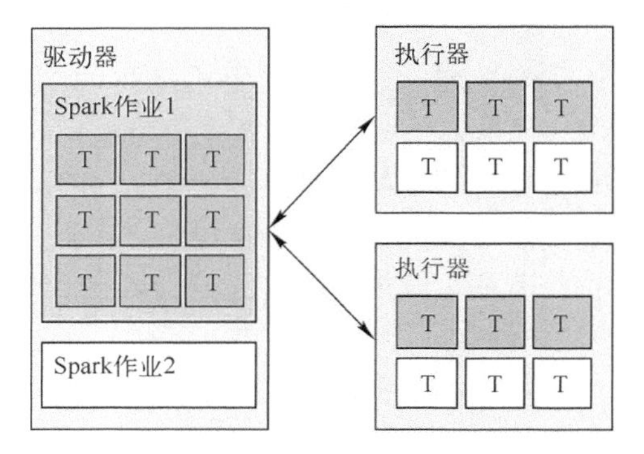

图 10-4　具有两个作业和两个执行器的公平调度模式。来自作业 2 的任务与来自作业 1 的任务并行执行，尽管作业 1 首先请求资源

示例中的作业数和任务数与 FIFO 调度示例相同，因此用户可以看到两种调度模式之间的差异。作业 2 中的任务现在与作业 1 中的任务并行执行。来自作业 1 的其他任务正在等待空闲任务槽。这样，较短运行的作业（作业 2）可以立即运行，而不必等待较长的作业（作业 1）完成，尽管作业 2 不是第一个请求任务槽的作业。

公平调度器有一个调度池的概念，类似于第 12 章中所述的 YARN 队列。每个池具有权重值，该权重值确定其作业与来自其他池的作业相比具有的资源数量以及最小共享值，它将确定池在任何时候都可以使用的 CPU 内核数。

通过设置 spark. scheduler. allocation. file 参数来指定池配置，该参数必须指向 XML 配置文件。可以在<SPARK_HOME>/conf/fairscheduler. xml. template 文件中找到 XML 的配置。使用具有公平调度器的池，可以为不同的用户或作业类型设置优先级。

3. 任务的推测执行

配置 Spark 将任务分配给执行器方式的另一个选项是推测执行，它试图解决 stragglers 的问题（比同一阶段的其他任务花费更长时间完成的任务）。其中一个执行器可能会陷入一些其他进程，耗尽其所有的 CPU 资源，从而无法及时完成任务。这种情况下，如果启用推测执行，则 Spark 可能会尝试在其他执行器的某些分区上运行同样的任务。如果发生这种情况，并且新任务完成，Spark 接受新任务的结果并丢弃旧任务的结果。这样，单个执行器故障不会导致作业停顿。

推测执行默认情况下是关闭的。通过将 spark. speculation 参数设置为 true 来打开它。当打开时，Spark 检查每个 spark. speculation. interval 的设置以确定是否需要重新启动任何任务。

另外两个参数决定了选择哪些需要重新启动的任务的标准。spark. speculation. quantile 确定在为某个阶段开始推测之前需要完成的任务的百分比，spark. speculation. multiplier 设置任务在需要重新启动之前需要运行的次数。

对于某些作业（如写入外部系统（如关系数据库）的作业），推测执行是不可取的，因为两个任务可以在同一分区上同时运行，并且可以将相同的数据写入外部系统。虽然一个任务可能比另一个更早完成，但显式禁用推测可能是明智的，特别是没有完全掌握 Spark 配置之前。

10. 2. 3　数据局部性的考虑

数据局部性意味着 Spark 尝试尽可能地靠近数据的位置运行任务。这将影响执行任务的执行器的选择，因此与作业调度相关。

Spark 尝试维护每个分区的首选位置列表。分区的首选位置是分区数据所在的主机名或执行器的列表，以便计算可以更接近数据。可以为基于 HDFS 数据（HadoopRDD）和缓存的 RDD 的 RDD 获取此信息。

在基于 HDFS 数据的 RDD 的情况下，Hadoop API 从 HDFS 集群获取此信息。在缓存的 RDD 的情况下，Spark 本身跟踪每个分区被缓存在哪个执行器。

如果 Spark 获得了首选位置的列表，则 Spark 调度器将尝试在数据实际存在的执行器上运行任务，以便不需要数据传输。这会对性能产生很大影响。

数据局部性的 5 个级别如下所述。

- PROCESS_LOCAL——在缓存分区的执行器上执行任务。
- NODE_LOCAL——在可用分区的节点上执行任务。
- RACK_LOCAL——如果机架信息在集群中可用，则在与分区相同的机架上执行任务（当前仅在 YARN 上）。
- NO_PREF——没有首选位置与任务相关联。
- ANY——如果其他一切都失败，则默认为 ANY。

如果无法获得任务最佳位置的任务槽（即所有匹配的任务槽都被占用），则调度器将等待一定的时间，然后尝试具有第二最佳位置的位置，以此类推。Spark Web UI 的 Stage Details 页面上的 Tasks 表（第 10.4.2 节）中的 Locality level 列显示特定任务的本地性级别。

在移动到下一个位置之前，调度器等待每个本地性级别的时间由 spark.locality.wait 参数确定。默认值为 30 s。还可以使用 spark.locality.wait.process、spark.locality.wait.node 和 spark.locality.wait.rack 来设置特定本地性级别的等待时间。如果这些参数中的任何一个设置为 0，则相应的级别将被忽略，并且不会根据该级别分配任务。

如果将这些等待时间设置为更高的值，则强制调度器始终遵守所需的本地级别，直到其可用。例如，可以通过将 spark.locality.wait.node 增加到 10 min 来强制 HDFS 数据始终在数据驻留的节点上处理。这也意味着如果有某个东西卡在有问题的节点上，理论上可以等待 10 min。在数据局部性至关重要的情况下（即不应允许其他节点处理数据）使用高数值。

10.2.4 Spark 内存调度

下面来看看 Spark 如何调度内存资源。集群管理器为 Spark 执行器 JVM 进程（如果驱动器在集群部署模式下运行，则为驱动器进程分配内存）分配内存。一旦分配了内存，Spark 将调度并管理其作业和任务的使用。Spark 程序中可能经常出现内存问题，因此了解 Spark 如何管理内存以及如何配置其管理是很重要的。

1. 集群管理器管理的内存

可以使用 spark.executor.memory 参数设置要为执行器分配的内存量。可以使用 g（千兆字节）和 m（兆字节）后缀。默认执行器内存大小为 512 MB（512 m）。

集群管理器分配使用 spark.executor.memory 参数指定的内存量，然后 Spark 使用并将该内存分区。

2. SPARK 内存管理

Spark 为缓存数据存储和临时混排数据保留了该内存在一部分，使用参数 spark.storage.memoryFraction（默认为 0.6）和 spark.shuffle.memoryFraction（默认为 0.2）为这些设置堆。因为堆的这些部分可以在 Spark 测量和限制它们之前增长，因此必须设置两个额外的安全参数：spark.storage.safetyFraction（默认 0.9）和 spark.shuffle.safetyFraction（默认值为 0.8）。安全参数将内存比例降低指定的量，如图 10-5 所示。

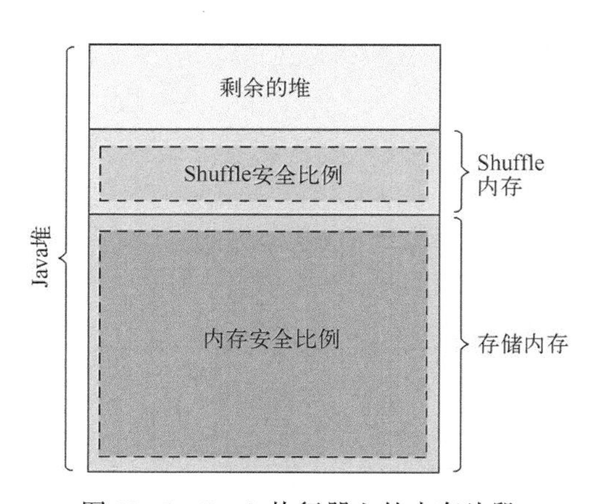

图 10-5 Spark 执行器上的内存片段

默认情况下，用于存储的堆的实际部分是 0.6×0.9（安全比例乘以存储器内存比例），等于 54%。同样，用于 shuffle 数据的堆的部分是 0.2×0.8（安全比例乘以 shuffle 内存比例），等于 16%。

然后，将堆的 30%保留给其他 Java 对象和运行任务所需的资源。但是，实际应该只有

20%的堆空间分配给其他资源。

3. 设置驱动器内存

可以使用 spark. driver. memory 参数为驱动器设置内存。当使用 sparkshell 和 spark-submit 脚本（在集群和客户端部署模式下）启动应用程序时，此参数适用。

如果从另一个应用程序（客户端模式）以编程方式启动 Spark 上下文，那么该应用程序将包含驱动器。因此，要增加驱动器可用的内存，需要使用-Xmx Java 选项设置包含进程的 Java 堆的最大值。

10. 3　配置 Spark

用户可以通过设置配置参数来影响 Spark 的运行方式。例如，用户很可能需要调整驱动器和执行器的内存（正如上一节所讨论的）或 Spark 应用程序的类路径。虽然指定这些设置对其他类似的框架是简单和常见的，但一些细节并不那么明显。花费一点时间研究配置 Spark 的不同方式是值得的。

这里将仅描述指定各种运行时参数的机制，而不是具体的配置选项本身。读者可以查看官方文档（http://spark. apache. org/docs/latest/configuration. html）以获取当前有效的配置参数的列表。

可以使用以下几种方法指定 Spark 配置参数：在命令行上、在 Spark 配置文件中、作为系统环境变量以及从用户程序中。SparkConf 对象可通过 SparkContext 访问，包含所有当前应用的配置参数。使用这里描述的方法指定的参数全部结束于 SparkConf 对象。正如前几章提到的，当使用 spark-shell 时，SparkContext 已经被实例化，预先配置并可用作变量 sc。可以使用其 getConf 方法获取 SparkConf 对象：

```
scala>sc. getConf
```

10. 3. 1　Spark 配置文件

可以在<spark_home>/conf/spark-defaults. conf 文件中指定默认 Spark 参数。如果没有另外指定，则无论使用什么方法启动 Spark，此文件中的值都将在 Spark 运行时应用。

可以使用参数--properties-file 从命令行覆盖文件名。这样，可以为特定应用程序维持一组不同的参数，并为每个应用程序指定不同的配置文件。

10. 3. 2　命令行参数

可以使用命令行参数作为 spark-shell 和 sparksubmit 命令的参数。这些参数传递给 REPL shell 中的 SparkConf 对象（当使用 spark-shell 命令时）或程序中（当使用 spark-submit 命令时）。它们优先于 Spark 配置文件中指定的参数。

注意　在使用 spark-submit 时必须指定包含应用程序的 JAR 文件，并且确保在 JAR 文件名之后指定要传递给应用程序的任何参数，并在 JAR 文件名之前指定任何 Spark 配置参数。这些内容请参阅第 3 章。

Spark 命令行参数的名称与 Spark 的配置文件中的名称是不同的。此外，只有一些 Spark 配置参数具有命令行版本。例如，以下两行程序完成相同的操作（将驱动器的内存设置为 16 GB）：

```
spark-shell--driver-memory 16g
spark-shell--conf spark. driver. memory=16g
```

可以通过使用--help 选项运行 spark-shell（或 spark-submit）来获取命令行参数的完整列表。

还可以使用--conf 命令行参数设置任何 Spark 配置参数，使用其在配置文件中显示的名称并且为要设置的每个配置参数指定单独的-conf 参数。

10.3.3 系统环境变量

可以在<SPARK_HOME>/conf 目录中的 spark-env. sh 文件中指定一些配置参数。还可以将其默认值设置为 OS 环境变量。使用此方法指定的参数具有所有配置方法的最低优先级。

大多数这样的变量都有一个 Spark 配置文件与之对应。例如，除了前面提到的两种设置驱动器内存的方法之外，还可以通过设置 SPARK_DRIVER_MEMORY 系统环境变量来指定它。

可以通过更改 Spark 提供的 sparkenv. sh. template 文件来加快 spark-env. sh 文件的创建速度。在该文件中，可以找到能够在 spark-env. sh 中使用的所有可能的变量。

注意　如果更改 spark-env. sh，并且正在运行 Spark standalone 集群，则应将该文件复制到所有工作机器，以便所有执行器以相同的配置运行。

10.3.4 以编程方式设置配置

可以使用 SparkConf 类在程序中直接设置 Spark 配置参数。例如：

```
val conf=new org. apache. spark. SparkConf( )
conf. set( "spark. driver. memory" , "16g" )
val sc=new org. apache. spark. SparkContext( conf)
```

请注意，Spark 配置不能在运行时使用此方法更改，因此用户需要在创建 SparkContext 对象之前设置具有所需的所有配置选项的 SparkConf 对象。否则，SparkContext 使用默认的 Spark 配置，并且不应用配置的选项。以这种方式设置的任何参数优先于使用前面提到的方法设置的参数（它们具有最高优先级）。

10.3.5 master 参数

master 参数告诉 Spark 要使用哪个集群类型。运行 sparkshell 和 spark-submit 命令时，可以按如下方式定义此参数：

```
spark-submit--master<master_connection_url>
```

当从应用程序指定它时，可以这样做：

```
val conf=org.apache.spark.SparkConf()
conf.set("spark.master","<master_connection_url>")
```

或者可以使用 SparkConf 的 setMaster 方法：

```
conf.setMaster("<master_connection_url>")
```

<master_connection_url>根据所使用的集群的类型（将被适当地解释）而有所不同。

如果将应用程序作为 JAR 文件提交，最好不要在应用程序中设置 master 参数，因为这样做会降低其可移植性。在这种情况下，将其指定为 spark-submit 的参数，以便可以通过仅更改 master 参数在不同集群上运行相同的 JAR 文件。当只将 Spark 作为其他功能的一部分嵌入时，在应用程序中进行设置是一个选择。

10.3.6　查看所有已配置的参数

要查看在当前 Spark 上下文中显式定义和加载的所有选项的列表，请调用程序中的 sc.getConf.getAll 方法（假设 sc 是 SparkContext 实例）。例如，此代码段打印当前配置选项：

```
scala>sc.getConf.getAll.foreach(x=>println(x._1+":"+x._2))
spark.app.id:local-1524799343426
spark.driver.memory:16g
spark.driver.host:<your_hostname>
spark.app.name:Spark shell
...
```

要查看影响 Spark 应用程序的配置参数的完整列表，请参阅 Spark Web UI 的 Environment 页面（请参阅第 10.4.4 节）。

10.4　Spark Web UI

每次初始化 SparkContext 对象时，Spark 都会启动一个 Web UI，它提供有关 Spark 环境和作业执行统计信息的信息。Web UI 默认端口为 4040，如果该端口已被占用（如另一个 Spark Web UI），则 Spark 将增加端口号，直到找到可用的端口为止。

当启动 Spark shell 时，会看到类似于此行的输出（除非关闭 INFO 日志消息）：

```
SparkUI:Started SparkUI at http://svgubuntu01:4040
```

注意　可以通过将 spark.ui.enabled 配置参数设置为 false 来禁用 Spark Web UI。可以使用 spark.ui.port 参数更改其端口。

Spark Web UI 欢迎页面的示例如图 10-6 所示。这个 Web UI 是从 Spark shell 启动的，因此其名称设置为 Spark shell，如图 10-6 的右上角所示。可以通过编程方式调用 SparkConf 对象的 setAppName 方法来更改 Spark Web UI 中显示的应用程序名称，还可以在运行带有--

conf spark. app. name=<new_name>的 spark-submit 命令时在命令行中设置它，但是在启动 Spark shell 时不能更改应用程序名称。在这种情况下，它总是默认为 Spark shell。

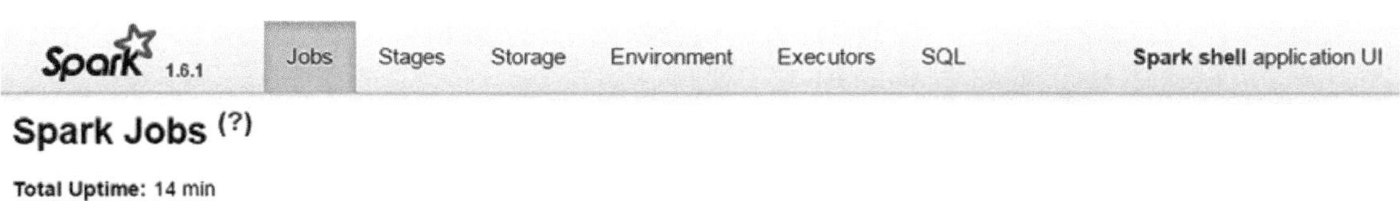

Active Jobs (1)

Job Id	Description	Submitted	Duration	Stages: Succeeded/Total	Tasks (for all stages): Succeeded/Total
64	reduce at VertexRDDImpl.scala:90	2016/04/11 22:41:02	0,1 s	2/20	16/120

Completed Jobs (64)

Job Id	Description	Submitted	Duration	Stages: Succeeded/Total	Tasks (for all stages): Succeeded/Total
63	reduce at VertexRDDImpl.scala:90	2016/04/11 22:41:02	0,4 s	3/3 (5 skipped)	18/18 (30 skipped)
62	reduce at VertexRDDImpl.scala:90	2016/04/11 22:41:02	38 ms	1/1 (5 skipped)	6/6 (30 skipped)
61	countByKey at <console>:44	2016/04/11	0,1 s	2/2 (55 skipped)	12/12 (330 skipped)

图 10-6　Spark Web UI 作业页面显示有关活动、已完成和失败的作业。列标题描述了相应的信息

10.4.1　Jobs（作业）页面

Spark Web UI 的欢迎页面（见图 10-6）提供有关运行、已完成和失败作业的统计信息。对于每个作业，用户将看到它开始的时间、运行时间、运行了多少个阶段和任务。

如果单击作业描述，则将看到有关其已完成和失败的阶段的信息。再次单击表中的 Stages 以显示 Stage Detail（阶段详细信息）页面。

通过单击 Timeline（时间线）链接，可以获取作业执行时间的图形表示。示例如图 10-7 所示。在时间线视图中单击作业还会转到“作业详细信息”页面，可以在其中看到已完成和失败的阶段（见图 10-8）。

10.4.2　Stages（阶段）页面

Stages 页面（见图 10-8）提供了有关作业阶段的摘要信息。在那里可以看到每个阶段开始时间，运行了多长时间，它是否仍然运行，它的输入和输出有多大，以及随机读/写。

当单击 Details（详细信息）链接时，将从该阶段开始的代码中看到一个堆栈跟踪。如果将 spark. ui. killEnabled 参数设置为 true，则 Details（详细信息）链接旁边会显示一个附加选项（Kill）（见图 10-9）。

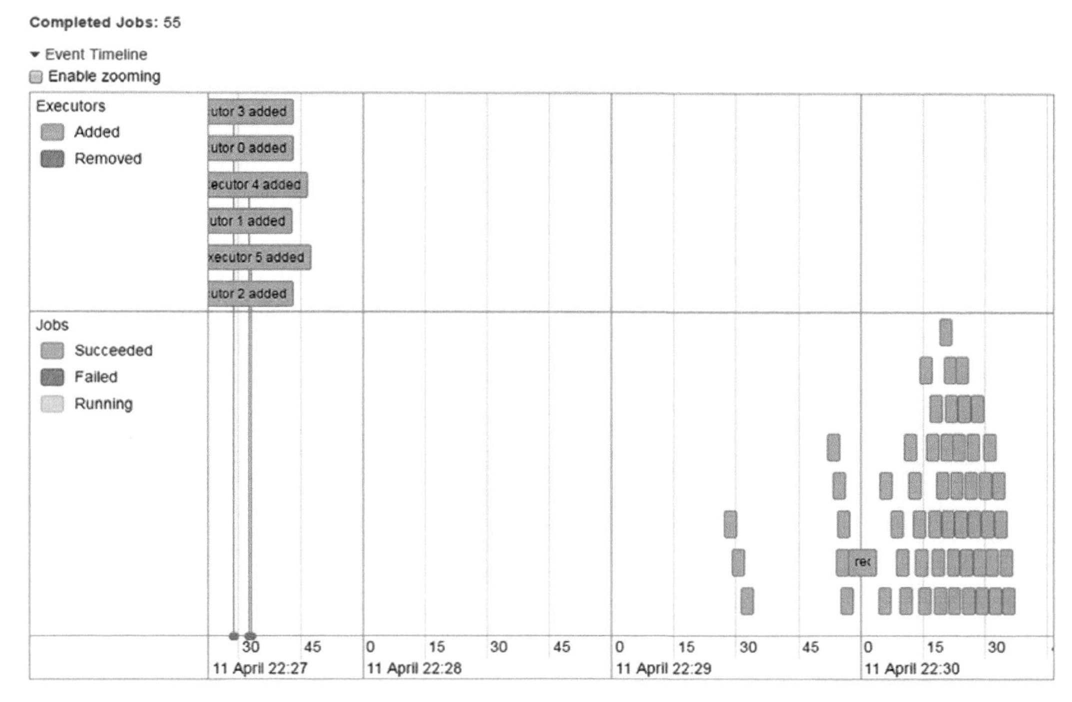

图 10-7　时间线视图显示每个作业开始时间和完成时间

Spark 1.6.1　Jobs　Stages　Storage　Environment　Executors　SQL　**Spark shell** application UI

Stages for All Jobs

Active Stages: 1
Pending Stages: 169
Completed Stages: 426

Active Stages (1)

Stage Id	Description	Submitted	Duration	Tasks: Succeeded/Total	Input	Output	Shuffle Read	Shuffle Write
41164	mapPartitions at VertexRDDImpl.scala:251 (kill) +details	2016/04/11 22:53:44	52 ms	3/6	202.5 KB			47.7 KB

Pending Stages (169)

Stage Id	Description	Submitted	Duration	Tasks: Succeeded/Total	Input	Output	Shuffle Read	Shuffle Write
41037	mapPartitions at VertexRDDImpl.scala:251 +details	Unknown	Unknown	0/6				
41028	mapPartitions at VertexRDDImpl.scala:247 +details	Unknown	Unknown	0/6				
41082	mapPartitions at VertexRDDImpl.scala:247 +details	Unknown	Unknown	0/6				
41046	mapPartitions at VertexRDD.scala:358 +details	Unknown	Unknown	0/6				
41073	mapPartitions at GraphImpl.scala:235 +details	Unknown	Unknown	0/6				

图 10-8　Spark Web UI Stages 页面显示阶段持续时间、任务数量和读取或写入的数据量

Description	
foreach at SampleApp.scala:22	+details (kill)

图 10-9 设置 spark. ui. killEnabled 参数后，可以选择终止长时间运行阶段的选项

单击 Kill 链接并确认选择后，阶段将终止，并且在日志文件中显示与此类似的堆栈跟踪：

```
15/03/20 09:58:25 INFODAGScheduler: Job 0 failed: foreach at
➥ SampleApp. scala:22, took 59,125413 s
Exception in thread "main" org. apache. spark. SparkException: Job 0 cancelled
➥ because Stage 0 was cancelled
atorg. apache. spark. scheduler. DAGScheduler. . . .
```

要打开 Stage Details（阶段详细信息）页面（见图 10-10），请单击阶段描述。在 Stage Details（阶段详细信息）页面上，可以找到调试作业状态的有用信息。如果看到作业持续时间有问题，则可以使用这些页面快速深入查看有问题的阶段和任务，并且缩小问题范围。

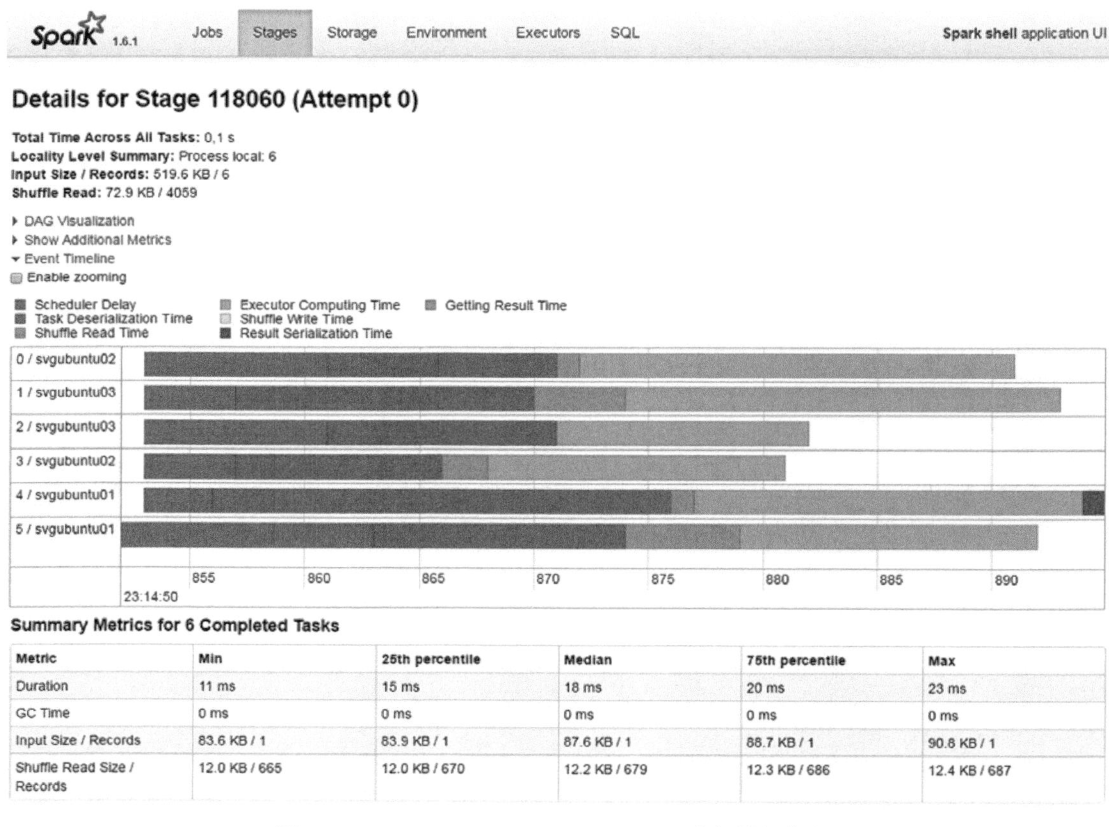

Metric	Min	25th percentile	Median	75th percentile	Max
Duration	11 ms	15 ms	18 ms	20 ms	23 ms
GC Time	0 ms	0 ms	0 ms	0 ms	0 ms
Input Size / Records	83.6 KB / 1	83.9 KB / 1	87.6 KB / 1	88.7 KB / 1	90.8 KB / 1
Shuffle Read Size / Records	12.0 KB / 665	12.0 KB / 670	12.2 KB / 679	12.3 KB / 686	12.4 KB / 687

图 10-10 Spark Web UI Stage Details（阶段详细信息）
页面显示了用于调试 Spark 作业状态的阶段和任务度量

Aggregated Metrics by Executor

Executor ID ▲	Address	Task Time	Total Tasks	Failed Tasks	Succeeded Tasks	Input Size / Records	Shuffle Read Size / Records
0	svgubuntu02:50349	38 ms	1	0	1	90.8 KB / 1	12.4 KB / 687
1	svgubuntu03:42204	40 ms	1	0	1	83.9 KB / 1	12.0 KB / 672
2	svgubuntu03:36520	29 ms	1	0	1	83.6 KB / 1	12.1 KB / 670
3	svgubuntu02:52714	28 ms	1	0	1	88.7 KB / 1	12.3 KB / 686
4	svgubuntu01:51550	42 ms	1	0	1	85.0 KB / 1	12.2 KB / 679
5	svgubuntu01:37464	40 ms	1	0	1	87.6 KB / 1	12.0 KB / 665

Tasks

Index ▲	ID	Attempt	Status	Locality Level	Executor ID / Host	Launch Time	Duration	GC Time	Input Size / Records	Shuffle Read Size / Records	Errors
0	4881	0	SUCCESS	PROCESS_LOCAL	0 / svgubuntu02	2016/04/11 23:14:50	20 ms		90.8 KB (memory) / 1	12.4 KB / 687	
1	4879	0	SUCCESS	PROCESS_LOCAL	5 / svgubuntu01	2016/04/11	18 ms		87.6 KB (memory)	12.0 KB / 665	

图 10-10　Spark Web UI Stage Details（阶段详细信息）
页面显示了用于调试 Spark 作业状态的阶段和任务度量（续）

例如，如果看到 GC 时间过长，这是增加可用内存或增加 RDD 分区数量的信号（这会降低分区中的元素数量，从而降低内存消耗）。如果看到过多的随机读取和写入，则可能需要更改程序逻辑以避免不必要的混排。该页面还显示阶段时间线图，其中包含执行任务处理的每个子组件所花费的时间：任务序列化、计算、混排等。

如果 Spark 作业使用累加器，则相应的“阶段详细信息”页面将显示类似于图 10-11 所示的部分。在 Accumulators（累加器）部分中，可以跟踪程序中使用的每个累加器的值。正如第 4.5.1 节中提到的，需要使用一个命名的累加器，以便在这里显示。

Accumulators

Accumulable	Value
Test accumulator	10000

图 10-11　阶段详细信息页面中的累加器部分，显示累加器的当前计数

10.4.3　Storage（存储）页面

Storage 页面提供有关缓存的 RDD 以及缓存数据占用的内存、Tachyon 存储或磁盘空间的信息。对于图 10-12 中的示例，几个小型 RDD 缓存在内存中。

10.4.4　Environment（环境）页面

在 Environment 页面上，除了之前讨论的 Spark 配置参数之外，还会看到 Java 和 Scala 版本、Java 系统属性和类路径条目。示例如图 10-13 所示。

Jobs　Stages　Storage　Environment　Executors　SQL　**Spark shell** application UI

Storage

RDDs

RDD Name	Storage Level	Cached Partitions	Fraction Cached	Size in Memory	Size in ExternalBlockStore	Size on Disk
EdgeRDD	Memory Deserialized 1x Replicated	6	100%	2.9 MB	0.0 B	0.0 B
VertexRDD	Memory Deserialized 1x Replicated	6	100%	402.8 KB	0.0 B	0.0 B
VertexRDD	Memory Deserialized 1x Replicated	8	133%	473.0 KB	0.0 B	0.0 B
ZippedWithIndexRDD	Memory Deserialized 1x Replicated	10	167%	843.0 KB	0.0 B	0.0 B
EdgeRDD	Memory Deserialized 1x	6	100%	2.9 MB	0.0 B	0.0 B

图 10-12　Spark Web UI 显示缓存的 RDD 指标的存储页面

Spark 1.6.1　Jobs　Stages　Storage　Environment　Executors　SQL　**Spark shell** application UI

Environment

Runtime Information

Name	Value
Java Home	/usr/lib/jvm/java-8-oracle/jre
Java Version	1.8.0_72 (Oracle Corporation)
Scala Version	version 2.10.5

Spark Properties

Name	Value
spark.app.id	app-20160411222724-0004
spark.app.name	Spark shell
spark.cores.max	6
spark.default.parallelism	6
spark.deploy.defaultCores	3

图 10-13　显示 Java 和 Spark 配置参数的 Spark Web UI Environment 页面

10.4.5　Executors（执行器）页面

Executors 页面（见图 10-14）为用户提供了在集群中配置的所有执行器（包括驱动程序）的列表，其中包含有关可用和已用内存的信息以及每个执行器/驱动器汇总的其他统计信息。Memory Used 列中显示的内存量是存储内存量，默认值等于堆的 54%，如第 10.2.4 节所述。

单击 Thread Dump 链接获取特定执行器的所有线程的当前堆栈跟踪。当等待和死锁减慢程序的执行速度时，这对于调试目的是非常有用的。

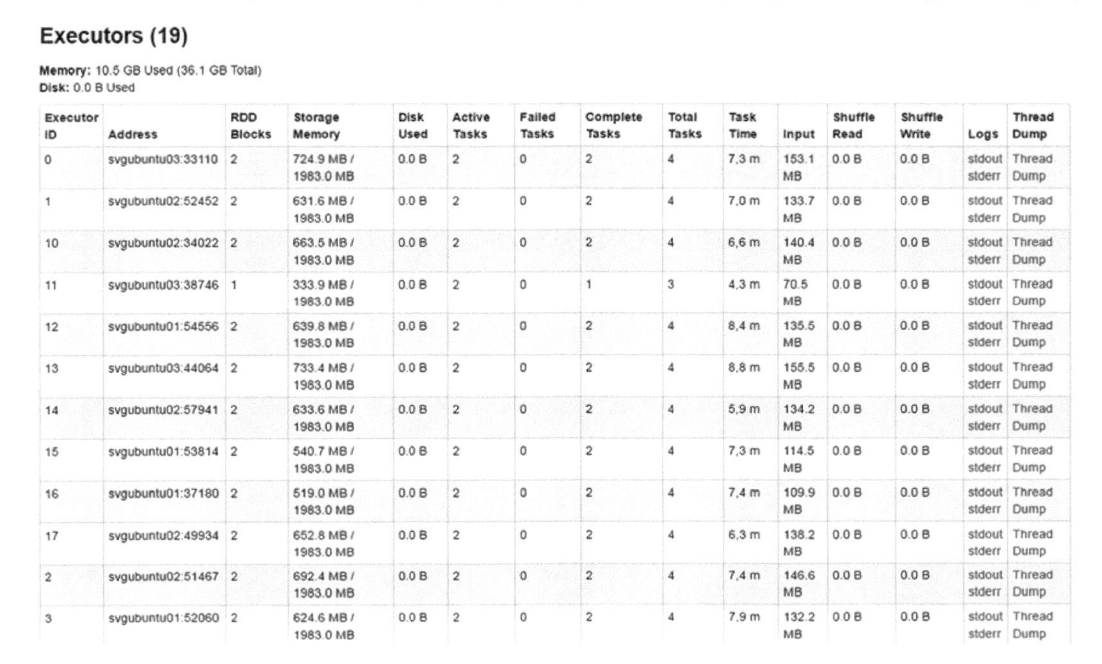

Spark 1.6.1　Jobs　Stages　Storage　Environment　Executors　SQL

Executors (19)

Memory: 10.5 GB Used (36.1 GB Total)
Disk: 0.0 B Used

Executor ID	Address	RDD Blocks	Storage Memory	Disk Used	Active Tasks	Failed Tasks	Complete Tasks	Total Tasks	Task Time	Input	Shuffle Read	Shuffle Write	Logs	Thread Dump
0	svgubuntu03:33110	2	724.9 MB / 1983.0 MB	0.0 B	2	0	2	4	7.3 m	153.1 MB	0.0 B	0.0 B	stdout stderr	Thread Dump
1	svgubuntu02:52452	2	631.6 MB / 1983.0 MB	0.0 B	2	0	2	4	7.0 m	133.7 MB	0.0 B	0.0 B	stdout stderr	Thread Dump
10	svgubuntu02:34022	2	663.5 MB / 1983.0 MB	0.0 B	2	0	2	4	6.6 m	140.4 MB	0.0 B	0.0 B	stdout stderr	Thread Dump
11	svgubuntu03:38746	1	333.9 MB / 1983.0 MB	0.0 B	2	0	1	3	4.3 m	70.5 MB	0.0 B	0.0 B	stdout stderr	Thread Dump
12	svgubuntu01:54556	2	639.8 MB / 1983.0 MB	0.0 B	2	0	2	4	8.4 m	135.5 MB	0.0 B	0.0 B	stdout stderr	Thread Dump
13	svgubuntu03:44064	2	733.4 MB / 1983.0 MB	0.0 B	2	0	2	4	8.8 m	155.5 MB	0.0 B	0.0 B	stdout stderr	Thread Dump
14	svgubuntu02:57941	2	633.6 MB / 1983.0 MB	0.0 B	2	0	2	4	5.9 m	134.2 MB	0.0 B	0.0 B	stdout stderr	Thread Dump
15	svgubuntu01:53814	2	540.7 MB / 1983.0 MB	0.0 B	2	0	2	4	7.3 m	114.5 MB	0.0 B	0.0 B	stdout stderr	Thread Dump
16	svgubuntu01:37180	2	519.0 MB / 1983.0 MB	0.0 B	2	0	2	4	7.4 m	109.9 MB	0.0 B	0.0 B	stdout stderr	Thread Dump
17	svgubuntu02:49934	2	652.8 MB / 1983.0 MB	0.0 B	2	0	2	4	6.3 m	138.2 MB	0.0 B	0.0 B	stdout stderr	Thread Dump
2	svgubuntu02:51467	2	692.4 MB / 1983.0 MB	0.0 B	2	0	2	4	7.4 m	146.6 MB	0.0 B	0.0 B	stdout stderr	Thread Dump
3	svgubuntu01:52060	2	624.6 MB / 1983.0 MB	0.0 B	2	0	2	4	7.9 m	132.2 MB	0.0 B	0.0 B	stdout stderr	Thread Dump

图 10-14　Spark Web UI Executors 页面显示执行器的地址；RDD 块的数量；内存和磁盘使用量；活动、失败和完成任务的数量；其他有用的指标

10.5　在本地机器上运行 Spark

现在已经了解了运行 Spark 及其体系结构的基础知识，可以开始探索不同的 Spark 运行时模式。首先，将研究在本地计算机上运行 Spark 的两种方法：本地模式和本地集群模式。

10.5.1　本地模式

前面章节中的示例大多使用 Spark 本地模式运行。当无法访问完整集群或想要快速尝试某些操作时，此模式便于进行测试。

在本地模式下，在与驱动器相同的客户端 JVM 中只有一个执行器，但此执行器可以生成多个线程来运行任务，如图 10-15 所示。

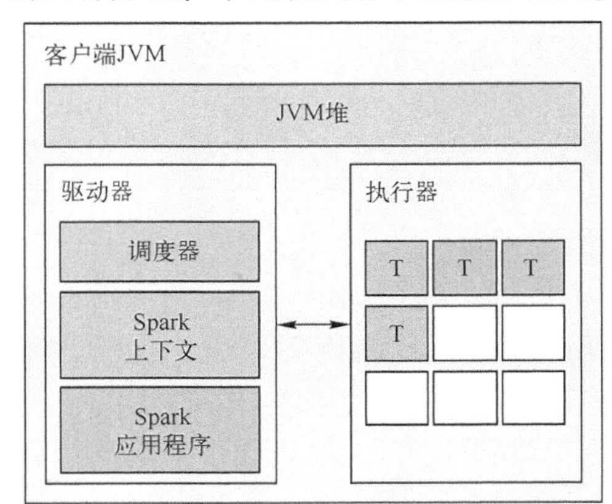

图 10-15　Spark 以本地模式运行。驱动程序和单个执行程序正在同一个 JVM 中运行

在本地模式下，Spark 使用客户端进程作为集群中的单个执行器，并且指定的线程数决定了可以并行执行多少任务。用户可以指定比可用 CPU 内核更多的线程。这样，可以更好地利

用 CPU 内核。这取决于作业的复杂性，将 CPU 内核数乘以 2 或 3 可以为此参数提供一个良好的起点（如对于具有四核 CPU 的机器，将线程数设置为介于 8 和 12 之间的值）。

要在本地模式下运行 Spark，请将 master 参数设置为以下值之一：

1）local[<n>]——使用<n>线程运行单个执行器，其中<n>是正整数。

2）local——使用一个线程运行单个执行器。这与 local[1]相同。

3）local[*] ——使用与本地计算机上可用的 CPU 内核数量相等的线程数运行单个执行器。换句话说，使用所有的 CPU 内核。

4）local[<n>,<f>]——使用<n>线程运行单个执行器，并且每个任务最多允许<f>个失败。这主要用于 Spark 内部测试。

注意 如果仅使用一个线程--master local，日志行可能会在驱动器的输出中丢失。这是因为在 Spark Streaming 中，该单线程用于从源中读取流数据，并且驱动器将没有剩余的线程打印出程序的结果。如果要将输出打印到日志文件中，请务必至少指定两个线程(local[2])。

如果启动没有-master 参数(local [*])的 spark-shell 或 spark-submit 脚本，则假定采用所有 CPU 内核的本地模式。

10.5.2 本地集群模式

在本地机器上运行 Spark 的第二种方法是本地集群模式。本地集群模式主要用于 Spark 内部测试，但对于需要进程间通信的快速测试和演示可能很有用。

本地集群模式是在本地机器上运行的完整的 Spark standalone 集群。本地集群模式和完全 standalone 集群之间的区别在于主服务器不是单独的进程，而是在客户端 JVM 中运行。影响 Spark standalone 集群的大多数配置参数也可以应用于本地集群模式。Spark standalone 集群的细节将在下一章中介绍，所以这里不再解释。

通过将 master 参数设置为值 local-cluster [<n>, <c>, <m>]（无空格），可以在本地集群模式下启动 Spark。这意味着正在运行一个具有<n>执行器的本地 Spark standalone 集群，每个执行器使用<c>个线程和<m>兆字节的内存。（仅将内存指定为表示兆字节的整数，不要在此处使用 g 或 m 扩展名。）本地集群模式下的每个执行器都在单独的 JVM 中运行，这使它类似于 Spark standalone 集群，下一章将对此进行介绍。

10.6 总结

- Spark 运行时体系结构的典型组件是客户端进程、驱动器和执行器。
- Spark 可以以两种部署模式运行：客户端部署模式和集群部署模式。这取决于驱动器进程的位置。
- Spark 支持 3 个集群管理器：Spark standalone 集群、YARN 和 Mesos。Spark 本地模式是 Spark standalone 集群的特殊情况。
- 集群管理器管理（调度）不同 Spark 应用程序的 Spark 执行器的资源。

- Spark 自身以两种可能的模式在单个应用程序中调度 CPU 和内存资源：FIFO 调度和公平调度。
- 数据局部性意味着 Spark 尝试尽可能靠近数据位置运行任务，存在 5 个本地性级别。
- Spark 通过将其分为存储内存、随机内存和剩余堆来直接管理可用于其执行器的内存。
- Spark 可以通过配置文件、使用命令行参数、使用系统环境变量以及以编程方式配置。
- Spark Web UI 显示有关运行作业、阶段和任务的有用信息。
- Spark 本地模式在单个 JVM 中运行整个集群，可用于测试目的。
- Spark 本地集群模式是在本地机器上运行的完整 Spark standalone 集群，master 进程在客户端 JVM 中运行。

第 11 章 在 Spark standalone 集群上运行

本章涵盖

- Spark standalone 集群的组件。
- 启动集群。
- Spark 集群 Web UI。
- 运行应用程序。
- Spark 历史服务器。
- 在 Amazon EC2 上运行。

第 10 章描述了运行 Spark 和检查 Spark 本地模式的常见内容，现在来到第一个“真正的”Spark 集群类型。Spark standalone 集群是 Spark 特有的集群：它专为 Spark 构建，不能执行任何其他类型的应用程序。它相对简单和高效，spark 打开后就可以使用。即使用户没有安装 YARN 或 Mesos，也可以使用它。

本章将介绍 standalone 集群的运行时组件以及如何配置和控制这些组件。Spark standalone 集群自带 Web UI，本章将展示如何使用它来监控集群进程和运行的应用程序。Spark 的历史服务器是一个有用的组件，本章还会告诉读者如何使用它，并解释为什么应该这样做。

Spark 提供了用于在 Amazon EC2 上快速启动 standalone 集群的脚本（Amazon EC2 是亚马逊的云服务，提供虚拟服务器租赁）。本章将带读者学习这部分内容，下面开始学习。

11.1 Spark standalone 集群组件

standalone 集群与 Spark 捆绑在一起。它具有简单的架构，易于安装和配置。因为它是专门为 Spark 构建和优化的，所以它没有额外的功能和不必要的泛化、需求和配置选项，每个都有自己的 bug。总之，Spark standalone 集群简单快捷。

standalone 集群由 master 和 worker（也称为 slave）进程组成。master 进程充当集群管理

器，如第 10 章中所述。它接受要运行的应用程序并调度其中的工作资源（可用的 CPU 内核）。worker 进程为任务执行启动应用程序执行器（和集群部署模式下的应用程序的驱动器）。为了刷新内存，驱动器协调和监视 Spark 作业的执行，执行器执行作业的任务。

master 和 worker 都可以在单个机器上运行，本质上是成为本地集群模式的 Spark（在第 10 章中描述），但这不是 Spark standalone 集群通常运行的方式。用户通常在多个节点上分配 worker，以避免达到单个机器资源的限制。

当然，Spark 必须安装在集群中的所有节点上，以便它们可用作从属节点。安装 Spark 意味着从 Spark 源文件中解压二进制发行版或构建自己的版本（有关详细信息，请参阅 http://spark.apache.org/docs/latest/building-spark.html 上的官方文档）。

图 11-1 显示了一个 Spark standalone 集群的例子，它有两个 worker，运行在两个节点上：

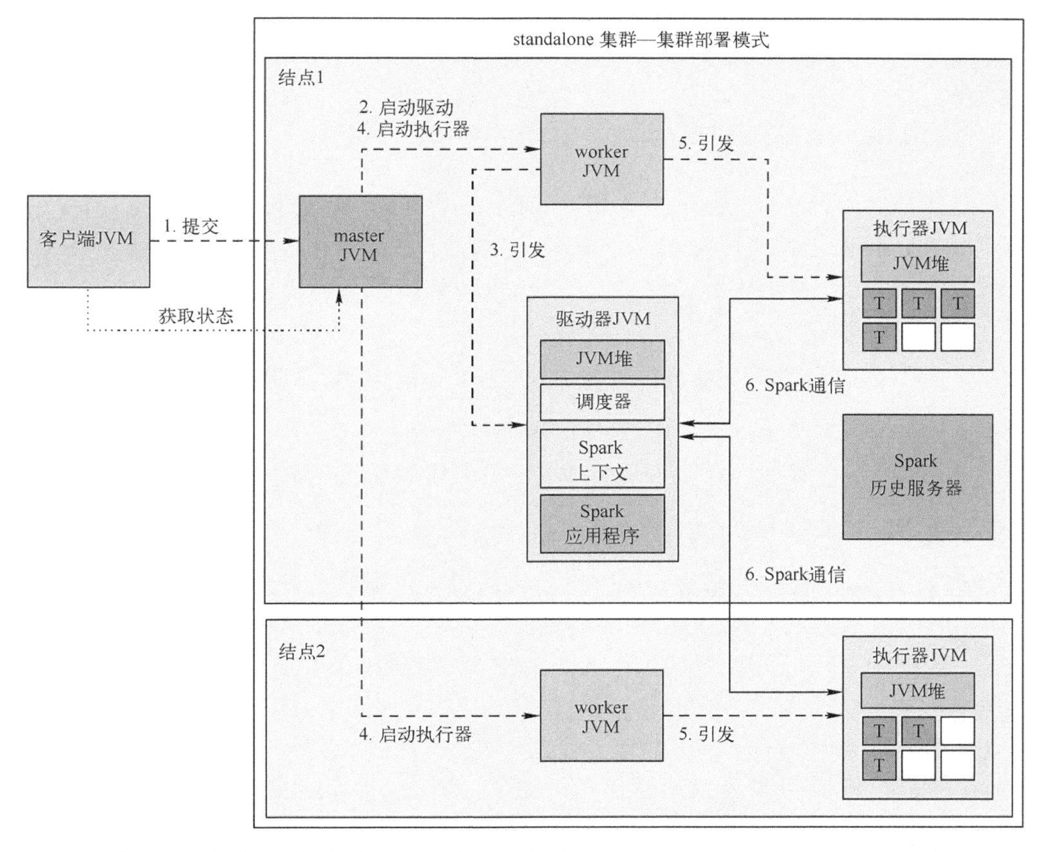

图 11-1　具有集群部署模式下的应用程序的 Spark standalone 集群。master 和一个 worker 在节点 1 上运行，第二个 worker 在节点 2 上运行。worker 生成驱动器和执行器的 JVM

1）客户端进程向 master 提交应用程序。

2）master 指示 worker 中的一个启动驱动器。

3）worker 生成驱动器 JVM。

4）master 指示两个 worker 为应用程序启动执行器。

5）worker 生成执行器 JVM。

6）驱动器和执行器不依赖集群的进程进行通信。

每个执行器具有分配给它的一定数量的线程（CPU 内核），它们是并行运行多个任务的任务槽。在 Spark standalone 集群中，对于每个应用程序，每个工作进程只能有一个执行器。如果每个机器需要更多的执行器，则可以启动多个工作进程。如果 JVM 堆真的很大（大于 64 GB），并且垃圾回收机制（GC）开始影响作业性能，则可能需要执行此操作。

图 11-1 中的驱动器正在集群中运行，或者换句话说，在集群部署模式下运行。正如第 10 章中所说的，它也可以在客户端 JVM 中运行，这称为客户端部署模式。

这个集群中只显示一个应用程序。如果有更多的应用程序，那么每个应用程序都有自己的一组执行器和一个单独的驱动器运行在集群中，或者运行在它的客户端 JVM（取决于部署模式）。

图 11-1 还显示了可选的历史服务器，它用于在应用程序退出后查看 Spark Web UI。第 11.5 节中将更详细地解释这个功能。

11.2 启动 standalone 集群

与在第 10 章中看到的本地集群模式下启动 Spark 不同，用户必须在提交应用程序之前或在启动 Spark shell 之前启动 Spark standalone 集群。集群运行时，使用 master 连接 URL 将应用程序连接到集群。standalone 集群的 master 连接 URL 具有以下语法：

```
spark://master_hostname:port
```

如果有一个备用 master 进程运行（见第 11.2.4 节），则可以指定多个地址：

```
spark://master1_hostname:port1,master2_hostname:port2
```

要启动 standalone 集群，有以下两个基本选项：使用 Spark 提供的脚本或手动启动组件。

11.2.1 使用 shell 脚本启动集群

启动脚本是启动 Spark 的最方便的方法，它们设置了适当的环境并加载了 Spark 默认配置。为了使脚本正确运行，Spark 应安装在集群中所有节点上的相同位置。

Spark 提供了以下 3 个脚本来启动 standalone 集群组件（可以在 SPARK_HOME/sbin 目录中找到它们）：

- start-master. sh 启动 master 进程。
- start-slaves. sh 启动所有定义的 worker 进程。
- start-all. sh starts 启动 master 进程和 worker 进程。

用于停止进程的对应脚本也可用：stop-master. sh、stop-slaves. sh 和 stop-all. sh。

注意　在 Windows 平台上，不提供用于启动和停止 standalone 集群的脚本。唯一的选择是手动地启动和停止集群，如第 11.2.2 节所述。

1. start-mastre. sh

start-master. sh 启动 master 进程。它不需要参数，启动时只显示一行：

```
$sbin/start-master.sh
starting org.apache.spark.deploy.master.Master, logging to log_file
```

可以使用脚本输出的日志文件来查找用于启动 master 的命令和 master 运行时消息。默认日志文件为 SPARK_HOME/logs/spark-username-org.apache.spark.deploy.master.Master-1-hostname.out。

要自定义 start-master.sh 脚本，可以使用表 11-1 中列出的系统环境变量。应用它们的最好方法是将它们放在 conf 文件夹中的 sparkenv.sh 文件中。如果不存在，则可以使用 spark-env.sh.template 作为起点。可以在 SPARK_MASTER_OPTS 变量中以以下格式指定表 11-2 中的 Java 参数：

```
-Dparam1_name=param1_value -Dparam2_name=param2_value
```

表 11-1　影响 start-master.sh 脚本行为的系统环境变量

系统环境变量	描　述
SPARK_MASTER_IP	master 应绑定的主机名
SPARK_MASTER_PORT	master 应绑定的端口（默认为 7077）
SPARK_MASTER_WEBUI_PORT	集群 Web UI（在第 11.4.3 节中描述）应启动的端口
SPARK_DAEMON_MEMORY	给 master 和 worker Java 进程使用的堆内存量（默认值为 512 MB）。相同的参数适用于 worker 进程和 master 进程。请注意，这只影响集群守护进程，而不影响驱动器或执行器
SPARK_ MASTER_ OPTS	允许将其他的 Java 参数传递给 master 进程

表 11-2　可以在 SPARK_MASTER_OPTS 环境变量中指定的 Java 参数

Java 参数	描　述
spark.deploy.defaultCores	每个应用程序允许的默认最大内核数。应用程序可以通过设置 spark.cores.max 参数来覆盖此值。如果未设置，则应用程序将占用机器上的所有可用内核
spark.worker.timeout	master 在考虑其丢失之前等待 worker 的心跳服务的最大秒数（默认值为 60）
spark.dead.worker.persistence	在 master Web UI 中，死亡的 worker 显示的时间量（以 spark.worker.timeout 的倍数测量）（默认值为 15）
spark.deploy.spreadOut	如果设置为 true，这是默认值，master 尝试将应用程序的执行器分散到所有 worker，每次占用一个内核。否则，它会启动它找到的第一个空闲 worker 的应用程序的执行器，使用所有可用的内核。当使用 HDFS 时，扩展出来可能更适合数据局部性，因为应用程序将运行在更多的节点上，从而提高了运行数据存储的可能性
spark.master.rest.enabled	是否启动 standaloneREST 服务器以提交应用程序（默认值为 true）。这对最终用户是透明的
spark.master.rest.port	Standalone REST 服务器的侦听端口（默认值为 6066）
spark.deploy.retainedApplications	在集群 Web UI 中显示的已完成应用程序数（默认为 200）
spark.deploy.retainedDrivers	在集群 Web UI 中显示的已完成驱动程序数（默认值为 200）

除了表 11-2 中的 Java 参数，在 SPARK_MASTER_OPTS 环境变量中，可以为 master 恢复指定参数（将在第 11.2.4 节中描述）。

2. start-slaves.sh

start-slaves.sh 脚本有点不同。使用 SSH 协议，它连接到在 SPARK_HOME/conf/slaves

文件中定义的所有机器，并在那里启动一个 worker 进程。为了使其工作，Spark 应该安装在集群中所有计算机上的相同位置。

slave 文件（类似于 Hadoop slave 文件）应包含 worker 主机名列表，每个名称都在一个单独的行上。如果文件中存在任何重复项，则在这些计算机上启动其他 worker 将由于端口冲突而失败。如果每台机器需要更多 worker，则可以手动启动；或者可以将 SPARK_WORKER_INSTANCES 环境变量设置为每台计算机上所需的 worker 数，start-slaves. sh 脚本将自动启动所有 worker。

默认情况下，脚本将尝试同时启动所有 worker。为此，用户需要设置 password-less SSH。可以通过为 SPARK_SSH_FOREGROUND 环境变量定义任何值来覆盖此值。在这种情况下，脚本将以串行方式启动 worker，并允许为每个远程计算机输入密码。

与 start-master. sh 脚本类似，start-slaves. sh 将为其启动的每个 worker 打印日志文件的路径。表 11-3 中列出的系统环境变量允许用户自定义 worker 行为。

表 11-3　影响 worker 进程行为的系统环境变量

系统环境变量	描　述
SPARK_MASTER_IP	worker 应注册的 master 进程的主机名
SPARK_MASTER_PORT	worker 应注册的 master 进程的端口
SPARK_WORKER_WEBUI_PORT	worker Web UI 应启动的端口（默认值为 8081）
SPARK_WORKER_CORES	由 worker 启动的所有执行器的最大 CPU 内核（任务槽）的组合数
SPARK_WORKER_MEMORY	由 worker 启动的所有执行器的 Java 堆的最大组合总数
SPARK_WORKER_DIR	应用程序日志文件（以及其他应用程序文件，如 JAR 文件）的目录
SPARK_WORKER_PORT	worker 应绑定到的端口
SPARK_WORKER_OPTS	要传递给 worker 进程的其他 Java 参数

可以在 SPARK_WORKER_OPTS 环境变量中以以下格式指定表 11-4 中指定的 Java 参数：

```
-Dparam1_name=param1_value -Dparam2_name=param2_value
```

表 11-4　可在 SPARK_WORKER_OPTS 环境变量中指定的 Java 参数

Java 参数	描　述
spark. worker. timeout	在该参数值秒之后，worker 将被宣布死亡。worker 将每隔 spark.worker.timeout/4 s 向 master 发送心跳信号
spark. worker. cleanup. enabled	从工作目录中清除旧应用程序日志数据和其他文件的间隔（默认值为 false）
spark. worker. cleanup. interval	清除旧应用程序数据的时间间隔（默认为 30 min）
spark. worker. cleanup. appDataTtl	认为应用程序已经过时的时间（默认为 7 天，以 s 为单位）

3. start-all. sh

start-all. sh 脚本调用 start-master. sh，然后调用 start-slaves. sh。

11. 2. 2　手动启动集群

Spark 还提供了一个手动启动集群组件的选项，这是 Windows 平台上唯一可用的选项。

这可以通过调用 spark-class 脚本并指定完整的 Spark master 或 Spark worker 类名作为参数来实现。启动 worker 时，还需要指定 master URL。例如：

```
$spark-class org.apache.spark.deploy.master.Master
$spark-class org.apache.spark.deploy.worker.Worker spark://<IPADDR>:<PORT>
```

两个命令都接受几个可选参数，见表 11-5。一些参数仅适用于 worker 进程，由“仅用于 worker”列指定。以这种方式启动进程可以更容易指定这些参数，但是从 start-all.sh 开始仍然是最方便的方法。

表 11-5　手动启动 master 或 worker 时可以指定的可选参数

可选参数	描述	仅用于 worker
-h HOST 或--host HOST	监听的主机名。对于 master，与 SPARK_MASTER_HOST 环境变量相同	
-p PORT 或--port PORT	监听的端口（默认为随机）。与 worker SPARK_WORKER_PORT 相同，或与 master SPARK_MASTER_PORT 相同	
--webui-port PORT	Web UI 的端口。与 SPARK_MASTER_WEBUI_PORT 或 SPARK_WORKER_WEBUI_PORT 相同。master 的默认值为 8080，worker 为 8081	
--properties-file FILE	自定义 Spark 属性文件的路径（默认值为 conf/sparkdefaults.conf）	
-c CORES 或--cores CORES	允许使用的内核数。与 SPARK_WORKER_CORES 环境变量相同	是
-m MEM 或--memory MEM	允许使用的内存量（如 1000 MB 或 2 GB）。与 SPARK_WORKER_MEMORY 环境变量相同	是
-d DIR 或--work-dir DIR	运行应用程序的目录（默认值为 SPARK_HOME/work）。与 SPARK_WORKER_DIR 环境变量相同	是
--help	显示用于调用脚本的帮助	

11.2.3　查看 Spark 进程

如果想知道哪些集群进程已启动，则可以使用 JVM 进程状态工具（jps 命令）来查看它们。jps 命令输出 PID 和机器上运行的 JVM 进程的名称：

```
$jps
1696 CoarseGrainedExecutorBackend
403 Worker
1519 SparkSubmit
32655 Master
6080 DriverWrapper
```

master 和 worker 显示为 Master 和 Worker。在集群中运行的驱动器将显示为 DriverWrapper，而由 spark-submit 命令（也包括 spark-shell）生成的驱动器将显示为 SparkSubmit。执行器进程显示为 CoarseGrainedExecutorBackend。

11.2.4　Standalone master 高可用性和恢复性

master 进程是 standalone 集群中最重要的组件。因为客户端进程连接到它以提交应用程序，所以 master 代表客户端从 worker 请求资源，并且用户依赖它来查看运行应用程序的状态。如果 master 进程死机，则集群变得不可用：客户端无法向集群提交新的应用程序，用户无法看到当前运行的应用程序的状态。

master 高可用性意味着 master 进程将在其出现故障时自动重新启动。另一方面，worker 进程不是集群可用性的关键。这是因为如果其中一个 worker 变得不可用，则 Spark 将在另一个 worker 上重新启动其任务。

如果 master 进程重新启动，则 Spark 提供了两种方法来恢复在 master 死亡之前运行的应用程序和 worker 数据：使用文件系统和使用 ZooKeeper。ZooKeeper 还提供自动 master 高可用性。但是，通过文件系统恢复，必须使用可用于此目的的一个工具（如使用 respawn 选项从 inittab 启动 master 进程[⊖]）设置 master 高可用性（如果需要）。

注意 本节中提到的所有参数都应在之前提到的 SPARK_MASTER_OPTS 变量中指定，而不是在 sparkdefaults. conf 文件中指定。

1. 文件系统 master 恢复

使用文件系统 master 恢复时，master 会在 spark. deploy. recoveryDirectory 参数指定的目录中保留有关已注册 worker 和正在运行的应用程序的信息。通常，如果 master 重新启动，则 worker 会自动重新注册，但 master 会丢失有关运行应用程序的信息。这不会影响应用程序，但用户将无法通过 master Web UI 监视它们。

如果启用了文件系统 master 恢复，master 将立即还原 worker 状态（无须重新注册）以及任何正在运行的应用程序的状态。用户可以通过将 spark. deploy. recoveryMode 参数设置为 FILESYSTEM 来启用文件系统恢复。

2. ZOOKEEPER 恢复

ZooKeeper 是一个提供命名、分布式同步和组服务的快速和简单的系统。ZooKeeper 客户端（在本例中为 spark）使用它来协调进程并存储少量的共享数据。除了 Spark 之外，它还用于许多其他分布式系统。

ZooKeeper 允许客户端进程向其注册和使用其服务选择 Leader 进程。那些没有被选为领导者的进程成为跟随者。如果 Leader 进程失败，则领导者选举过程开始，产生新的领导者。

要设置 master 高可用性，需要安装和配置 ZooKeeper，然后启动多个 master 进程，指示它们通过 ZooKeeper 同步。只有其中一个成为 ZooKeeper 的领导者。如果应用程序尝试向当前不是领导者的 master 注册，则它将被拒绝。如果 Leader 进程失败，则其他 master 之一将取代它的位置，并使用 ZooKeeper 的服务恢复 master 的状态。

与文件系统恢复类似，master 将保留有关已注册 worker 和正在运行的应用程序的信息，但它会将该信息保存到 ZooKeeper。这样，ZooKeeper 为 Spark master 进程提供恢复和高可用性服务。为了存储恢复数据，ZooKeeper 使用正在运行 ZooKeeper 的机器上的 spark. deploy. zookeeper. dir 参数指定的目录。

可以通过将 spark. deploy. recovery 模式参数设置为 ZOOKEEPER 来启用 ZooKeeper 恢复。

[⊖] 请参见 Linux 手册页：www. manpages. info/linux/inittab. 5. html。

ZooKeeper 需要访问 spark. deploy. zookeeper. url 参数指定的 URL。

11.3　Standalone 集群 Web UI

当启动 master 或 worker 进程时，每个进程都会启动自己的 Web UI 应用程序。这与 Web UI Spark 上下文的启动方式不同，如第 10 章中所述。Spark Web UI 显示有关应用程序、阶段、任务等的信息，Standalone 集群 Web UI 显示有关 master 和 worker 的信息。master Web UI 示例如图 11-2 所示。

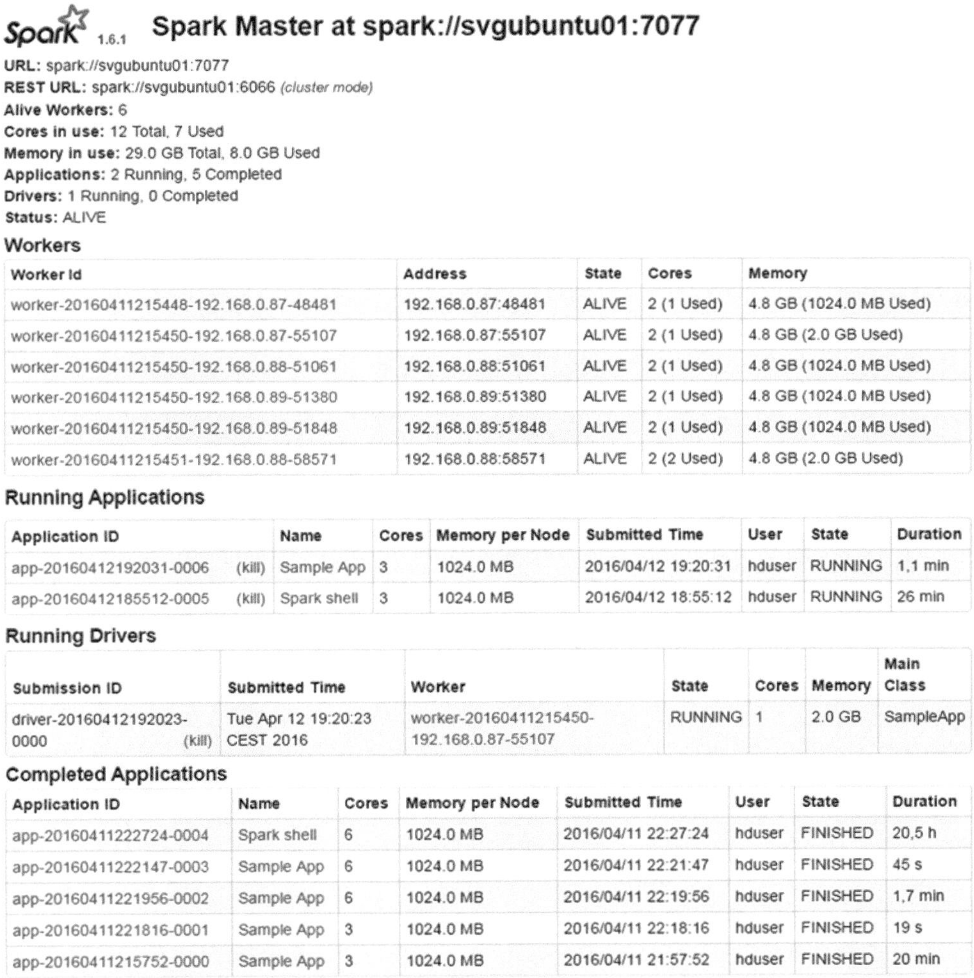

Spark 1.6.1 **Spark Master at spark://svgubuntu01:7077**

URL: spark://svgubuntu01:7077
REST URL: spark://svgubuntu01:6066 *(cluster mode)*
Alive Workers: 6
Cores in use: 12 Total, 7 Used
Memory in use: 29.0 GB Total, 8.0 GB Used
Applications: 2 Running, 5 Completed
Drivers: 1 Running, 0 Completed
Status: ALIVE

Workers

Worker Id	Address	State	Cores	Memory
worker-20160411215448-192.168.0.87-48481	192.168.0.87:48481	ALIVE	2 (1 Used)	4.8 GB (1024.0 MB Used)
worker-20160411215450-192.168.0.87-55107	192.168.0.87:55107	ALIVE	2 (1 Used)	4.8 GB (2.0 GB Used)
worker-20160411215450-192.168.0.88-51061	192.168.0.88:51061	ALIVE	2 (1 Used)	4.8 GB (1024.0 MB Used)
worker-20160411215450-192.168.0.89-51380	192.168.0.89:51380	ALIVE	2 (1 Used)	4.8 GB (1024.0 MB Used)
worker-20160411215450-192.168.0.89-51848	192.168.0.89:51848	ALIVE	2 (1 Used)	4.8 GB (1024.0 MB Used)
worker-20160411215451-192.168.0.88-58571	192.168.0.88:58571	ALIVE	2 (2 Used)	4.8 GB (2.0 GB Used)

Running Applications

Application ID	Name	Cores	Memory per Node	Submitted Time	User	State	Duration
app-20160412192031-0006 (kill)	Sample App	3	1024.0 MB	2016/04/12 19:20:31	hduser	RUNNING	1,1 min
app-20160412185512-0005 (kill)	Spark shell	3	1024.0 MB	2016/04/12 18:55:12	hduser	RUNNING	26 min

Running Drivers

Submission ID	Submitted Time	Worker	State	Cores	Memory	Main Class
driver-20160412192023-0000 (kill)	Tue Apr 12 19:20:23 CEST 2016	worker-20160411215450-192.168.0.87-55107	RUNNING	1	2.0 GB	SampleApp

Completed Applications

Application ID	Name	Cores	Memory per Node	Submitted Time	User	State	Duration
app-20160411222724-0004	Spark shell	6	1024.0 MB	2016/04/11 22:27:24	hduser	FINISHED	20,5 h
app-20160411222147-0003	Sample App	6	1024.0 MB	2016/04/11 22:21:47	hduser	FINISHED	45 s
app-20160411221956-0002	Sample App	6	1024.0 MB	2016/04/11 22:19:56	hduser	FINISHED	1,7 min
app-20160411221816-0001	Sample App	3	1024.0 MB	2016/04/11 22:18:16	hduser	FINISHED	19 s
app-20160411215752-0000	Sample App	3	1024.0 MB	2016/04/11 21:57:52	hduser	FINISHED	20 min

图 11-2　Spark master Web UI 页面示例显示正在运行的 worker、正在运行的应用程序和驱动器以及已完成的应用程序和驱动器

在 master Web UI 页面上，可以查看已使用的内存和 CPU 内核、集群中可用的内存和 CPU 内核的基本信息，以及有关 worker、应用程序和驱动器的相关信息。更详细的内容将在下一节中讨论。

如果单击一个 worker ID，将转到由 worker 进程启动的 Web UI 页面。示例 UI 页面如图 11-3 所示。在 worker web UI 页面上，可以查看 worker 正在管理的执行器和驱动器，并且可以通过单击相应的链接来检查其日志文件。

Spark Worker at svgubuntu02:55175

ID: worker-20150303224421-svgubuntu02-55175
Master URL: spark://svgubuntu01:7077
Cores: 2 (2 Used)
Memory: 4.8 GB (4.0 GB Used)
Back to Master

Running Executors (1)

ExecutorID	Cores	State	Memory	Job Details	Logs
2	1	LOADING	2.0 GB	**ID:** app-20150303224215-0000 **Name:** Spark shell **User:** hduser	stdout stderr

Running Drivers (1)

DriverID	Main Class	State	Cores	Memory	Logs	Notes
driver-20150303224234-0000	SampleApp	RUNNING	1	2.0 GB	stdout stderr	

图 11-3　Spark worker Web UI 示例

如果在 master Web UI 页面上单击应用程序的名称，则将转到由该应用程序的 Spark 上下文启动的 Spark Web UI 页面。但是，如果单击应用程序的 ID，将转到 master Web UI 的应用程序界面（见图 11-4）。

Spark 1.6.1 Application: Spark shell

ID: app-20160412185512-0005
Name: Spark shell
User: hduser
Cores: Unlimited (3 granted)
Executor Memory: 1024.0 MB
Submit Date: Tue Apr 12 18:55:12 CEST 2016
State: RUNNING
Application Detail UI

Executor Summary

ExecutorID	Worker	Cores	Memory	State	Logs
2	worker-20160411215450-192.168.0.89-51848	1	1024	RUNNING	stdout stderr
1	worker-20160411215450-192.168.0.89-51380	1	1024	RUNNING	stdout stderr
0	worker-20160411215451-192.168.0.88-58571	1	1024	RUNNING	stdout stderr

图 11-4　Spark master Web UI 应用程序界面示例

应用程序界面显示应用程序正在运行的 worker 和执行器。可以通过单击 Application Detail UI 链接再次访问 Spark Web UI。还可以在每个 worker 计算机上查看应用程序的日志。

Spark 集群 Web UI（master 和 worker）和 Spark Web UI 随 Spark 一起提供，作为一种监视应用程序和作业的方法，在大多数情况下足够了。

11.4　在 standalone 集群中运行应用程序

与其他集群类型一样，可以在 standalone 集群上运行 Spark 程序，方法是使用 spark-submit 命令提交，在 Spark shell 中运行 Spark 程序，或在用户自己的应用程序中实例化和配置 SparkContext 对象。在所有这 3 种情况下，用户都需要使用 master 进程的主机名和端口指定主连接 URL。

注意　将应用程序连接到 Spark standalone 集群时，必须在主连接 URL 中使用用于启动 master 进程（由 SPARK_MASTER_IP 环境变量或主机名指定的进程）的确切主机名。

在 standalone 集群中运行 Spark 应用程序时有两个基本选项，它们在驱动器进程的位置上有所不同。

11.4.1　驱动器的位置

正如 10.1.1 节所述，驱动器进程可以在用于启动应用程序的客户端进程（如 spark-submit 脚本）中运行，也可以在集群中运行。默认是在客户端进程中运行，并等效于指定--deploy-mode client 命令行参数。在这种情况下，spark-submit 将等待，直到应用程序完成，才会在屏幕上看到应用程序的输出。

注意　spark-shell 脚本仅支持客户端部署模式。

要在集群中运行驱动器，必须指定--deploy-mode cluster 命令行参数。在这种情况下，会看到类似于以下的输出：

```
Sending launch command to spark://<master_hostname>:7077
Driver successfully submitted as driver-20150303224234-0000
...waiting before polling master for driver state
...polling master for driver state
State of driver-20150303224234-0000 is RUNNING
Driver running on <client_hostname>:55175 (worker-20150303224421-
<client_hostname>-55175)
```

选项--deploy-mode 仅用于 standalone 和 Mesos 集群。YARN 具有不同的 master URL 语法。

注意　如果在应用程序中嵌入 SparkContext，并且没有使用 spark-submit 脚本连接到 standalone 集群，则目前无法指定部署模式。它将默认为客户端部署模式，并且驱动器将在用户的应用程序中运行。

在集群部署模式下，集群管理器负责处理驱动器的资源，并在驱动器进程失败时自动重新启动应用程序（请参见第 11.4.5 节）。

如果使用 spark-submit 脚本以集群部署模式提交应用程序，则指定的 JAR 文件需要在将执行应用程序的 worker（在指定的位置）上可用。因为没有办法提前说出哪个 worker 将执行用户的驱动器，如果打算使用集群部署模式，则应该把应用程序的 JAR 文件放在所有的 worker 上，或者把应用程序的 JAR 文件放在 HDFS 上，并使用 HDFS URL 作为 JAR 文件名。

来自以集群模式运行的驱动器的日志文件可从 master 和 worker 的 web UI 页面获取。当然，也可以直接在相应 worker 的文件系统上访问它们。

注意 Python 应用程序无法在 standalone 集群上以集群部署模式运行。

图 11-2（第 11.3 节）显示了 3 个已配置的 worker 和两个应用程序。一个应用程序是 Spark shell；另一个是在集群部署模式下作为 JAR 文件提交的自定义应用程序（称为 Sample APP），因此也可以在 Web UI 页面上看到正在运行的驱动器。在集群部署模式下，驱动器由其中一个 worker 进程生成，并使用其可用的 CPU 内核之一，在图 11-3（第 11.3 节）中给出。

11.4.2 指定执行器的数量

图 11-2 中的两个应用程序中的每一个都使用 6 个可用内核中的 3 个（sample APP 使用 4 个内核；其驱动器使用第 4 个内核）。这通过将 SPARK_MASTER_OPTS 环境变量中的参数 spark. deploy. defaultCores 设置为 3（如前所述）来实现。为防止占用所有可用内核，可以通过为每个应用程序设置 spark. cores. max 参数来完成相同的操作。还可以设置 SPARK_WORKER_CORES 环境变量以限制每个应用程序在每台计算机可以占用的内核数。如果既没有设置 spark. cores. max，也没有设置 spark. deploy. defaultCores，则单个应用程序将占用所有可用的内核，后续应用程序将不得不等待第一个应用程序完成。

要控制为应用程序分配多少个执行器，请将 spark. cores. max 设置为希望使用的内核总数，并将 spark. executor . cores 设置为每个执行器的内核数（或者设置它们的命令行等效项：- executor-cores 和--total-executor-cores）。如果希望使用总共 15 个内核的 3 个执行器，请将 spark. cores. max 设置为 15，将 spark. executor. cores 设置为 5。如果计划只运行一个应用程序，请将这些设置保留为无穷大（Int. MaxValue），这是默认值。

11.4.3 指定额外的类路径和文件

在许多情况下，有必要修改应用程序的类路径或使其他文件对其可用。例如，应用程序可能需要一个 JDBC 驱动器来访问关系数据库或未与 Spark 捆绑在一起的其他第三方类。这意味着需要修改执行器和驱动器进程的类路径，因为这是应用程序正在执行的位置。特殊的 Spark 参数为了这些目的而存在，可以在不同级别应用它们，就像配置 Spark 时经常遇到的情况一样。

注意 本节中描述的技术不是专用于 standalone 集群，也可以在其他集群类型上使用。

1. 使用 SPARK_CLASSPATH 变量

可以使用 SPARK_CLASSPATH 环境变量向驱动器和执行器添加其他 JAR 文件。如果在客户端机器上设置它，则额外的类路径条目将添加到驱动器和工作器的类路径。使用此变量时，需要将所需文件手动复制到所有计算机上的相同位置。在 Windows 上，多个 JAR 文件由分号（;）分隔，在所有其他平台上由冒号(:)分隔。

2. 使用命令行选项

另一个选项是对 JAR 文件使用 Spark 配置参数 spark. driver. extraClassPath 和 spark. executor.extraClassPath，对本地库使用 spark. driver. extraLibraryPath 和 spark. executor. extraLibraryPath。还有两个额外的 spark-submit 参数用于指定驱动器路径：- driver-class-path 和 --driver-library-path。如果驱动器在客户端模式下运行，则应使用这些参数，因为--conf spark. driver. extraClassPath 将无法工作。使用这些选项指定的 JAR 文件将被添加到相应的执行器类路径，但仍然需要在用户工作的机器上有这些文件。

3. 使用--Jars 参数

该选项使用带有--jars 参数的 spark-submit，它会将指定的 JAR 文件（用逗号分隔）自动复制到 worker 计算机，并将它们添加到执行器类路径中。这意味着在提交应用程序之前，JAR 文件不必存在于 worker 计算机上。Spark 使用相同的机制将应用程序的 JAR 文件分发到 worker 计算机。

当使用--jars 选项时，可以从不同位置获取 JAR 文件，具体取决于指定文件名前的前缀(每个前缀末尾都需要一个冒号)。

file：——前面描述的默认选项。该文件将复制到每个 worker。

local：——该文件存在于所有 worker 计算机上完全相同的位置。

hdfs：——文件路径是 HDFS，每个 worker 可以直接从 HDFS 访问它。

http:、https：或 ftp：——文件路径是一个 URI。

注意　如果应用程序 JAR 包含 Spark 本身也使用的类或 JAR，并且在类版本之间遇到冲突，则可以将配置参数 spark. executor. userClassPathFirst 或 spark. driver. userClassPathFirst 设置为 true 以强制 Spark 在其自身之前加载用户的类。

可以使用类似的选项(--files)将普通文件添加到 worker（不是 jar 文件或库文件）。它们也可以是本地的、HDFS、http 或 FTP 文件。要在 worker 上使用这些文件，需要使用 SparkFiles. get(<filename>)访问它们。

4. 以编程方式添加文件

有一种通过调用 SparkContext 的 addJar 和 addFile 方法添加 JAR 和文件的编程方法。之前描述的--jars 和--files 选项调用这些方法，所以大多数前面说过的情况也适用于这里。唯一的补充是，可以使用 addFile（filename，true）递归地添加 HDFS 目录（第二个参数意味着递归)。

5. 添加额外的 Python 文件

对于 Python 应用程序，可以使用--py-files spark-submit 选项添加额外的 . egg、. zip 或 . py 文件。例如：

```
spark-submit --master <master_url> --py-files file1. py,file2. py main. py
```

其中，main. py 是实例化 Spark 上下文的 Python 文件。

11.4.4 终止应用程序

如果以集群模式将应用程序提交到集群，并且应用程序需要很长时间才能完成，或者出于某种其他原因要停止该应用程序，则可以使用 spark-class 命令终止该应用程序，如下所示：

```
spark-class org.apache.spark.deploy.Client kill <master_URL> <driver_ID>
```

只能对驱动器在集群中运行的应用程序（集群模式）执行此操作。对于在客户端模式下使用 spark-submit 命令提交的那些应用程序，则可以终止客户端进程。用户仍然可以使用 Spark Web UI 终止特定的阶段（和作业），如第 10.4.2 节所述。

11.4.5 应用程序自动重启

当以集群部署模式提交应用程序时，如果驱动器进程失败（或异常结束），则特殊命令行选项(--supervise)会告诉 Spark 重新启动驱动器进程。这将重新启动整个应用程序，因为它无法恢复 Spark 程序的状态并在其失败的点继续。

如果驱动器每次都失败并且不断重新启动，则需要使用上一节中描述的方法将其终止。然后，需要调查该问题并更改应用程序，以便驱动器执行时不会失败。

11.5 Spark 历史服务器和事件日志记录

前文提到过的历史服务器，它的用途是什么？假设用户使用 spark-submit 运行应用程序一切顺利（或者用户自己这么认为），突然注意到一些奇怪的东西，并希望检查 Spark Web UI 上的细节。这时用户使用 master 的 Web UI 访问应用程序页面，然后单击 Application Detail UI 链接，但收到如图 11-5 所示的消息。或者，更糟的是，用户在此期间重新启动了 master 进程，但应用程序未列在 master 的 Web UI 上。

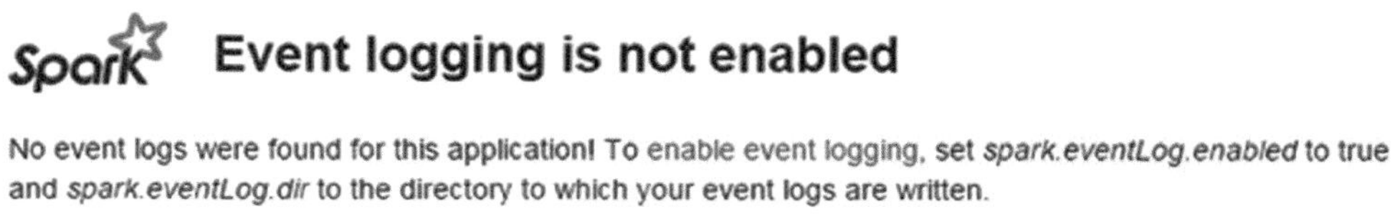

Spark Event logging is not enabled

No event logs were found for this application! To enable event logging, set *spark.eventLog.enabled* to true and *spark.eventLog.dir* to the directory to which your event logs are written.

图 11-5　显示未启用事件日志记录的 Web UI 消息

事件日志用于帮助处理这些情况。启用后，Spark 会记录在 spark.eventLog.dir 指定的文件夹中呈现 Web UI 所需的事件，该文件夹默认情况下为/tmp/spark-events。Spark master web UI 将能够以与 Spark web UI 相同的方式显示此信息，以便关于作业、阶段和任务的数据即使在应用程序完成后也可追溯。通过将 spark.eventLog.enabled 设置为 true 来启用事件日志记录。

如果重新启动（或停止）master，并且应用程序不再从 master Web UI 中可用，则可以启动 Spark 历史服务器，该服务器为事件已记录在事件日志目录中的应用程序显示 Spark

Web UI。

提示　遗憾的是，如果应用程序在完成之前被终止，它可能不会出现在历史服务器 UI 中，因为历史服务器期望在应用程序的目录中找到一个名为 APPLICATION_COMPLETE 的文件（默认情况下是/tmp/spark-events/<application_id>）。如果文件缺少，则可以手动创建具有该名称的空文件，应用程序将显示在 UI 中。

使用 sbin 目录中的脚本 start-history-server. sh 启动 Spark 历史服务器，然后使用 stop-history-server. sh 停止它。它的默认 HTTP 端口为 18080，可以使用 spark. history. ui. port 参数更改此值。

示例历史服务器页面如图 11-6 所示。单击任何应用程序 ID 链接转到相应的 Web UI 页面，这在第 11. 4 节中已经介绍过。

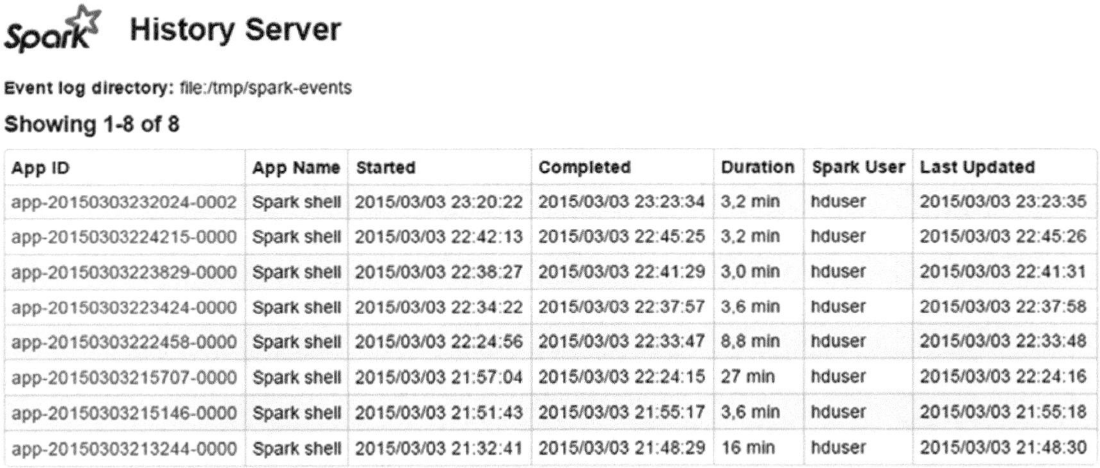

Spark History Server

Event log directory: file:/tmp/spark-events

Showing 1-8 of 8

App ID	App Name	Started	Completed	Duration	Spark User	Last Updated
app-20150303232024-0002	Spark shell	2015/03/03 23:20:22	2015/03/03 23:23:34	3.2 min	hduser	2015/03/03 23:23:35
app-20150303224215-0000	Spark shell	2015/03/03 22:42:13	2015/03/03 22:45:25	3.2 min	hduser	2015/03/03 22:45:26
app-20150303223829-0000	Spark shell	2015/03/03 22:38:27	2015/03/03 22:41:29	3.0 min	hduser	2015/03/03 22:41:31
app-20150303223424-0000	Spark shell	2015/03/03 22:34:22	2015/03/03 22:37:57	3.6 min	hduser	2015/03/03 22:37:58
app-20150303222458-0000	Spark shell	2015/03/03 22:24:56	2015/03/03 22:33:47	8.8 min	hduser	2015/03/03 22:33:48
app-20150303215707-0000	Spark shell	2015/03/03 21:57:04	2015/03/03 22:24:15	27 min	hduser	2015/03/03 22:24:16
app-20150303215146-0000	Spark shell	2015/03/03 21:51:43	2015/03/03 21:55:17	3.6 min	hduser	2015/03/03 21:55:18
app-20150303213244-0000	Spark shell	2015/03/03 21:32:41	2015/03/03 21:48:29	16 min	hduser	2015/03/03 21:48:30

图 11-6　Spark 历史服务器

用户可以使用多个环境变量自定义历史服务器：使用 SPARK_DAEMON_MEMORY 指定应该占用多少内存，SPARK_PUBLIC_DNS 设置其公共地址，SPARK_DAEMON_JAVA_OPTS 将其他参数传递到其 JVM，并将 SPARK_HISTORY_OPTS 传递给 spark. history. * 参数。有关这些参数的完整列表，请参阅官方文档（http://spark.apache.org/docs/latest/configuration.html）。用户还可以在 spark-default. conf 文件中设置 spark. history. * 参数。

11.6　在 Amazon EC2 上运行

用户可以使用任何物理或虚拟机来运行 Spark，但本节将展示如何使用 Spark 的 EC2 脚本在 Amazon 的 AWS 云中快速设置 Spark standalone 集群。Amazon EC2 是 Amazon 的云服务，可让用户租用虚拟服务器运行自己的应用程序。EC2 只是 Amazon Web Services（AWS）中的一种服务，其他服务包括存储和数据库。AWS 因其易用性、广泛的功能和相对低廉的价格而受到欢迎。当然，这里不想开始一场关于哪个云供应商更好的口水战。还有其他供应商，读者可以在它们的平台上手动安装 Spark，并设置 standalone 群集，和本章描述的一样。

为了完成本教程，作者将使用免费之外的 Amazon 资源，因此读者应该准备花一两美元。首先，获取连接到 AWS 服务所必需的私有 AWS 密钥，并设置基本安全性。然后，再使用 Spark 的 EC2 脚本启动集群并登录。作者将介绍如何对创建的集群中的某些部分进行停止和重启操作。最后，把辛勤创建的集群销毁。

11.6.1 先决条件

为了跟进，应该有一个 Amazon 账户并获取这些 AWS 密钥：Access Key ID 和 Secret Access Key。这些密钥用于在使用 AWS API 时进行用户识别。用户可以使用主用户的密钥，但不建议这样做。更好的方法是创建一个具有较低权限的新用户，然后生成并使用这些密钥。

1. 获取 AWS 秘密密钥

可以使用 Amazon 的身份和访问管理（IAM）服务创建新用户。为了实现本教程教学目的，通过从 AWS 登录页面选择 "Services" → "IAM"，转到用户页面，然后单击 "Create New Users " 按钮，创建一个名为 sparkuser 的用户。输入一个用户名，并选中 "Generate an Access Key for Each User" 选项。图 11-7 显示了可以下载的密钥。用户应该立即将密钥存储在安全的地方，因为以后将无法访问它们。

图 11-7 AWS 用户创建

为了成功地将此用户用于 Spark 集群设置，用户必须具有足够的权限。单击新用户的名称，然后单击权限（Permissions）选项卡上的 "Attach Policy" 按钮（见图 11-8）。从可用策略列表中，选择 "AmazonEC2 FullAccess"。这对 Spark 设置来说足够了。

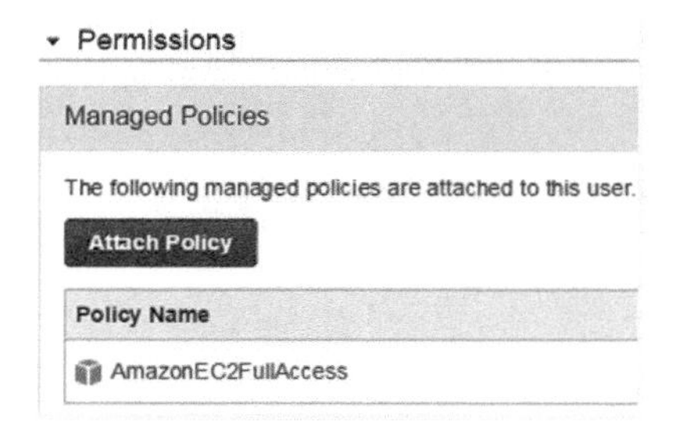

图 11-8 给予用户足够的权限

2. 创建一个密钥对

下一个条件是密钥对，它是保护客户端和 AWS 服务之间的通信所必需的。在 EC2 服务页面（可从任何页面通过顶部菜单 "Services" → "EC2" 获得），在 Network & Security 下，选择密钥对（Key

Pairs)，然后在右上角选择用户所在的区域。选择正确的区域很重要，因为为一个区域生成的密钥在另一个区域中不起作用。在这里用户可以选择爱尔兰（eu-west-1）。

单击“Create Key Pair”，并为该密钥对命名，这里选用了 SparkKey。创建密钥对后，私钥将自动下载为<key_pair_name> . pem 文件。用户应该将该文件存储在安全但可访问的位置，并更改其访问权限，以便只有用户本人能读取该文件：

```
chmod 400 SparkKey. pem
```

为了确保在启动脚本之前一切正常（可能在粘贴其内容时出错），请使用此命令检查密钥是否有效：

```
openssl rsa -in SparkKey. pem - check
```

如果命令输出文件的内容，则一切正常。

11. 6. 2　创建一个 EC2 standalone 集群

现在来看看用于管理 EC2 集群的主要 spark-ec2 脚本。它以前是与 Spark 捆绑在一起的，但后来转移到了一个单独的项目。要使用它，请在 SPARK_HOME 文件夹中创建一个 ec2 目录，然后将 AMPLab 的 spark-ec2 GitHub 存储库（https://github. com/amplab/spark-ec2）复制到其中。spark-ec2 脚本具有以下语法：

```
spark-ec2 options action cluster_name
```

表 11-6 显示了可以指定的可能动作。

表 11-6　spark-ec2 脚本的可能动作

动作（action）	描　述
launch	启动 EC2 实例，安装所需的软件包，并启动 Spark master 和 slave
login	登录到运行 Spark master 的实例
stop	停止所有集群实例
start	启动所有集群实例，然后重新配置集群
get-master	返回运行 Spark master 的实例的地址
reboot-slaves	重新启动 worker 正在运行的实例
destroy	一个不可恢复的动作，终止 EC2 实例并销毁集群

根据动作（action）参数，可以使用相同的脚本启动集群，登录到集群，停止、启动和销毁群集，并重新启动 slave 机。每个动作都需要 cluster_name 参数，用于引用将要创建的计算机和安全凭证（就是之前创建的 AWS 秘密密钥和密钥对）。选项取决于选择的动作，这些将在后面操作时解释。

1. 指定证书

AWS 秘密密钥被指定为系统环境变量 AWS_SECRET_ACCESS_KEY 和 AWS_ACCESS_

KEY_ID：

```
export AWS_SECRET_ACCESS_KEY=<your_AWS_access_key>
export AWS_ACCESS_KEY_ID=<your_AWS_access_key_id>
```

密钥对由包含密钥对名称的-key-pair 选项（缩写为-k）和指向包含早期创建的私钥的 pem 文件--identity-file 选项（缩写为-i）指定。

如果选择了默认 us-east-1 以外的区域，则还必须为所有动作指定--region 选项（缩写为-r）。否则，脚本将无法找到集群的计算机。

到现在为止，用户已经拥有了这些（现在还不要运行）：

```
spark-ec2 --key-pair=SparkKey --identity-file=SparkKey.pem \
--region=<your_region_if_dffrnt_than_us-east-1> launch spark-in-action
```

或等效：

```
spark-ec2 -k SparkKey -i SparkKey.pem -r eu-west-1 launch spark-in-action
```

现在运行此命令将创建一个名为 spark-in-action 的集群。但在做之前用户还需改变一些事情。

2. 更改实例类型

Amazon 提供了许多类型的可用于用户的虚拟机的实例。它们不同的地方在于 CPU 数量、可用内存量、价格。

使用 spark-ec2 脚本创建 EC2 实例时的默认实例类型是 m1. large，它有两个内核和 7. 5 GB 的 RAM。将相同的实例类型用于 master 和 slave 机，这通常是不可取的，因为 master 对资源的需求较小。所以作者决定 master 使用 m1. small，也为 slave 选择了 m1. medium。更改 slave 实例类型的选项是--instancetype（缩写为-t），更改 master 的选项是--master-instance -type（缩写为-m）。

3. 更改 Hadoop 版本

用户可以在 EC2 实例上使用 Hadoop。spark-ec2 脚本的默认 Hadoop 版本是 1. 0. 4，可能这不是用户想要的。所以可以使用--hadoop-major-version 参数进行更改，并将其设置为 2，这里将安装针对包含 Hadoop 2. 0. 0 MR1 的 Cloudera CDH 4. 2. 0 预构建的 Spark。

4. 自定义安全组

默认情况下，不允许通过 Internet 端口访问 EC2 实例。这将阻止用户将应用程序直接从 EC2 集群之外的客户端机器提交到在 EC2 实例上运行的 Spark 集群。EC2 安全组允许用户更改入站和出站规则，以便机器可以与外界进行通信。spark-ec2 脚本设置安全组以允许集群中的计算机相互之间进行通信，但仍然不允许从 Internet 访问端口 7077（Spark standalone master 默认端口）。这就是为什么应该使用如图 11-9 所示的规则（将其命名为 Allow7077）创建安全组（可从 Services→EC2→Security-Groups→Create Security Group 访问）。

Security group rules:

Inbound　Outbound

Type	Protocol	Port Range	Source	
Custom TCP Rule	TCP	7077	Anywhere	0.0.0.0/0

图 11-9　添加自定义安全规则以允许从 Internet 上的任何位置访问 master 实例

虽然不建议为每个人打开一个端口，但在测试环境中短时间内是可以接受的。对于产品环境，建议限制对单个地址的访问。

用户可以使用选项--additional-security-group 为所有实例分配一个安全组。因为只有 master 需要刚刚创建的安全组（不需要通过端口 7077 访问 worker），所以现在不会使用此选项，可以在集群运行后手动将此安全组添加到 master 实例中。

5. 启动集群

用户需要改变的最后一件事是 slave 机数量。默认情况下，只会创建一个。如果想要更多，那么更改的选项是--slaves（缩写为-s）。

这是完整的命令：

```
./spark-ec2 --key-pair=SparkKey --identity-file=SparkKey.pem \
    --slaves=3 --region=eu-west-1 --instance-type=m1.medium \
--master-instance-type=m1.small --hadoop-major-version=2 \
launch spark-in-action
```

启动脚本后，它将创建安全组，启动相应的实例，并安装这些软件包：Scala、Spark、Hadoop 和 Tachyon。脚本从在线存储库下载相应的软件包，并使用 rsync（远程复制）程序将其分发给 worker。

可以指示脚本使用现有的 master 实例，并且只能使用--use-existing-master 选项创建 slave。要在 Amazon 虚拟私有云（VPC）上启动群集，可以使用选项--vpc-id 和--subnet-id；其他内容保持不变。

脚本完成后，将看到在 EC2 控制台中运行的新实例（见图 11-10）。现在可以使用集群。

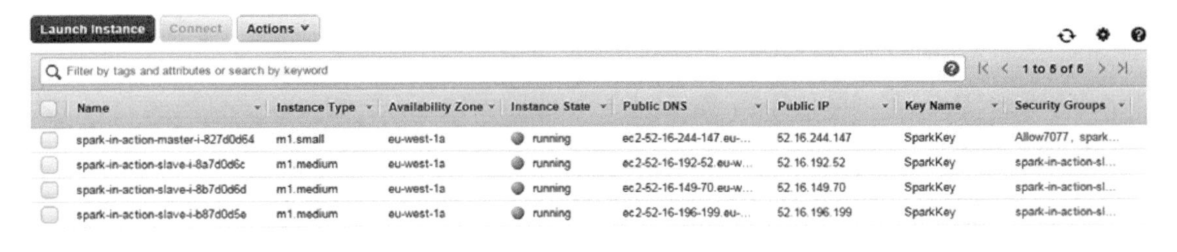

图 11-10　在 EC2 上运行的 Spark 集群机器

11.6.3　使用 EC2 集群

现在有了自己的集群，用户可以登录以查看命令创建的内容。

1. 登录

可以通过几种方式登录到集群。首先，spark-ec2 脚本为此提供了一个动作：

```
spark-ec2 -k SparkKey -i SparkKey.pem -r eu-west-1 login spark-in-action
```

这将打印出跟下面类似的内容：

```
Searching for existing cluster spark-in-action...
Found 1 master(s), 3 slaves
Logging into master ec2-52-16-244-147.eu-west-1.compute.amazonaws.com
Last login: ...
__| __|_ )
_|  (     / Amazon Linux AMI
___|\___|___|
https://aws.amazon.com/amazon-linux-ami/2013.03-release-notes/
There are 74 security update(s) out of 262 total update(s) available
Run "sudo yum update" to apply all updates.
Amazon Linux version 2014.09 is available.
root@ip-172-31-3-54 ~]$
```

登录成功。另一个选项是将 ssh 直接添加到一个实例的公共地址，仍然使用私钥（在这种情况下，密钥环境变量不是必需的）。用户可以在 EC2 控制台上找到实例的地址。在此示例中，要登录到 master 实例，请输入：

```
$ssh -i SparkKey.pemroot@52.16.171.131
```

如果不想登录到 EC2 控制台以查找地址，则可以使用 spark-ec2 脚本来获取 master 的主机名：

```
$spark-ec2 -k SparkKey -i SparkKey.pem -r eu-west-1 login spark-in-action
Searching for existing cluster spark-in-action...
Found 1 master(s), 3 slaves
ec2-52-16-244-147.eu-west-1.compute.amazonaws.com
```

然后可以为 ssh 命令使用该地址。

2. 集群配置

登录后，用户将看到该软件包已安装在用户的主目录中。默认用户是 root（可以使用--user 选项更改），因此主目录是/root。

如果在 spark/conf 子目录中检查 spark-env.sh，则将看到 spark-ec2 脚本添加了一些 Spark 配置选项。其中最令人感兴趣的是 SPARK_WORKER_INSTANCES 和 SPARK_WORKER_CORES。

可以使用命令行选项--worker-instances 自定义每个 worker 的实例数。当然，也可以手动更改 spark-env.sh 文件中的配置。在这种情况下，应该将文件分发给 worker。

无法使用 spark-ec2 脚本自定义 SPARK_WORKER_CORES，因为 worker 内核数取决于所选的实例类型。在该示例中，使用的 m1. medium 只有一个 CPU，因此配置的值为 1。对于具有两个 CPU 的默认实例类型（示例中为 m1. large），配置的默认值为 2。

用户还会注意到两个 Hadoop 安装配置：ephemeral-hdfs 和 persistent-hdfs。临时 HDFS 被设置为仅在机器运行时才能使用临时存储。如果机器重新启动，则临时数据将丢失。

持久 HDFS 被设置为使用 Elastic Block Store（EBS）存储，这意味着如果机器重新启动，它将不会丢失。这也意味着保持数据会增加开销。可以使用--ebs-vol-num、--ebs-vol-type 和--ebs-vol-size 选项为每个实例添加更多的 EBS 卷。

spark-ec2 子目录包含 https://github. com/mesos/spark-ec2 GitHub 存储库的内容。它们是用于设置 Spark EC2 集群的实际脚本。一个有用的脚本是 copy-dir，它能够将一个目录从一个实例同步到 Spark 配置中所有 slave 机上的相同路径。

3. 连接到 master

如果一切顺利，用户应该可以启动 Spark shell 并连接到 master。为此，应该使用 get-master 命令返回的主机名，而不是其 IP 地址。

如果将 Allow7077 安全组分配给 master 实例，那么也可以从客户机连接到集群。进一步的配置和应用程序提交工作照常进行。

4. 停止、启动和重新启动

停止和启动动作显然会停止和启动整个群集。停止后，机器将处于停止状态，临时存储中的数据将丢失。再次启动集群后，将调用必要的脚本来重建临时数据并重复集群配置。这也将导致用户对 Spark 配置所做的任何更改都将被覆盖，尽管数据保存在持久存储中。如果使用 EC2 控制台重新启动计算机，则对 Spark 配置的更改将被保留。

spark-ec2 还允许重新启动 slave 机。reboot-slave 与其他动作类似：

```
$./spark-ec2 -k SparkKey -i SparkKey.pem -r eu-west-1 \
reboot-slaves spark-in-action
Are you sure you want to reboot the cluster spark-in-action slaves?
Reboot cluster slaves spark-in-action (y/N): y
Searching for existing cluster spark-in-action...
Found 1 master(s), 3 slaves
Rebooting slaves...
Rebooting i-b87d0d5e
Rebooting i-8a7d0d6c
Rebooting i-8b7d0d6d
```

重新启动后，必须从 master 机运行 start-slaves. sh 脚本，因为 slave 不会自动启动。

11.6.4　销毁集群

销毁操作（使用 AWS 术语）将终止所有集群实例。仅停止并未终止的实例可能会产生额外的开销，尽管用户可能没有使用它们。例如，Spark 实例使用 EBS 永久存储，而即使实例停止，Amazon 也要收取 EBS 使用费用。

因此，如果用户将长时间不使用它，那么可以销毁集群。可以直接这样做：

```
spark-ec2 -k SparkKey -i SparkKey.pem destroy spark-in-action
Are you sure you want to destroy the cluster spark-in-action?
The following instances will be terminated:
Searching for existing cluster spark-in-action...
ALL DATA ON ALL NODES WILL BE LOST!!
Destroy cluster spark-in-action (y/N):
Terminating master...
Terminating slaves...
```

在此步骤之后，用户唯一的选择是启动另一个集群（或打包并返回主页）。

11.7 总结

- 一个 standalone 集群与 Spark 捆绑在一起，具有简单的架构，易于安装和配置。
- 它由 master 和 worker 进程组成。
- Spark standalone 集群上的 Spark 应用程序可以以集群模式运行（驱动程序在集群中运行）或客户端部署模式运行（驱动程序在客户端 JVM 中运行）。
- 可以使用 shell 脚本或手动启动 standalone 集群。
- 如果 master 进程关闭，则可以使用文件系统 master 恢复或 ZooKeeper 恢复自动重新启动。
- standalone 集群 Web UI 提供有关运行应用程序，master 和 worker 的有用信息。
- 可以使用 SPARK_CLASSPATH 环境变量，使用命令行选项，使用--jars 参数和以编程方式指定额外的类路径条目和文件。
- Spark 历史服务器能够查看完成的应用程序的 Spark Web UI，但只有在启用事件日志记录时运行。
- 可以在 Amazon EC2 上使用 Spark 分发版中的脚本启动 Spark standalone 集群。

第 12 章 在 YARN 和 Mesos 上运行

本章涵盖

- YARN 架构。
- YARN 资源调度。
- 在 YARN 上配置和运行 Spark。
- Mesos 架构。
- Mesos 资源调度。
- 在 Mesos 上配置和运行 Spark。
- 从 Docker 运行 Spark。

上一章研究了 Spark standalone 集群。现在是时候处理由 Spark 支持的 YARN 和 Mesos 两个集群管理器。它们都被广泛使用（YARN 仍然更广泛）并提供类似的功能，但每个都有自己的特定优势和弱点。Mesos 是唯一支持细粒度资源调度模式的集群管理器，用户也可以使用 Mesos 在 Docker 镜像中运行 Spark 任务。事实上，Spark 项目最初是为了演示 Mesos 的有用性㊀，这说明了 Mesos 的重要性。YARN 允许从 Spark 应用程序访问 Kerberos 保护的 HDFS（Hadoop 分布式文件系统仅限于使用 Kerberos 身份验证协议进行身份验证的用户）。

本章将描述 Mesos 和 YARN 的架构、安装和配置选项以及资源调度机制，还将强调它们之间的差异，以及如何避免常见的陷阱。总之，本章将帮助用户决定哪个平台更适合用户的需求。首先介绍 YARN。

12.1 在 YARN 上运行 Spark

YARN 是新一代 Hadoop 的 MapReduce 执行引擎（有关 MapReduce 的更多信息，请参阅

㊀ 参见 Benjamin Hindman 等人的 “Mesos：A Platform for Fine-Grained Resource Sharing in the Data Center” http://WWW. usenix. org/legacy/events/nsdill/tech/full_papers/Hindman. pdf。

附录 B)。与以前的 MapReduce 引擎不同，之前的引擎只能运行 MapReduce 作业，YARN 可以运行其他类型的程序（如 Spark)。大多数 Hadoop 安装已经将 YARN 与 HDFS 一起配置，因此 YARN 是许多潜在和现有 Spark 用户最自然的执行引擎。

Spark 被设计为与底层集群管理器无关，并且在 YARN 上运行 Spark 应用程序与在其他集群管理器上运行 Spark 应用程序没有什么不同，但是用户应该注意到一些差异。下面介绍这些差异。

现在开始探索在 YARN 上运行 Spark，首先查看 YARN 架构，然后将描述如何向 YARN 提交 Spark 应用程序，最后解释在 YARN 上运行 Spark 应用程序与在 Spark standalone 集群运行程序之间的差异。

12.1.1 YARN 架构

基本的 YARN 架构类似于 Spark 的 standalone 集群架构。其主要组件是每个集群的资源管理器（可以比作 Spark 的 master 进程）和集群中每个节点的节点管理器（类似于 Spark 的 worker 进程)。与在 Spark 的 standalone 集群上运行不同，YARN 上的应用程序在容器（授予 CPU 和内存资源的 JVM 进程）中运行。每个应用程序的应用程序主机是一个特殊组件。它在自己的容器中运行，负责从资源管理器请求应用程序资源。当 Spark 在 YARN 上运行时，Spark 驱动器进程充当 YARN 应用程序主机。节点管理器跟踪容器使用的资源并向资源管理器报告。

图 12-1 显示了一个具有两个节点和一个 Spark 应用程序在集群中运行的 YARN 集群。这个图类似于图 11-1，但启动应用程序的过程有点不同。

客户端首先向资源管理器提交应用程序（步骤 1)，该应用程序指示节点管理器之一为应用程序主机分配容器（步骤 2)。节点管理器为应用程序主机（Spark 的驱动器）启动容器（步骤 3)，然后它请求资源管理器将更多的容器用作 Spark 执行器（步骤 4)。当资源被授予时，应用程序主机请求节点管理器在新容器中启动执行器（步骤 5)，并且节点管理器服从（步骤 6)。从那时起，驱动器和执行器将独立地与 YARN 组件进行通信，这与在其他类型的集群中运行时的方式相同。客户端可以随时查询应用程序的状态。

图 12-1 仅显示在集群中运行的一个应用程序。但是多个应用程序可以在单个 YARN 集群中运行，无论是 Spark 应用程序还是其他类型的应用程序。在这种情况下，每个应用程序都有自己的应用程序主机。容器的数量取决于应用程序类型。应用程序至少应该只包括一个应用程序主机。因为 Spark 需要驱动器和执行器，所以它总是有一个容器用于应用程序主机（Spark 驱动器）和一个或多个容器用于其执行器。与 Spark 的 worker 不同，YARN 的节点管理器可以为每个应用程序启动多个容器（执行器)。

12.1.2 安装配置启动 YARN

本节简单描述了 YARN 和 Hadoop 的安装与配置。关于这些内容的详细信息，推荐参考 AlexHolmes 的《Hadoop 实战（Hadoop In Practice)（第 2 版)》（Manning，2015）和 Tom White 的《Hadoop 终极指南（Hadoop：The Definitive Guide)（第 4 版)》（O'Reilly，2015)。

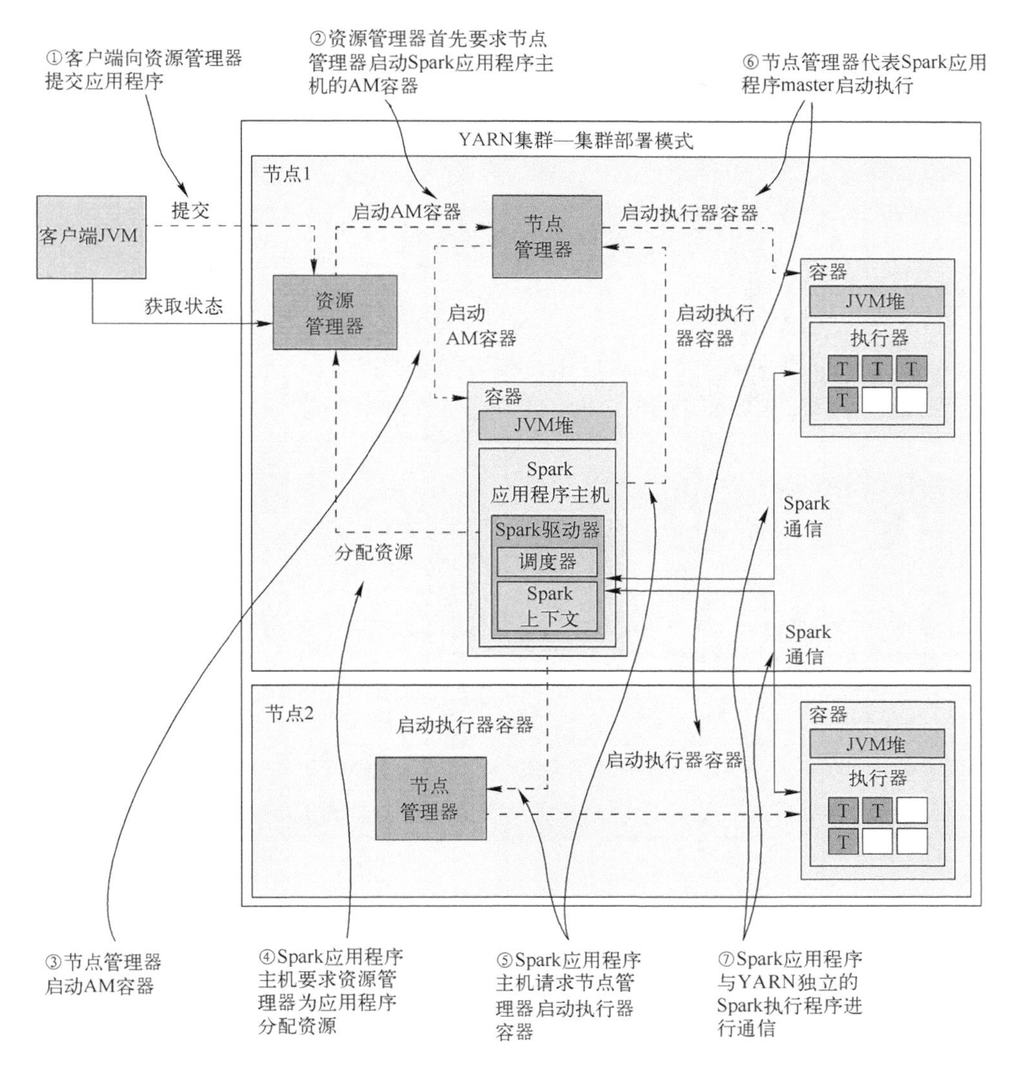

图 12-1 两个节点集群的 YARN 结构。客户端（Client）提交应用，资源管理器（Resource manager）为主程序（Application Master，也称为 Spark 驱动）。主程序给 Spark 执行器（Executor）申请更多的容器。一旦容器启动，Spark 驱动就可以与它的执行器直接通信

YARN 与 Hadoop 一起安装。从 Hadoop 下载页面（https://hadoop.apache.org/releases.html），下载和提取 Hadoop 的分布归档文件到集群中的每台机器上。与 Spark 类似，可以在以下 3 种可能的模式中使用 YARN。

- standalone（本地）模式：作为单个 Java 进程运行。这与 Spark 的本地模式类似，如第 10 章所述。
- 伪分布式模式：在单个计算机上运行所有 Hadoop 守护程序（多个 Java 进程）。这与 Spark 的本地集群模式类似，如第 10 章所述。
- 完全分布式模式：在多台机器上运行。

1. 配置文件

Hadoop 的基于 XML 的配置文件位于主安装位置的 etc/hadoop 目录中。主要配置文件如下：

- slaves：集群中机器的主机名列表（每行一个）。Hadoop 的 slave 文件与 Spark standalone 集群配置中的 slave 文件相同。
- hdfs-site. xml：与 Hadoop 的文件系统相关的配置。
- yarn-site. xml：YARN 配置。
- yarn-env. sh：YARN 环境变量。
- core-site. xml：各种安全性、高可用性和文件系统参数。

将配置文件复制到集群中的所有计算机。后面的章节会提到与 Spark 相关的特定配置选项。

2. 启动和停止 YARN

表 12-1 列出了启动和停止 YARN 和 HDFS 守护程序的脚本。它们位于 Hadoop 主要安装位置的 sbin 目录中。

表 12-1 用于启动和停止 YARN 和 HDFS 守护程序的脚本

脚本文件	功能
start-hdfs. sh/stop-hdfs. sh	在 slave 文件中列出的所有计算机上启动/停止 HDFS 守护程序
start-yarn. sh/stop-yarn. sh	在 slave 文件中列出的所有计算机上启动/停止 YARN 守护程序
start-all. sh/stop-all. sh	在 slave 文件中列出的所有计算机上启动/停止 HDFS 和 YARN 守护程序

12.1.3 YARN 中的资源调度

前面提到的 YARN 的 ResourceManager 具有可插拔的接口，以允许不同的插件实现其资源调度功能。有 3 个主要的调度器插件：FIFO 调度器、容量调度器和公平调度器。可以通过将 yarn-site. xml 文件中的 yarn. resourcemanager. scheduler. class 属性设置为调度器的类名来指定所需的调度器。默认值是容量调度器（值为 org. apache. hadoop. yarn. server. resourcemanager. scheduler .capacity.CapacityScheduler）。

这些调度器像在 YARN 中运行的任何其他应用程序一样处理 Spark，根据逻辑分配 CPU 和内存给 Spark。一旦这样做，Spark 就将在内部为自己的作业安排资源，如第 10 章所述。

1. FIFO 调度器

FIFO 调度器是最简单的调度器插件。它允许应用程序获取所需的所有资源。如果两个应用程序需要相同的资源，则请求它们的第一个应用程序将首先被服务（FIFO）。

2. 容量调度器

容量调度器（YARN 中的默认调度器）被设计为允许不同组织共享单个 YARN 集群，并且它保证每个组织将总是具有一定量的可用资源（保证容量）。YARN 调度的主要资源单元是队列。每个队列的容量决定了提交给它的应用程序可以使用的集群资源的百分比。可以设置队列的层次以反映组织对容量需求的层次结构，使得子队列（子组织）可以共享单个队列的资源，并且不影响其他队列。在单个队列中，以 FIFO 方式调度资源。

如果启用，容量调度可以是弹性的，这意味着它允许组织使用任何未被他人使用的多余容量。不支持抢占，这意味着临时分配给一些组织的额外容量在最初有权使用它的组织要求时不会自动释放。如果发生这种情况，则“合法的所有者”必须等待“客人”使用完他们的资源。

3. 公平调度器

公平调度器尝试以这样的方式分配资源，即所有应用程序获得（平均）相等的份额。默认情况下，它的决策只基于内存，但用户可以将其配置为同时使用内存和 CPU 进行调度。

像容量调度器一样，它还将应用程序组织到队列中。公平调度器还支持应用程序优先级（某些应用程序应该获得比其他应用程序更多的资源）和最低容量要求。它比容量调度器提供更多的灵活性。它支持抢占，这意味着当应用程序需要资源时，公平调度器可以从其他正在运行的应用程序获取一些资源。它可以根据 FIFO 调度、公平调度和主要资源公平调度来调度资源。主导资源公平调度考虑 CPU 和内存（而在正常操作中，只有内存影响调度决策）。

12.1.4　向 YARN 提交 Spark 应用程序

与在 Spark standalone 集群中运行应用程序一样，根据驱动器进程运行的位置，Spark 有两种在 YARN 上运行应用程序的模式：驱动器可以在 YARN 中运行，也可以在客户端计算机上运行。如果希望它在集群中运行，则 Spark master 连接 URL 应如下所示：

```
--master yarn-cluster
```

如果希望它在客户端计算机上运行，请使用：

```
--master yarn-client
```

注意　*spark-shell 无法在 yarn-cluster 模式下启动，因为需要与驱动器进行交互式连接。*

图 12-1 显示了在集群部署模式下在 YARN 上运行 Spark 的示例。图 12-2 显示了在客户端部署模式下在 YARN 上运行 Spark 的情况。调用的顺序与集群部署模式类似。不同之处在于，资源分配和内部 Spark 通信现在在 Spark 的应用程序主机和驱动器之间进行了拆分。Spark 的应用程序主机处理资源分配和与资源管理器的通信，驱动器直接与 Spark 的执行器通信。驱动器和应用程序主机之间的通信也是必要的。

在客户端模式下向 YARN 提交应用程序与为 standalone 集群执行的方式类似。用户将在客户端窗口中看到应用程序的输出。可以通过停止客户端进程来终止应用程序。

当以集群模式向 YARN 提交应用程序时，客户端进程将保持活动状态，并等待应用程序完成。结束客户端进程不会停止应用程序。如果已打开信息（INFO）消息记录，则客户端进程将显示如下定期消息：

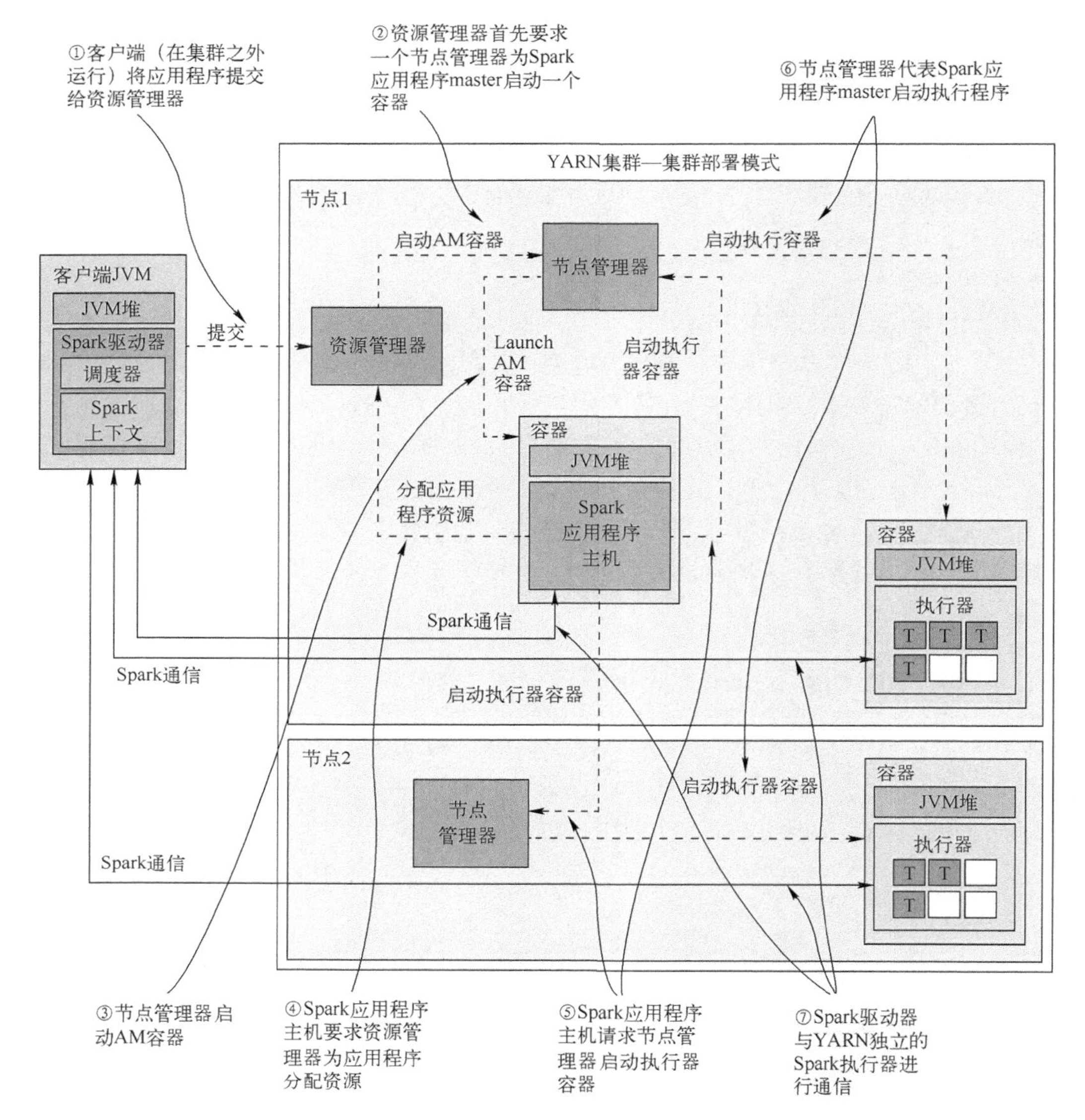

图 12-2　在具有两个节点的集群中以 YARN 客户端部署模式运行 Spark。
客户端提交应用程序，资源管理器启动应用程序主机（Spark 驱动器）的容器。应用程序主机为 Spark 执行器请求更多容器。Spark 驱动器在客户端 JVM 中运行，并在容器启动后直接与执行器通信

```
INFO Client: Application report for<application_id>( state: RUNNING)
```

YARN 上的应用程序启动速度比 standalone 集群上的启动速度慢一些。这是因为 YARN 分配资源的方式：它首先必须为应用程序主机创建一个容器，然后它必须要求资源管理器为执行器创建容器。当运行较大的作业时，这种开销并不大。

停止应用程序

YARN 提供了一种使用以下命令停止正在运行的应用程序的方法：

```
$yarn application-kill<application_id>
```

如果启用 org. apache. spark 包的 INFO 消息日志记录，则可以从 spark-submit 命令的输出中获取应用程序 ID。另外，可以在 YARN Web UI 界面上找到该 ID（参见第 12. 1. 5 节）。无论应用程序是以客户端还是集群模式运行，都可以终止应用程序。

12. 1. 5　在 YARN 上配置 Spark

要在 YARN 上运行 Spark，只需要在客户端节点（运行 spark-submit 或 spark-shell 的节点，或者应用程序实例化 SparkContext）上安装 Spark。Spark 程序集 JAR 和所有配置选项将自动传输到相应的 YARN 容器。

Spark 分发包需要使用 YARN 支持构建。用户可以从 Spark 官方网站（https://spark.apache.org/downloads.html）下载预建版本或创建自己的版本。

读者可能已经注意到，用于连接到 YARN 的主连接 URL 不包含主机名。因此，在将应用程序提交到 YARN 集群之前，需要告诉 Spark 在哪里可以找到 YARN 资源管理器。这可以通过将以下两个变量之一设置为指向包含 YARN 配置的目录来完成：YARN_CONF_DIR 或 HADOOP_CONF_DIR。指定的目录需要至少有一个文件 yarn-site. xml 具有以下配置：

```
<? xml version="1.0"? >
<configuration>
    <property>
        <name>yarn.resourcemanager.address</name>
        <value>{RM_hostname}:{RM_port}</value>
    </property>
</configuration>
```

RM_hostname 和 RM_port 是资源管理器的主机名和端口（默认端口为 8050）。对于可以在 yarn-site. xml 中指定的其他配置选项，请参阅官方 Hadoop 文档（http://mng.bz/zB92）。

如果需要访问 HDFS，则由 YARN_CONF_DIR 或 HADOOP_CONF_DIR 指定的目录也应包含 core-site. xml 文件，其中参数 fs. default. name 设置为类似于以下值：hdfs://yourhostname:9000。此客户端配置将分发到 YARN 集群中的所有 Spark 执行程序。

1. 指定一个 YARN 队列

正如第 12. 1. 3 节中讨论的，当使用容量或公平调度器时，YARN 应用程序的资源通过指定队列来分配。可以使用--queue 命令行参数、spark. yarn. queue 配置参数或 SPARK_YARN_QUEUE 环境变量设置 Spark 将使用的队列名称。如果不指定队列名称，Spark 将使用默认名称（default）。

2. 共享 Spark 装配 JAR

当将 Spark 应用程序提交到 YARN 群集时，需要将包含 Spark 类（来自 Spark 安装的 jars

文件夹的所有 JAR）的 JAR 文件传输到远程节点上的容器。此上传可能需要一些时间，因为这些文件可能超过 150 MB。可以通过手动将 JAR 上传到所有执行程序计算机上的特定文件夹并将 spark. yarn. jars 配置参数设置为指向该文件夹来缩短此时间。或者可以使它指向 HDFS 上的中央文件夹。

还有第 3 种选择，可以将 JAR 文件放在归档中，并将 spark. yarn. archive 参数设置为指向归档（在每个节点或 HDFS 文件夹中的文件夹中）。

这样，Spark 将能够在需要时从每个容器访问 JAR，而不是在每次运行时从客户端上传 JAR。

3. 修改类路径和共享文件

上一章中关于为 standalone 集群指定额外的类路径条目和文件的大部分内容也适用于 YARN。可以使用 SPARK_CLASSPATH 变量、--jars 命令行参数或 spark. driver. extraClassPath（以及 spark. *. extra [Class | Library] Path 中的其他参数）。有关的更多详细信息请参阅官方文档 http://mng. bz/75KO。

附加的命令行参数--archives，允许指定要传输到工作计算机并提取到每个执行程序的工作目录中的归档名称。此外，对于使用--archives 和--files 指定的每个文件或归档，可以添加引用文件名，以便可以从运行在执行器上的程序访问它。例如，可以使用以下参数提交应用程序：

```
--files/path/to/myfile. txt#fileName. txt
```

可以使用名称 fileName. txt 从程序访问文件 myfile. txt。这特定于在 YARN 上运行。

12.1.6 为 Spark 工作配置资源

YARN 调度 CPU 和内存资源。本节将介绍应该注意的一些细节。例如，在大多数情况下（如下所述），应该更改执行器内的默认数量。此外，为了利用 Spark 的内存管理，正确配置它是重要的，尤其是在 YARN 上。几个重要的 YARN 特定的参数也在这里提到。

1. 为应用程序指定 CPU 资源

在 YARN 上运行时的默认设置是有 2 个执行器，每个执行器有一个内核。这通常是不够的。要更改此项，请在向 YARN 提交应用程序时使用以下命令行选项：

- --num-executors——更改执行器的数量。
- --executor-cores——更改每个执行器的核心数。

2. 运行在 YARN 时的 Spark 内存管理

与在 standalone 集群上一样，可以使用--driver-memory 命令行参数、spark. driver. memory 配置参数或 SPARK_DRIVER_MEMORY 环境变量来设置驱动器内存。对于执行器，情况有点不同。类似于 standalone 集群，spark. executor. memory 决定执行器的堆大小（与 SPARK_EXECUTOR_MEMORY 环境变量相同或--executor-memory 命令行参数相同）。另一个参数 spark. executor. memoryOverhead 确定 Java 堆之外的其他内存，这些内存可供运行 Spark 执行器的 YARN 容器使用。此内存对于 JVM 进程本身是必需的。如果执行器使用比

spark. executor. memory+spark. executor. memoryOverhead 更多的内存，则 YARN 将关闭容器，作业会反复失败。

提示：未能将 spark. executor. memoryOverhead 设置为足够高的值可能会导致难以诊断的问题。请确保指定至少 1024 MB。

Spark 的执行器在 YARN 上运行时的内存布局如图 12-3 所示。它显示了内存开销以及在第 10.2.4 节描述的 Java 堆的部分：存储内存（大小由 spark. storage. memoryFraction 决定）、shuffle 内存（大小由 spark. shuffle. memoryFraction 决定），剩余的堆用于 Java 对象。

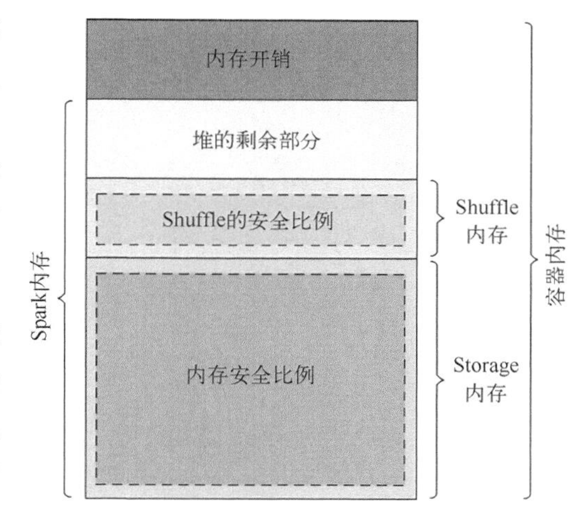

图 12-3 Spark 的执行器在 YARN 的内存的组成部分

当应用程序在 YARN 群集模式下运行时，spark. yarn. driver. memoryOverhead 确定驱动器容器的内存开销。spark.yarn.am.memoryOverhead 确定客户端模式下应用程序主机的内存开销。此外，一些 YARN 参数（在 yarn-site. xml 中指定）影响内存分配：

- yarn. scheduler. maximum-allocation-mb——确定 YARN 容器的上限内存。资源管理器将不允许分配更大量的内存。默认值为 8192 MB。
- yarn. scheduler. minimum-allocation-mb——确定资源管理器可以分配的最小内存量。资源管理器仅以此参数的倍数分配内存。默认值为 1024 MB。
- yarn. nodemanager. resource. memory-mb——确定 YARN 在节点上可以使用的最大内存量。默认值为 8192 MB。

yarn. nodemanager. resource. memory-mb 应设置为节点上可用的内存量减去操作系统所需的内存量。yarn. scheduler. maximum-allocation-mb 应设置为相同的值。因为 YARN 会将所有分配请求四舍五入为 yarn. scheduler. minimum-allocation-mb 的倍数，所以该参数应设置为足够小以不浪费不必要的内存（如 256 MB）的值。

3. 以编程方式配置执行器资源

当使用 spark. executor. cores、spark. executor. instances 和 spark. executor. memory 参数以编程方式创建 Spark 上下文对象时，也可以指定执行器资源。如果应用程序以 YARN 集群模式运行，则驱动器在其自己的容器中运行，与执行器容器并行启动，因此这些参数将不起作用。在这种情况下，最好在 spark-defaults. conf 文件或命令行中设置这些参数。

12.1.7 YARN UI

与 Spark standalone 集群类似，YARN 还提供了一个用于监控集群状态的 Web 接口。默认情况下，它在运行资源管理器的计算机上的端口 8088 上启动。可以查看节点的状态和各种指标、集群容量的当前使用情况，本地和远程日志文件以及已完成和当前运行的应用程序的状态。图 12-4 显示了一个带有应用程序列表 YARN UI 起始页的示例。

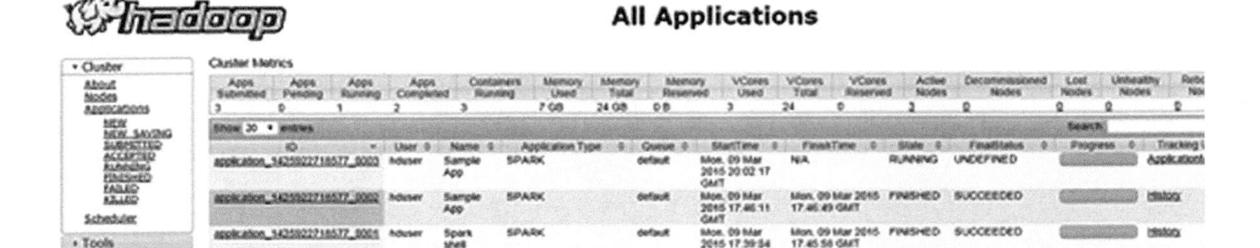

图 12-4　YARN UI：“所有应用程序”页面显示正在运行和已完成的应用程序的列表

在此页面，可以单击应用程序的 ID，转到应用程序概述页面（见图 12-5）。在那里，可以检查应用程序的名称、状态和运行时间，并访问其日志文件，还可以显示运行应用程序主机的节点。

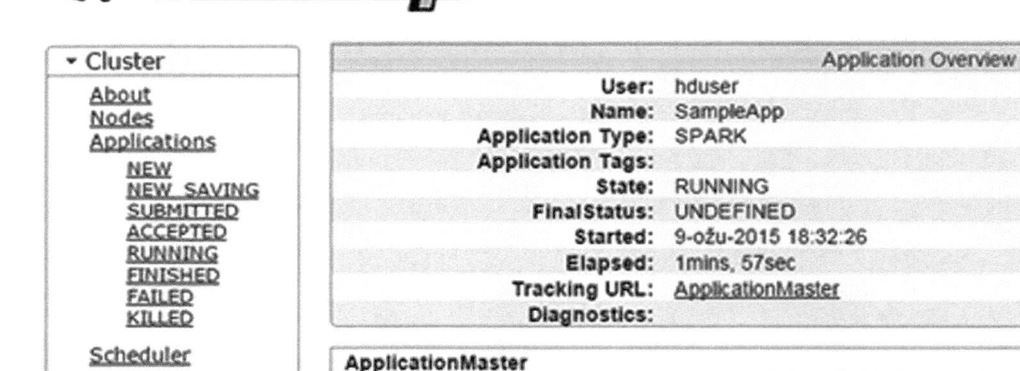

图 12-5　YARN UI：应用程序概述页面

1. 从 YARN UI 访问 Spark Web UI

跟踪 UI（或跟踪 URL）可从 YARN UI 应用程序（Applications）页面和应用程序概述（Application Overview）页面获取。如果应用程序仍在运行，则跟踪网址会转到 Spark Web UI（第 10 章中描述了 Spark Web UI）。

提示：如果在尝试通过 Tracking UI 链接访问 Spark Web UI 时遇到浏览器中的“Connection refused”错误，则应将 YARN 配置参数 yarn. resourcemanager. hostname（在 yarn-site. xml 中）设置为 YARN 主机名的值。

当应用程序完成后，将转到 YARN Application Overview 页面（见图 12-4）。如果已运行 Spark 历史服务器，则完成的应用程序的跟踪 URL 将指向 Spark 历史服务器。

2. Spark History Server 和 YARN

如果启用了事件日志并启动了 Spark 历史服务器（如第 10 章所述），就可以访问已完成的 Spark 应用程序的 Spark Web UI，就像在 Spark standalone 集群上运行一样。如果以 YARN 集群模式运行应用程序，则驱动器可以在群集中的任何节点上运行。为了使 Spark 历史服务器可以查看事件日志文件，请不要使用本地目录作为事件日志目录，可以把它放在 HDFS 上。

12.1.8　在 YARN 上寻找日志

默认情况下，YARN 将应用程序的日志存储在本地容器正在运行的计算机上。用于存储日志文件的目录由参数 yarn. nodeamanager. log-dirs（在 yarn-site. xml 中设置）确定，默认为 <Hadoop installation directory>/logs/userlogs。要查看日志文件，需要在每个容器的机器上查看此目录。该目录包含每个应用程序的子目录。

还可以通过 YARN Web UI 查找日志文件。应用程序主程序的日志可从 Application Overview page 页面获取。要查看来自其他容器的日志，需要通过单击“Nodes”，然后单击节点列表中的节点名称来查找相应的节点。然后转到其容器列表，用户可以在其中访问每个容器的日志。

1. 使用日志聚合

YARN 上的另一个选项是通过将 yarn-site. xml 中的 yarn. log-aggregation-enable 参数设置为 true 来启用日志聚合功能。应用程序完成后，其日志文件将被传输到由参数 yarn. nodemanager. remote-app-log-dir 指定的 HDFS 上的目录，默认为/tmp/logs. 在此目录下，首先是根据当前用户的用户名，然后是根据应用程序 ID 创建子目录的层次结构。最终应用程序聚集日志目录，在其执行的每个节点包含一个文件。

可以使用 yarn logs 命令（仅在应用程序完成执行后）来查看这些聚合日志文件并指定应用程序 ID：

```
$yarn logs-applicationId<application_id>
```

正如前文说的，如果启用了 org. apache. spark 包的 INFO 消息的记录，则可以从 spark-submit 命令的输出中获取应用程序 ID。也可以在 YARN Web UI 上找到它（见 12. 1. 5 节）。

可以通过指定容器的 ID 来查看单个容器的日志。为此，还需要指定容器正在执行的节点的主机名和端口。可以在 YARN Web UI 的“Node”页面上找到此信息：

```
$yarn logs-applicationId<application_id>-containerId<container_id>\
-nodeAddress<node hostname>:<node port>
```

然后，用户可以使用 shell 实用程序进一步过滤和 grep 日志。

2. 配置记录级别

如果要使用特定于应用程序的 log4j 配置，则需要在提交应用程序时使用--files 选项上载的 log4j. properties 文件。或者可以使用 spark. executor. extraJavaOptions 选项中的-Dlog4j. configuration 参数指定 log4j. properties 文件（应该已经存在于节点计算机上）的位置。例如，在命令行中，可以这样做：

```
$spark-submit--master yarn-client--conf spark. executor. extraJavaOptions=
-Dlog4j. configuration=file:/usr/local/conf/log4j. properties" ...
```

12.1.9 安全注意事项

Hadoop 为某些用户提供了授权访问资源（如 HDFS 文件）的方法，但它没有用户身份验证的手段。相反 Hadoop 依赖于 Kerberos，这是一种广泛使用和健壮的安全框架。Hadoop 允许或不允许用户访问取决于 Hadoop 配置中 Kerberos 提供的身份和访问控制列表。如果在 Hadoop 集群中启用 Kerberos（换句话说，集群是 Kerberos 化的），则只有经过 Kerberos 验证的用户才能访问它。YARN 知道如何处理 Kerberos 身份验证信息并将其传递到 HDFS。Spark-standalone 和 Mesos 集群管理器没有此功能。如果需要访问 Kerberized HDFS，则需要使用 YARN 来运行 Spark。

要向 Kerberized YARN 集群提交作业，需要一个 Kerberos 服务主体名称（格式为 username/host @ KERBEROS_REALM_NAME；主机部分是可选的）和一个 keytab 文件。服务主体名称用作 Kerberos 用户名。keytab 文件包含用于加密 Kerberos 身份验证消息的用户名和加密密钥对。服务主体名称和 keytab 文件通常由 Kerberos 管理员提供。

在将作业提交到 Kerberized YARN 集群之前，需要使用 kinit 命令（在 Linux 系统上）使用 Kerberos 服务器进行身份验证：

```
$kinit-kt<your_keytab_file><your_service_principal>
```

然后就可以正常提交。

12.1.10 动态资源分配

前面章节提到过，Spark 应用程序从集群管理器获取执行器并使用它们直到它们完成执行。相同的执行器用于同一应用程序的多个作业，并且执行器的资源保持分配，即使它们在作业之间可能是空闲的。这使任务可以重用来自在同一执行器上运行的先前作业的任务数据。例如，当用户离开其计算机时，spark-shell 可能长时间空闲，但给它分配的执行器仍然存在，保留了集群的资源。

动态分配是 Spark 针对这种情况的补救措施，它使应用程序能够临时释放执行器，以便其他应用程序可以使用分配的资源。此选项自 Spark 1.2 以来一直可用，但仅适用于 YARN 集群管理器。从 Spark 1.5 开始，它也可以在 Mesos 和 standalone 集群上使用。

使用动态分配

通过将 spark. dynamicAllocation. enabled 参数设置为 true 来启用动态分配。用户还应该启用 Spark 的 shuffle 服务，即使在执行器不再可用之后，该服务也用于服务执行器的 shuffle 文件。如果在未启用服务的情况下请求执行器的 shuffle 文件，并且执行器不可用，则需要重新计算 shuffle 文件，这会浪费资源。因此，在启用动态分配时，应始终启用 shuffle 服务。

要在 YARN 上启用 shuffle 服务，需要将 spark-<version>-shuffle. jar（可从 Spark 发行版的 lib 目录中获取）添加到集群中所有节点管理器的类路径中。为此，请将文件放在 Hadoop 安装的 share/hadoop/yarn/lib 文件夹中，然后在 yarn-site. xml 文件中添加或编辑以下属性：

- 将 yarn. nodemanager. aux-services 属性设置为值 "mapreduce_shuffle, spark_shuffle"（基本上，将 spark_ shuffle 添加到字符串中）。
- 将 yarn.nodemanager.auxservices.spark_shuffle.class 属性设置为 org.apache.spark.network.yarn.YarnShuffleService。

这将在集群中的每个节点管理器中启动该服务。要告诉 Spark，它应该使用该服务，用户需要将 spark. shuffle. service. enabled Spark 参数设置为 true。

当动态分配被配置并运行时，Spark 将测量要执行的待处理任务的时间。如果此时间段超过参数 spark. dynamicAllocation. schedulerBacklogTimeout（以 s 为单位）指定的时间间隔，则 Spark 将从资源管理器请求执行器。如果有待处理的任务，则它将在 spark.dynamicAllocation.sustainedSchedulerBacklogTimeout 秒后继续请求。每次 Spark 请求新的执行器时，请求的执行器数量呈指数增长，以便它可以足够快地响应请求，但不能太快，以防应用程序只需要其中的几个。参数 spark. dynamicAllocation. executorIdleTimeout 指定执行器在删除之前需要保持空闲的秒数。

可以使用以下参数控制执行器的数量。

- spark. dynamicAllocation. minExecutors：应用程序的最低执行器数。
- spark. dynamicAllocation. maxExecutors：应用程序的最大执行器数。
- spark. dynamicAllocation. initialExecutors：应用程序的执行器的初始数。

12.2　在 Mesos 上运行 Spark

Mesos 是本书将讨论的最后一个 Spark 支持集群管理器，但它并不是不重要。前文提到 Spark 项目最初是为了展示 Mesos 的有用性而开始的。苹果的 Siri 应用程序，以及 eBay、Netflix、Twitter、Uber 和许多其他公司的应用程序都运行在 Mesos 上。

Mesos 提供了一个分布式系统内核，并为应用程序提供商品集群资源，就像 Linux 内核管理单个计算机的资源并将它们提供给在单个机器上运行的应用程序一样。Mesos 支持用 Java、C、C++和 Python 编写的应用程序。使用版本 0. 20，Mesos 可以运行 Docker 容器，这些容器包含应用程序运行所需的所有库和配置。有了 Docker 支持，用户几乎可以在任何 Docker 容器中运行的应用程序上运行 Mesos。从 Spark 1. 4 开始，Spark 也可以在 Docker 容器中的 Mesos 上运行。

Mesos 可以使用一些改进的地方是安全性和支持运行有状态应用程序（使用持久存储的

应用程序，如数据库）。使用当前版本（1.0.1），不建议在 Mesos 上运行有状态应用程序。社区也在努力支持这些用例。[⊖]此外，还不支持基于 Kerberos 的身份验证（https://issues.apache.org/jira/browse/MESOS-907）。但是，应用程序可以使用简单验证和安全层（SASL，一种广泛使用的身份验证和数据安全框架），并且集群内通信通过安全套接层（SSL）保护。动态分配（在第 12.1.10 节中解释），以前只为 YARN 保留，现在可以在带有 Spark 1.5 的 Mesos 上使用。

为了探索如何在 Mesos 上运行 Spark，需要详细了解 Mesos 的架构。然后再讲述在 Mesos 上运行 Spark 与在 YARN 上有何不同。

12.2.1 Mesos 架构

将 Mesos 架构与 Spark standalone 集群进行比较，它比 YARN 简单一些。Mesos 的基本组件-主机（masters）、从机（slaves）和应用程序（applications）（用 Mesos 的术语来说，也称为框架）。与 Spark standalone 集群一样，Mesos 主服务器在要使用它们的应用程序之间调度从属资源。从机启动应用程序的执行器，执行任务。

Mesos 比 Spark standalone 集群更强大，并且在几个重要点与它不同。首先，它可以调度除 Spark（Java、Scala、C、C++和 Python 应用程序）之外的其他类型的应用程序。它还能够调度磁盘空间、网络端口，甚至自定义资源（不只是 CPU 和内存）。不同于需要来自集群（来自其主机）的资源的应用程序，Mesos 集群向应用程序提供资源，它们可以接受或拒绝这些资源。

在 Mesos 上运行的框架（如 Spark 应用程序）由两个组件组成：调度器和执行器。调度器接受或拒绝由 Mesos 主机提供的资源，并自动在从机上启动 Mesos 执行器。Mesos 执行器按照框架调度器的要求运行任务。

图 12-6 显示了在客户端部署和粗粒度模式下在双节点 Mesos 集群上运行的 Spark。

图 12-6 所示的通信步骤如下：

1）Mesos 从机向主机提供资源。

2）Spark 的 Mesos 特定的调度器，在驱动器中运行（如 Spark 提交命令）向 Mesos 主机注册。

3）Mesos 主机反过来为 Spark Mesos 调度器提供可用的资源（这种情况持续发生：默认情况下，框架处于活动状态，每隔 1 s 发生一次）。

4）Spark 的 Mesos 调度器接受一些资源，并向 Mesos 主机发送资源列表，以及要使用资源运行的任务列表。

5）主机要求从机使用所请求的资源启动任务。

6）从机启动执行器（在这种情况下是 Mesos 的命令执行器），它在任务容器中启动 Spark 执行器（使用提供的命令）。

7）Spark 执行器连接到 Spark 驱动器并与其自由通信，像往常一样执行 Spark 任务。

⊖ 有关更多信息，请参见 https://issues.apache.org/jira/browse/MESOS-1554。

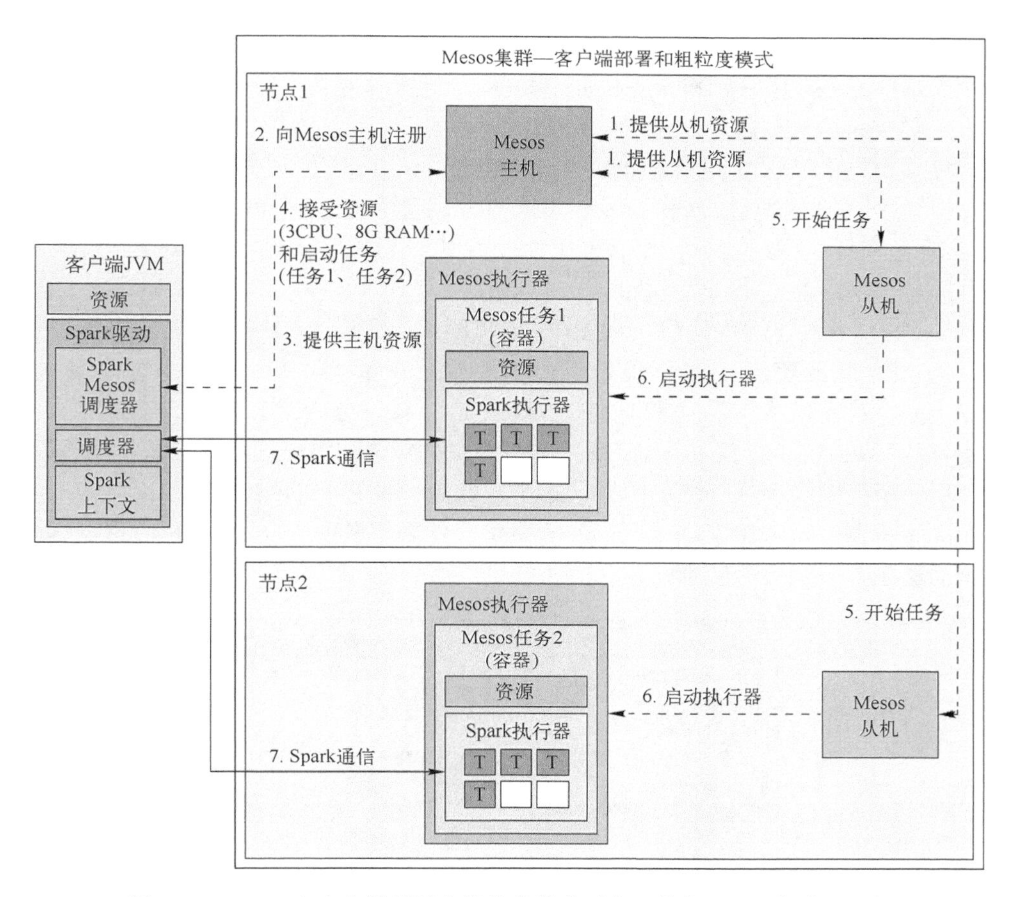

图 12-6　Spark 在客户端部署和粗粒度模式下在双节点 Mesos 集群上运行

可以看到该图类似于 YARN 和 Spark standalone 集群的图。主要区别是调度是向后的：应用程序不需要，但接受集群管理器提供的资源。

1. 细粒度和粗粒度的 Spark 模式

图 12-6 显示了 Spark 以粗粒度模式运行。这意味着 Spark 为每个 Mesos slave 启动一个 Spark 执行器。这些执行器在 Spark 应用程序的整个生命周期内保持活跃，并以与在 YARN 和 Spark standalone 集群相同的方式运行任务。

与细粒度模式对比，如图 12-7 所示。Spark 的细粒度模式仅在 Mesos 上可用（它不适用于其他集群类型）。

在细粒度模式下，每个 Spark 任务启动一个 Spark 执行器，因此每个 Spark 任务启动一个 Mesos 任务。这意味着与粗粒度模式相比，需要进行更多的通信、数据序列化和设置 Spark 执行器进程。因此，作业在细粒度模式下可能比在粗粒度模式下慢。

细粒度模式的基本原理是更灵活地使用集群资源，以便在集群上运行的其他框架可以获得使用 Spark 应用程序当前可能不需要的一些资源的机会。它主要用于具有长时间运行任务的批处理或流式作业，因为在这些情况下，由于 Spark 执行器的管理而导致的速度下降可以忽略不计。

图 12-7 中可见的另一个细节是 Spark Mesos 执行器。这是一个仅在 Spark 细粒度模式下使用的自定义 Mesos 执行器。

细粒度模式是默认选项，因此如果尝试使用 Mesos 并且看到它比 YARN 或 Spark standalone 集群慢得多，请首先通过将 spark. mesos. coarse 参数设置为 true 来切换到粗粒度模式（配置 Spark 是在第 10 章描述），然后再次尝试工作。结果是，它会快得多。

2. Mesos 容器

Mesos 中的任务在容器中执行，如图 12-6 和图 12-7 所示，其目的是隔离同一从机上的进程（任务）之间的资源，以使任务不会相互干扰。Mesos 中的两种基本类型的容器是 Linux cgroups 容器（默认容器）和 Docker 容器。

- cgroups（控制组）：Linux 内核的一个特性，它限制和隔离进程的资源使用。控制组是应用一组资源限制（CPU、内存、网络、磁盘）的进程的集合。
- Docker 容器：类似于 VM。除了像 cgroups 容器限制资源，Docker 容器提供所需的系统库。这是至关重要的区别。

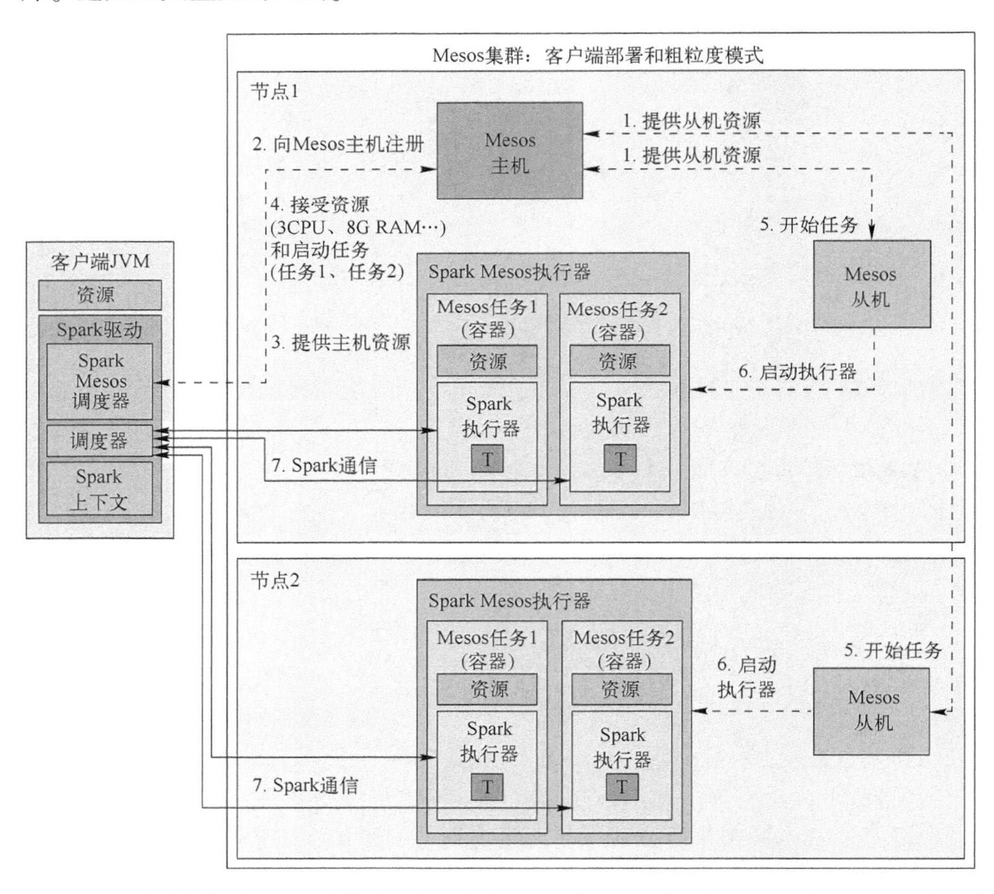

图 12-7 Spark 在客户端部署和细粒度模式下在双节点 Mesos 集群上运行。每个 Spark 执行器只运行一个任务

第 12.2.6 节将更详细地介绍在 Mesos 中使用 Docker。

3. 主机高可用性

与 Spark standalone 集群类似，可以将 Mesos 设置为使用多个主（master）进程。主（master）进程使用 ZooKeeper 在它们之间选择领导。如果领导失败，则备用主机将再次选择使用 ZooKeeper 的新领导者。

12.2.2　安装配置 Mesos

官方推荐的安装 Mesos 的方法是从源代码[1]构建它。如果用户足够幸运地运行一个由 Mesosphere 支持的 Linux 版本，那么更快和更简单的方法是从 Mesosphere 软件包库[2]安装 Mesos。

这里展示在 Ubuntu 上从 Mesosphere 安装 Mesos 的步骤。如果需要在其他平台上安装 Mesos 的帮助或有关安装和配置 Mesos 的更多信息，作者建议使用 Roger Ignazio 的 Mesos in Action（Manning，2016）。

首先需要设置存储库：

```
$sudo apt-key adv--keyserver keyserver.ubuntu.com--recv E56151BF
$echo "deb http://repos.mesosphere.io/ubuntu trusty main" | \
    sudo tee/etc/apt/sources.list.d/mesosphere.list
```

然后安装包：

```
$sudo apt-get install mesos
```

在主节点上，还需要安装 Zookeeper：

```
$sudo apt-get install zookeeper
```

1. 基本配置

主机和从机在文件/etc/mesos/zk 中查找 ZooKeeper 的主机地址（应该在启动 Mesos 之前设置并启动）。从机总是向 ZooKeeper 询问主机的地址。

一旦编辑/etc/mesos/zk，就会有一个完全正常工作的 Mesos 集群。如果想进一步自定义 Mesos 配置，则可以使用这些位置：

```
/etc/mesos
/etc/mesos-master
/etc/mesos-slave
/etc/default/mesos
/etc/default/mesos-master
/etc/default/mesos-slave
```

---

[1] 有关详细信息，请参阅 http://mesos.apache.org/gettingstarted 上的“入门”指南。

[2] 有关详细信息，请参见 https://mesosphere.com/downloads。

所有配置选项的列表可在官方文档页面（http://mesos.apache.org/documentation/latest/configuration）中找到，也可以通过运行 mesos-master--help 和 mesos-slave--help 命令获取它。环境变量在刚刚列出的/etc/default/mesos * 文件中指定。命令行参数也可以在命令行和/etc/mesos/ * 目录中指定。将每个参数放在单独的文件中，其中文件的名称与参数名称匹配，文件的内容包含参数值。

2. 启动 Mesos

通过启动相应的服务器运行 Mesos。要启动 master，应该使用：

```
$sudo service mesos-master start
```

对从机使用：

```
$sudo service mesos-slave start
```

这些命令自动从先前描述的配置文件中获取配置。可以通过访问端口 5050（默认端口）处的 Mesos Web UI 来验证服务是否正在运行。

12.2.3 Mesos Web UI

当启动 Mesos 主机时，它会自动启动 Web UI 界面，如图 12-8 所示。

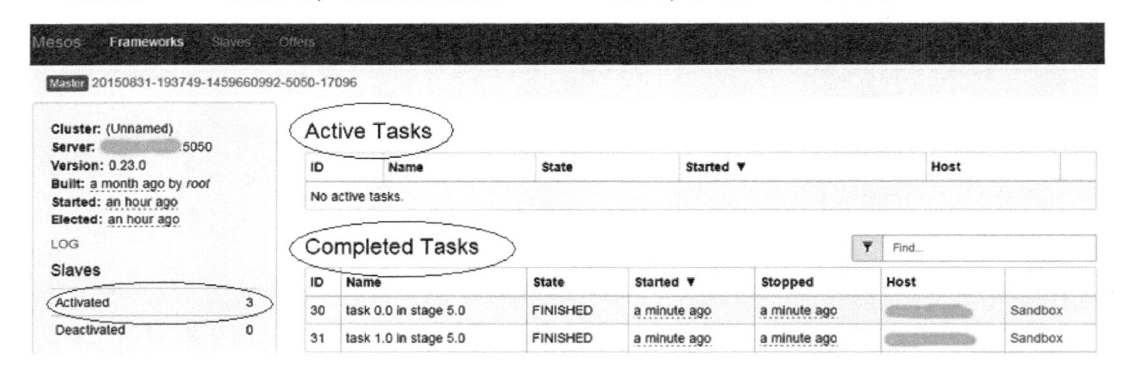

图 12-8 主 Mesos Web UI 页面显示活动和已完成的任务以及有关集群的基本信息

在主页上，可以找到活动和已完成任务的列表，有关 Master 和 Slaves 的信息，以及集群的 CPU 和内存的概述（见图 12-9）。活动和终止的框架的列表可在 Frameworks 页面上找到（见图 12-10）。

Resources

	CPUs	Mem
Total	6	14.5 GB
Used	6	4.1 GB
Offered	0	0 B
Idle	0	10.4 GB

图 12-9 概述主 Mesos Web UI 页面上集群的 CPU 和内存资源的状态

可以单击其中一个框架来检查其活动和已终止任务的列表。Slaves 页面（见图 12-11）显示了已注册从机及其资源的列表。可以在此处检查所有从机是否已注册到主机并且可用。可以单击其中一个从机以查看以前或当前正在运行的框架的列表。如果单击其中一个框架，还会在那个从机上看到运行和已完成的执行器的列表。

Mesos　Frameworks　Slaves　Offers

Master / Frameworks

Active Frameworks

ID ▼	Host	User	Name	Active Tasks	CPUs	Mem	Max Share	Registered	Re-Registered
...5050-17096-0003			Sample App	0	3	4.1 GB	50%	2 minutes ago	-

Terminated Frameworks

ID ▼	Host	User	Name	Registered	Unregistered
...5050-17096-0002			Sample App	5 minutes ago	4 minutes ago
...5050-17096-0001			Sample App	an hour ago	an hour ago
...5050-17096-0000			Sample App	an hour ago	an hour ago

图 12-10　Mesos Frameworks 页面显示了活动和终止的框架，并概述了它们的资源

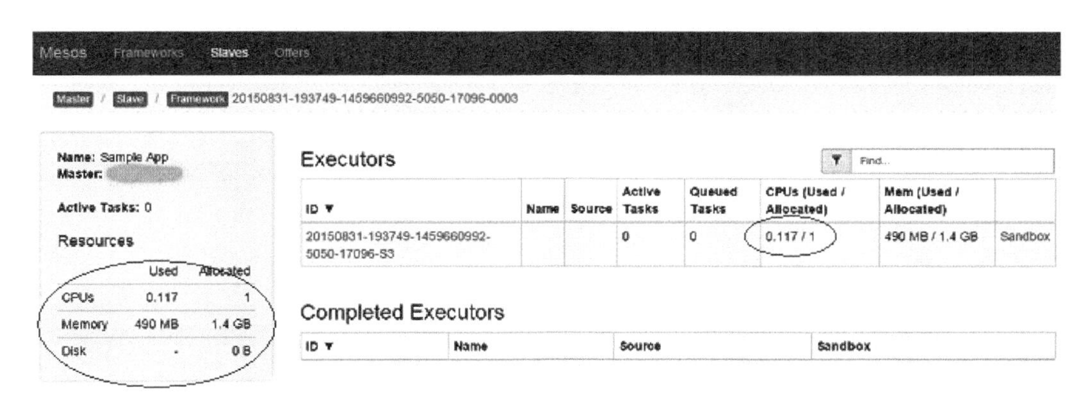

图 12-11　一个框架在从机上的执行器列表。执行器的环境可以从 Sandbox 链接获得

在此屏幕中，可以通过单击 Sandbox 链接访问执行器的环境。图 12-12 显示了结果页面。

Mesos　Frameworks　Slaves　Offers

Master / Slave / Browse

mode	nlink	uid	gid	size	mtime		
-rwxr-xr-x	1	hduser	hadoop	72 KB	Aug 31 20:56	sample-app.jar	Download
-rw-r--r--	1	root	root	153 KB	Aug 31 20:59	stderr	Download
-rw-r--r--	1	root	root	0 B	Aug 31 20:56	stdout	Download

图 12-12　执行器的 Sandbox 页面显示执行器的工作文件夹。还可以下载应用程序文件、系统退出和错误日志文件

Sandbox 页面允许查看执行器的环境：应用程序文件及其日志文件。当单击其中一个日志文件时，将打开一个单独的窗口，其中包含应用程序日志的实时视图，当新行可用时，该窗口会自动更新。这对于调试应用程序很有用。

12.2.4 Mesos 资源调度

第 12.2.1 节中描述的细粒度和粗粒度调度是在 Mesos 上运行时的 Spark 的调度策略。Mesos 本身对它们什么也不知道。

Mesos 中的资源调度决策分为两个层次：由在 Mesos 主机中运行的资源分配模块和之前提到的框架的调度器。资源分配模块决定向哪些框架提供哪些资源以及分配顺序。正如前面提到的，Mesos 可以调度内存、CPU、磁盘、网络端口、自定义资源。它力求满足所有框架的需求，同时在它们之间公平地分配资源。

不同类型的工作负载和不同的框架需要不同的分配策略，因为一些是长期运行的，一些是短期运行的，一些主要使用内存，一些主要使用 CPU 等。这就是为什么资源分配模块允许使用可以更改资源分配决策的插件。

默认情况下，Mesos 使用主导资源公平（Dominant Resource Fairness，DRF）算法，这适用于大多数用例。它跟踪每个框架的资源并确定每个框架的主要资源，即框架使用最多的资源类型。然后它计算框架的主要份额，即框架使用的主要资源类型占所有集群资源的份额。如果一个框架在 20 个 CPU 和 36 GB RAM 的群集中使用 1 个 CPU 和 6 GB 的 RAM，则它使用所有 CPU 的 1/20 和所有 RAM 的 1/6；因此其主要资源是 RAM，其占主导份额的 1/6。

DRF 将最新的资源分配给具有最低主要份额的框架。框架可以接受或拒绝该要约。如果它目前没有工作要做，或者如果该要约不包含足够的资源满足其需求，则该框架可以拒绝该要约。如果框架需要特定位置级别来执行其任务，这可能很有用。它可以等待，直到具有可接受位置级别的资源提供变得可用。如果一个框架持有一些资源太久，则 Mesos 可以撤销占用资源的任务。

1. 角色、权重和资源分配

角色和权重允许对框架进行优先级排序，以便有些框架获得更多的资源优惠。角色是附加到典型的用户或框架组的名称，权重是附加到角色的数字，用于指定作出资源分配决策时角色将具有的优先级。

可以使用--roles 选项（例如，--roles=dev，test，stage，prod）或每个角色的权重列表（如--weights='dev=30，test=50，stage=80，prod=100'）初始化主机。正如上一节所述，可以将这些值分别放在/etc/mesos-master/roles 和/etc/mesos-master/weights 文件中。在此示例中，prod 角色将获得两倍于 test 角色的资源提供。

此外，可以在从机上使用资源分配来为特定角色保留一些资源。启动从机时，可以指定--resources 参数，其内容格式如下：'resource_name1（role_name1）：value1；'resource_name2（role_name2）：value2'。例如，--resources='cpu（prod）：3；mem（prod）：2048'将为 prod 角色中的框架专门保留 3 个 CPU 和 2 GB 的 RAM。

框架可以在向主机注册时指定角色。告诉 Spark 注册 Mesos 时要使用哪个角色，可以使用 spark. mesos. role 参数（可在 Spark 1. 5 版本中使用）。

2. Mesos 属性和 Spark 约束

Mesos 还允许使用--attributes 参数为每个从机指定自定义属性。可以使用属性来指定从机操作系统的类型和版本或从机运行的支架。Mesos 支持以下类型的属性：float、integer、range、set 和 text。有关详细信息，请参阅官方文档（http://mesos. apache. org/documentation/attributes-resources/）。一旦指定，属性将与每个资源要约一起发送。

从 Spark 1. 5 开始，可以使用 spark. mesos. constraints 参数指定属性约束。这指示 Spark 仅接受其属性与指定约束匹配的供应。将约束指定为键值对，用分号（;）分隔。键和值本身由冒号（:）分隔；如果值由多个值组成，则它们由逗号（,）分隔（如 os：ubuntu，redhat；zone：EU1，EU2）。

12. 2. 5　向 Mesos 提交 Spark 应用程序

将 Spark 应用程序提交到 Mesos 的主 URL 以 mesos：//开头，需要指定主机的主机名和端口：

```
$spark-submit--master mesos://<master_hostname>:<master_port>
```

默认的 Mesos 主端口是 5050。如果用户有几个主机正在运行，通过 Zookeeper 同步，则可以指示 Spark 以这种格式指定一个主 URL 并向 Zookeeper 询问当前选择的领导：

```
mesos://zk://<zookeeper_hostname>:<zookeeper_port>
```

ZooKeeper 端口默认为 2181。

1. 使 Spark 对从机可用

Mesos 的从机需要知道在哪里找到 Spark 类来启动任务。如果在与驱动器相同位置的从机上安装了 Spark，那么用户不需要做任何特殊的操作就可以在从机上使用 Spark。Mesos 的从机将自动从同一位置获取 Spark。

如果 Spark 安装在从机上，但位于不同的位置，则可以使用 Spark 参数 spark. mesos. executor. home 指定此位置。如果没有在从机上安装 Spark，那么需要将 Spark 的二进制包上传到一个可被从机访问的位置。这可以是 NFS 共享文件系统或 HDFS 或 Amazon S3 上的位置。用户可以从 Spark 的官方下载页面下载 Spark 的 binary 软件包，或者自己构建 Spark 并使用 make-distribution. sh 命令打包发行版。然后，需要将此位置设置为参数 spark. executor. uri 的值和环境变量 SPARK_EXECUTOR_URI 的值。

2. 在集群模式下运行

在 Spark 1. 4 中可使用 Mesos 的集群模式。为此，为 Spark 添加了一个新组件：MesosClusterDispatcher。这是一个单独的 Mesos 框架，仅用于将 Spark 驱动器提交到 Mesos。

使用 Spark 的 sbin 目录中的脚本 start-mesos-dispatcher. sh 启动 MesosClusterDispatcher，然后将主 URL 传递给它。使用 ZooKeeper 的主 URL 版本启动集群调度器，否则可能无法提交作业（如提交可能会挂起）。完整的启动命令如下所示：

```
$start-mesos-dispatcher.sh--master mesos://zk://<bind_address>:2181/mesos
```

调度器进程将在端口 7077 开始侦听。然后，可以将应用程序提交到调度器进程，而不是 Mesos 主机。在提交应用程序时，还需要指定集群部署模式：

```
$spark-submit--deploy-mode cluster--master \
mesos://<dispatcher_hostname>:7077...
```

如果一切正常，驱动器的 Mesos 任务将在 Mesos UI 中可见，并且能够看到它运行的从机。可以使用该信息访问驱动器的 Spark Web UI。

3. 其他配置选项

除了之前提到的 spark. mesos. coarse、spark. mesos. role 和 spark. mesos. constraints 参数之外，还有一些参数可用于配置 Spark 在 Mesos 上的运行方式见表 12-2。

表 12-2 在 Mesos 上运行 Spark 的其他配置参数

参　数	默 认 值	描　述
spark. cores. max	All available cores	限制集群可并行运行的任务数。它也可以在其他集群管理器上使用
spark. mesos. mesosExecutor. cores	1	告知 Spark 需要为每个 Mesos 执行器预留多少个内核以及它的任务所需的资源。该值可以是十进制数
spark. mesos. extra. cores	0	指定在粗粒度模式下为每个任务预留的额外的内核数
spark. mesos. executor. memoryOverhead	10% of spark. executor. memory	指定每个执行器预留的额外内存量。这与 YARN 上的内存开销参数类似

12.2.6 使用 Docker 运行 Spark

正如之前所说，Mesos 使用 Linux cgroup 作为其运行的任务的默认“containerizer”，但它也可以使用 Docker。Docker 允许打包应用程序及其所有库和配置要求。Docker 的名字来自于与货运集装箱，它们都遵守相同的规格和尺寸，因此无论其内容如何，都可以以相同的方式进行处理和运输。同样的原则适用于 Docker 容器：它们可以在不同的环境中运行（不同的操作系统使用不同版本的 Java、Python 或其他库），但是它们在所有这些环境中都有相同的方式，因为它们带有自己的库。所以，用户只需要设置机器运行 Docker 容器。Docker 容器带有其所包含任何应用程序所需的一切。

可以用几种有趣的方式和组合使用 Docker、Mesos 和 Spark。可以在 Docker 容器中运行 Mesos，也可以在 Docker 容器中运行 Spark。可以让 Mesos 在 Docker 容器中运行 Spark 和其他应用程序，也可以在 Docker 容器中同时运行 Mesos 并运行其他 Docker 容器。例如，EBay 使用 Mesos 在公司的开发部门（http://mng. bz/MLtO）中通过运行 Jenkins 服务器以进行连续交付。

在 Mesos 上运行 Docker 容器的好处是，Docker 和 Mesos 在应用程序和它运行的基础设施之间提供了两层抽象，所以用户可以为特定的环境（包含在 Docker 中）编写应用程序，并将它分发到数以千计的不同机器。下面首先介绍如何安装和配置 Docker，然后介绍如何使用它在 Mesos 上运行 Spark 作业。

1. 安装 Docker

在 Ubuntu 上安装 Docker 很简单，因为安装脚本可以在 https://get. docker. com/[⊖] 在线

⊖ 有关其他环境，请参阅官方安装文档：https://docs. docker. com/installation。

获得，只需要把它传递给 shell：

```
$curl-sSL https://get.docker.com/ | sh
```

可以使用此命令验证的安装：

```
$sudo docker run hello-world
```

要使其他用户能够运行 docker 命令而不必每次都使用 sudo，请创建一个名为 docker 的用户组，并将用户添加到该组：

```
$sudo addgroup docker
$sudo usermod-aG docker <your_username>
```

注销并重新登录后，应该能够在不使用 sudo 命令的情况下运行 docker。

2. 使用 Docker

Docker 使用镜像来运行容器。镜像与模板相当，容器与镜像的具体实例相当。用户可以从 Dockerfiles（描述镜像内容）构建新的镜像，并且可以从 Docker Hub（公共 Docker 图像的在线存储库）中提取镜像。如果访问 Docker Hub（https：//hub.docker.com）并搜索 mesos 或 spark，将看到有几十个镜像供使用。本节将根据 Docker Hub 提供的 mesosphere/mesos 镜像构建一个 Docker 镜像。

当将镜像构建或提取到本地机器时，它就可以在本地使用，并且可以运行它。如果尝试运行本地不存在的镜像，则 Docker 会从 Docker Hub 自动提取它。要列出本地可用的所有镜像，可以使用 docker images 命令。要查看正在运行的容器，请使用 docker ps 命令。有关完整的命令参考，请使用 docker--help 命令。

还可以通过使用-i 和-t 标志并将该命令指定为附加参数，以交互方式在容器中运行命令。例如，此命令在名为 spark-image 的镜像的容器中启动 bash shell：

```
$docker run-it spark-image bash
```

3. 建立一个 Spark Docker 镜像

这是一个 Dockerfile 的内容，用于构建一个可用于在 Mesos 上运行 Spark 的 Docker 镜像：

```
FROM mesosphere/mesos:0.20.1
RUN apt-get update && \
apt-get install-y python libnss3 openjdk-7-jre-headless curl
RUN mkdir/opt/spark && \
curl http://www-us.apache.org/dist/spark/
➥ spark-2.0.0/spark-2.0.0-bin-hadoop2.7.tgz | tar-xzC/opt
ENV SPARK_HOME/opt/spark-2.0.0-bin-hadoop2.7
ENV MESOS_NATIVE_JAVA_LIBRARY/usr/local/lib/libmesos.so
```

将这些行复制到用户选择的文件夹中的一个名为 Dockerfile 的文件，然后将自己放在文件夹中并使用此命令构建镜像：

```
$docker build-t spark-mesos.
```

此命令指示 Docker 使用当前目录中的 Docker 文件构建名为 spark-mesos 的镜像。用户可以使用 docker images 命令验证镜像是否可用。用户需要在 Mesos 集群中的所有从机上执行此操作。

4. 准备 Mesos 使用 Docker

在 Mesos 中使用 Docker 之前，需要启用 Docker containerizer。需要在 Mesos 集群中的每台从机上执行以下两个命令：

```
$echo'docker,mesos'>/etc/mesos-slave/containerizers
$echo'5mins'>/etc/mesos-slave/executor_registration_timeout
```

重启从机：

```
$sudo service mesos-slave restart
```

Mesos 现在应该可以在 Docker 镜像中运行 Spark 执行器了。

5. 在 Docker 镜像中运行 Spark 任务

在新建的 Docker 镜像中运行 Spark 任务之前，需要设置几个配置参数。首先，需要通过在 spark. mesos. executor. docker. image 参数中指定镜像名称（在 spark-defaults. conf 文件中）来告诉 Spark 镜像的名称。创建的镜像将 Spark 安装在/opt/spark-2. 0. 0-bin-hadoop2. 7 文件夹中，这可能与 Spark 安装位置不同。因此，需要将参数 spark. mesos. executor. home 设置为镜像的 Spark 安装位置，并告诉 Spark 执行器在哪里可以找到 Mesos 的系统库。用户可以使用参数 spark. executorEnv. MESOS_NATIVE_JAVA_LIBRARY 来执行此操作。spark-defaults. conf 文件现在应包含以下行：

```
spark.mesos.executor.docker.image              spark-mesos
spark.mesos.executor.home                      /opt/spark-2.0.0-bin-hadoop2.7
spark.executorEnv.MESOS_NATIVE_JAVA_LIBRARY    /usr/local/lib/libmesos.so
```

下面使用 SparkPi 示例来演示向 Docker 提交应用程序，但也可以使用自己的应用程序（如第 3 章中构建的应用程序）。将自己置于 Spark 主目录中，并发出以下命令（JAR 文件的名称可能不同，具体取决于 Spark 版本）：

```
$spark-submit--master mesos://zk://<your_hostname>:2181/mesos \
--class org.apache.spark.examples.SparkPi \
examples/jars/spark-examples_2.11-2.0.0.jar
```

如果一切顺利，用户应该看到消息 Pi 在控制台输出中大约为 3. 13972。要验证 Mesos 是否真的使用 Docker 容器来运行 Spark 任务，则可以使用 Mesos UI 找到的框架。单击框架某个已完成旁边的 Sandbox 链接，然后打开其标准输出日志文件。它应该包含以下行：

```
Registered docker executor on <slave's_hostname>
```

6. 进一步的配置 Docker

如果需要从 Docker 镜像访问从机的文件系统，则 Docker 允许使用-v 标志将主机的文件夹装载到映像中的文件夹。可以通过指定 spark. mesos. executor. docker. volumes 参数来启动 Docker 执行器，以指示 Spark 为用户执行此操作，该参数包含以下格式的卷（文件夹）映射的逗号分隔列表：

[host_path:]container_path[:ro|:rw]

如果与容器路径相同，则主机路径是可选的。

Docker 还允许将镜像上的某些网络端口连接到从机上的某些网络端口。可以使用以下格式的参数 spark. mesos. executor. docker. portmaps 指定这些端口映射：host_port:container_port[:tcp|:udp]

这样，就可以通过主机上的端口访问容器。

12.3　总结

- YARN 是 Hadoop 的新一代 MapReduce 执行引擎，可以运行 MapReduce、Spark 和其他类型的程序。
- YARN 由资源管理器和多个节点管理器组成。
- YARN 上的应用程序在容器中运行并提供其应用程序主控。
- YARN 支持 3 种不同的调度程序：FIFO、容量和公平。
- YARN 上的 Spark 以 yarn-cluster 和 yarn-client 模式运行。
- YARN 结束使用超过允许内存的容器，因此调整 spark. executor. memoryOverhead 很重要。
- YARN 提供日志聚合，便于日志检查。
- YARN 是第一个支持动态分配的集群管理器。
- YARN 是唯一的 Spark 可以访问 Kerberos 保护的 HDFS 集群管理器。
- Mesos 还可以运行不同类型的应用程序（甚至可以在 Mesos 上运行 YARN），但与 YARN 不同，它可以调度磁盘、网络甚至自定义资源。
- Mesos 由主机、从机、框架和执行器组成。
- Mesos 上的 Spark 可以以细粒度或者粗粒度模式运行。
- Mesos 通过使用 Linux cgroup 或 Docker 实现的容器为其任务提供资源隔离。
- Mesos 的资源调度在两个级别上运行：框架的调度器和 Mesos 的资源分配模块。
- Mesos 通过角色、权重和资源分配决定框架优先级。
- 可以使用 Spark 的约束仅接受来自集群中某些从机的资源请求。
- Mesos 上的 Spark 支持客户端和集群模式。集群模式使用 Spark 的 Mesos 调度器实现。
- 可以从 Docker 镜像在 Mesos 上运行 Spark 的执行器。

第 4 部分

协同使用

第 13 章将 Spark 的组件一起使用，并开发一个 Spark 流应用程序，用于分析日志文件并在实时仪表盘上显示结果。第 13 章中实现的应用程序可用作自己未来应用程序的基础。

第 14 章介绍了 H2O，它是一个可扩展的快速机器学习框架，实现了许多机器学习算法，最突出的是深度学习，这是 Spark 所缺乏的。它和 Sparking Water、H2O 的包，使用户能够启动和使用 Spark 的 H2O 集群。通过 Sparkling Water，用户可以使用 Spark 的 Core、SQL、Streaming 和 GraphX 组件来获取、准备和分析数据，并将其传输到 H2O，以用于 H2O 的深度学习算法，然后将结果传回到 Spark，并在后续计算中使用它们。

第13章 实例学习：实时仪表盘

本章涵盖

- Spark Streaming 应用程序示例。
- 实时仪表盘应用程序示例。
- 应用程序组件的说明。
- 运行应用程序。
- 检查源代码。

本章将介绍如何在实际应用程序中使用 Spark。本章中的示例应用程序将向读者展示如何构建一个实时仪表盘（带有监控仪器的控制面板），用于查看从 Web 服务器访问日志文件计算的统计信息。本章将首先解释应用程序背后的主要思想，然后展示如何使用 shell 脚本和 Docker 镜像（作者在 https://github.com/spark-in-action/uc1-docker 上已为用户准备）运行它以及如何手动运行组件，最后将解释应用程序代码。

用户可以使用此示例应用程序作为自己仪表盘的起点。可以扩展示例以跟踪其他指标，也可以使用它来显示与 Web 访问日志完全不同的仪表盘，可以用自己的组件替换某些组件等。第一步是看到它的实际运作，并理解它是如何工作的。

13.1 了解用例

本节首先介绍本案例研究的内容，然后解释为实现用例而构建的应用程序的组件。读者将知其然也知其所以然（所以然的问题将在 13.2 和 13.3 节作答）。

13.1.1 概况

实时仪表盘是常见的。人们通常希望了解其应用程序和系统的状态，他们希望能够对任何可能出现的挑战做出快速反应。仪表盘可以显示传感器数据、资源利用率数据，点击流数据（用户在浏览网站时留下的日志痕迹）等。

本章中的用例分析来自访问日志文件的点击流数据，并在称为 Web Stats Dashboard 的 Web 应用程序中显示结果。用户想要接收访问日志文件；计算每秒中活动用户会话的数量以及每秒请求数、错误数和广告点击次数；并在实时图形中显示所有信息。结果如图 13-1 所示。

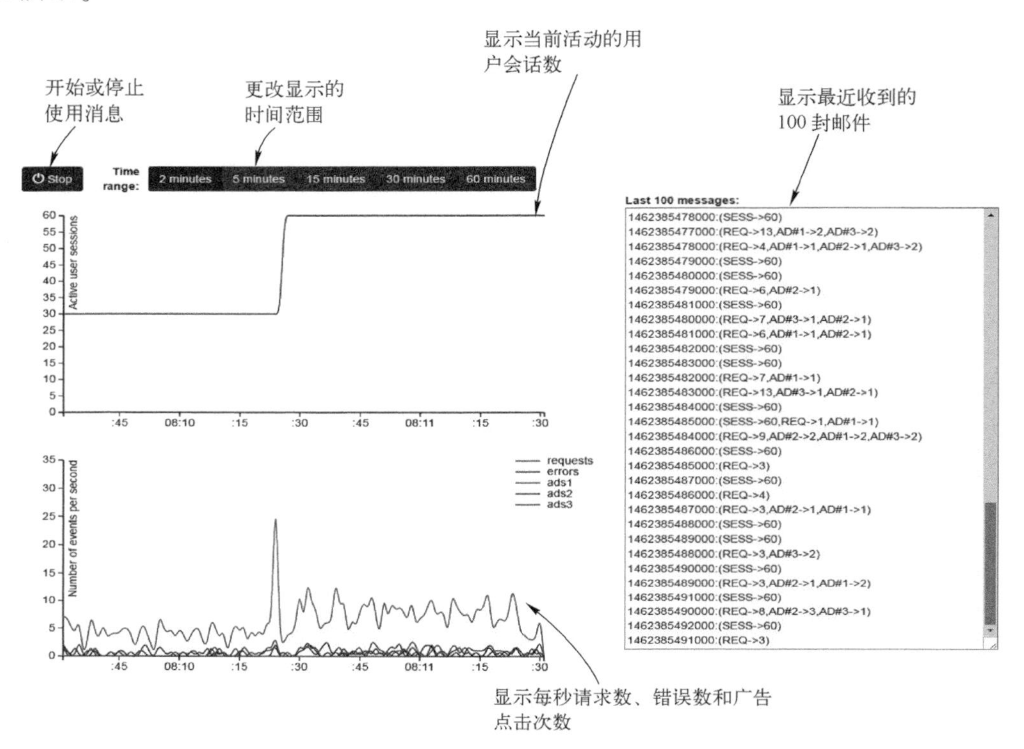

图 13-1 Web Stats Dashboard 显示两个图表：一个显示活动用户会话数，另一个显示每秒请求数、错误数和广告点击次数。用户可以使用顶部的按钮更改显示的时间范围，并使用左上角的按钮开始或停止接收消息。最后 100 条消息显示在右侧用于调试目的

网页（网络应用程序中唯一的页面）有两个图表：上方的图表显示活动用户会话的数量，下方的图表显示每秒请求数、错误数和广告点击次数。出于调试目的，记录接收的最近 100 条消息（显示在右侧的文本区域中）。使用左上角的按钮，可以启动或停止接收消息；并使用页面顶部的一排按钮，可以更改显示的时间范围。

访问日志数据采用以下格式：

<date><time><IPaddress><sessionId><URL><method><respCode><duration>

例如：

2016-04-12 21:38:39.138 192.168.0.123 514304dd-dbf4-4ad9-9cff-557dcff47d7b
➥/GET 200 500
2016-04-12 21:38:39.138 192.168.0.252 d7a074e5-77c2-4045-9447-245f7b80269d

```
➥ sia. org/ads/10/123/clickfw GET 200 500
2016-04-12 21:38:39.138 192.168.0.51 df870e59-b67c-45d4-b02b-458aa492052f/
➥ GET 200 500
```

实际字段在表 13-1 中描述。

表 13-1　应用程序示例中每个用户请求的访问日志中存储的数据

字　段	描　述
date and time	日期和时间格式为 yyyy-MM-dd hh:mm:ss.SSS（如“2016-02-01 13:10:50.738”）
IPaddress	客户端的 IP 地址
sessionId	客户端会话 cookie 的内容
URL	已访问的网址
method	使用 HTTP 方法（GET、POST 等）
respCode	服务器的 HTTP 响应代码
duration	服务器响应请求所需的时间

这或多或少是通常存储在 Web 服务器访问日志文件中的数据。但是，用户不会使用所有这些字段来计算统计信息。

13.1.2　了解应用程序组件

图 13-2 显示了此应用程序的组件。由于用户没有可以生成访问日志的真实的、正在运行的网站，因此可以使用 Log Simulator，这是一个 Java 应用程序，用于模拟用户访问网站上的 URL 生成的访问日志。Log Simulator 将格式化的点击数据直接发送到 Kafka 主题。（如第 6 章所述，Kafka 是一种分布式排队系统，目前在许多组织中用于流式数据）。

如果用户正在处理来自真实网站（或多个网站）的点击流数据，则需要一种收集日志文件并将其发送到 Kafka 的方法。Apache Flume（在第 1 章中提到）将是一个不错的选择。它可以执行tail-F 命令，并将其输出定向到 Kafka。

下一个组件是一个称为 Web Log Analyzer 的 Spark Streaming 应用程序，它是系统的主要组件。它从 Kafka 读取日志数据，计算几个统计信息，并将统计信息写回 Kafka，但写入不同的主题。

Log Simulator 组件计算统计信息，并以下列格式将结果发送到第 2 个 Kafka 主题：

```
<timestamp>:(key->value,...)
```

时间戳是一个长整数，包含自 1970 年 1 月 1 日以来的毫秒数（Java 和其他语言中的时间的标准表示）。表 13-2 显示了可能的键及其含义。假设每次横幅广告点击都会将用户带到格式为/ads/<ad_category>/<ad_id>/clickfw 的网址，记录点击事件，并将用户重定向到相应的合作伙伴网站。键被编码为整数，以便节省一些网络带宽，这是一个好的做法。

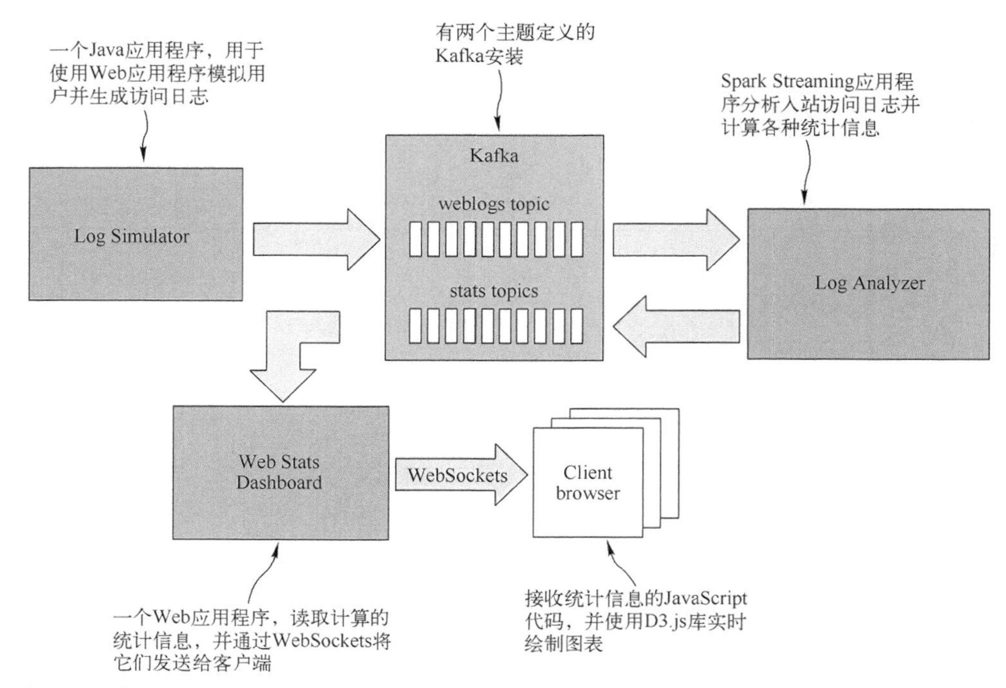

图 13-2　本章的示例应用程序的组件包括模拟用户流量的 Java 应用程序、分析传入访问日志和计算各种统计信息的 Spark Streaming 应用程序以及 Web 应用程序（包括在客户端浏览器中运行的 JavaScript 代码），以实时图形显示计算的统计信息。所有这 3 个通过 Kafka 沟通

表 13-2　由 Log Analyzer 计算的用于格式化发送到 Kafka 的消息的统计信息、描述和匹配键

统　　计	键	描　　述
Active sessions	SESS	活动会话数。每个请求都有一个关联的会话 ID。活动会话数是唯一会话 ID 的数目，其上一次请求发生的时间少于固定的秒数。这个固定的秒数是会话超时参数，它应该等于应用服务器的会话超时
Requests	REQ	每秒要求的数量，根据从日志文件条目解析的时间戳计算
Errors	ERR	每秒错误响应代码数（400 及更高）
Ads 1	AD#1	1 类横幅上的每秒点击次数
Ads 2	AD#2	2 类横幅上的每秒点击次数
Ads 3	AD#3	3 类横幅上的每秒点击次数

用户可以轻松地扩展此应用程序，并跟踪其他统计数据，这将在第 13.3 节中介绍。

最后，Web Stats Dashboard 将再次从 Kafka 读取计算出的统计数据，并通过 WebSockets 将其发送到客户端浏览器，以使用 D3. js JavaScript 库来显示实时图形。此外，浏览器中运行的 JavaScript 代码聚合并根据时间戳排序统计信息（以防数据无序）。

13. 2　运行应用程序

了解了应用程序的功能，就可以启动组件，查看它们的运行情况。有以下两个主要选项。

- 可以使用已准备的脚本和Docker镜像（用于应用程序服务器），并在单个机器上运行所有组件，如第13.2.1节所述。spark-in-action VM已经安装了Spark、Kafka和Docker。使用spark-in-action VM中的脚本是更快速地启动和运行所有内容的更简单的选择。
- 如果用户已经安装了Kafka、Spark和应用程序服务器，则可以手动启动应用程序组件，如第13.2.2节所述。

当然，用户可以使用两种方法的组合，并使用脚本和/或Docker镜像运行一些组件。建议用户使用VM，因为这样可以确保一切都按计划工作，并且不会有任何版本冲突和不兼容。

13.2.1　在spark-in-action VM中运行应用程序

现在已准备了一个Docker镜像和一组bash脚本来运行spark-in-action VM中的应用程序组件。这些脚本使用户可以轻松地设置环境和运行应用程序，但它们的单个机器（VM）上以最小的容量运行所有组件。要使用更多资源，用户可以在不同的计算机上手动运行应用程序组件和/或使用自己的Spark集群（请参见第13.2.2节）。

要获取运行应用程序组件的镜像，首先使用git将uc1-docker项目从GitHub存储库复制到主目录中：

```
$git clone https://github.com/spark-in-action/uc1-docker
```

然后使文件夹中的所有脚本都可执行：

```
$cd uc1-docker
$chmod+x *.sh
```

uc1-docker文件夹包含用于启动应用程序的以下脚本。

- start-kafka.sh：在后台启动ZooKeeper和Kafka。
- start-dashboard.sh：下载Web Stats Dashboard Web应用程序，构建包含IBM WebSphere Liberty Profile应用程序服务器的sia-dashboard Docker镜像，并部署和启动Web应用程序。
- start-spark.sh：下载Log Analyzer JAR文件并将其提交到本地Spark集群。
- start-simulator.sh：下载并运行Log Simulator Java进程，该进程生成Web流量日志条目并将其发送到Kafka。

所有脚本（start-simulator.sh除外）都应该在是spark-in-action VM中运行，因为它们使用其IP地址（192.168.10.2）以及Spark和Kafka安装位置。

要启动应用程序组件，请按以下顺序运行脚本：

```
$./start-kafka.sh
$./start-dashboard.sh
$./start-spark.sh
```

或者使用 run-all. sh 脚本，它将连续调用所有这些脚本：

```
$./run-all.sh
```

脚本启动 ZooKeeper、Kafka、Web 应用程序和 Spark。下载所有存档并构建 sia-dashboard Docker 镜像需要一些时间。此镜像基于来自 Docker Hub（https://hub.docker.com/_/websphere-liberty）的 websphere-liberty：webProfile7 镜像，该镜像包含 IBM WebSphere Liberty Profile 应用程序服务器。sia-dashboard 镜像自动下载、安装和运行 Web Stats Dashboard Web 应用程序。

最后一个脚本在前台启动 Spark，这意味着用户将直接在控制台中看到结果，可以通过按〈Ctrl+C〉组合键停止 Spark 流式作业。

要查看 Web 应用程序是否已启动，请打开浏览器并转到 URL：http://192.168.10.2/WebStatsDashboard。如果用户没有收到任何响应，或者看到"Context Root Not Found"消息，请等待一两分钟，然后重试。用户应该最终看到如图 13-3 所示的界面。如果页面看起来有问题，则问题可能在于广告拦截软件。如果使用了广告拦截软件，请禁用。如果右侧方框中没有显示任何消息，请参阅下一部分以进行故障排除。

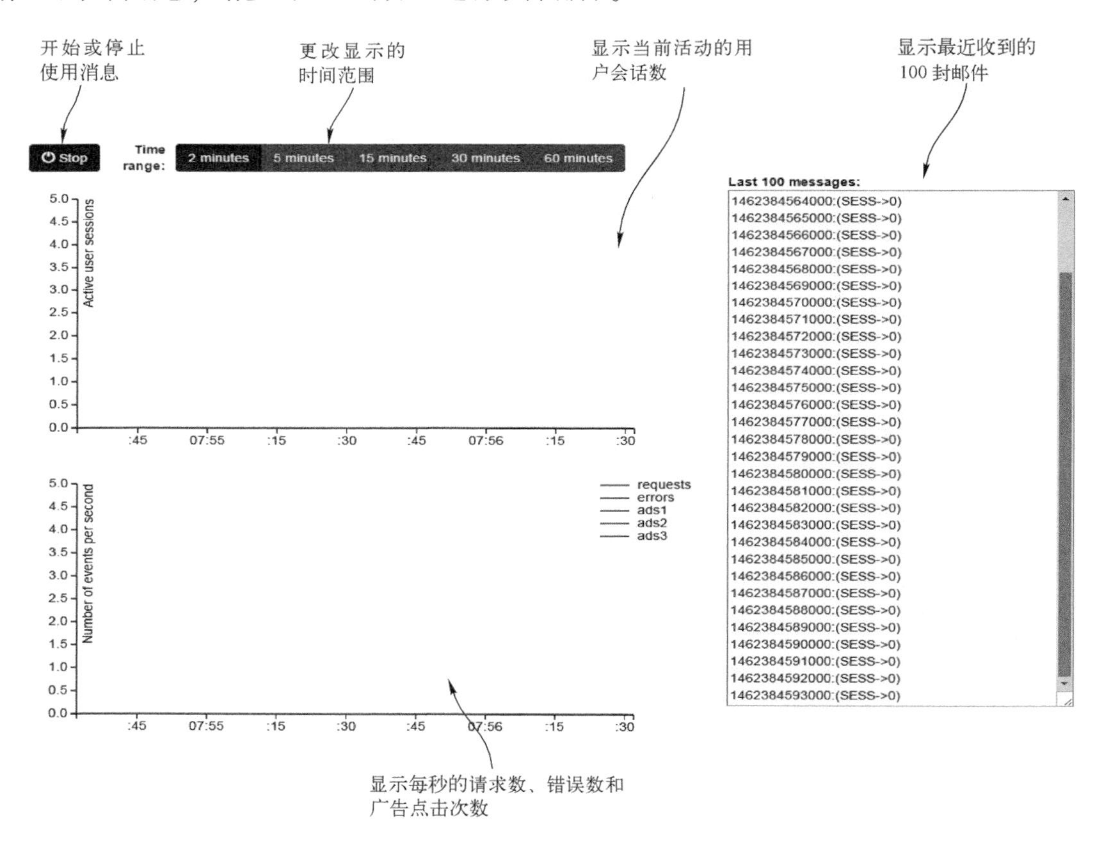

图 13-3　Web Stats Dashboard 在启动日志模拟器之后立即启动应用程序组件

消息现在只包含零，图中的线是平的。为了查看某些活动，用户需要启动 Log Simulator。可以使用 start-simulator. sh 脚本，但是由于把 Spark 留在前台，请打开另一个 shell 并将其置于 uc1-docker 文件夹中。如果使用-help 参数运行脚本，则会显示用户可以指定的所有可能的选项；它们列在表 13-3 中。

表 13-3　start-simulator. sh 脚本的参数

参　数	描　述
-brokerList=HOST1：PORT1，...	以逗号分隔的 Kafka broker 的 host：port 对的列表（默认为 192. 168. 10. 2：9092）
-topic=NAME	可选的。发送日志消息的 Kafka 主题的名称（默认为 webstats）
-usersToRun=NUM	可选的。要模拟的用户数（默认值为 10）
-runSeconds=NUM	可选的。运行和模拟用户流量的秒数（默认值为 120）
-thinkMin=NUM	可选的。模拟操作之间的最小思考时间（s）（默认值为 5）
-thinkMax=NUM	可选的。模拟操作之间的最大思考时间（s）（默认值为 10）
-silent	可选的。禁止所有消息
-help	显示帮助，并退出

如果调用没有参数的 start-simulator. sh 脚本，则它将运行 10 个模拟用户 2 min（120 s），并将这些消息发送到 Kafka 主题 weblogs。用户可以通过在命令行末尾添加 & 符将其发送到后台：

```
$./start-simulator.sh &
```

用户可以启动这样的多个进程以产生更多流量。启动 Log Simulator 后，用户能在图中看到一些活动，如图 13-4 所示。

1. 停止应用程序

如果用户希望停止应用程序，则最好按照与启动时相反的顺序停止组件。要停止 Log Simulator，应结束相应的进程或如果它在前台运行，可按〈Ctrl+C〉组合键。Spark 作业也是这样。

要停止 Web Dashboard 应用程序，可以使用 stop-dashboard. sh 脚本。它会结束相应的 Docker 容器。如果用户希望从系统（或 VM）中删除 Docker 镜像，则需要列出 Docker 镜像：

```
$docker images
```

找到要删除的 Docker 镜像的镜像 ID，并使用 docker rmi 命令中的 ID：

```
$docker rmi--force <image_id>
```

最后，要停止 Kafka 和 ZooKeeper，请运行 stop-kafka. sh 脚本。

2. 应用程序故障排除

如果在启动组件后在网页上没有看到任何消息或活动，则可以检查几个事情。首先，查看 Spark Streaming Log Analyzer 是否按预期工作。用户可以执行 consume-messages. sh 脚本，该脚本启动 Kafka 控制台使用者，从 stats 主题（日志分析器（Log Simulator）应该写入）中读取消息，并将其写入标准输出。

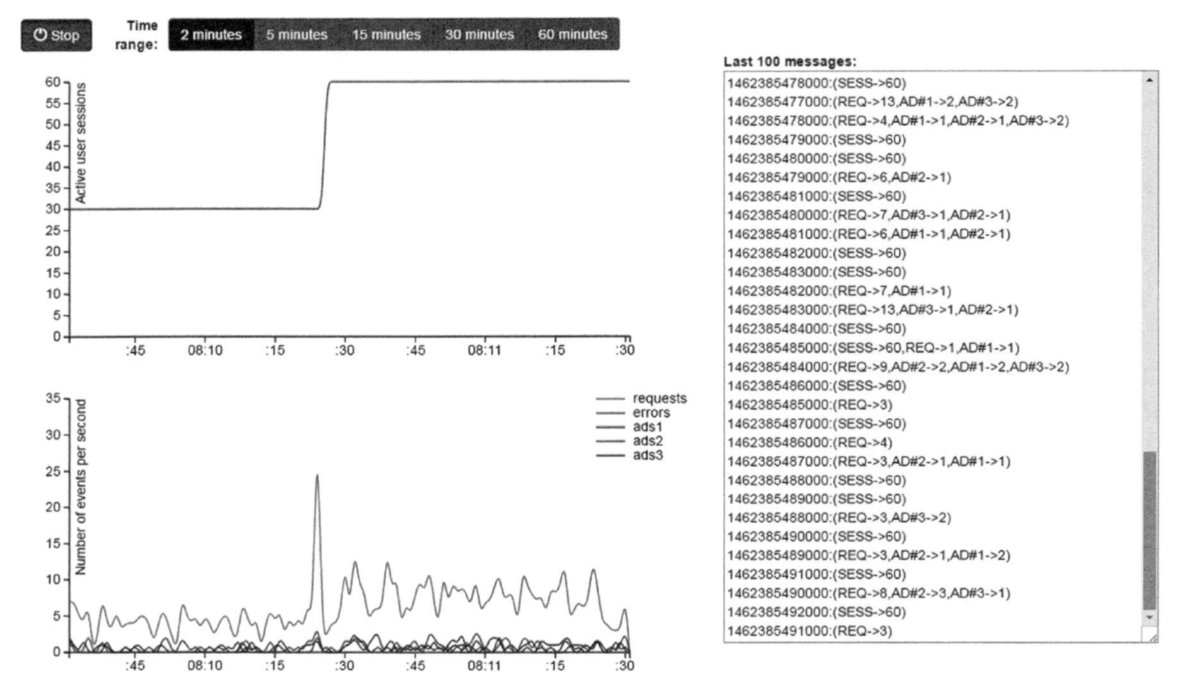

图 13-4　Web Stats 上的活动启动 Log Simulator 的两个实例后的仪表盘图。上图显示了用户数量从 30 增加到 60。下图显示，模拟用户生成的请求和错误以及点击的广告也增加了

如果 consume-messages. sh 不输出任何消息，则请检查 Spark 流式作业的输出。用户应该能够使用作业的输出来诊断问题。如果 Log Analyzer 正在生成消息，但用户仍然没有在网页上看到它们，则可以使用 show-dashboard-log. sh 脚本检查 Web 应用程序的日志，并尝试更正问题。

请注意，图表 x 轴上的时间刻度取决于运行浏览器的计算机的日期和时间，这可能与运行应用程序的计算机的日期和时间不同。Log Simulator 使用其机器的本地时间生成日志事件。如果两个时间之间有很大的差异，则数据可能不会显示在图表中，它可能落在 x 轴的时间范围之外。所以，两台机器上的时间偏移是另一件需要检查的事情（如果使用两台机器）。

最后，在 spark-in-action VM 中安装的 Kafka 版本有一个已知问题。如果用户停止 Spark 和 Kafka，然后重新启动它们，可能会看到消息“Kafka scheduler not not started”（问题报告在 https://issues. apache. org/jira/browse/KAFKA-1724）。解决方案是再停止和启动 Spark 和 Kafka 一次，之后应用程序应该可以工作。如果仍然遇到问题，则可以到论坛（https://forums. manning. com/forums/spark-in-action）向作者报告问题。

13. 2. 2　手动启动程序

如果要使用现有的 ZooKeeper 和 Kafka 安装，现有的 Spark 集群运行 Log Analyzer，或者现有的应用程序服务器运行 Web Stats Dashboard，用户可以按照本节中所述手动安装、配置和运行所需的组件。

1. 获取存档

首先，获取组件存档。用户可以自己构建它们，或者从 GitHub 存储库下载。

存档位置如下。

- http://mng.bz/8uuF。
- http://mng.bz/QJvi。
- http://mng.bz/Ak6K。
- 具有源文件的项目在存储库的 ch13 文件夹中。

2. 创造 Kafka 主题

需要创建两个 Kafka 主题：一个用于记录事件，另一个用于统计。分别将它们命名为 weblogs 和 stats，但可以使用不同的名称。在本书的脚本中，使用复制因子 1，每个主题使用一个分区。要使用不同的值，请使用此命令（需要在运行命令之前启动 ZooKeeper 和 Kafka）：

```
$kafka-topics.sh--create--topic <topic_name>--replication-factor
➥ <repl_factor>--partitions <num_partitions>--zookeeper <zk_ip>:2181
```

3. 启动日志分析器

创建主题后，可以启动 Log Analyzer 作业。用户可以像往常一样将作业提交到 Spark，指定 StreamingLogAnalyzer 类和至少两个附加参数（brokerList 和 checkpointDir）：

- brokerList 取决于 Kafka 安装，并应包含逗号分隔的 Kafka broker IP 地址和端口列表。
- checkpointDir 是指向用于存储 Spark 检查点数据的目录（本地或 HDFS）的 URL（有关详细信息，请参阅第 4.4.3 节）。

命令如下所示：

```
$spark-submit--master <your_master_url>\
--classorg.sia.loganalyzer.StreamingLogAnalyzer \
streaming-log-analyzer.jar-brokerList=<kafka_ip>:<kafka_port>\
-checkpointDir=hdfs://<hdfs_host>:<hdfs_port>/<checkpoint_dir>
```

此外，可以指定以下几个可选参数。

- inputTopic：具有日志事件的输入主题的名称。
- outputTopic：用于编写统计信息的输出主题的名称。
- sessionTimeout：在会话被认为超时之前，自上次请求以来应经过多少秒。
- numberPartitions：在统计计算期间使用的 RDD 分区的数量。

4. 启动 Web Stats Dashboard

Web Stats Dashboard 是一个 Java Web 应用程序，因此用户可以使用任何支持 WebSockets 的 Java 应用程序服务器来运行它。这里选择了 IBM WebSphere Liberty Profile。无论选择哪一个服务器，都需要设置以下两个 Java 系统变量。

- zookeeper.address：ZooKeeper 的主机名和端口，用于连接 Kafka。
- kafka.topic：阅读统计消息的主题名称。

应用程序的 URL 取决于所选的应用程序服务器和安装方法。如果更改默认 URL

(/WebStatsDashboard)，请确保也在 webstats.js 文件中更改它。一旦访问该页面，如果一切设置正确，应用程序将开始使用来自 Kafka 的消息并在图表中显示它们。应用程序服务器的 System Out 日志文件应包含以下条目：

```
LogStatsReceiver getting consumer
LogStatsReceiver getting KafkaStream
LogStatsReceiver iterating
```

屏幕上的结果应与使用 VM 时的结果相同。如果没有，则需要从 Spark 作业和 Web 应用程序服务器检查日志文件。正如上一节所说的，运行组件的所有机器都具有同步时钟是很重要的，否则数据可能会显示偏移量。

5. 启动 LOG SIMULATOR

一旦所有组件都在运行，就可以启动 LOG SIMULATOR（日志模拟器），如前所述。当手动启动所有内容时，请提供 Kafka broker 的地址（可能是 localhost：9092）：

```
$./start-simulator.sh--brokerList=<kafka_host>:<kafka_port>
```

有关参数的完整列表，请参见表 13-3。

13.3 理解源代码

如果对应用程序的工作原理感到好奇，现在就是揭晓答案的时候了。本书的 GitHub 存储库（https://github.com/spark-in-action/first-edition/tree/master/ch13）中的 ch13 文件夹包含以下 3 个必需的项目。

- KafkaLogsSimulator。
- StreamingLogAnalyzer。
- WebStatsDashboard。

本节主要研究这些项目。

13.3.1 KafkaLogsSimulator 项目

KafkaLogsSimulator 是一个纯 Java 应用程序，只包含两个类：LogSimulator 和 IPPartitioner。这一切都很简单而不是 Spark 特有的，所以不会花很多时间在它上面。

LogSimulator 是一个可执行的 Java 类（它有一个 main 方法）并扩展了 Thread 类，这意味着它可以作为线程运行。main 方法采用表 13-3 中描述的参数，然后它生成所需数量的 LogSimulator 线程，并等待所有这些线程完成。

每个线程都有自己的 IP 地址和会话 ID（在 main 方法中生成），它们在线程的整个生命周期中保持不变。每个线程创建包含当前时间、IP 地址、会话 ID、URL、HTTP 方法、响应代码和响应持续时间（以 ms 为单位）的访问日志条目。Log Simulator 生成的响应代码在 2%的情况下为 404（未找到），否则为 200（OK）。会话网址（格式为/ads/<ad_category>/<ad_id>/clickfw）表示在 3%的情况下点击广告，否则显示正斜杠（/）。Log Simulator 仅使用 3

个类别（1、2 和 3），每个类别具有相等的出现概率。

然后将构造的消息作为 KeyedMessage 发送到 Kafka（行 191）：

```
KeyedMessage<String,String>data = new KeyedMessage<String,String>
(TOPIC_NAME,ipAddress,message);
producer.send(data);
```

IP 地址用作分区键。IPPartitioner 用于构造生产者（producer），根据 IP 地址键的最低八位字节（地址中最后一个点之后的数字）对消息进行分区。

13.3.2　StreamingLogAnalyzer 项目

StreamingLogAnalyzer 是一个 Scala 项目，只包含一个包含两个类的文件：StreamingLogAnalyzer 和 KafkaProducerWrapper。图 13-5 显示了它们的关系。如第 6 章所述，StreamingLogAnalyzer 使用 KafkaProducerWrapper 打开每个分区到 Kafka 的单个连接。通过这种方式，单个分区上的多个任务可以重用相同的连接。

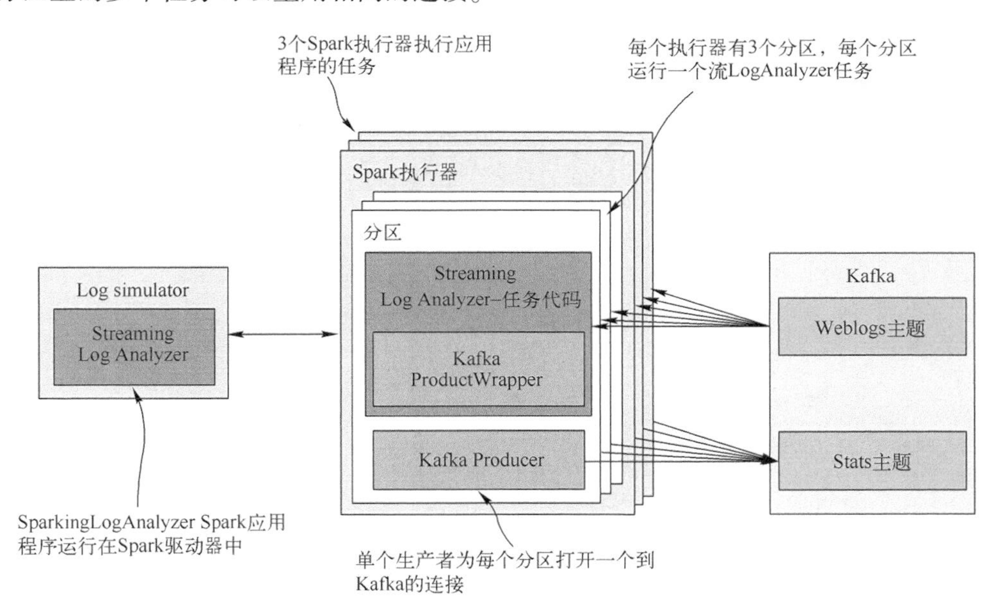

图 13-5　StreamingLogAnalyzer 的实例在具有 3 个执行器的 Spark 集群中运行，每个执行器在匹配的分区中运行 3 个 Spark Streaming Log Analyzer 任务。使用单个 Kafka 生产者和单个连接，每个任务从 Weblogs Kafka 主题读取数据，计算统计数据，并将它们写入 stats 主题

这些类是示例应用程序的核心。本节将详细分析源代码，它可以在 http://mng.bz/NSOr 的单个文件中找到。

1. 初始化 Spark 上下文

StreamingLogAnalyzer 有几个参数，这些参数在第 13.2.2 节中描述过。两个必需的参数是 brokerList 和 checkpointDir。在参数验证后，Spark 流上下文被初始化：

```
println("Starting Kafka direct stream to broker list:"+brokerList.get)
val conf=new SparkConf().setAppName("Streaming Log Analyzer")
val ssc=new StreamingContext(conf,Seconds(1))
```

这是流上下文初始化的标准方式。1 s 的批处理持续时间很重要，稍后会看到。用于跟踪活动会话的 updateStateByKey 功能需要检查点设置，因此需要设置检查点文件夹：

```
ssc.checkpoint(checkpointDir.get)
```

2. 初始化 Kafka 输入流

接下来，使用 KafkaUtilshelper 类初始化 Kafka 流。需要将 Kafka broker 的列表作为 metadata.broker.list 参数传递给 KafkaUtils：

```
val kafkaReceiverParams=Map[String,String](
"metadata.broker.list"->brokerList.get)
val kafkaStream=KafkaUtils.
createDirectStream[String,String,StringDecoder,StringDecoder](
ssc,kafkaReceiverParams,Set(logsTopic.get))
```

createDirectStream 方法使用键和值类型（都是字符串）及其解码器（两个 StringDecoders）进行参数化。

LogLine case 类用于存储解析的访问日志行，df SimpleDateFormat 用于解析日期和时间：

```
case classLogLine(time:Long,ipAddr:String,sessId:String,url:String,
                 method:String,respCode:Int,respTime:Int)
val df=new SimpleDateFormat("yyyy-MM-dd hh:mm:ss.SSS")
```

3. 分析访问日志行

分析访问日志的第一步是读取以 Kafka 消息形式出现的访问日志行，并将其解析为 LogLine 对象：

```
val logsStream=kafkaStream.flatMap { t=>{
    val fields=t._2.split(" ")
    try {
      List(LogLine(df.parse(fields(0)+" "+fields(1)).getTime(),
        fields(2),fields(3),fields(4),fields(5),fields(6).toInt,
        fields(7).toInt))
    }
    catch {
      case e:Exception=>{
        System.err.println("Wrong line format:"+t);
        List()
      }
    } }}
```

如果行不符合预期格式，则会在标准错误输出中打印一条消息，并且丢弃该行。

4. 计算活动会话

要计算所有活动会话，需要查找每个会话 ID 的最后一次请求发生的时间。因此，首先将 LogLine 对象映射到以会话 ID 作为键和时间作为值的元组。然后，使用 reduceByKey，找到每个会话的最大时间（如果在此批次期间返回多个具有相同会话 ID 的请求）：

```
val maxTimeBySession = logsStream.map(r => (r.sessId, r.time)).reduceByKey(
    (max1, max2) => {Math.max(max1, max2)})
```

maxTimeBySession DStream 中的 RDD 现在每个会话 ID 包含一个元组。可以使用 updateStateByKey 函数在流应用程序的生命周期内维护状态（有关详细信息请参见第 6 章）。在这里，可以使用它来跟踪 SESSION_TIMEOUT_MILLIS 毫秒前发生的请求最多的所有会话 ID。在该时间段内，将“忘记”所有没有请求会话 ID。

updateStateByKey 提供来自当前批处理的一组新值（maxTimeNewValues 变量，在这种情况下，由于之前的 reduceByKey，其大小始终为 1）和该键的维持状态（maxTimeOldState 变量）。对于每个键，可以使用 updateStateByKey 通过返回 None 来删除键或通过返回新值更改键的状态值：

```
val stateBySession = maxTimeBySession.updateStateByKey(
(maxTimeNewValues: Seq[Long], maxTimeOldState: Option[Long]) => {
  if (maxTimeNewValues.size == 0) {
    if (System.currentTimeMillis() - maxTimeOldState.get >
        SESSION_TIMEOUT_MILLIS)
      None
    else
      maxTimeOldState
  }
  else if(maxTimeOldState.isEmpty)
    Some(maxTimeNewValues(0))
  else
    Some(Math.max(maxTimeNewValues(0), maxTimeOldState.get))
})
```

对于每个键（会话 ID），只保留最后（最大）请求时间。如果没有对会话 ID 的新请求（maxTimeNewValues 为空），则需要通过将上次请求时间与当前时间进行比较来检查会话是否已过期。如果它已过期，则通过返回 None 将其从状态中删除，否则留下旧的最大请求时间。

如果会话 ID 没有任何状态（这是该会话 ID 的第一个请求），则返回新请求的时间。如果会话 ID 同时具有新请求和旧状态，则返回两者中较大的一个。

最后，计算 stateBySession DStream 中的所有元素以获取当前活动会话数：

```
val sessionCount = stateBySession.count()
```

5. 计算每秒请求数

在计算每秒请求、错误和广告数之前，需要将 logsStream DStream 中的 LogLine 对象映射到键值元组，其中键是第二个（删除毫秒的请求时间）：

```
val logLinesPerSecond = logsStream.map(l => ((l.time/1000) * 1000,l))
```

现在，在 logLinesPerSecond DStream 中有第二个 LogLine 元组，需要通过键对它们进行计数，以获取每秒的请求数。因为 DStream 没有 countByKey 方法，所以使用 combineByKey：

```
val reqsPerSecond = logLinesPerSecond.combineByKey(
l => 1L,
(c:Long,ll:LogLine) => c+1,
(c1:Long,c2:Long) => c1+c2,
newHashPartitioner(numberPartitions),
true)
```

6. 计算每秒错误数

计算每秒错误数的计数方式与计算请求的方法相同，只是首先需要对请求进行过滤以仅包含错误。要做到这一点，请检查响应代码以 4 还是 5 开头：

```
val errorsPerSecond = logLinesPerSecond.filter(l => {
    val respCode = l._2.respCode/100
    respCode == 4 || respCode == 5
    }).
    combineByKey ...
```

combineByKey 部分与计算请求的部分相同。

7. 计算每秒广告点击次数

要计算广告点击次数，不仅需要根据网址过滤请求，还需要找到用户点击后在仪表盘显示的广告类别。假设分析其日志的 Web 应用程序接受以下格式的网址的广告点击：/ads/<ad_category>/<ad_id>/clickfw，然后，Web 应用程序将用户重定向到相应的合作伙伴网站。

现在需要解析广告分类。可以使用以下正则表达式来完成此操作：

```
val adUrlPattern = new Regex(".*/ads/(\\d+)/\\d+/clickfw","adtype")
```

由于还需要查找广告类别，因此无法像以前一样使用 filter。用户 flatMap logLinesPerSecond 到键值元组，其中键是时间戳（秒）和广告类别的元组。如果请求 URL 与正则表达式 adUrlPattern 不匹配，则 flatMap 函数会从结果中删除该元素：

```
val adsPerSecondAndType = logLinesPerSecond.flatMap(l => {
    adUrlPattern.findFirstMatchIn(l._2.url) match {
      case Some(urlmatch) => List(((l._1,urlmatch.group("adtype")),l._2))
      case None => List()
```

```
    }
    }).combineByKey ...
```

8. 组合所有统计数据

现在有 4 个具有不同的统计信息的 DStream：sessionCount、reqsPerSecond、errorsPerSecond 和 adsPerSecondAndType。需要在一个仪表盘中显示它们。可以将它们分别发送到 Kafka，从而为单个时间戳（秒）发送 4 个消息，或者可以组合所有统计信息，并每秒只发送一个消息。那么如何组合统计数据？

可以在每个时间戳的单个 Map 中将不同的统计信息放在不同的键中。首先需要定义键：

```
val SESSION_COUNT="SESS"
val REQ_PER_SEC="REQ"
val ERR_PER_SEC="ERR"
val ADS_PER_SEC="AD"
```

然后，将每个统计计数值映射到具有相应键下的统计量的 Map。相应的 DStream 也必须由时间戳键入。因为 reqsPerSecond 和 errorsPerSecond 已经由时间戳键入，所以只需映射值：

```
val requests=reqsPerSecond.map(sc=>(sc._1,Map(REQ_PER_SEC->sc._2)))
val errors=errorsPerSecond.map(sc=>(sc._1,Map(ERR_PER_SEC->sc._2)))
```

但是，sessionCount DStream 不由时间戳键入。它每个批处理只包含一个计数（每个 DStream 的 RDD），因此还可以使用删除了毫秒的当前时间戳创建键：

```
val finalSessionCount=sessionCount.map(c=>
((System.currentTimeMillis/1000)*1000,Map(SESSION_COUNT->c)))
```

这就是为什么 Spark 批处理持续时间为 1 s 很重要。用户想要每秒生成一个统计信息。其他统计信息的粒度不依赖于批处理持续时间，因为它们的时间戳是从日志文件中获取的，并且总是每秒聚合一次。对于会话计数，自己生成键。例如，如果批处理持续时间设置为 2 s，会每隔一秒生成一次会话计数统计信息。然后，显示会话活动的最终图表将不切实际地振荡（它每隔一秒就会有一个空隙）。一种可能的解决方案是在显示图形时填充缺少的值或更改图形显示方式。另一种解决方案是将批量大小固定为 1 s。这里选择了后者。

至于 adsPerSecondAndType DStream，它是按时间戳和广告类别键入的。因此，将其键映射为仅保留时间戳部分，并使用广告类别作为值 Map 中的键：

```
val ads=adsPerSecondAndType.map(stc=>
(stc._1._1,Map(s"$ADS_PER_SEC#${stc._1._2}"->stc._2)))
```

因此，Map 的所有广告键都将以 4#开头，并以广告类别结束。

最后，需要将每个时间戳的所有 Map 对象组合成单个 Map。将它们合并成一个 DStream，并将每个键的所有值 Map 减少为一个 Map 对象：

```
val finalStats=finalSessionCount.union(requests).
```

```
union(errors).
union(ads).
reduceByKey((m1,m2)=>m1++m2)
```

9. 将结果发送给 Kafka

终于可以向 Kafka 发送统计数据了，但此时会遇到一个问题，那就是 Kafka 的 Producer 对象不可序列化，因为它们需要打开到 Kafka 的链接并维护它。因此，不能在驱动器端实例化生产者，并将其传递给工作者。需要在 Spark 工作者中运行的任务中实例化生产者。为此使用 KafkaProducerWrapper 类。KafkaProducerWrapper 的伴生对象（伴生对象等同于 Java 中的静态方法和字段，如第 4.1.1 节所述）用于实例化一个单独的、延迟实例化的 KafkaProducerWrapper 实例，它本身实例化 Kafka Producer 的一个实例。KafkaProducerWrapper 由 Kafka broker 的列表参数化：

```
case class KafkaProducerWrapper(brokerList:String) {
    val producerProps = {
      val prop = new Properties
      prop.put("metadata.broker.list",brokerList)
      prop
    }
    val p = new Producer[Array[Byte],Array[Byte]](
      newProducerConfig(producerProps))
    def send(topic:String,key:String,value:String) {
      p.send(new KeyedMessage(topic,
        key.toCharArray.map(_.toByte),value.toCharArray.map(_.toByte)))
    }
  }
  objectKafkaProducerWrapper {
    var brokerList = ""
    lazyval instance = new KafkaProducerWrapper(brokerList)
  }
```

使用 KafkaProducerWrapper 类和 RDD 的 foreachPartition 函数，可以为每个 JVM 实例化一个 Kafka Producer（多个分区可以共享同一个执行器的 JVM，它们都使用相同的静态实例），并使用它来向 Kafka 发送消息：

```
        finalStats.foreachRDD(rdd =>{
            rdd.foreachPartition(partition =>{
              KafkaProducerWrapper.brokerList = brokerList.get
  val producer = KafkaProducerWrapper.instance
  partition.foreach {
                case (s,map) =>
                  producer.send(
```

```
                statsTopic.get,
                s.toString,
                s.toString+":("+map.foldLeft(new Array[String](0)) {
                    case (x,y)=>{ x :+y._1+"->"+y._2 } }.
                        mkString(",")+")")
            }//foreach
        })//foreachPartition
    })//foreachRDD
```

使用 Scala Map 的 foldLeft 函数，消息的格式为 timestamp:(key1->value1,key2->value2,...)。时间戳用作 Kafka 主题的分区键。

现在唯一要做的是启动 Spark Streaming 应用程序并等待其终止：

```
println("Starting the streaming context... Kill me with ^C")
ssc.start()
ssc.awaitTermination()
```

13.3.3 WebStatsDashboard 项目

WebStatsDashboard 项目是一个 Web 应用程序，它从 Kafka 读取消息并通过 WebSockets 将它们发送到客户端的浏览器。使用 D3.js 库，在客户端浏览器中运行的 JavaScript 代码以实时图形显示统计信息。

WebStatsDashboard 项目包含以下 4 个主要文件。

- LogStatsObserver.java：表示类的接口，这些类在到达时从 LogStatsReceiver 接收消息。
- LogStatsReceiver.java：Singleton，它从 Kafka 读取消息并将它们分发到所有 LogStatsObservers。
- WebStatsEndpoint.java：WebSockets 端点，用于管理 WebSockets 连接和将消息转发到客户端。
- webstats.js：用于从 WebSockets 端点接收统计信息并使用 D3.js 库显示该数据的 JavaScript 代码。

LogStatsReceiver 线程持续接收来自 Kafka 主题的消息，并将它们分派到注册的 LogStatsObservers。它作为单例对象运行，并且只有当至少一个 LogStatsObserver 被注册时才开始接收。在最后一个 LogStatsObserver 注销时停止接收。

WebStatsEndpoint 是用于连接客户端的 WebSockets 端点，但它也是一个 LogStatsObserver。它从 LogStatsReceiver 接收到的信息转发给其客户端。

webstats.js 是基于 Multi-Series Line Chart D3.js 示例的 JavaScript 应用程序（http://bl.ocks.org/mbostock/3884955）。它连接到 WebStatsEndpoint 并开始显示消息。本书不是关于 JavaScript 的，所以不会解释 webstats.js 文件中的代码。

13.3.4 构建项目

如果想自己构建项目，则需要安装 Maven 和 Java。对于每个项目，项目文件夹的根目录中包含了一个 Maven pom. xml 文件。只需从根文件夹发出 maven install 命令，并在目标子文件夹中查找生成的 kafka - logs - simulator. jar、streaminglog - analyzer. jar 或 WebStatsDashboard. war 文件。

13.4 总结

- 本章中的用例是关于分析来自访问日志文件的点击流数据。
- 应用程序包括模拟网站用户活动的 Log Simulator 应用程序，用于分析日志数据并生成统计信息的 Log Analyzer（Spark Streaming 应用程序），用于在组件之间交换消息的 Kafka 主题以及 Web Stats Dashboard 应用程序，用以统计。Web Stats Dashboard 还通过 WebSockets 将统计信息发送到客户端浏览器，使用 D3. js 库在实时图形中显示。
- 跟踪的统计信息是活动用户会话、每秒请求数、每秒错误数，以及每秒广告和每个广告类别的点击次数。
- 准备了几个脚本和一个 Docker 镜像来运行应用程序组件：ZooKeeper、Kafka、Spark 和 WebSphere Liberty Profile 应用程序服务器，以运行 Web Dashboard Web 应用程序。
- 使用一组可用的脚本，可以轻松地启动、停止和解决应用程序故障。
- 还可以在自己的基础架构上手动启动单个组件。
- 源代码组织为 3 个项目：KafkaLogsSimulator、StreamingLogAnalyzer 和 WebStatsDashboard。

第 14 章 用 H2O 深入学习 Spark

本章涵盖

- H2O 的介绍。
- 深度学习介绍。
- 在 Spark 上启动 H2O 集群。
- 使用 Sparkling Water 构建和评估回归深度学习模型。
- 使用 Sparkling Water 构建和评估分类深度学习模型。

深度学习是当今世界机器学习中的一个热门话题，可以说是一次深度学习革命。深度学习是一个通用术语，表示一系列机器学习方法，其特征在于使用多个非线性变换的处理层。这些层被普遍地实现为神经网络。

虽然核心原理并不新鲜，但缺乏计算能力和高效的算法阻止了这些原理在过去几十年的进一步发展。近年来，这种情况发生了变化，深度学习算法及其成功应用取得了许多进展。最近的许多突破之一是用于学习高级特征[㊀]的 DeepID 系统，它能够以近似于人的 97.45%的精度识别成千上万的面部（不同于其准确性，其容量显然是超人的）。

同样，近年来出现了一些用于深度学习的软件框架。本章将介绍 H2O 框架，它与 Spark 无缝集成，并与 Spark 共存。本章将创建一个 H2O 集群，使用第 7 章的住房价格数据集和第 8 章的成人数据集，使用深度学习（H2O 神经网络）执行回归和分类。通过 H2O 的 UI 训练深度学习模型，介绍如何使用 Spark 的 H2O API 做同样的事情。数据集将保持较小，以便即使没有大型 Spark 集群也可以使用它们，但是也可以使用相同的技术使用较大的数据集构建深度学习模型。

14.1 什么是深度学习

深度学习可以帮助用户模拟数据中复杂的非线性关系，并建立强大的回归和分类模型。

㊀ Yi Sun 等人，"Deep Learning Face Representation from Predicting 10,000 Classes," http://mng.bz/W01w。

深度学习是基于人工神经网络用于学习基础数据的高级特征的机器学习领域。人工神经网络（ANN）根据生物神经网络建模，由分层的人工神经元（节点）组成。每个神经元的输出取决于前一层中的几个神经元的输出、一组已知权重以及结合输入和权重以产生单个输出值的激活函数。单个神经元的功能类似于第 8 章中描述的逻辑回归模型，并通过训练 ANN 来学习其输入权重的值。完整的 ANN 由几十、几百或几千个神经元组成，能够对复杂的非线性函数进行建模。

每个 ANN 都有一个输入层，用于将输入示例的特征值送入网络；一个输出层，用于输出结果；以及一个或多个隐藏层（不是输入或输出层的层）。深度神经网络（DNN）具有两个或更多隐藏层的 ANN，具有 3 层的 DNN 的图示如图 14-1 所示。每个神经元的输出是 0 或 1，每个神经元使用激活函数（通常是第 8 章中介绍的逻辑函数）计算其输出。激活函数的输入是它的输入乘以它们的权重参数的总和。例如，神经元 h_k 的输出如下（假设使用逻辑函数）：

$$h_k=\frac{1}{1+e^{-\sum_{j=1}^{3}i_j w_{jk}}}$$

式中，i_j 从神经元 i_j 输出，w_{jk} 是神经元 h_k 的第 j 个输入权重。

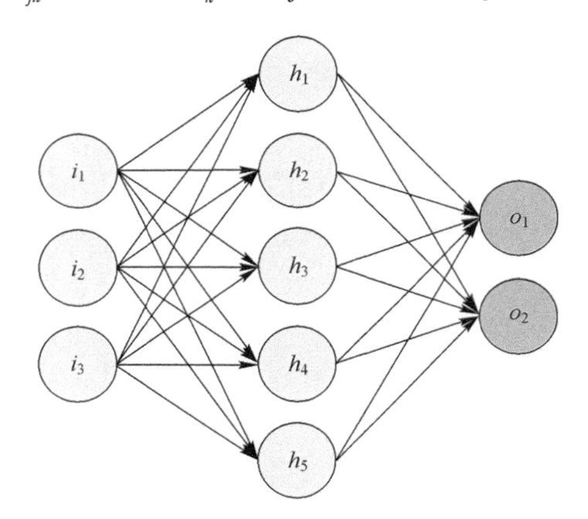

图 14-1　由 3 层组成的人工神经网络：输入层、隐藏层和输出层每个神经元的输出取决于前一层中神经元的输出以及通过训练 ANN 的过程学习的一组权重

通过前向和后向传播的过程来学习各个节点的权重。对于每个示例，前向传播使用已经学习的权重来计算输出值以及计算输出值和实际输出值之间的误差。后向传播从最后一层向第一层（对于每个示例）进行，并且基于每个神经元参与整体误差多少的量度来改变权重。该过程用另一波前向和后向传播重复，直到收敛。

ANN 中的每个层在不同的抽象层上学习特征。在为识别面部而构建的 ANN 中，第一层可以学习识别低级特征，诸如边缘及其方向。第二层可以基于来自前一层的边缘特征来学习识别基本形状。第三层可以识别眼睛、鼻子等。这一描述仅仅是一个示例，以这种方式解释某一层次学习什么比较困难，ANN 的大多数功能更像是一个个的黑盒子。

20 世纪 40 年代，ANN 的数学基础被确立，第一台 ANN 机器出现在 20 世纪 50 年代。

虽然在 20 世纪 80 年代和 20 世纪 90 年代被忽视了一段时间，但由于计算能力的提高以及学习算法和分布式计算的效率，它们今天再次被广泛采用。神经网络和深度学习方法在诸如图像分析和模式识别、语音分析、决策、机器人、自动驾驶等应用领域中胜过传统的机器学习算法。

14.2　在 Spark 中使用 H2O

本节将介绍在 Spark 上如何利用 H2O 进行深度学习。首先简单介绍 H2O、Sparkling Water，它是 H2O 的 Spark 软件包，可以实现 H2O 和 Spark 的集成，然后可以使用 Sparkling Water API 从 Spark 启动一个 H2O 集群。之后，将获得 H2O Flow UI——它的图形界面。

14.2.1　什么是 H2O

H2O 是一个快速、开源的机器学习平台。它是由 H2O. ai 公司（http://www. h2o. ai，以前称为 0xdata）支持，由 SriSatish Ambati 和 Cliff Click 两位 JVM 领衔开发者在 2011 年联合创建的（Cliff 写了 JIT、Java 即时编译器）。Arno Candel 担任首席架构师。

H2O 是一个具有基本数据转换功能（快速解析、列式转换和连接）的出色的机器学习平台，但它不是像 Spark 这样的通用计算引擎。将它们结合使用，就可以充分发挥它们的优势。使用 Spark，用户可以从各种源读取和连接数据、解析数据、转换数据，将数据传输到 H2O，然后构建和使用 H2O 机器学习模型。这样，H2O 和 Spark 可以很好地互补。

H2O 算法与 Spark 的机器学习算法有一定的重合。虽然 H2O 的一些算法，Spark 仍然没有（深度学习和广义低秩模型），但 Spark 有几种 H2O 中没有的算法，如交替最小二乘法（ALS）、隐含狄利克雷分配、SVM、tf-idf、Word2vec 等。

H2O 支持以下机器学习算法。

- 深度学习——本章中使用的算法。
- 广义线性建模——普通线性回归的推广（在第 7 章中解释），也包括其他类型的回归（如弹性网络正则逻辑回归）。可用于分类和回归。
- 广义低秩模型——用于重建缺失值并识别异构数据中的重要特征的新机器学习方法（https://github. com/rezazaden/spark/tree/glrm/examples/src/main/scala/org/apache/spark/example slglrm）。
- 分布式随机森林：回归和分类算法，见第 8 章。
- NaïveBayes：基于概率的多类分类算法，也可在 Spark 中使用。
- 主成分分析：用于降维的算法，也可在 Spark 中使用。
- K-means：聚类算法，在第 8 章中解释。
- 梯度增强机：集合方法的形式，使用决策树作为基础学习者，类似于随机森林。可用于分类和回归。

14.2.2 在 Spark 中启动 Sparkling Water

Sparkling Water 是 Spark 和 H2O 之间的集成层，实现为 Spark 包。可以使用它在 Spark 集群中启动 H2O 集群，并在两者之间交换数据，如图 14-2 所示。

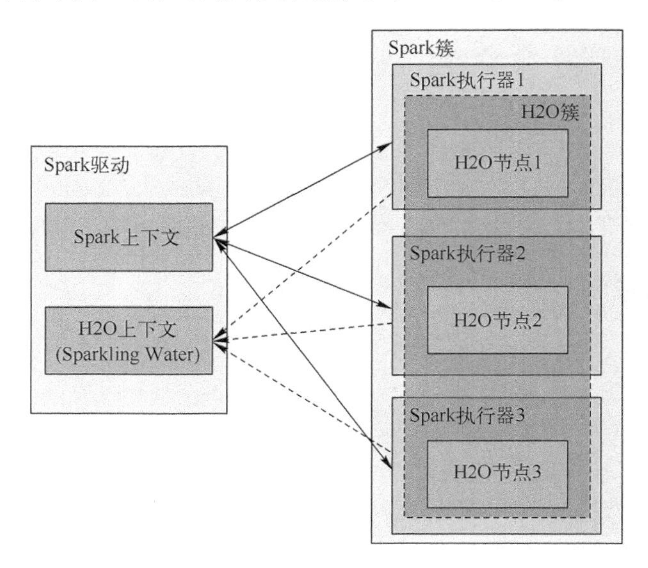

图 14-2 Sparking Water 结构。H2O 节点正在 Spark 执行器中运行，形成 H2O 簇

当在 Spark 中启动 H2O 集群时，首先使用 Spark 上下文来照常启动或连接到 Spark 集群，然后使用 Sparkling Water API 实例化一个 H2OContext 的实例，该实例启动 Spark 执行器中的 H2O 节点。这些节点形成 H2O 簇，并用于存储压缩数据和机器学习模型。

与 Spark 类似，有以下几个选项来启动 Sparkling Water。

- 启动 Sparkling Water shell，并启动一个新的 Spark 集群或连接到现有的 Spark 集群。
- 通过指定 Sparkling Water 软件包启动 Spark shell（推荐方法）。
- 在应用程序中嵌入 Sparkling Water，并将其提交到 Spark 集群。

1. 用 Sparkling Water shell 启动 Sparkling Water

要启动 Sparkling Water shell，首先需要根据用户的 Spark 版本构建或下载 Sparkling Water（www.h2o.ai/download）。在 spark-in-action VM 中，Sparkling Water 已经下载并解压缩到用户的主目录（/home/spark/sparkling-water-1.6.3）。用户还需要将 SPARK_HOME 环境变量设置为指向 Spark 安装的根目录。所使用的 Spark 版本必须对应于使用的 Sparkling Water 的版本。在本书写作的时候，Sparkling Water for Spark 2.0 仍然不可用，因此将此变量设置为 Spark 1.6.1 文件夹，该文件夹也可用于 spark-in-action VM：

```
$export SPARK_HOME=/opt/spark-1.6.1-bin-hadoop2.6
```

还可以将 MASTER 环境变量设置为用户希望使用的 Spark 主机。如果不设置它，默认值为 local [*]。对于本地的单 JVM 集群，可以使用此值：

```
$export MASTER=local
```

对于具有 3 个执行器、一个内核和每个执行器为 1024 MB 的本地集群，可以使用以下命令：

```
$export MASTER=local-cluster[3,1,1024]
```

设置环境变量后，将自己定位在提取 Sparkling Water 的文件夹中，然后启动 Sparkling Water shell：

```
$bin/sparkling-shell
-----
  Spark master (MASTER)       :local[3,1,1024]
  Spark home   (SPARK_HOME)  :/usr/local/spark
  H2O build version           :3.8.1.3 (turan)
  Spark build version         :1.6.1
----
Welcome to
      ____              __
     / __/__  ___ _____/ /__
    _\ \/ _ \/ _ `/ __/  '_/
   /___/ .__/\_,_/_/ /_/\_\   version 1.6.1
      /_/
UsingScala version 2.10.5 (Java HotSpot(TM) 64-Bit Server VM,Java 1.8.0_72)
Type in expressions to have them evaluated.
Type :help for more information.
Spark context available as sc.
SQL context available assqlContext.
scala>
```

如果 Spark 主机是一个本地集群，则 Sparkling Water shell 会自动启动它。如果要连接到 YARN、Mesos 或 Spark standalone 集群，则需要指定要使用的执行器数。对于 Spark standalone 集群，需要指定 spark. executor. cores、spark. cores. max 和 spark. executor. instances 参数。对 YARN 只需设置 spark. executor. instances。

要连接到 Spark standalone 集群并使用 6 个执行器，请发出以下命令：

```
$bin/sparkling-shell--master spark://<master_address>\
--conf "spark.cores.max=6" --conf "spark.executor.cores=1" \
--conf "spark.executor.instances=6"
```

2. 用 Spark shell 启动 Sparkling Water

可以使用--packages 选项将 Sparkling Water 自动下载到本地 Maven 存储库（需要下载本章中需要的 sparkling-water-examples 软件包）：

```
$spark-shell--packages \
ai.h2o:sparkling-water-core_2.10:1.6.3,\
ai.h2o:sparkling-water-examples_2.10:1.6.3 <other options>
```

还可以通过使用--jars 选项指定 Sparkling Water 程序集 JAR 来将 Sparkling Water 加载到 Spark shell 中。如果作为 spark 用户在 spark-in-action VM 中运行，则 spark-shell 应该已经在所用的路径中，并且 Sparkling Water 应该可以从主目录中的 sparkling-water-1.6.3 目录中获得：

```
$spark-shell--jars/home/spark/sparkling-water-1.6.3/assembly/build/libs/
  sparkling-water-assembly-1.6.3-all.jar <other options>
```

3. 从应用程序启动 Sparkling Water

最后，要从应用程序中使用 Sparkling Water，将其嵌入 fat JAR 中（使用与包装管理器的依赖关系），或者像平常一样提交应用程序时使用 jars 或 packages 选项添加它。

14.2.3 启动 H2O 集群

无论使用哪种方法启动 Sparkling Water，一旦打开 shell，就可以通过创建和启动 H2OContext 实例来启动 H2O 集群：

```
scala>import org.apache.spark.h2o._
scala>val h2oContext=new H2OContext(sc).start()
```

将要启动的 H2O 节点的默认数目是 spark 配置参数 spark.ext.h2o.cluster.size Spark 的值。如果未指定，将使用 spark.executor.instances 参数。

注意 如果在本地的单 JVM 集群中运行，则 Sparkling Water 总是启动一个 H2O 节点。

如果一切顺利，则应该看到类似以下的输出。在本示例中，Sparkling Shell 在 Spark Standalone 集群上使用 6 个执行器启动：

```
Sparkling Water Context:
 * H2O name:sparkling-water-<user>_876327168
 * number of executors:6
 * list of used executors:
(executorId,host,port)
------------------------
(4,<IP4>,<PORT4>)
(0,<IP0>,<PORT0>)
(5,<IP5>,<PORT5>)
(2,<IP2>,<PORT2>)
(1,<IP1>,<PORT1>)
(3,<IP3>,<PORT3>)
------------------------
Open H2O Flow in browser:http://<IP>:<PORT>(CMD+click in Mac OSX)
```

14.2.4 访问 Flow UI

H2O 具有基于 Web 的控制台 Flow UI，可以快速加载数据，使用支持的算法训练模型，使用训练过的模型并检查结果。它还有一个有用的助手来指导用户完成可能的操作。可以使用助手的窗体在 Flow UI 中操作数据，或者直接输入 Flow 命令。

如果访问 H2OContext 启动后打印的 URL，则将进入 H2O Flow UI 页面，如图 14-3 所示。如果用过 Jupyter 记事本（http://jupyter.org）或 Zeppelin（https://zeppelin.incubator.apache.org），Flow UI 的功能看起来应该很熟悉。

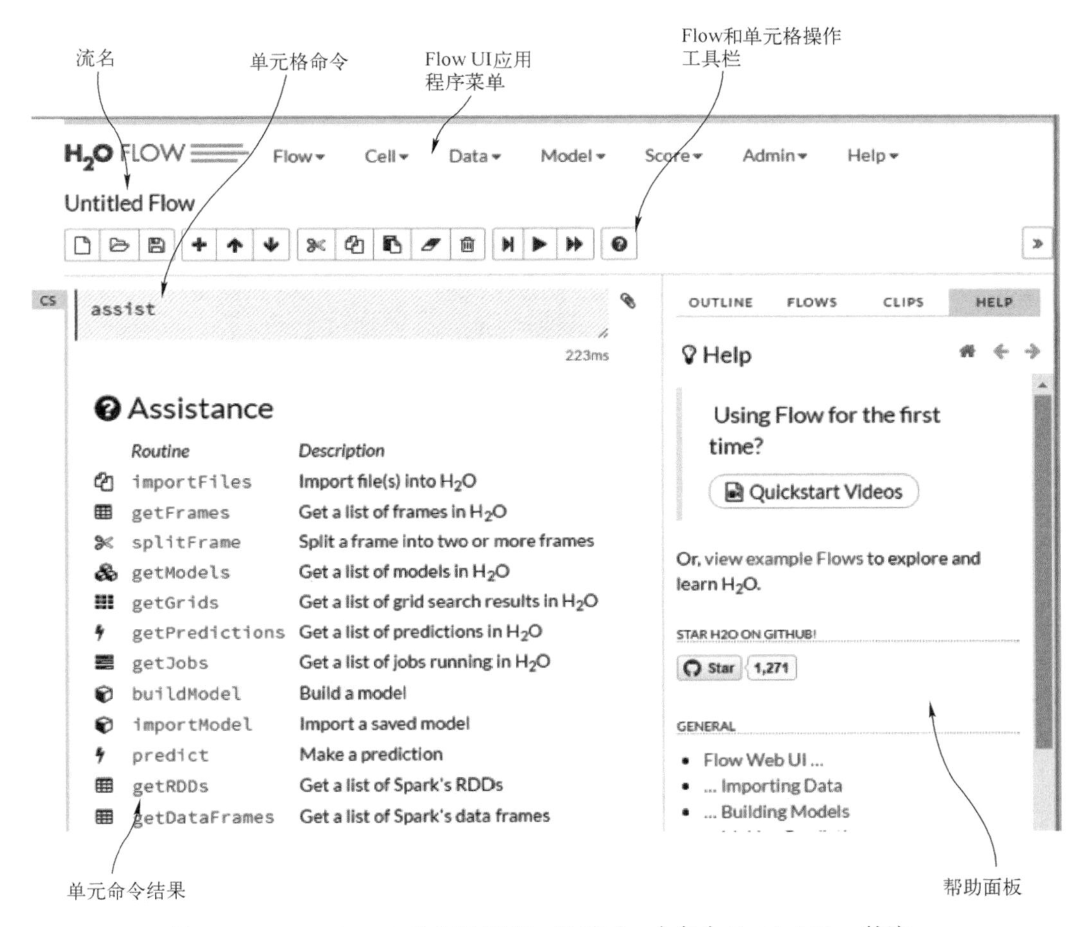

图 14-3　H2O Flow UI 的起始页面，显示了一个名为 Untitled Flow 的流，其中显示了 assist 命令的结果。可以通过操作工具栏来操作单元格

Flow UI 管理称为流的笔记本，这些是用户可以保存和执行的网页。每个流都有一个名称和一组单元格，用于执行命令和显示结果。类似于 Jupyter 笔记本和 Zeppelin，单元格也可以包含 markdown 代码，可以用作便携式文档。

在 Flow UI 屏幕的顶部是 Flow UI 主菜单。可以使用它来操纵流（创建、加载、保存、运行流中的所有单元格等），单元格（运行、剪切、删除、移动等），数据（导入和拆分）和模型（创建、导出、导入等）。通过 Admin 子菜单，可以查看运行作业、集群状态和 CPU

使用情况、检查日志以及访问其他高级选项（如网络测试）。通过帮助（Help）子菜单，可以获取有关使用 H2O 的信息。

如果按〈H〉键，则 Flow UI 会显示一个有用的弹出窗口，显示键盘快捷键。使用 Flow UI 是直观的，用户应该很容易找到自己的方式。下一节将步入正轨，训练几个深度学习模型。

14.3 使用 H2O 的深度学习进行回归

在第 7 章使用 UCI Boston 房屋数据集来预测 Boston 郊区自用房屋的平均价值。这里再次使用它，通过 H2O 建立深度学习模型。使用与第 7 章相同的数据集，可以将主要精力集中在 H2O 和 Sparkling Water 的功能上，而不必解释数据集和回归的具体细节，还可以比较 Spark ML 与 H2O 技术的易用性。

在数据加载到 H2O 后，将介绍如何使用 H2O Flow UI 构建和评估深度学习模型。接下来介绍如何使用 Sparkling Water API 实现同样的功能，这样就可以在 Spark 应用中使用 H2O 的机器学习算法了。

14.3.1 将数据加载到 H2O 框架

第一步是将数据加载到 Sparkling Water 中，并将其作为 H2O 框架提供给 H2O 集群。H2O 框架类似于 Spark DataFrame，从 Spark DataFrame 和 RDD 到 H2O 框架的隐式和显式转换，反之亦然，都可以从 H2OContext 类中获得。要使用转换，需要从 H2OContext 对象导入它们：

```
import h2oContext._
```

房屋数据集可以从在线存储库（http://mng.bz/o8e0）获得。用户可以从此 URL 直接将此文件导入到 H2OFrame 中；或者下载它，解析成 Spark DataFrame，导入 H2OFrame。本节将使用后者。在随后的示例中，将直接将其加载到 H2O 中。

可以使用以下代码将文件导入 Spark DataFrame。只需将 housing.data 的路径和分区数替换为用户自己的路径和分区数（可以为这个小数据集使用 3 个分区）：

```
val housingLines=sc.textFile("first-edition/ch07/housing.data",3)
val housingVals=housingLines.map(x=>x.split(",").
    map(_.trim().toDouble))
importorg.apache.spark.sql.types.{StructType,StructField,DoubleType}
        val housingSchema=StructType(Array(
          StructField("crim",DoubleType,true),
          StructField("zn",DoubleType,true),
          StructField("indus",DoubleType,true),
          StructField("chas",DoubleType,true),
          StructField("nox",DoubleType,true),
```

```
        StructField("rm",DoubleType,true),
        StructField("age",DoubleType,true),
        StructField("dis",DoubleType,true),
        StructField("rad",DoubleType,true),
        StructField("tax",DoubleType,true),
        StructField("ptratio",DoubleType,true),
        StructField("b",DoubleType,true),
        StructField("lstat",DoubleType,true),
        StructField("medv",DoubleType,true)
))
importorg.apache.spark.sql.Row
val housingDF=sqlContext.applySchema(housingVals.map(Row.fromSeq(_)),
        housingSchema)
```

这段代码现在应该比较熟悉了，如果还不是十分熟悉，请参考第 4 章和第 5 章。列名及其含义说明在 housing. names 文件（http://mng. bz/k6kE）中。

要将 housingDF DataFrame 转换为 H2O 框架，请使用 H2OContext 的 asH2OFrame 方法：

```
val housingH2O=h2oContext.asH2OFrame(housingDF,"housing")
```

第二个参数是可选的，并指定框架的名称。用户现在应该可以在 Flow UI 中找到新框架。单击“Flow UI”→“Data”→“List All Frames”命令（或单击 Assist 单元格中的相同选项）。这将在一个新的单元格中执行 getFrames Flow 命令，如图 14-4 所示。

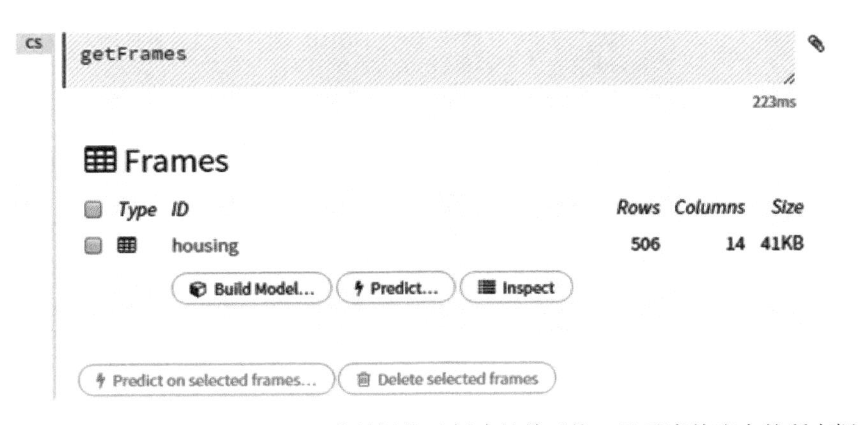

图 14-4　在选择“List All Frames”菜单操作后创建的单元格，显示当前流中的所有框架。housing 框架是使用 Sparkling Water API 创建的

通过单击框架名称，将获得执行命令 getFrameSummary “housing” 的另一个单元格，如图 14-5 所示。框架摘要单元格显示基本列统计信息，如零的数量、缺失值的数量、最小值、平均值和最大值等。框架摘要单元格还包含几个操作按钮：可以使用它们预览框架数据、下载数据、分割框架、从框架构建模型，或使用框架的数据在已构建的模型上进行预测。

CS

```
getFrameSummary "housing"
```

715ms

housing

Actions: View Data | Split... | Build Model... | Predict | Download | Delete | Export

Rows	*Columns*	*Compressed Size*
506	14	41KB

▾ COLUMN SUMMARIES

label	type	Missing	Zeros	+Inf	-Inf	min	max	mean	sigma	cardinality	Actions
crim	real	0	0	0	0	0.0063	88.9762	3.6135	8.6015	.	.
zn	real	0	372	0	0	0	100.0	11.3636	23.3225	.	.
indus	real	0	0	0	0	0.4600	27.7400	11.1368	6.8604	.	.
chas	int	0	471	0	0	0	1.0	0.0692	0.2540	.	Convert to enum
nox	real	0	0	0	0	0.3850	0.8710	0.5547	0.1159	.	.
rm	real	0	0	0	0	3.5610	8.7800	6.2846	0.7026	.	.
age	real	0	0	0	0	2.9000	100.0	68.5749	28.1489	.	.

图 14-5　单击框架名称后显示框架摘要。它显示基本的列统计信息和操作按钮

如果单击任何列，将在列摘要单元格中获得有关其中包含的数据的更多信息。除此之外，它包含数据分布的图形表示。Lstat 列的分布图如图 14-6 所示。

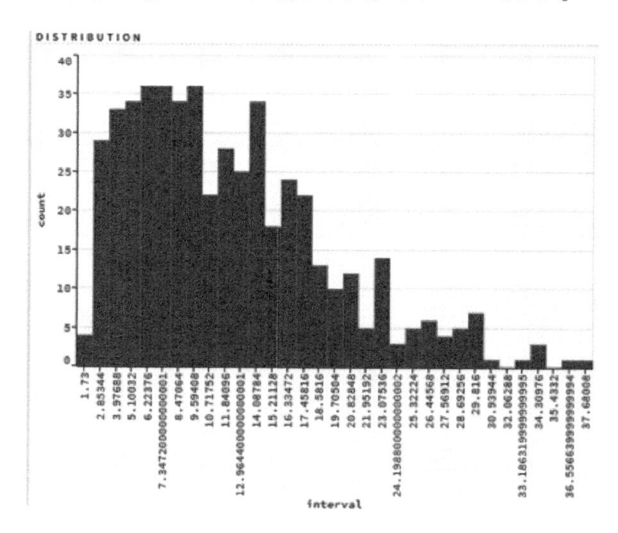

图 14-6　Lstat 列汇总单元的分布图

在构建模型之前，需要将数据拆分为训练和测试集。通过删除当前单元格（选择单元格并按〈D〉键两次）或向上滚动单击“Split”按钮，返回到框架汇总单元格（还可以在屏幕右侧的“大纲”视图中找到所有单元格）弹出另一个单元格（见图 14-7），需要在其中定义框架分割的比例。接受 0. 75 和 0. 25 的默认比率，将分割框架（更改其键名称）重命

名为可识别的内容（housing750 和 housing250），然后单击“Create”按钮。将显示生成的框架（见图 14-8）。

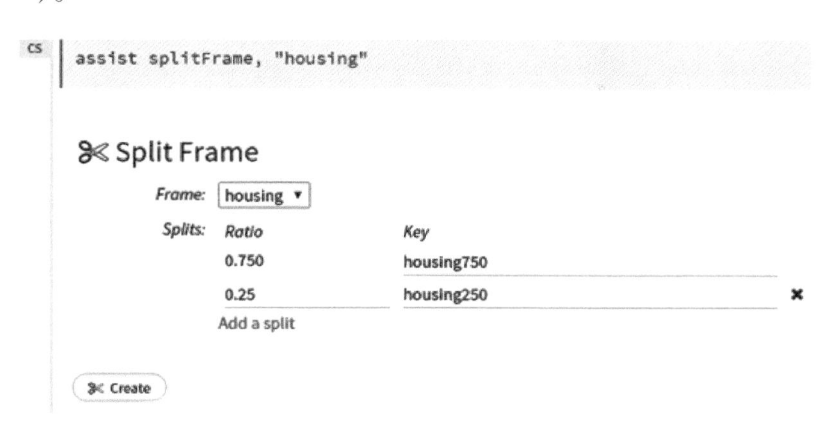

图 14-7　定义框架的分割比和未来框架的名称

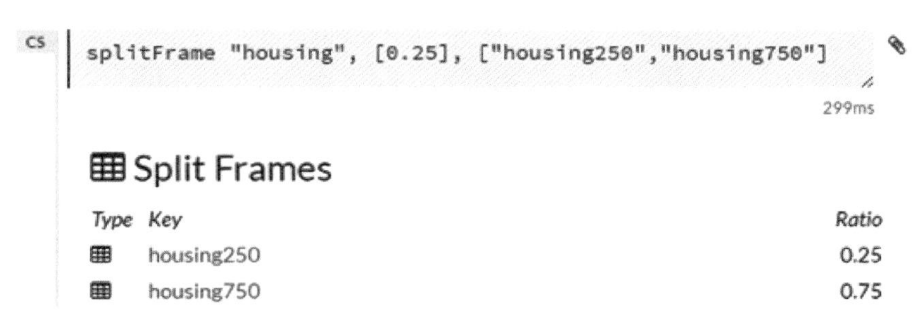

图 14-8　H2O 显示了 housing 框架分成两部分的结果

本章其余部分的结果高度依赖于用于训练和测试的确切框架。如果想得到类似本书的结果，则可以从在线存储库（housing750. csv 和 housing250. csv 来自 http：//mng. bz/IS40）下载本书使用的拆分。有关如何直接将文件加载到 H2O 中的部分，请参阅第 14. 4. 1 节，或者通过将它们解析到 SQL DataFrame 中来加载它们。

14. 3. 2　使用 Flow UI 构建和评估深度学习模型

本节将使用两个新的框架来构建和评估深度学习模型。如在第 7 章和第 8 章中学到的，监督的机器学习模型（深度学习模型属于该模型）根据用于训练模型的训练数据以及在训练过程中使用的一组超参数估计的一组算法特定参数组成。深度学习模型学习大量参数，这些参数决定其层中特定神经元的功能，如第 4. 1 节所述。

超参数在学习过程外指定。深度学习超参数包括如神经网络中的隐藏层的数量。现在开始调用超参数。

一旦训练，模型在验证数据集上进行评估；并且一旦它们的准确性令人满意，它们就会用于在生产环境中进行预测和分类样品。深度学习模型可以用于回归和分类。H2O 根据目标变量自动确定。

单击 Housing750 框架，然后单击“Build Model”按钮，将显示一个 Build a Model 助手，要求选择要使用的算法。读者们对本章中的深度学习感兴趣，因此选择深度学习（Deep Learning）。可以看到一个类似于图 14-9 所示的助手（向导）。

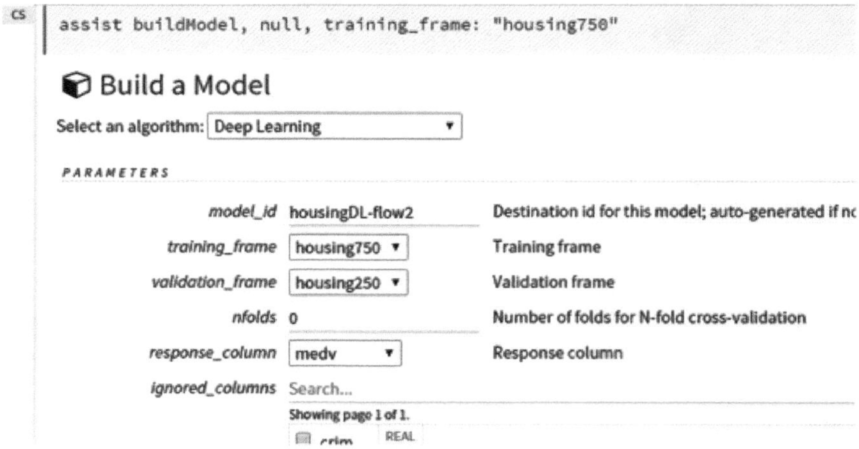

图 14-9　建立深度学习模型的助手。housing750 框架将用于训练，housing250 将用于验证。目标变量在 Medv 响应列中

选择 Housing750 作为训练数据集，Medv 作为响应列（目标变量）。这些是仅有的两个必需参数。因为要使用验证数据集，请选择 Housing250 作为验证框架。

还可以指定大量其他参数。将参数保留为默认值，然后单击“Build Model”按钮。将创建一个新单元格，使用之前选择的所有参数执行 buildModel Flow 命令。用户可以在作业执行时观察进度（见图 14-10）。

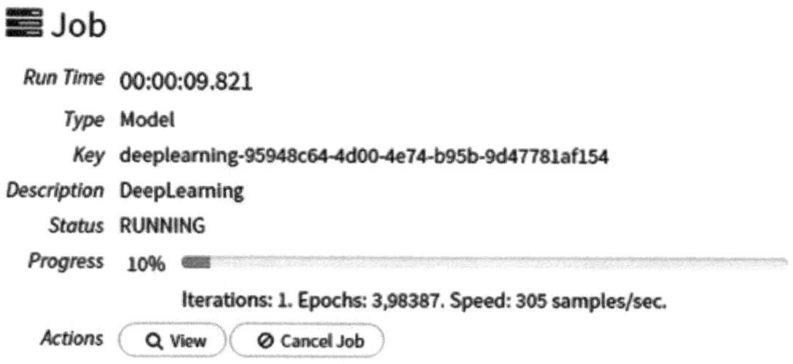

图 14-10　H2O Flow 单元显示了建立深度学习模型的进展

构建模型后，单击“View”按钮，将显示构建的模型和各种指标。指标将取决于确切的数据分割，可能与本书的结果不同（可以在图 14-11 中看到本书的结果）。

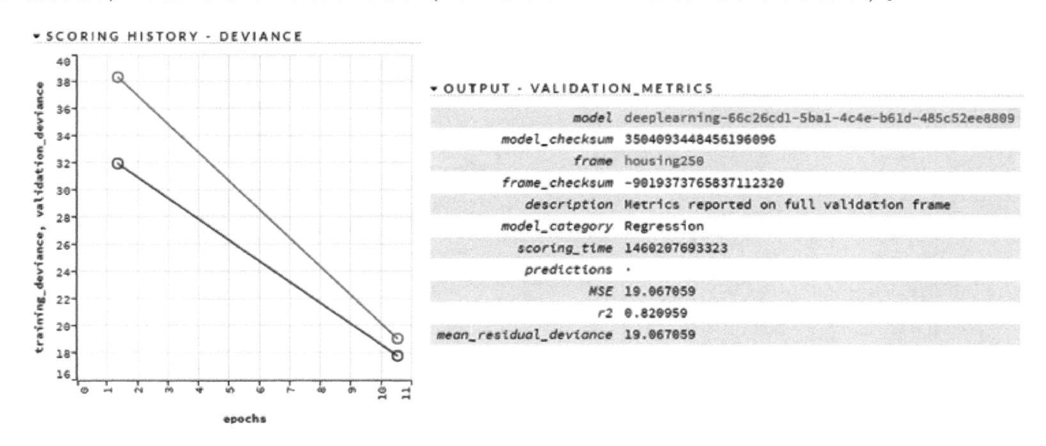

图 14-11　构建的深度学习模型的两个度量并排显示：得分历史显示了平均偏差（等价于 MSE）作为历史元数的函数，以及最终的验证度量结果

注意　因为算法的运行方式，H2O 深度学习模型结果几乎从来不可再现。可以通过将 Reproducible 参数设置为 true 并设置种子来使它们可重现，但这是缓慢的，应该只在小数据集进行。

图 14-11 左边的图表显示了偏差，它等于均方误差（MSE）。可以在图中看到偏差仍在下降，可能是停止得太早了。如果继续增加 epoch 的数量，可能会得到更好的结果（但本书将跳过，并在下一节继续一个更复杂的模型）。右侧的输出显示了几个指标，最显著的是最终偏差和 19.07 的 MSE（等于 4.37 的 RMSE）。这不是很好，但它比第 7 章中的第一个结果好，当对这个数据集使用线性回归时，它是 22.806（RMSE 为 4.78）。

1. 构建更复杂的模型

在第 7 章中，添加了二阶多项式以捕获数据中的非线性关系，但使用了线性回归模型。使用高阶多项式，增加了模型的复杂性。为了增加深度学习模型的复杂性，可以添加额外的隐藏层。

通过训练几个模型，以获得数据集和算法参数的体验。这里不可能列出所有的参数和选项，所以请读者自行实践。这里只列出一组参数，它可以使 housing 数据集取得最佳结果。

返回到 Build a Model 助手（可以使用屏幕右侧的“Outline”视图来更轻松地进行导航），并将模型名称设置为可读的属性，如 housingDL，然后在隐藏字段中输入 200，200，200。正如第 7 章和第 8 章所述，更复杂的模型需要更多的迭代才能收敛，所以在 Epochs 字段中输入 200。最后，通过将 L1 设置为 1e-5 来添加 L1 正则化。这将有助于模型抑制对其性能无贡献的功能。单击“Build Model”按钮，并等待作业完成（可能需要比第一次更长的时间）。得到的结果如图 14-12 所示。

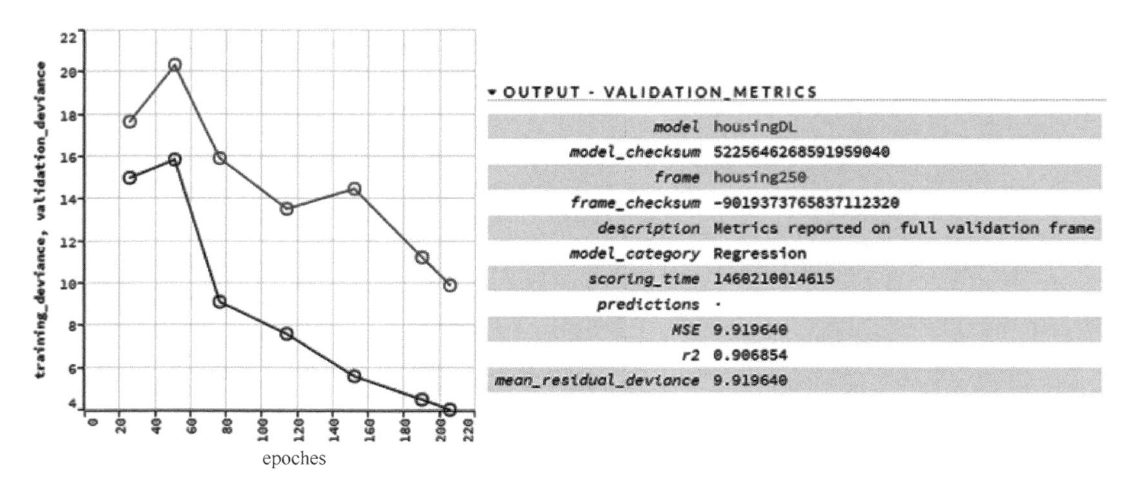

图 14-12　建立具有 3 个隐层、200 个 epoch 和 L1 正则化的深度学习模型的结果

从得分历史图表中可以看出，验证偏差（等于 MSE）现在为 9.92，其 RMSE 为 3.15，R2 为 0.907。这比第 7 章中的最佳结果（RMSE 为 3.4655119390，R2 为 0.8567）更好，Flow UI 使它更容易做到。

2. 保存模型

单击“Export”按钮保存模型。这将打开另一个需要输入目录路径的单元格（在运行 Spark 驱动器的服务器上），然后单击“Export”按钮，如图 14-13 所示。可以使用主菜单（单击“Model”→“Import Model”命令）导入保存的模型。

图 14-13　将模型导出到运行 Spark 驱动器的服务器上的/models/housingDL 文件夹

14.3.3　使用 Sparkling Water API 构建和评估深度学习模型

本节将介绍如何使用 Sparkling Water API 直接从 Spark 完成上一节中的所有步骤，如果计划将 H2O 与 Spark 一起使用，则可能会派上用场。首先，需要加载和拆分数据，并使用它来构建 H2O 深度学习模型；然后，评估模型的性能；最后，学习如何加载和保存 H2O 模型。

1. 拆分数据

如果希望使用与上一节中相同的拆分框架，则可以用以下命令将它们加载到 Spark shell（启动 H2O 集群的那个）中：

```
scala>val housing750=new H2OFrame("housing750")
scala>val housing250=new H2OFrame("housing250")
```

否则，可以使用 Sparkling Water API 创建拆分：

```
import org.apache.spark.examples.h2o.DemoUtils
val housingSplit=DemoUtils.split(housingH2O,Array("housing750sw",
  "housing250sw"),Array(0.75))
val housing750=housingSplit(0)
val housing250=housingSplit(1)
```

DemoUtils 是一个帮助类，可从 Sparkling Water 示例包获得。可以检查它的来源（http://mng.bz/pT30），看看它是如何拆分框架的。

2. 构建模型

构建模型的第一步是创建一个 DeepLearningParameters 对象，它将保存算法的参数：

```
import _root_.hex.deeplearning.DeepLearningModel.DeepLearningParameters
val dlParams=new DeepLearningParameters()
```

要获得类似于从 Flow UI 构建的模型的结果，可使用与那里使用的完全相同的参数。首先需要设置训练框架和验证框架。H2O 中的每个对象（框架、模型和作业）都有一个键，它在 H2O 的分布式键值存储中被引用：

```
dlParams._train=housing750._key
dlParams._valid=housing250._key
```

接下来，设置通过 Flow UI 使用的其他参数。未显式设置的参数将采用与 Flow UI 中相同的默认值：

```
dlParams._response_column="medv"
dlParams._epochs=200
dlParams._l1=1e-5
dlParams._hidden=Array(200,200,200)
```

最后一步，构造一个 DeepLearning 对象，方法是传递刚刚构建的参数对象，并调用 trainModel 方法。trainModel 将返回一个 water.Job 对象，用于跟踪长时间运行的用户操作。它的 get 方法将阻塞，直到作业完成并返回结果：

```
import _root_.hex.deeplearning.DeepLearning
val dlBuildJob=new DeepLearning(dlParams).trainModel
val housingModel=dlBuildJob.get
```

最后一个命令将触发模型训练作业，并在完成后输出结果：

```
housingModel:hex.deeplearning.DeepLearningModel=
Model Metrics Type:Regression
Description:Metrics reported on full training frame
model id:DeepLearning_model_1460198303597_1
frame id:housing750-2
MSE:5.7617407
R^2:0.92605346
mean residual deviance:5.7617407
Model Metrics Type:Regression
Description:Metrics reported on full validation frame
model id:DeepLearning_model_1460198303597_1
frame id:housing250-2
MSE:10.819859
R^2:0.89840055
mean residual deviance:10.819859
Status of Neuron Layers (predictingmedv,regression,gaussian
➥ distribution,Quadratic loss,83.401 weights/biases,989,5 KB,82.616
➥ training samples,mini-batch size 1):
Layer Units      Type Dropout      L1      L2 Mean RateRate RMS
➥ Momentum Mean Weight Weight RMS Mean Bias Bias RMS
   1 ...
```

生成的模型将自动存储在其 H2O 集群（其分布式键值存储）下。

3. 评估模型

模型训练步骤还自动将 H2O 的键值存储中的 ModelMetricsRegression 对象（因为 housing-Model 是一个回归模型）包含模型对验证数据集的评估结果。可以使用以下代码检索 metrics 对象：

```
scala>val housingMetrics=_root_.hex.ModelMetricsRegression.getFromDKV(
   housingModel,housing250)
housingMetrics:hex.ModelMetricsRegression=
     Model Metrics Type:Regression
     Description:Metrics reported on full validation frame
     model id:DeepLearning_model_1460198303597_1
     frame id:housing250-2
     MSE:10.819859
     R^2:0.89840055
     mean residual deviance:10.819859
```

该模型也可从 Flow UI 中获取。单击“Models”→“List All Models”命令。当单击模型

名称（DeepLearning_model_146 ...）时，可以看到评分历史图表和验证指标（见图 14-14）与来自 housingDL 模型（见图 14-12）的类似。

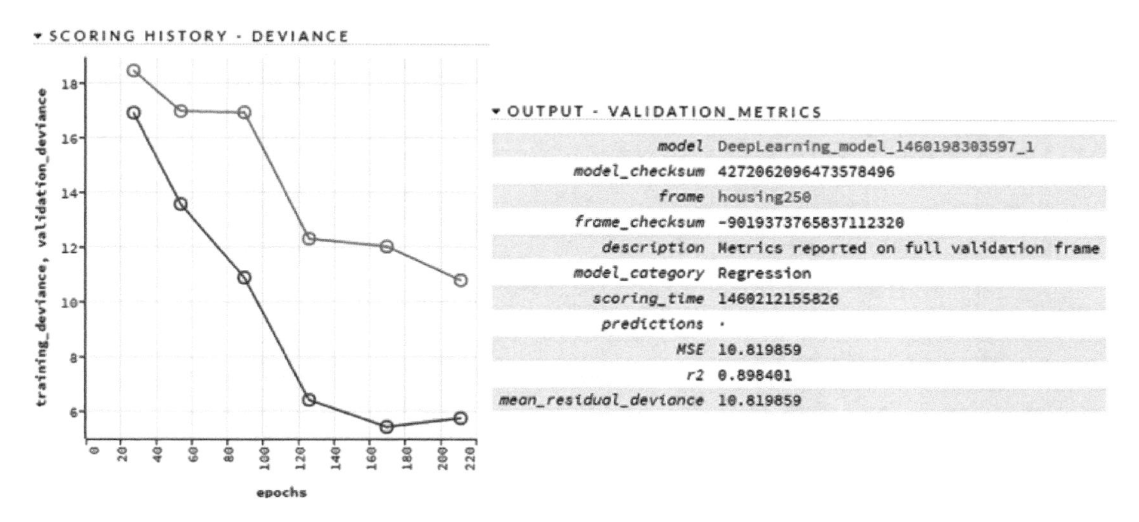

图 14-14 使用与通过 Flow UI 构建的模型相同的参数，从 Sparkling Water 创建的模型的评分历史记录和验证指标

4. 将 H2O 结果转移返回 Spark

现在，可以使用模型基于新的数据样本创建预测。例如，可以通过调用模型的 score 方法获得新的 H2OFrame，其中模型对验证数据集中样本进行单独的预测：

```
scala>val housingValPreds = housingModel. score( housing250)
housingValPreds: water. fvec. Frame =
Frame _972a703785fcceb561ec3310fa0f4b43 (114 rows and 1cols):
                predict
     min    6. 744033282852284
    mean   24. 105874992201343
  stddev      9. 2411335636329
     max   51. 844403675884294
missing                  0. 0
       0     33. 76862113111221
       1    20. 826654125442147
       2      21. 0116710955151
       3    21. 966950826024252
       4     18. 81179674838294
       ...
```

要将这些结果转换回 Spark DataFrame，请调用 H2OContext 的 asDataFrame 方法：

```
scala>val housingPredictions = h2oContext. asDataFrame(
```

```
  housingValPreds)(sqlContext)
scala>housingPredictions.show()
+ ---------------+
|         predict|
+ ---------------+
| 33.76862113111221|
|20.826654125442147|
|  21.0116710955151|
|21.966950826024252|
| 18.81179674838294|
| 18.02565778065803|
|17.795387663167254|
|18.419968615600666|
| 22.92203005950029|
|21.225224043197787|
|  20.0887430162838|
| 21.45854177762687|
| 23.76300250484211|
| 23.48128403269915|
|   21.354705723607|
| 29.75633627046893|
|24.705942488206933|
| 22.37385360846257|
|30.439123158814077|
| 32.83702131412606|
+ ---------------+
only showing top 20 rows
```

结果 DataFrame 包含一个 Predict 列，其中包含输入框架中各行的预测。

5. 使用 Sparkling Water API 装载和保存模型

可以将模型保存到文件或使用 ModelSerialization Support 类加载已保存的模型。要保存模型，请将模型和指向文件（也可以是 HDFS 或 S3 URI）的 URI 传递给其 exportH2OModel 方法：

```
import water.app.ModelSerializationSupport
import _root_.hex.deeplearning.DeepLearningModel
ModelSerializationSupport.exportH2OModel(housingModel,
  newjava.net.URI("file:///path/to/model/file"))
```

可以使用 loadH2OModel 方法以相同的方式加载已保存的模型：

```
val modelImported:DeepLearningModel = ModelSerializationSupport.loadH2OModel(
newjava.net.URI("file:///path/to/model/file"))
```

14.4　使用 H2O 的深度学习进行分类

深度学习可以用于分类以及回归。本节将再次使用之前使用的数据集：第 8 章中的成人数据集。成人数据集是从 1994 年美国人口普查数据中提取的。它包含 13 个属性，包括一个人的性别、年龄、教育背景、婚姻状况、种族、原籍等数据，以及目标变量（收入）。目标是预测一个人每年的收入高于或低于 50000 美元。可以在在线存储库（http://mng.bz/bnCf）中找到数据集。可以在文件 adult.names（http://mng.bz/KF4i）中找到列的描述。

14.4.1　加载和拆分数据

从文件中将数据直接加载到 H2OFrame，用户只需要提供要加载文件的路径：

```
val censusH2O = new H2OFrame(new java.net.URI("first-edition/ch08/adult.raw"))
```

该框架现在也可以通过名称为 adult_raw.hex 的 H2O Flow UI 获得。H2O 自动检测哪些列包含数字，哪些列包含分类值（H2O 术语中的枚举类型）。分类值只能包含有限数量的可能值，如 education 和 marital_status。结果框架如图 14-15 所示。

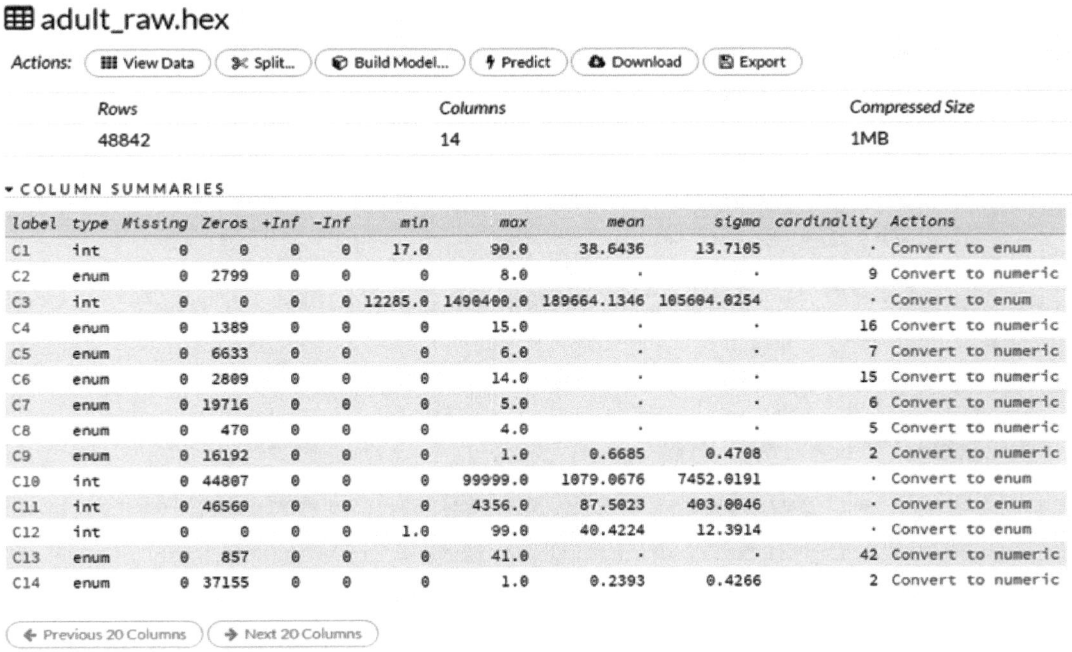

adult_raw.hex

Actions: View Data | Split... | Build Model... | Predict | Download | Export

Rows	Columns	Compressed Size
48842	14	1MB

▾ COLUMN SUMMARIES

label	type	Missing	Zeros	+Inf	-Inf	min	max	mean	sigma	cardinality	Actions
C1	int	0	0	0	0	17.0	90.0	38.6436	13.7105	·	Convert to enum
C2	enum	0	2799	0	0	0	8.0	·	·	9	Convert to numeric
C3	int	0	0	0	0	12285.0	1490400.0	189664.1346	105604.0254	·	Convert to enum
C4	enum	0	1389	0	0	0	15.0	·	·	16	Convert to numeric
C5	enum	0	6633	0	0	0	6.0	·	·	7	Convert to numeric
C6	enum	0	2809	0	0	0	14.0	·	·	15	Convert to numeric
C7	enum	0	19716	0	0	0	5.0	·	·	6	Convert to numeric
C8	enum	0	470	0	0	0	4.0	·	·	5	Convert to numeric
C9	enum	0	16192	0	0	0	1.0	0.6685	0.4708	2	Convert to numeric
C10	int	0	44807	0	0	0	99999.0	1079.0676	7452.0191	·	Convert to enum
C11	int	0	46560	0	0	0	4356.0	87.5023	403.0046	·	Convert to enum
C12	int	0	0	0	0	1.0	99.0	40.4224	12.3914	·	Convert to enum
C13	enum	0	857	0	0	0	41.0	·	·	42	Convert to numeric
C14	enum	0	37155	0	0	0	1.0	0.2393	0.4266	2	Convert to numeric

← Previous 20 Columns | → Next 20 Columns

图 14-15　人口普查框架摘要显示，H2O 将分类列视为字符串，而不是枚举

但是列的名称有问题。adult. raw 文件不包括列名称。因此，可以使用 H2O API 更改列名称：

```
censusH2O.setNames(Array("age1","workclass","fnlwgt","education",
"marital_status","occupation","relationship","race","sex",
"capital_gain","capital_loss","hours_per_week","native_country",
"income"))
```

该行为列设置新名称。可以使用以下命令检查它：

```
scala>censusH2O.name(0)
res0:String=age
```

但是，如果从 Flow UI 执行 Flow 命令 getFrameSummary“adult_raw. hex”，则会看到名称没有更改。需要在 H2O 的分布式键值存储中更新它们，以便它们在 Flow UI 中可见。可以通过以下行来完成：

```
censusH2O.update()
```

拆分数据

与住房数据集不同，下面将使用 Sparkling Water API 直接拆分人口普查数据集，以了解操作的完成情况。最直接的方式是使用来自 Sparkling Water 示例的 DemoUtils 类（这就是在第 14. 2. 2 节中启动 Sparkling Water 时需要包含示例包的原因）：

```
import org.apache.spark.examples.h2o.DemoUtils
val censusSplit=DemoUtils.split(censusH2O,
    Array("census750","census250"),Array(0.75))
val census750=censusSplit(0)
val census250=censusSplit(1)
```

新的框架现在也可以通过 Flow UI 访问。如果想使用相同的拆分，则可以在在线存储库（文件 census750. csv 和 census250. csv 在 http：//mng. bz/IS40）找到它们，并使用本节开头的行加载它们。

14. 4. 2　通过 Flow UI 构建模型

构建分类深度学习模型与构建回归模型没有什么不同。但读者可能想知道如何处理分类数据，毕竟在第 8 章要使用 StringIndexer 和 OneHotEncoder 对要处理的特征进行 onehot（独热码）编码。幸运的是，H2O 可自动完成这些工作，而无需用户干预。只需打开 Build Model 助手，选择 Deep Learning 算法，根据表 14-1 中的参数输入对应的参数和参数值。它们几乎与之前用于构建回归模型的那些相同。

表 14-1　构建用于人口普查数据分类的深度学习模型的参数

参　数	值
Model ID	censusDL-Flow
Training frame	census750
Validation frame	census250
Response column	income
Hidden	200，200，200
Epochs	50
L1	1e-5

训练将花费比住房数据更长的时间，因为成人数据集更大。单击“Build Model”按钮，作业完成后，单击“View”按钮进行查看。

评估模型的性能

因为目标变量（响应列）是分类的，所以 H2O 自动构建分类模型，并选择适当的评估指标：f1、r2 和 ROC 曲线（见第 8.2.4 节）。它还显示对数损失（在第 8.2.1 节中定义），而不仅仅是 MSE。

验证度量结果如图 14-16 所示，ROC 曲线如图 14-17 所示。曲线下面积（AUC）为 0.9118，略好于第 8 章的最佳结果。

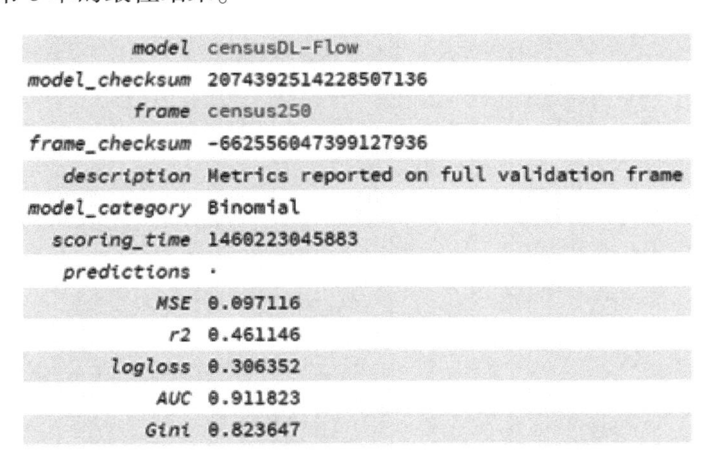

model	censusDL-Flow
model_checksum	2074392514228507136
frame	census250
frame_checksum	-662556047399127936
description	Metrics reported on full validation frame
model_category	Binomial
scoring_time	1460223045883
predictions	·
MSE	0.097116
r2	0.461146
logloss	0.306352
AUC	0.911823
Gini	0.823647

图 14-16　构建的深度学习模型的验证指标

图 14-17 右侧的表格与在标准下拉菜单下选择的值（如果未选择标准，则为阈值）相关联。用户必须选择其中一个字段才能看到该表。该表显示了将应用的阈值和如果要强制执行所选标准时适用的所有其他指标。图 14-17 中选择的标准是最大 f1 测量。如果想要最大的 f1 测量值，阈值将需要是 0.2905（任何高于该值被认为属于目标类别，意味着收入大于 50000 美元），TPR 将是 0.8007，FPR 将为 0.1550……

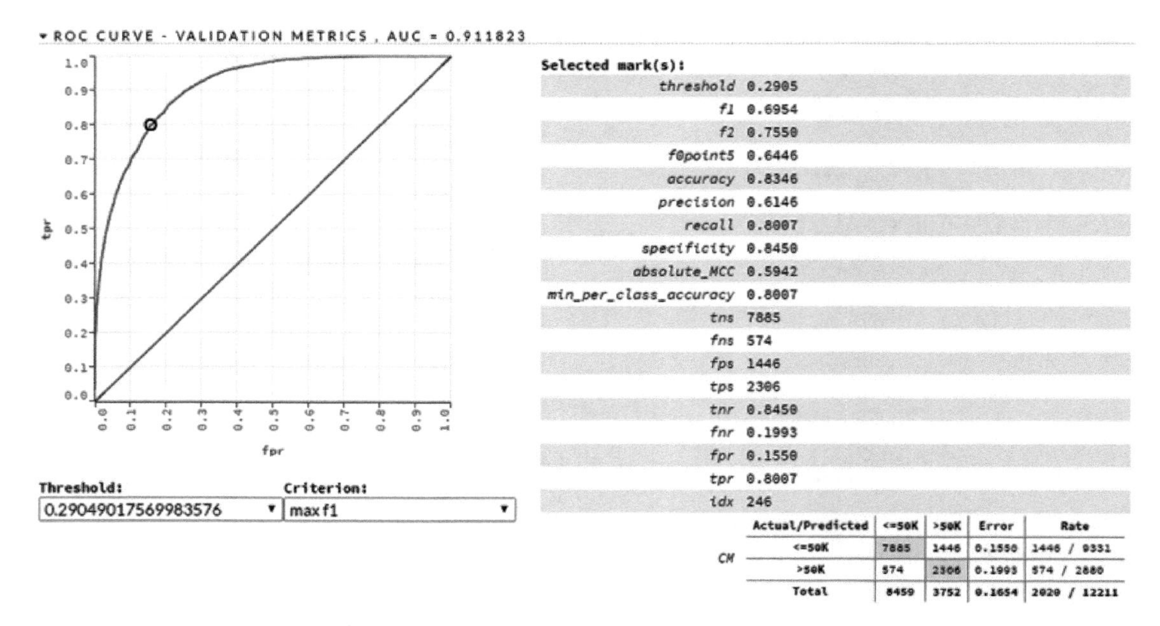

图 14-17 构建的深度学习模型的 ROC 曲线具有 0.911823 的曲线下面积。右侧表格显示了，对于该模型和数据集可获得的 f1 的最大度量值

用户还可以检查评分历史图表（见图 14-18），其中显示对数损失和 MSE 作为 epoch 数量的函数。用户可以使用它们来查看验证错误是上升还是下降，并确定是使用太少还是太多的 epoch。在这种情况下，可以说少量的 epoch 可能会带来更好的结果，因为验证错误已经开始上升。结果可能会有所不同，具体取决于框架拆分。

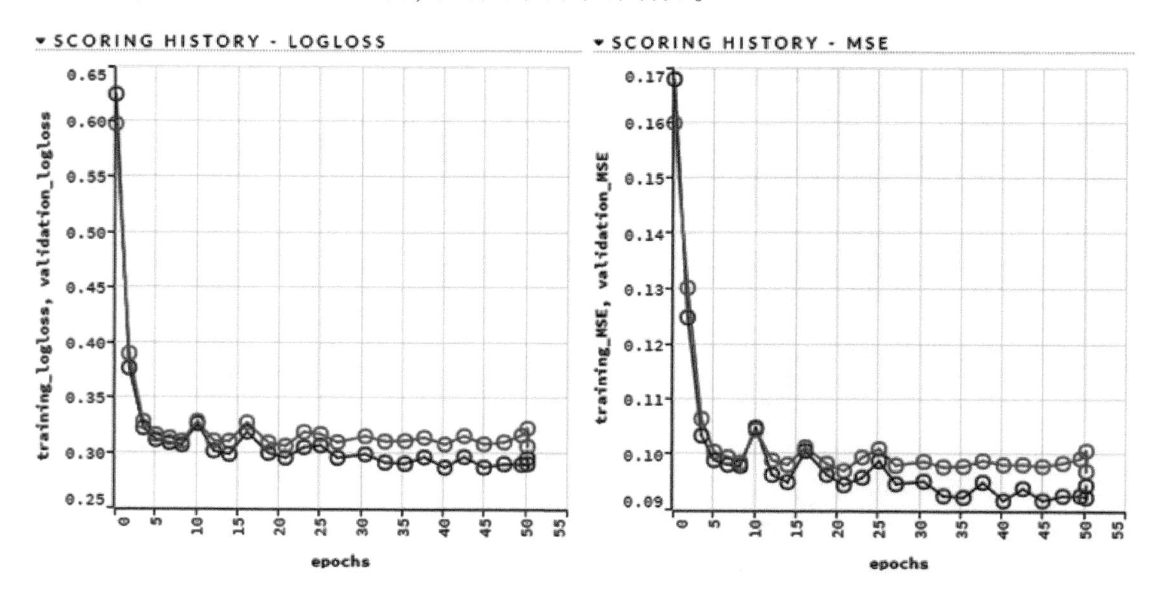

图 14-18 构建的深度学习模型的得分历史，显示对数损失和 MSE 作为 epoch 数目的函数

14.4.3　使用 Sparkling Water API 构建模型

使用 Sparkling Water API 构建分类深度学习模型与构建回归模型相同：

```
val censusdlParams = new DeepLearningParameters()
censusdlParams._train = census750._key
censusdlParams._valid = census250._key
censusdlParams._response_column = "income"
censusdlParams._epochs = 50
censusdlParams._l1 = 1e-5
censusdlParams._hidden = Array(200,200,200)
```

以下行开始训练作业：

```
import _root_.hex.deeplearning.DeepLearning
val censusModel = new DeepLearning(censusdlParams).trainModel.get
Model Metrics Type:Binomial
Description:Metrics reported on temporary training frame with 9890 samples
model id:DeepLearning_model_1460198303597_64
frame id:census750.temporary.sample.27,30%
MSE:0.09550598
R^2:0.48424917
AUC:0.9206606
logloss:0.2964316
CM:Confusion Matrix (vertical:actual;across:predicted):
          <=50K   >50K   Error          Rate
<=50K    6619    844   0,1131  =   844/7.463
>50K      595   1832   0,2452  =   595/2.427
Totals   7214   2676   0,1455  = 1.439/9.890
Gains/Lift Table (Avg response rate:24,54 %):
  Group   Cumulative Data Fraction   Lower Threshold       Lift   Cumulative
➥ Lift   Response Rate   Cumulative Response Rate   Capture Rate   Cumulative
➥ Capture Rate            Gain   Cumulative Gain
  ...
```

唯一的区别是用于验证的类。在这种情况下，它是 ModelMetricsBinomial：

```
val censusPredictions = censusModel.score(census250)
val censusMetrics = _root_.hex.ModelMetricsBinomial.getFromDKV(censusModel,
➥ census250)
```

查看 AUC 度量值，该模型给出了与 censusDL Flow 模型非常相似的结果，并且在同一数据集上给出了比第 8 章的最佳结果更好的结果。

14.4.4 停止 H2O 集群

使用完 H2O 集群后，可以通过调用 H2OContext 的 stop 方法来停止：

```
h2oContext.stop(false)
```

参数（true 或 false；false 是默认值）告诉 Sparkling Water 是否先停止 Spark 上下文。在任何情况下 Spark 上下文都会停止，因为每个 stop 方法执行系统退出，这会导致 JVM 停止。

14.5 总结

- 深度学习是一种基于使用人工神经网络学习基础数据的高级特征的机器学习领域。
- 人工神经网络根据生物神经网络进行建模，并由人工神经元分层组成。深度神经网络是具有两个或更多隐藏层的 ANN。
- H2O 是一个快速、开源的机器学习平台，具有深度学习算法等特点。
- Sparkling Water 是一个 Spark 包，可以使用它在 Spark 上运行一个 H2O 集群。使用 Sparkling Water，可以直接从 Spark 使用 H2O API。
- H2O 的基于 Web 的控制台称为 Flow UI。它能够快速加载数据，使用支持的算法训练模型、使用训练模型，并检查结果。
- Spark DataFrame 可以转换为 H2O 框架，反之亦然。一旦转换为 H2O 框架，它们就立即在 Flow UI 中可用。这样，可以在 Spark 中加载、转换和清理数据，将其传输到 H2O 以构建机器学习模型，并将结果传回到 Spark。
- Flow UI 可用于检查数据分布、拆分框架、训练模型、加载和保存数据以及机器学习模型。使用 Sparkling Water API 可以完成相同的操作。
- H2O 根据目标变量的类型自动选择适当的度量和深度学习模型（分类或回归），并提供有关模型性能的丰富信息。

附录

附录 A　安装 Apache Spark

虽然已经提供了一个安装有 Spark 的虚拟机（VM）映像，但还想告诉读者，在实际应用中是如何一步步安装 Spark 的。本附录包含以下内容：

1）安装 Java（JDK）。

2）下载、安装和配置 Apache Spark。

如果用户不使用 Ubuntu，建议安装 VirtualBox 硬件虚拟化软件并创建一个 Ubuntu VM（www. wikihow. com/Install-Ubuntu-on-VirtualBox）。

1. 先决条件：安装 JDK

假设已登录到 Ubuntu 操作系统。

如果不确定是否已经安装并正确设置 JDK，请打开终端（按〈Ctrl+Alt+T〉组合键）并发出以下命令（可以按〈Ctrl+Shift+V〉组合键将命令粘贴到 Ubuntu 终端中，如果需要，按〈Ctrl+Shift+C〉组合键从终端复制）：

```
$that javac
```

注意　输入命令时跳过美元符号($)- 这只是将指定命令输入终端的标准方式。

which 命令的含义为，如果要执行 javac 命令（javac 是 Java 编译器，只与 JDK 一起使用），文件系统上的哪个可执行文件将被触发。

如果命令返回一个路径，如/usr/bin/javac，请确保正确设置了 JAVA_HOME 环境变量（echo $JAVA_HOME 应该返回根 JDK 安装文件夹，如/usr/lib/jvm/java-8-openjdk-amd64），然后从"Downloading, installing, and configuring Spark."继续。如果安装了 JDK 但未设置 JAVA_HOME，请从"Setting the JAVA_HOME environment variable."继续。

如果 which 命令返回一个空行，则需要安装 JDK。仍然在终端，执行以下命令集（需要互联网访问）：

```
$sudo apt-get update//更新 apt 包存储库
$sudo apt-get-y install openjdk-8-jdk//下载并安装 JDK 的最新可用版本
```

sudo 是一种提升权限运行命令的方式（作为 root 用户）。apt 是 Ubuntu 的软件包管理器：一种使用联机软件包安装程序的方法（或从本地文件系统的 deb 预先封装的安装）。

2. 设置 JAVA_HOME 环境变量

还有一件事要做，一旦安装完成：永久设置 JAVA_HOME 环境变量以引用 open-jdk 安装文件夹（永久性意味着不仅在当前会话期间，还包括在重新启动后）：

```
$echo "export JAVA_HOME=/usr/lib/jvm/java-8-openjdk-amd64" |sudo tee
    /etc/profile.d/sia.sh
    export JAVA_HOME=/usr/lib/jvm/java-8-openjdk-amd64
```

echo 命令将其输入发送到标准输出。标准输出通常是终端窗口，但在这里使用 pipe 命令（|），它临时将标准输出重定向到它之后的命令（在这种情况下为 tee）。tee 命令将其输入发送到作为参数接收的文件和标准输出（终端，因为 tee 之后没有管道）。还需要 sudo 命令，因为写入/etc 中的任何文件都需要提升权限。

总之，echo JAVA_HOME 赋值字符串（export 用于设置环境变量），管道重定向到 tee 命令，然后将该字符串写入提供的文件和终端窗口。

位于/etc/profile.d 中的每个具有 .sh 扩展名的文件都在 Ubuntu 启动时执行，因此即使在重新启动 Ubuntu 之后，也可设置 JAVA_HOME。但是之前的所有命令都是创建一个新文件 sia.sh，并将 JAVA_HOME 赋值行的导出添加到文件中；它没有设置 JAVA_HOME。执行一下 echo 命令，看看是不是这么回事，然后使用 source 命令（执行文件的内容）修复它：

```
$echo$JAVA_HOME
-----empty-line-----
$source/etc/profile.d/sia.sh
$echo$JAVA_HOME//将$放在环境变量的前面检索变量的值。
/usr/lib/jvm/java-8-openjdk-amd64
```

现在，有了先决条件，可以开始下载并设置最新版本的 Spark。

3. 下载、安装和配置 Spark

使用 Mozilla Firefox，它随 Ubuntu 一起提供，打开 Apache Spark 项目页面（http://spark.apache.org/downloads.html），进行以下选择。

1）选择 Spark 发行版：选择最新的 Spark 发行版。

2）选择包类型：选择最新 Hadoop 的预构建版本（或一个可用的 Hadoop 版本）。

3）选择下载类型：选择 Apache 镜像。

4）单击步骤 3）中下载 Spark 之后的链接。

当出现具有镜像列表的页面时，单击建议的最顶端的 Apache Mirror 站点。在打开的对话框中，确保选择“Save File”（这可能会因浏览器而异），然后单击“OK”按钮。该文件将保存在主文件夹中的 Downloads 文件夹中。

下载完成后，在终端中，导航到$HOME/Downloads 文件夹（下载 Spark 的位置），然后解压 Spark 包：

```
$cd$HOME/Downloads
```

```
$tar-xvf spark *
$rm spark * tgz//删除下载的 Spark tgz 存档。
```

而不是使用 *，可以输入“tar-xvf spark”，然后按〈Tab〉键自动完成文件名。

当登录到 Ubuntu 时，HOME 环境变量将填充到主目录的路径[1]。例如，因为使用用户名 mbo，HOME 指向/home/mbo：

```
$echo$HOME//打印所提供的输入,正如在设置 JAVA_HOME 时看到的那样
/home/mbo
```

从现在起，将把这个目录作为主目录（或者只是 home），使用 HOME 环境变量导航到它（如下一组命令所示）。

因为 Spark 安装的目的不是把 Spark 放在生产环境中，而是为了学习，因为它只会被用户学习使用，那么按照 Linux 约定（http：//mng. bz/0ezc），将 Spark 二进制文件[2]放在主目录的 bin 目录中。用户拥有对主目录的完全访问权限（读、写、执行或 rwx），因此，每次需要进行更改（如到配置文件）时，不必调用 sudo。

由于 Spark 的新版本每隔几个月就会出现一次，因此需要一种方法来管理它们，以便可以安装多个版本，并轻松选择使用哪个版本。可以创建一个 sparks 目录，在那里放置当前和所有未来版本的 Spark。

创建带有 sparks 目录的 bin 目录，然后将解压缩的 Spark 二进制文件从 Downloads 移动到此新的 sparks 目录，如下所示：

```
$cd$HOME//浏览到主目录
$mkdir-p bin/sparks//创建 bin/sparks 目录
$mv Downloads/spark-* bin/sparks//将未压缩的 Spark 目录从“下载”移动到 bin/sparks。
```

home/bin 目录在将 Spark 二进制文件移动到 bin/sparks 后看起来像下面这样：实际安装时，目录结构与此相同，只是没有这些 Spark 的早期版本。

```
bin
spark
sparks
    spark-1. 2. 0-bin-hadoop2. 4
    spark-1. 2. 1-bin-hadoop2. 4
    spark-1. 2. 2-bin-hadoop2. 4
    spark-1. 3. 0-bin-hadoop2. 4
    spark-1. 3. 1-bin-hadoop2. 6
    spark-1. 4. 0-bin-hadoop2. 6
    spark-1. 4. 1-bin-hadoop2. 6
```

[1] 有关主目录的详细信息，请参阅 https：//help. ubuntu. com/community/HomeFolder。

[2] A 编译程序的奇特名称（例如，可以下载 Spark 的源代码或 Spark 二进制文件）。

```
...
    spark-1.6.1-bin-hadoop2.6
spark-2.0.0-bin-hadoop2.7
```

还有一件事要做，如果要遵循良好的 Linux 实践来管理程序的多个版本：需要在$HOME/bin 目录中创建一个名为 Spark 的符号链接目录，它将指向要使用的 Spark 安装目录：

```
$cd$HOME/bin//导航到主目录中的 bin 目录
$ln-s sparks/spark-2.0.0-bin-hadoop2.7 spark//创建符号链接
```

现在，仍然在~/bin 文件夹中，执行 tree-L 2 命令。这时会看到 spark 文件夹实际上是一个指向 sparks 目录中另一个文件夹的符号链接。

想法是始终使用以相同的方式即 spark 符号链接引用 spark 根目录（参见边栏）。想要使用某个其他版本的 Spark 时，可以更改符号链接以指向其他版本。

4. spark-shell

现在能够使用终端中的这些命令启动 spark-shell 命令行界面：

```
$cd$HOME/bin/spark//浏览到 spark 根目录
$./bin/spark-shell//启动 spark-shell
```

符号链接

符号链接（或 symlink）是对文件或文件夹（在这种情况下是后者）的引用。它的行为就像可以从文件系统中的两个不同位置访问同一个文件夹。符号链接不是副本；它是对目标文件夹的引用，具有在其中导航的能力，就像它是目标文件夹一样。在符号链接中所做的任何更改都将直接应用于目标文件夹，并反映在符号链接中。

通过这种方式使用符号链接，不管当前版本的 Spark，总是使用$HOME/bin/spark。通过删除 symlink（rm 命令）并创建一个指向要使用的 Spark 版本的根安装文件夹的版本来切换版本。如果想切换到 1.6.1 版本，则可以这样做：

```
$rm spark
$ln-s spark-1.6.1-bin-hadoop2.6 spark
```

从现在起，将$HOME/bin/spark 目录称作 spark 根目录。

现在机器上已经有一个可以运行的 spark-shell 了。默认日志设置太冗长，所以需要调整一下。

可以使 spark-shell 仅打印错误，但维护 logs/info.log 文件中的完整日志（相对于 spark 根目录）以进行故障排除。通过输入以下命令退出 shell：quit 或：q（或按〈Ctrl+D〉组合键），并在 conf 子文件夹中创建一个 log4j.properties 文件，如下所示：

```
$gedit conf/log4j.properties
```

gedit 是 Ubuntu 的内置文本编辑器。可以免费使用任何其他文本编辑器。现在，将以下列表复制到 gedit 中新创建的 log4j. properties 文件中。

清单 A.1　log4j. properties 文件

```
# set global logging severity to INFO (and upwards:WARN,ERROR,FATAL)
log4j.rootCategory=INFO,console,file
# console config (restrict only to ERROR and FATAL)
log4j.appender.console=org.apache.log4j.ConsoleAppender
log4j.appender.console.target=System.err
log4j.appender.console.threshold=ERROR
log4j.appender.console.layout=org.apache.log4j.PatternLayout
log4j.appender.console.layout.ConversionPattern=%d{yy/MM/dd HH:mm:ss} %p
➥ %c{1}:%m%n
# file config
log4j.appender.file=org.apache.log4j.RollingFileAppender
log4j.appender.file.File=logs/info.log
log4j.appender.file.MaxFileSize=5MB
log4j.appender.file.MaxBackupIndex=10
log4j.appender.file.layout=org.apache.log4j.PatternLayout
log4j.appender.file.layout.ConversionPattern=%d{yy/MM/dd HH:mm:ss} %p
➥ %c{1}:%m%n
# Settings to quiet third party logs that are too verbose
log4j.logger.org.eclipse.jetty=WARN
log4j.logger.org.eclipse.jetty.util.component.AbstractLifeCycle=ERROR
log4j.logger.org.apache.spark.repl.SparkIMain$exprTyper=INFO
log4j.logger.org.apache.spark.repl.SparkILoop$SparkILoopInterpreter=INFO
```

保存文件，然后关闭 gedit。

log4j　虽然它已被 logback 库取代，并且已经近 20 年了，但由于其设计的简单性，log4j 仍然是最广泛使用的 Java 日志库之一。

确保当前目录仍然是 spark root，然后使用与以前相同的命令（而不是再次写，可以按〈↑〉键两次）以启动 spark-shell：

```
$./bin/spark-shell
```

是否更简洁了呢？那么，这个 spark-shell 是干什么的呢？

有两种方式可以与 Spark 交互。一种方法是在 Scala、Java 或 Python 中编写一个程序，使用 Spark 的库（即它的 API，第 3 章中的程序）；另一种是使用 Scala shell 或 Python shell。

shell 主要用于探索性数据分析，通常是一次性作业，因为 shell 中写的程序在退出 shell 后将被丢弃。其他常见的 shell 使用场景是测试和开发 Spark 应用程序。在 shell 中测试一个假设（如探测一个数据集）要比写一个应用程序，提交执行，将结果写入输出文件，然后分析输出容易得多。

spark-shell 也称为 Spark REPL，也就是 read-eval-print-loop 的缩写。它读取用户的输入，对输入的内容进行求值，并打印计算结果，然后重复上面的过程（一个命令返回结果后，并不退出 scala>提示符，而是等待下一条命令——也就是上面的 loop 循环）。

正如在 REPL 初始输出中看到的一样，只要启动它，就会提供 SC 变量，以及 spark 代表 SparkSession 的运行环境。SparkSession 是与 Spark 交互的入口点。可以将其用于从应用程序连接到 Spark、配置会话、管理作业执行、加载或保存文件等操作。如果输入“spark”，并按〈Tab〉键，将看到 SparkSession 提供的所有函数的打印输出。

附录 B　了解 MapReduce

2004 年 12 月，Google 发布了一篇论文《MapReduce：Simplified Data Pro-cessing on Large Clusters》，Jeffrey Dean 和 Sanjay Ghemawat，该论文总结了作者对 Google 迫切需要简化集群计算的解决方案。Dean 和 Ghemawat 确定了一个范例，其中部分作业被映射（分派）到集群中的所有节点。每个节点产生中间结果集的切片，然后将所有这些切片缩小（聚合）回到最终结果。

MapReduce 论文（https：//help. abuntu. com/community/HomeFolder）解决了以下 3 个主要问题。

- 并行化——如何并行化计算。
- 分发——如何分发数据。
- 容错——如何处理组件故障。

MapReduce 的核心在于处理这 3 个问题的程序化解决方案，它们有效地隐藏了处理大型分布式系统的大部分复杂性，并允许 MapReduce 公开一个仅由两个函数组成的最小 API：（等待...）map 和 reduce。

MapReduce 的一个重要见解就是不应该为了处理数据而被迫移动数据，而是将程序发送到数据所在的位置。与传统的数据仓库系统和关系数据库相比，这是一个关键的区别。有太多的数据被移动。

下面通过一个简单的例子来解释 MapReduce 的工作原理——使用良好的旧简化字数（大数据的“Hello World”）。

假设想在网站上找到最常用的单词。假设这个网站有两页，每页都有一个段落：

- “Is it easy to program with MapReduce?”
- “It is as easy as Map and Reduce are.”

首先，map 函数将每个段标记为单词，对案例和标点符号进行归一化，并为每个单词发出 1，见表 B-1：

表 B-1　map 函数的输出结果

第 1 页的段落	第 2 页的段落
map——> ("is",1)	map——>("it",1)
map——>("it",1)	map——>("is",1)
map——>("easy",1)	map——>("as",1)
map——>("to",1)	map——>("easy",1)
map——>("program",1)	map——>("as",1)
map——>("with",1)	map——>("map",1)
map——>("mapreduce",1)	map——>("and",1)
	map——>("reduce",1)
	map——>("are",1)

因此，对于每个输入段落，map 将获取一个键和一个值，并返回一个键/值列表。

在这个中间阶段，MapReduce 库会注意到相同的单词总是转到同一个 reducer，因此，可以在不进行任何后续步骤的情况下，对计数进行汇总和最终计算。这被称为 shuffle 阶段，对于绝大多数应用程序，它需要最长的时间才能完成。

reduce 函数接收 map 函数的输出，将输出和单词相结合，最后输出结果，见表 B-2。

表 B-2　reduce 函数的输出结果

第 1 页的段落	第 2 页的段落
reduce——>("is",2)	reduce——>("is",2)
reduce——>("easy",2)	reduce——>("to",1)
reduce——>("program",1)	reduce——> ("with",1)
reduce——>("mapreduce",1)	reduce——>("as",2)
reduce——>("map",1)	reduce——> ("and",1)
reduce——>("reduce",1)	reduce——>("are",1)

可以概括地说该 map 采用一个键/值对，应用一些任意变换，并返回所谓的中间键/值对列表。MapReduce 然后在幕后，通过键对这些对进行分组，并且它们成为 reduce 函数的输入。reduce 将以一些有用的方式组合这些值，并将结果写入最终的输出文件。当所有的 reducer 都完成任务时，控制权返回给用户程序。

这只是一个 word-count 的例子。可以使 map 在每个段落中进行计数（“as”，2），或者可以使用自然语言处理分析，并将每个单词转换为词根。可以在 CamelCase（MapReduce Map reduce）上分割单词。此外，可以使用停止词过滤器，它使用每种语言中最常用单词的列表来从最终计数中删除这些单词，因为它们不添加价值或相关性（那将是 TermVector，而不是 WordCount）。但是这些增加只会使这个例子复杂化和模糊。跳过它们，因为它们在解释 MapReduce 如何工作时并不重要。

看了这个 MapReduce 的例子，第一感觉是，仅仅统计两个句子中的单词频率，使用 MapReduce 实在是太复杂了些。当然对于这个任务有更简单的解决方法。但 MapReduce 的设计初衷是为了处理数百亿的网站、服务器日志和点击流中句子，而不是针对这样简单的任务。

MapReduce 容错

这是 Dean's 和 Ghemawat 的 MapReduce 论文摘录（稍作改写）：

master 定时轮询每个 worker。如果在规定时间内，某个 worker 没有响应，则 master 将其标识为失败状态。失败的 worker 处理的 map 任务，不论是在处理中，还是是已处理结束的，都会被 master 标记为初始空闲状态，以便安排给其他的 worker 进行处理。

附录 C　线性代数入门

本附录介绍了基本的线性代数运算。它们对于了解机器学习算法背后的大多数数学知识很重要。

1. 矩阵和向量

矩阵是以行和列排列的一组元素（我们只使用元素为数字的矩阵）。这是一个具有两行和三列的矩阵，因此称为 2×3 矩阵：

$$\boldsymbol{X}=\begin{pmatrix}1 & 2 & 3\\4 & 5 & 6\end{pmatrix}$$

通常，矩阵中的行数由字母 m 表示，列数由字母 n 表示。m 和 n 是矩阵的尺寸，即它的大小是 $m\times n$。用粗体、大写字母表示矩阵，其元素为带有下标索引的普通小写字母。例如：

$$\boldsymbol{X}=\begin{pmatrix}x_{11} & x_{12} & x_{13}\\x_{21} & x_{22} & x_{22}\end{pmatrix}$$

列向量是大小为 $n\times1$ 的矩阵，行向量是大小为 $1\times n$ 的矩阵。引用具有小写、斜体、粗体字母（如 $\boldsymbol{u}$）的行向量和列向量，就像列向量一样，但添加了上标字母 T（如 $\boldsymbol{u}^{\mathrm{T}}$）：

$$\boldsymbol{u}=\begin{pmatrix}1\\2\\3\end{pmatrix}\quad \boldsymbol{u}^{\mathrm{T}}=(1\quad 2\quad 3)$$

这里的字母 T 表示转置。转置是矩阵的行成为其列的操作，反之亦然。对于示例矩阵 $\boldsymbol{X}$，其转置矩阵如下：

$$\boldsymbol{X}^{\mathrm{T}}=\begin{pmatrix}x_{11} & x_{21}\\x_{12} & x_{22}\\x_{13} & x_{23}\end{pmatrix}$$

因此，如果原始矩阵的大小为 $m\times n$，则转置矩阵的大小将为 $n\times m$。注意：

$$(\boldsymbol{X}^{\mathrm{T}})^{\mathrm{T}}=\boldsymbol{X}$$

2. 矩阵加法

如果两个矩阵具有相同的大小，则可以添加两个矩阵（或向量，它们是矩阵特殊情况）。加法是以元素方式执行的：

$$\begin{pmatrix} a_{11} & a_{12} \\ a_{21} & a_{22} \end{pmatrix} + \begin{pmatrix} b_{11} & b_{12} \\ b_{21} & b_{22} \end{pmatrix} = \begin{pmatrix} a_{11}+b_{11} & a_{12}+b_{12} \\ a_{21}+b_{21} & a_{22}+b_{22} \end{pmatrix}$$

矩阵加法符合加法结合律，这意味着 $\boldsymbol{A}+(\boldsymbol{B}+\boldsymbol{C})=(\boldsymbol{A}+\boldsymbol{B})+\boldsymbol{C}$。它也符合加法交换律，这意味着 $\boldsymbol{A}+\boldsymbol{B}=\boldsymbol{B}+\boldsymbol{A}$。

3. 标量乘法

与矢量和矩阵相比，标量是一个常数。矩阵与标量相乘也可按元素进行，方法是将每个元素与标量值相乘：

$$\lambda \begin{pmatrix} a_{11} & a_{12} \\ a_{21} & a_{22} \end{pmatrix} = \begin{pmatrix} \lambda a_{11} & \lambda a_{12} \\ \lambda a_{21} & \lambda a_{22} \end{pmatrix}$$

4. 矩阵乘法

只有当左矩阵中的列数等于右矩阵中的行数时，两个矩阵才能相乘。如果相乘的两个矩阵的大小分别为 $m \times n$ 和 $n \times k$，则得到的矩阵的大小为 $m \times k$。

对于向量，当行向量（$1 \times n$）与列向量（$n \times 1$）相乘时，结果将是一个标量值。这也称为点积或标量积：

$$\boldsymbol{a}^{\mathrm{T}} \boldsymbol{b} = (a_{11} \quad a_{12} \quad a_{13}) \begin{pmatrix} b_{11} \\ b_{21} \\ b_{31} \end{pmatrix} = a_{11} b_{11} + a_{12} b_{21} + a_{13} b_{31}$$

相反，当将大小为 $m \times 1$ 的列向量和大小为 $1 \times n$ 的行向量相乘时，结果将是大小为 $m \times n$ 的矩阵。

通常，当矩阵 $\boldsymbol{A}$ 和 $\boldsymbol{B}$ 相乘时，可以使用此公式计算得到的矩阵 $\boldsymbol{C}$ 的每个元素：

$$C_{ij} = \sum_{r=1}^{n} a_{ir} b_{rj}, 0 < i \leqslant m, 0 < j \leqslant k$$

例如：

$$\begin{pmatrix} a_{11} & a_{12} & a_{13} \\ a_{21} & a_{22} & a_{23} \end{pmatrix} \begin{pmatrix} b_{11} & b_{12} \\ b_{21} & b_{22} \\ b_{31} & b_{32} \end{pmatrix} = \begin{pmatrix} a_{11} b_{11} + a_{12} b_{21} + a_{13} b_{31} & a_{11} b_{12} + a_{12} b_{22} + a_{13} b_{32} \\ a_{21} b_{11} + a_{22} b_{21} + a_{23} b_{31} & a_{21} b_{12} + a_{22} b_{22} + a_{23} b_{32} \end{pmatrix}$$

换句话说，所得矩阵的行 i 和列 j 中的元素的值将等于第一矩阵的第 i 行和第二矩阵的第 j 列的点积。

5. 单位矩阵

方形矩阵是具有相同数量的行和列（其大小为 $m \times m$）的矩阵。单位矩阵是方形矩阵，其主对角线上的所有元素等于 1，其他所有元素等于 0。例如 ，这是一个大小为 2 的方形矩阵：

$$\boldsymbol{I}_2 = \begin{pmatrix} 1 & 0 \\ 0 & 1 \end{pmatrix}$$

大小为 $m \times n$ 的矩阵 $\boldsymbol{A}$ 乘以单位矩阵保持不变：$\boldsymbol{A}\boldsymbol{I}^n = \boldsymbol{I}^m\boldsymbol{A} = \boldsymbol{A}$

6. 矩阵的逆

本附录的最终定义是矩阵求逆。任何矩阵 $\boldsymbol{A}$ 乘以其逆矩阵（由 $\boldsymbol{A}$ 表示）得到一个单位矩阵。只有方阵才有逆矩阵。但是有些方阵不具有逆矩阵。如果方阵有一个逆矩阵，就称为可逆或非奇异矩阵。